CHEMISCHE TECHNOLOGIE

IN EINZELDARSTELLUNGEN

HERAUSGEBER: PROF. DR. A. BINZ, BERLIN

ALLGEMEINE CHEMISCHE TECHNOLOGIE

MESSUNG GROSSER GASMENGEN

ANLEITUNG ZUR PRAKTISCHEN ERMITTLUNG GROSSER MENGEN VON GAS- UND LUFTSTRÖMEN IN TECHNISCHEN BETRIEBEN

VON

L. LITINSKY
OBERINGENIEUR, LEIPZIG

MIT 138 ABBILDUNGEN,
37 RECHENBEISPIELEN, 8 TABELLEN IM TEXT UND AUF EINER TAFEL, SOWIE 13 SCHAUBILDERN UND RECHENTAFELN IM ANHANG

Springer-Science+Business Media, B.V.
1922

Ursprünglich erschienen bei Otto Spamer, Leipzig 1922
Softcover reprint of the hardcover 1st edition 1922
Additional material to this book can be downloaded from http://extras.springer. com

ISBN 978-3-662-26946-6 ISBN 978-3-662-28419-3 (eBook)
DOI 10.1007/978-3-662-28419-3

Spamersche Buchdruckerei in Leipzig

Vorwort.

Brennstoffersparnis ist die Parole unserer Zeit. Mit dem Verbrauch der Brennstoffe, sei n es Kohlen als solche oder die aus Kohlen und anderen Brennstoffen hergestellten Gase, welche zu Feuerungszwecken benutzt werden, muß sparsam umgegangen werden. Der Verbrauch und folglich auch die erzielten bzw. die zu erzielenden Ersparnisse können aber nur durch Messung ermittelt werden. Während die Feststellung des Verbrauches von verschiedenen Betriebskomponenten, wie Kohle, Speisewasser, elektrischer Strom usw. zu Selbstverständlichkeiten gehört und in den allermeisten Betrieben durch Wiegen oder Messen bereits seit langem erfolgt, wird den technischen Gasen in dieser Hinsicht noch immer nicht die nötige Aufmerksamkeit geschenkt. In Anbetracht des gewaltigen Gasmengenverbrauches muß jedoch in der heutigen wärmesparenden Zeit der Messung der Gase ein ganz besonderes Interesse gewidmet werden. Stellen doch die allermeisten technischen Gase, wie Koksofen-, Generator-, Wasser-, Gicht-, Naturgas usw. sehr verbreitete, kostbare und hochwertige Brennstoffe dar, aber auch andere Gase, wie Preßluft, schweflige Säure, Ammoniak, Chlor, Wasserstoff usw., wenn sie auch keine Brennstoffe sind, benötigen zu ihrer Herstellung ganz enorme Brennstoffmengen, so daß ein sparsames Wirtschaften mit diesen Gasen selbstverständlich ebenfalls eine unmittelbare Brennstoffersparnis mit sich bringt.

Die Verwiegung von Kohle, die Abmessung von flüssigen Brennstoffen in den Zisternen usw. ist allerdings verhältnismäßig einfach und läßt sich schnell durchführen; was aber die Messung von Gasen anbetrifft, so ist leider noch vielfach in den Kreisen der Betriebsbeamten die irrtümliche Meinung verbreitet, die Gasmengenermittelung wäre mit Schwierigkeiten verbunden. Wie aber gezeigt werden wird, entbehrt diese Auffassung jeder Grundlage. Es gibt tatsächlich eine ganze Reihe einfacher, ziemlich sicherer, handlicher und bequemer Meßverfahren, die mit Erfolg dort angewendet werden können, wo, wie es meistens der Fall ist, der Gebrauch der bekanntesten Gasmeßeinrichtung — einer Gasuhr — aus verschiedenen unüberwindlichen Gründen ausgeschlossen ist. Wie verschiedenartig diese Verfahren sind, kann man schon allein aus dem Inhaltsverzeichnis des vorliegenden Buches ersehen.

Es wäre eine dankenswerte Aufgabe, für sämtliche Fälle der Gasmengenermittlung eine einheitliche, praktische Anleitung oder Vorschrift aufzustellen. Aber die physikalischen (Temperatur, Druck, Reinheitsgrad usw.), chemischen (saure, basische) und andere Eigenschaften der technischen Gase sind so mannigfach, ferner die im Betrieb vorkommenden Fälle so verschieden und eigenartig, daß es wirklich unmöglich ist, mit einer Schablone die sämtlichen Fälle zu behandeln. Ich habe deshalb versucht, unter Berücksichtigung der Literatur, soweit mir die Quellen zugänglich waren, das Wichtigste alles sich auf Gasmessung beziehende auf Grund von praktischen Erfahrungen nach erfolgter kritischer Durchsicht in das Werk aufzunehmen. Jede der hier besprochenen Methoden mag ihre Vorteile und ihre Nachteile haben. Es kann aber in manchem Betriebe leicht vorkommen, daß die eine Methode, trotzdem sie in bezug auf Sicherheit, Einfachheit, Billigkeit usw. gewisse Vorteile aufweist, aus ganz unbedeutenden Gründen doch verworfen werden muß. Es muß dann zu einer anderen gleichwertigen Meßmethode gegriffen werden. Wenn man noch dazu bedenkt, daß auch bis heute in vielen Betrieben, sogar bei Neuanlagen, der Notwendigkeit der Gasmengenmessung keine Rechnung getragen wird und für Zwecke der Gasmessung keine Einrichtungen vorgesehen werden, wofür in den allermeisten Fällen einfach eine lange gerade Strecke der Rohrleitung genügen würde, so leuchtet es ein, daß je nach den Betriebsverhältnissen die eine oder die andere Gasmeßmethode gewählt werden muß. Es soll daher dem Betriebs- oder dem Versuchsingenieur nach Studium der verschiedensten Gesichtspunkte, die in diesem Werk, soweit es möglich war, erörtert wurden, überlassen werden, sich unter Berücksichtigung der Betriebsverhältnisse für die Anwendung der einen oder der anderen Methode in jedem einzelnen Falle zu entschließen.

Für manche Betriebszwecke genügen auch Einzelmessungen. Ein besseres Bild erhält man aber durch Dauermessungen. Ich habe daher den in der letzten Zeit ziemlich verbreiteten Registriereinrichtungen, die sich mit der Gasmessung kombinieren lassen, auch die notwendige Aufmerksamkeit geschenkt und verschiedene Konstruktionen, die sich in der Praxis bereits mehr oder weniger bewährt haben, bei der Behandlung des Stoffes mit berücksichtigt. Eine ganz besondere Aufmerksamkeit ist der Besprechung des spez. Gewichtes (Raumgewicht, Dichte) der Gase zugewandt, weil dasselbe beinahe bei den sämtlichen Arten der Gasmessungen eine große Rolle spielt und nur kleine Fehler bei der Feststellung des spez. Gewichtes zu ganz großen Mengenunterschieden bei der Auswertung der Endresultate führen.

Theoretische Ausführungen fanden in dem vorliegenden Werke nur insofern Platz, als dies zum Verständnis der einen oder anderen Meßart notwendig erschien. Interessenten, die sich mit den theoretischen Grundlagen eingehender befassen wollen, werden auf die unter den Nummern 18, 38, 46, 90, 149 und anderen des Literaturverzeichnisses aufgeführten Werke verwiesen. Meine Aufgabe bestand darin, ein Nachschlagewerk für die Praxis zu schaffen. Die Praxis benötigt praktische Werke. Ich habe deshalb in der Hauptsache nur das aufgenommen, was eine praktische Bedeutung haben kann, und wiederum dasjenige zu vermeiden versucht, was praktisch nicht zu verwerten wäre. Wenn es mir gelungen ist, diesen Gesichtspunkten entsprechend den im Buch behandelten Stoff zu bearbeiten, so ist der Zweck erfüllt.

Das Gesamtgebiet der Gasmessung wird in diesem Werke zum erstenmal besprochen. Auch gab es bislang keine vergleichende Übersicht der sämtlichen bis jetzt bekannten Gasmessungsarten. Ich habe diese schwierige Aufgabe unternommen, um diese Lücke in der Fachliteratur auszufüllen und versuchte, die Aufgabe nach bestem Wissen zu lösen. Es ist jedoch nicht ausgeschlossen, daß manches übersehen bzw. nicht genügend klar dargelegt wurde, an mancher Stelle evtl. auch Fehler unterlaufen sind und das Literaturverzeichnis, besonders in bezug auf ausländische Quellen, nicht ganz lückenlos ist. Ich wäre daher den Herren Fachgenossen und den Lesern dieses Buches zu bestem Dank verpflichtet, wenn sie mich im Interesse der Allgemeinheit auf das eine oder andere aufmerksam machen wollten.

Essen, im April 1921.

L. Litinsky.

Inhaltsverzeichnis.

Erklärung der Bezeichnungen[1].

A = Wärmeäquivalent, Arbeit.
B = Absoluter Druck $(b + p)$.
b = Barometerstand in mm W.-S. oder Q.-S.
C = Ausdruck für Konstanz.
c = Spezifische Wärme.
c_p = Spezifische Wärme bei konstantem Druck.
c_v = Spezifische Wärme bei konstantem Volumen.
d = Durchmesser des gedrosselten Querschnittes.
D = Rohrdurchmesser (freier).
f = Querschnitt (in qm oder anderen Einheiten) beim $\varnothing = d$.
f = zuweilen auch als Rechnungsfaktor in bestimmten Tabellen.
F = Querschnitt (in qm oder anderen Einheiten) beim $\varnothing = D$.
g = Erdbeschleunigung 9,81 m/Sek^2.
G = Menge in Gewichtseinheiten.
h = Druckdifferenz $(p_1 - p_2)$ in mm W.-S.
k = Ausflußzahl (Korrektionsziffer).
$k' = k\sqrt{2g} = 4{,}43\,k$.
$K = k \cdot m$.
K = zuweilen auch als Umrechnungsfaktor in bestimmten Tabellen.
L = Expansionsarbeit.
$m = \left(\frac{d}{D}\right)^2 = \frac{f}{F}$.
n = Anzahl (Touren, Grade usw.).
p = Überdruck (bzw. Saugung) des Gases in der Leitung (Pressung).
P = wie B.
Q = an einigen Stellen Querschnitt, an einigen Stellen Menge.
r = Halbmesser.
R = Gaskonstante.
S = Dichte (bei Flüssigkeiten).
t = Temperatur.
T = Absolute Temperatur $(273 + t)$.
w = Geschwindigkeit.
w_t = Wasserdampfgehalt des Gases.
v = Spezifisches Volumen $\left(\frac{1}{\gamma}\right)$.
V = Menge in Volumeneinheiten.
z = Zeit.
α = Ausdehnungskoeffizient des Gases $(^1/_{273})$.
β = Kritisches Druckverhältnis.
γ = Spezifisches Gewicht, Raumgewicht.
δ = Randdicke.
Δ = Differenz.
ε = Faktor bei Staurandmessung nach *Brandes*.
ζ = Beiwert (bei Staurohren) meist = 1.
η = Wirkungsgrad.
ϑ, Θ Hilfsausdrücke für Temperaturbezeichnung.
$\varkappa = \frac{c_p}{c_v}$.
λ = Liefergrad (bei Kompressoren).
μ = Kontraktionszahl, auch Molekulargewicht.
π = 3,14.
τ = Dampftension.
φ = Reibungszahl.
Σ = Summe.

Für die den vorstehenden Bezeichnungen angehängten zweiten Buchstaben ist folgende Lesart maßgebend:

l = Luft.
g = Gas.
p = Überdruck.
$b + p$ = Absoluter Druck.
760 = Normaler Barometerstand.
t = Temperatur von $x°$.
o = Temperatur von 0°.
tr = trocken.
f = feucht.
m = Mittel, oder auch Meßstelle

usw.

[1] wo nicht anders angegeben.

Abkürzungen:

Q.-S.	= Quecksilbersäule.	m	= Meter.
W.-S.	= Wassersäule.	s, sek.	= Sekunde.
Ba	= Barometerstand.	st	= Stunde.
kg	= Kilogramm.	dyn.	= Dynamischer Druck.
cbm, m^3	= Kubikmeter.	st.	= Statischer Druck.
qm, m^2	= Quadratmeter.	g, ges.	= Gesamtdruck

usw.

Verzeichnis der Rechenbeispiele.

Verzeichnis der Tabellen.

Verzeichnis der Schaubilder und Zahlentafeln im Anhang.

A. Einleitung.

Es gibt wohl kaum einen Fabrikbetrieb, wo man nicht vor die Aufgabe gestellt wird, die in einer Zeiteinheit gelieferte oder verbrauchte Gas- bzw. Luftmenge ermitteln zu müssen. Tritt die Notwendigkeit ein, das strömende Gas zu messen, so denkt man in den allermeisten Fällen gewöhnlich nur an eine Gasuhr.

Aber ganz abgesehen davon, daß Gasuhren für größere Mengen zu teuer sind, daß sie sich für säure- und staubhaltige Gase nicht eignen, daß sie ferner Gase von höherer Temperatur nicht vertragen, daß man die Gasuhren nicht jederzeit zur Stelle hat und ihre Beschaffung zuweilen eine geraume Zeit in Anspruch nimmt, daß dieselben bei größeren Gasmengen gewaltige Dimensionen annehmen usw., gibt es eine ganze Reihe in der Technik ausprobierter und gut eingeführter, einfacher, zum Teil billiger und handlicher Verfahren, die eine hinreichende Genauigkeit beim Messen von Gasmengen ergeben. In Verbindung mit Registriereinrichtungen bieten solche Methoden nicht nur einen guten Ersatz für Gasuhren, sondern übertreffen sogar die letzteren in mancher Hinsicht.

Die Anwendungsgebiete der später im einzelnen zu besprechenden Meßverfahren sind sehr mannigfach, und es würde zu weit führen, an dieser Stelle ein vollständiges Verzeichnis derjenigen Fabrikbetriebe und Fabrikationsprozesse zu geben, wo die Ermittelung von Gasmengen in Frage kommt. Im nachstehenden soll wenigstens eine kurze Übersicht der Anwendungsgebiete solcher Meßverfahren gegeben werden.

1. Bei sämtlichen Feuerungsanlagen (Dampfkesseln, metallurgischen und keramischen Öfen, Trockenanlagen usw.), die mit gasförmigen Brennstoffen, wie Generatorgas, Gichtgas, Wassergas, Naturgas, Koksofengas usw. beheizt werden — zur Feststellung des Brennstoffverbrauches, des Wirkungsgrades der Feuerung, zur Kontrolle des Wärmeaufwandes für den betr. Prozeß usw.

2. Bei Kraftanlagen, welche mit Gasmotoren ausgerüstet sind — zur Ermittelung des thermischen und praktischen Effektes der Anlagen, der Kosten der effektiven PS-St. usw.

3. Bei Kokereien — zur Feststellung des Eigenverbrauches der Koksöfen und somit des Wärmeverbrauches für die Entgasung bzw. Verkokung einer Gewichtseinheit Kohle, zur Ermittelung des Gasüberschusses, zur Kontrolle der Gaswirtschaft usw.

4. Bei Hochofenwerken — zum Messen der Gichtgasmengen, zur Feststellung ihrer Verteilung auf Cowper, Mischer, Gichtgasmotoren, Beheizung

der Koksöfen usw., zum Messen der in den Hochöfen eingeblasenen Windmenge, zum Studium des Hochofenprozesses, zur Vornahme von Wärmebilanzen usw.

5. In Hüttenwerken — zur rationellen Durchführung des Schmelzprozesses, zur Kontrolle der Mischung verschiedener gasförmiger Brennstoffe (Gichtgas, Generatorgas) usw.

6. In Zuckerfabriken sowie in Kalkbrennereien — zur Kontrolle der Kohlensäuremengen.

7. In Bergwerken — zur Messung der von Ventilatoranlagen geförderten Luftmengen und deren Verteilung auf einzelne Wetterstrecken, da bekanntlich hier eine bestimmte Menge „Frischwetter" pro Mann und Minute verlangt wird.

8. In chemischen Fabriken, Generatorenanlagen, bei Wasserstofferzeugung und überhaupt in Betrieben, welche gasförmige Fabrikationsprodukte erzeugen — zur Kontrolle der Fabrikation und rationellen Einstellung des Betriebes (Absorptionskammer, Rostofen, Bleikammern usw.).

9. In Ventilationsanlagen, Exhaustorbetrieben und Anlagen mit künstlichem Zug — zur Kontrolle der Leistung solcher Anlagen, insbesondere zu ihrer Überwachung entsprechend den Erfordernissen der Hygiene.

10. Bei Ferngasversorgungsanlagen, in welchen das Gas unter beträchtlichem Druck fortbewegt wird — zum Messen der bewegten Gasmengen.

11. In verschiedenen Anlagen zur Aufstellung von Wärme- und Stoffbilanzen, zur Untersuchung und richtigen Dimensionierung von Apparaten, zur Überwachung der gleichmäßigen Gaszuströmung, zur Kontrolle der Fabrikationsprozesse (z. B. Luftmengen bei Herstellung von Salpetersäure usw.), zur Ermittelung des Luftverbrauches bei Preßwerkzeugen, zur Feststellung des Mischungsverhältnisses der Gase bei der autogenen Metallbearbeitung, in der Kälteindustrie usw. Ferner in den verschiedensten Betrieben, wie Bleichereien, Glashütten, Kompressoranlagen, keramischen Fabriken usw., zur rationellen Führung des Betriebes, zur Vornahme von Versuchen, zur Kontrolle des Gasverbrauches an einzelnen Verbrauchsstellen, sowie zur Überwachung der einzelnen Phasen des Betriebes, zur Ermittelung der Leistung einzelner Apparate (Wascher, Kühler usw.), zur Vornahme von Leistungsversuchen an Ventilatoren, Saugern, Kompressoren usw.

Ich habe bereits oben erwähnt, daß die Anwendung von Gasuhren bei Messung von Gasmengen in technischen Betrieben, ganz abgesehen von anderen Unbequemlichkeiten, schon aus dem Grunde ausgeschlossen ist, weil es sich hier fast ausnahmslos um so große Gasmengen handelt, daß die Gasuhren ganz gewaltige Abmessungen erhalten müssen, was in manchen Fällen schon an der Kostenfrage scheitern würde. Bei dem hochwertigen Leuchtgas, welches fast ausnahmslos mit Gasuhren („Stationsgasmesser") gemessen wird, lassen sich letztere noch notgedrungen bezahlen. Anders ist es bei vielen technischen Gasen, die in ihrem Verkaufswert nur einen Bruchteil des Leuchtgases darstellen.

Wir groß die in verschiedenen technischen Betrieben erzeugten Gasmengen sind, kann man aus den folgenden, unten aufgeführten kleinen Beispielen ersehen:

1. Eine Anlage aus 2 Generatoren mit je 12,5 t Kohlendurchsatz in 24 Stunden liefert in derselben Zeit unter der Annahme einer Gasausbeute von 4 cbm für 1 kg Kohle rund 100 000 cbm Generatorgas.

2. Eine Kokerei von 60 Öfen mit je 10 t Trockenkohleinhalt ergibt unter der Annahme einer 30stündigen Ausstehzeit der Öfen und einer Gasausbeute von 320 cbm für 1 t Kohle

$$\frac{60 \cdot 10 \cdot 24 \cdot 320}{30} = \text{rund } 150\,000 \text{ cbm Koksofengas.}$$

3. Ein Hochofen mit einer Durchsatzleistung von nur 150 t Roheisen in 24 Stunden wird unter der Annahme eines Koksverbrauches von 0,9 kg für 1 kg Roheisen in derselben Zeit etwa $150 \cdot 0{,}9 \cdot 1000 \cdot 4{,}2 =$ rund 560 000 cbm Gichtgas liefern. Die Menge der von den Cowpern verbrauchten Gichtgase wird sich auf etwa die Hälfte dieser Gasmenge stellen. Die Windmenge würde etwa 400 000 cbm/24 St. betragen.

4. Ein Gebläse mit einem Kraftverbrauch von 100 PS wird bei einem Wirkungsgrad von 70 Proz. und bei einer Druckdifferenz von 1500 mm Wassersäule in 24 Stunden

$$\frac{100 \cdot 0{,}7 \cdot 75 \cdot 3600 \cdot 24}{1500} = \text{rund } 300\,000 \text{ cbm}$$

befördern.

Bei der Beheizung von Martinöfen, bei Gasmotoren, bei der Erzeugung von Dampf mittels gasförmiger Brennstoffe usw. handelt es sich, wie leicht nachzurechnen ist, um ebenso gewaltige Gasmengen. Es braucht ja dann dem Fachmann nicht weiter vor Augen gehalten zu werden, daß die Anwendung von Gasuhren in allen diesen Fällen vollständig ausgeschlossen ist.

Ich habe oben nur kurz die mannigfachen Anwendungsgebiete der Meßverfahren zur Ermittelung von großen Gasmengen skizziert. Es wurde auch gezeigt, daß die Gasuhren, welche ein schlecht entbehrliches Mittel zur Messung des hochwertigen und verhältnismäßig teuer bezahlten Leuchtgases an der Gasstation und an den einzelnen Gasverbrauchsstellen (Gewerbe, Kleinindustrie, Privathaushalt) darstellen, für die technischen Messungen wegen der Raum- und Kostenfrage in den allermeisten Fällen nicht in Betracht kommen können. Aus diesem Grunde werden die Gasuhren weniger ausführlich behandelt, um so mehr, als gerade über Gasuhren sehr interessante und systematische Übersichten in den Werken: 1. *Strache*, Gasbeleuchtung und Gasindustrie (Vieweg & Sohn, Braunschweig 1913); 2. *Schäfer*, Einrichtung und Betrieb eines Gaswerkes (R. Oldenbourg, München 1910); 3. *Schilling-Bunte*, Handbuch der Gastechnik, Band 6 (R. Oldenbourg, München 1917) usw. enthalten sind, auf welche ich hiermit verweisen möchte.

Die Methoden, welche den Gegenstand des vorliegenden Werkes bilden, sind im großen und ganzen die folgenden:

1. Volumetrische Methoden zur Gasmengenermittelung (Behälter, Uhren, Glocken usw.).

2. Gasmengenermittelung aus der mechanischen (Anemometer) und hydrostatischen (Staugeräte) Geschwindigkeitsmessung.

3. Ermittelung der Gasmengen mittels Durchflußwiderstand (Düsen, Staurand, Venturirohre).

4. Chemisch-kalorische Meßweisen und

5. Verschiedene andere Methoden.

Was die Einteilung des Stoffes betrifft, so wurde eine kurze Erläuterung der wichtigsten Gasgesetze, sowie ein ausführliches Kapitel über das spez. Gewicht der Gase in das Buch mit aufgenommen.

Vergleicht man die im Anhang beigefügte Literaturübersicht[1], so sieht man, daß über die hier verzeichneten Meßverfahren eine ziemlich reichhaltige Literatur vorhanden ist. Besonders viel wurde über die unter 2 und 3 erwähnten Methoden der Gasmengenermittelung geschrieben. Die Veröffentlichungen, seien es Zeitschriftenaufsätze, oder Bücher, sind jedoch meistens insofern einseitig, als sie sich nur mit irgend einer bestimmten Meßweise befassen. Vielfach stellen solche Veröffentlichungen Resultate wissenschaftlicher Forschungen dar und beziehen sich auf bestimmte spezielle Fälle. Die anderen Veröffentlichungen sind mehr beschreibenden Inhaltes, indem sie sich mit den Fabrikaten der einen oder anderen Firma befassen, welche hydrostatische und andere Apparate anfertigen. Eine kritische zusammenfassende Übersicht über sämtliche Methoden, welche oben in den 5 Punkten kurz zusammengestellt wurden, fehlte bislang in der Literatur[2]. Gleichzeitig fehlte eine allgemein gehaltene Anleitung zur praktischen Ausführung solcher Messungen und insbesondere zur Vornahme von verschiedenen damit zusammenhängenden Berechnungen, welche im Grunde genommen nicht kompliziert sind, einem Uneingeweihten jedoch viele Schwierigkeiten machen und nur an Hand von Rechenbeispielen leicht verständlich gemacht werden können. Diesen Verhältnissen Rechnung tragend, entschloß ich mich, das vorliegende Werk zu schreiben. Der in der einschlägigen Literatur[3] oft geäußerte Wunsch, den hydrostatischen, chemisch-kalorischen und anderen Meßmethoden endlich die ihnen gebührende Achtung zu schenken, hat mich in meinem Entschluß noch bestärkt. Ich habe das Werk mit sämtlichen in Betracht kommenden Tabellen, Schaubildern und Rechenbeispielen versehen, welche die Auswertung der Meßergebnisse erleichtern, und nach Möglichkeit dafür gesorgt, alles, was mit der Gasmengenermittelung zusammenhängt, in das Buch mit hereinzunehmen und damit Hinweise auf andere Literaturquellen zu vermeiden. Ich hoffe dadurch einem unzweifelhaft bestehenden Bedürfnis entsprochen zu haben.

---

[1] Ausländische Literatur konnte aus naheliegenden Gründen nicht in dem gewünschten Maße berücksichtigt werden.

[2] Den ersten Versuch einer solchen Übersicht geben die „Regeln für Leistungsversuche an Ventilatoren und Kompressoren" (Verlag des Ver. deutsch. Ing., Berlin 1912). Diese sehr anerkennenswerte Arbeit befaßt sich aber nicht mit sämtlichen bekannten Methoden.

[3] Vgl. z. B. Stahl u. Eisen 1918, S. 455.

In vielen Betrieben handelt es sich häufig nur um eine vorübergehende Feststellung von Gas- bzw. Luftmengen; solche Feststellungen werden auch zum Teil abwechselnd an verschiedenen Stellen des betreffenden Betriebes vorgenommen; die Meßanlagen sind also häufig nicht stationär. Diesem Umstande Rechnung tragend, wurde in der Behandlung des Stoffes der Erläuterung der Vornahme solcher Einzelmessungen, sowie der damit verbundenen Auswertung der Resultate die gebührende Aufmerksamkeit geschenkt. Andererseits gibt es sehr viele Anlagen, bei welchen die dauernde Ermittelung von Luft- und Gasmengen[1] in Frage kommt. Für diesen Fall kommen verschiedene selbstaufzeichnende Apparate in Betracht. Aus diesem Grunde habe ich in einigen Abschnitten auch die dazugehörigen hauptsächlichsten Registriereinrichtungen mit beschrieben, und zwar nicht allein die Apparate zum Aufzeichnen der Gasmengen bzw. der Gasgeschwindigkeiten, sondern auch diejenigen zum Registrieren des für die Auswertung der Meßergebnisse wichtigen spez. Gewichtes, sowie des Druckes des Gases.

[1] Im weiteren wird unter „Gas“ sowohl Gas als auch Luft verstanden.

B. Einige Eigenschaften der Gase.

I. Die Zustandsgrößen.

Die Gasmengen werden nur selten in Gewichtsmengen angegeben. In den allermeisten Fällen pflegt man solche Angaben nach dem Volumen zu machen. Bei der Angabe eines Gasvolumens muß jedoch unbedingt der Zustand des gemessenen Gases berücksichtigt werden, weil man je nach den herrschenden Temperatur- und Druckverhältnissen, sowie nach dem Grad der Wassersättigung ein verschiedenes Volumen erhält. Man muß daher die Volumenangaben der Gase in einem auf ein „Normalvolumen" reduzierten Zustand machen, wodurch gleichzeitig auch die Möglichkeit geboten wird, verschiedene Meßresultate untereinander zu vergleichen. Wenngleich es in bezug auf Normalvolumen noch keine feststehenden Normen gibt, so ist man stillschweigend dahin übereingekommen, unter einem Normalvolumen die Raumgröße zu verstehen, welche eine gegebene Gasmenge beim Druck einer Q.-S. von 760 mm Höhe und bei einer Temperatur von 0° C in trockenem Zustand einnimmt.

Die Angabe des reduzierten Volumens ist einer Gewichtsangabe des gemessenen Gases völlig gleichwertig, denn für trockene Luft ist ja beispielsweise 1 cbm bei 0° C und 760 mm Barometerstand = 1,293 kg eine feste Beziehung.

Zum Bewegen von Gas- und Luftströmen in geschlossenen Rohrleitungen, wie es in technischen Betrieben fast ausnahmslos der Fall ist, wird ein gewisser Überdruck (resp. Saugung) benötigt. Der Druck (Pressung), unter welchem sich das Gas in geschlossenen Rohrleitungen befindet, ist daher gleich der Summe des äußeren Luftdruckes, also dem Barometerstand plus dem Überdruck (bei Saugung kommt der dem Unterdruck entsprechende negative Wert in Betracht), welcher im allgemeinen an einem Wassermanometer abgelesen wird. Der Überdruck in mm W.-S. kann dann auf mm Q.-S. umgerechnet werden. Zu diesem Zwecke ist der am Wassermanometer abgelesene Druck durch die Dichte des Quecksilbers, das ist 13,5955 (also rund 13,6) zu dividieren[1].

Nach dem Gesetze von *Boyle-Mariotte* verhalten sich die von derselben Gewichtsmenge Gas eingenommenen Volumina bei konstanter Temperatur und bei verschiedenem Druck umgekehrt wie die Drücke. Sind V und V_1 die Volumina, welche dieselbe Gasmenge bei den Drucken P bzw. P_1 einnimmt,

[1] Vgl. Anlage 7 im Anhang.

so ist $V : V_1 = P_1 : P$ oder V_1 ist $= \frac{V \cdot P}{P_1}$. Ist das Volumen V eines Gases bei dem Barometerstand b gemessen, so ergibt sich das Volumen V_{760} der gleichen Gewichtsmenge Gas bei 760 mm Ba zu:

$$V_{760} = \frac{V \cdot b}{760}. \tag{1}$$

Demnach bedeutet eine Änderung des Ba um 8 (oder richtiger um 7,6) mm Q.-S. eine Volumenänderung um annähernd 1 Proz.

Kommt noch der Überdruck des Gases p (in mm Q.-S.) hinzu, so ist

$$V_{760} = \frac{V \cdot (b + p)}{760}. \tag{2}$$

Die Änderung der Gastemperatur ruft ebenfalls eine Änderung des Gasvolumens hervor. Nach dem Gesetz von *Gay-Lussac* wachsen die von derselben Gewichtsmenge Gas eingenommenen Volumina bei konstantem Druck proportional mit der Temperatur. Die von derselben Menge Gas ausgeübten Drücke wachsen nach diesem Gesetz bei konstantem Volumen proportional mit der Temperatur. Der Ausdehnungskoeffizient der Gase beträgt für alle Gase mit geringen Abweichungen

$$\alpha = \frac{1}{273} = 0{,}003\,665 \text{ des Volumens von } 0°\,\text{C}.$$

Wird bei einem konstanten Druck das Volumen V_t von $t°$ auf 0° reduziert, so ist das Volumen bei 0°

$$V_0 = \frac{273}{273 + t} \cdot V_t. \tag{3}$$

Einer Änderung der Temperatur um 3° C (oder richtiger um 2,73°) entspricht also eine Volumenänderung um annähernd 1 Proz.

Kombiniert man nun die Gleichungen (2) und (3), so erhält man die folgende Zustandsgleichung der Gase:

$$V_{0/760} \text{ ist } = \frac{V (b + p)\, 273}{760\, (273 + t)}. \tag{4}$$

Ein kleines Beispiel möge die Anwendung der Gleichung (4) erläutern.

Beispiel 1.

Ein Trockengasmesser zeigt einen Gasverbrauch von 131 cbm bei $t = 19°$ C und bei einem Gasüberdruck p von 42 mm W.-S. Der Barometerstand b ist $= 749$ mm Q.-S. Bei einer Temperatur des Quecksilbers von 19° C, entsprechend mit der Temperatur veränderlichem spez. Gewicht des Quecksilbers, (Anlage 1 im Anhang) beträgt der Barometerstand $749 - \sim 3 = 746$ mm Q.-S.

Der Gasüberdruck ist $= 42$ mm W.-S. $= 42 : 13{,}6 =$ rd. 3 mm Q.-S. Dann beträgt die Gasmenge im normalen Zustande (bei 0° und 760 mm Ba feucht)

$$V_{0/760} = \frac{131 \cdot (746 + 3) \cdot 273}{760 \cdot (273 + 19)} = 120{,}7 \text{ cbm}.$$

Es ist nun zu berücksichtigen, daß sowohl Luft als auch technische Gase in den allermeisten Fällen nie ganz trocken sind. Was die Luft anbetrifft, so kann dieselbe vollständig trocken nur bei heißen Wüstenwinden sein oder in einzelnen Fällen, wo es für ihre technische Verwendung als notwendig erscheint, mittels besonderer Hilfsmittel vollständig trocken gemacht werden. Auch für die anderen technischen Gasarten ist dasselbe in gewissem Maße gültig.

Bei niederer Temperatur und normalem Druck ist der Wassergehalt der Gase nur gering, z. B. bei 20° Lufttemperatur beträgt er gegenüber 1205 g Luftgewicht nur 17,3 g/cbm im gesättigten Zustande. Anders ist es dagegen bei höheren Temperaturen. Ein Blick auf die Kurve in der Anlage 2 des Anhanges bringt den besten Beweis dafür. Wird der Feuchtigkeitsgehalt der Gase nicht berücksichtigt, so entstehen ganz erhebliche Fehler, wie es im Rechenbeispiel 7 auf Seite 25 gezeigt ist.

Das Verhalten der Feuchtigkeit folgt aus dem *Dalton*schen Gesetz. Das Gesetz von *Dalton* besagt: sind mehrere Gase in demselben Raume zusammen, so verhält sich jedes so, als ob es allein vorhanden wäre. Der Gesamtdruck des Gemenges ist gleich der Summe der Partialdrücke, welche die einzelnen Gase ausüben würden, wenn jedes für sich einen Raum erfüllte, der gleich dem von der Mischung erfüllten Raum ist.

Besteht z. B. ein Gasgemisch[1] von 1 cbm aus 25 Vol.-Proz. Kohlensäure und 75 Vol.-Proz. Luft und ist der Gesamtdruck 760 mm Q.-S., so ist

der Partialdruck der Kohlensäure	$= 0{,}25 \cdot 760 =$	190 mm
der Partialdruck der Luft	$= 0{,}75 \cdot 760 =$	570 mm
	Der Gesamtdruck	760 mm

Dem Gewicht nach ist nun soviel Kohlensäure vorhanden, wie dem Gewicht von 1 cbm derselben bei 190 mm Druck entspricht, und Luft soviel, wie dem Gewicht von 1 cbm bei 570 mm Druck entspricht. Die Gewichte dieser Gasmengen beim angegebenen Partialdruck ergeben sich aus dem Gewicht von 1 cbm (bei 0° und 760 mm) multipliziert mit dem Partialdruck und durch 760 dividiert.

1 cbm Kohlensäure wiegt bei 0° und 760 mm 1,9650 kg
1 cbm Luft wiegt bei 0° und 760 mm 1,294 kg

Demnach sind im Gemisch vorhanden:

$$\frac{1{,}965 \cdot 190}{760} = 0{,}491 \text{ kg Kohlensäure und } \frac{1{,}294 \cdot 570}{760} = 0{,}97 \text{ kg Luft.}$$

0,491 kg Kohlensäure sind aber bei 760 mm Druck = 250 l und 0,97 kg Luft sind bei 760 mm Druck = 750 l. Die Wirkung ist daher die gleiche, als hätte man 250 l Kohlensäure von 760 mm Druck mit 750 l Luft von 760 mm Druck gemischt. Es entsteht ein Gemisch von 1 cbm mit 760 mm Druck.

---

[1] Von hier bis S. 9 nach *Schäfer*, Einrichtung und Betrieb eines Gaswerkes (München 1910), S. 699 bis 700, zitiert.

II. Dampfspannung.

An der Oberfläche jeder Flüssigkeit findet bei jeder Temperatur Dampfbildung statt. Deshalb übt jede Flüssigkeit in der Torricellischen Leere eine Depression auf die Quecksilbersäule aus, d. h. wenn ein Flüssigkeit oder ein flüchtiger fester Körper in das Vakuum eines Barometerrohres gebracht wird, so sinkt die Quecksilbersäule um einen gewissen Betrag. Diese Tension oder Dampfspannung ist von der Temperatur und von der Natur des Stoffes abhängig und experimentell zu ermitteln. Steht ein abgegrenztes Gasvolumen mit Flüssigkeit in Berührung, so tritt ein von der Temperatur abhängiger Gleichgewichtszustand zwischen Gas, Dampf und Flüssigkeit ein, indem von letzterer allmählich so viel verdampft, daß der Partialdruck dieses Dampfes der Dampftension der Flüssigkeit für die betreffende Temperatur entspricht. Eine gegebene Raumgröße wird also die gleiche Menge Dampf aufnehmen, gleichgültig, ob sie leer oder mit einem Gase gefüllt ist.

Der vorher leere oder mit Gas gefüllte Raum ist mit dem Dampf der Flüssigkeit gesättigt, solange noch ein Teil der Flüssigkeit unverdampft zurückbleibt. Die Sättigung erfolgt nicht momentan, weil durch die Verdampfung Wärme gebunden wird, also eine Abkühlung eintritt. Um Sättigung bei der ursprünglichen Temperatur zu erreichen, ist von außen Wärme zuzuführen.

Wenn durch Wärmezufuhr die Temperatur eines Gemisches von Gas und Dampf steigt, so nimmt das Volumen des Gemisches nicht nur entsprechend der Ausdehnung nach dem Gesetz von *Gay-Lussac* zu, sondern vermehrt sich, vorausgesetzt, daß noch Flüssigkeit vorhanden ist, außerdem um ein gewisses Dampfvolumen, das der mit steigender Temperatur erhöhten Dampftension entspricht.

Die Volumenverminderung bei einer Temperaturerniedrigung ist demgemäß mit einer Kondensation von Dampf bis zur Erreichung der entsprechenden niedrigeren Tension verbunden. Ist jedoch die ganze Flüssigkeit bereits verdampft, so verhält sich das Gasdampfgemisch bei einer Temperatursteigerung wie ein Gasgemisch nach dem Gesetz von *Gay-Lussac*; ebenso verhält es sich bei einem Temperaturabfall, aber nur bis zu der Temperatur, bei welcher das Gas mit dem Dampfe gesättigt ist, und unterhalb welcher der Dampf sich zu kondensieren beginnt. Diese Temperatur wird als Taupunkt, und die über ihren Taupunkt erwärmten Dämpfe werden als überhitzt bezeichnet.

In den Anlagen 4, 5 und 10 im Anhang sind die Werte der Dampfspannung bei verschiedenem Druck und Temperatur angegeben.

III. Reduktion der gemessenen Volumina auf Normalzustand.

Die Menge von Wasserdampf, welche ein Gas aufnimmt, ist von der Temperatur abhängig, welche das Gas besitzt. Würde man einem mit Feuchtigkeit gesättigten Gase von bestimmtem Volumen den Wasserdampf entziehen, so würde sich der Druck des Gases auf seine Umhüllung verringern. Diese

Druckverminderung ist gleich der Tension des Wasserdampfes bei der betreffenden Temperatur. Wollen wir somit das Volumen eines Gases kennenlernen, welches dasselbe im trockenen, also wasserfreien Zustande einnehmen würde, so müssen wir von dem oben angegebenen Druck $b + p$ noch die Tension des Wasserdampfes (τ) abziehen. Die Anlagen 4, 5 und 10 im Anhange zeigen die Tension des Wasserdampfes bei verschiedenen Temperaturen in mm Q.-S. Wollen wir also das Volumen kennenlernen, welches ein Gas im trockenen Zustande beim Normaldruck von 760 mm Q.-S. einnehmen würde, so müssen wir dazu die folgende Gleichung verwenden:

$$V_{0/760\,tr} = V \cdot \frac{b + p - \tau}{760} \cdot \frac{273}{273 + t}. \tag{5}$$

Der dieser Gleichung entsprechende Reduktionsfaktor f ist übrigens in der Rechentafel 4 bzw. 5 des Anhanges für verschiedene Temperaturen und Drucke $P = b + p$ berechnet. Man erhält dann das auf trockenes Gas von 0° und 760 mm Druck reduzierte Gasvolumen V_0, indem man das ermittelte V mit diesem Faktor multipliziert:

$$V_0 = f \cdot V. \tag{5a}$$

Die Tension des Wasserdampfes τ ist also in diesem Faktor bereits berücksichtigt.

Häufig wird die Reduktion des Gasvolumens (mit Rücksicht auf den Heizwert usw.) nicht auf 0° vorgenommen, sondern auf 15° C. Die Gleichung (5) lautet dann (jedoch auf feuchtes Gas berechnet):

$$V_{15/760\,f} = V \cdot \frac{b + p - \tau}{760 - \tau_{15}} \cdot \frac{273 + 15}{273 + t}, \tag{6}$$

wo τ_{15} der Tension des Wasserdampfes bei 15° C entspricht.

Beispiel 2.

Unter der Anwendung der im Beispiel 1 (Seite 7) angegebenen Zahlenwerte und unter der Annahme, daß ein feuchtes (gesättigtes) Gas gemessen wurde (bzw. eine nasse Gasuhr als Messer verwandt wurde), errechnet sich dann die reduzierte Gasmenge nach Gleichung (5) zu

$$V_{0/760\,tr} = 131 \cdot \frac{746 + 3 - 15{,}5}{760} \cdot \frac{273}{273 + 19} = 117{,}0 \text{ cbm}$$

oder unter der Benutzung der Faktoren aus den Tabellen 7 oder 10 im Anhang zu

$$V_{0/760} = 131 \cdot 0{,}9 = 117{,}0 \text{ cbm}.$$

$V_{15/760}$ würde sich dann entsprechend zu

$$V_{15/760} = 131 \cdot \frac{0{,}9}{0{,}928} = 126{,}2 \text{ cbm}$$

errechnen. Ist das Gas nicht ganz gesättigt, so wird für τ entsprechend der relativen Feuchtigkeit ein kleinerer Wert eingesetzt.

Die oben gebrachten Beziehungen lassen sich für vollkommene Gase auch in folgender Form bringen (vollkommene Gase sind solche, für welche die Gesetze von *Gay-Lussac* und *Boyle-Mariotte* Geltung haben):

$$Pv = RT; \qquad PV = GRT. \tag{7}$$

R heißt die Gaskonstante; sie ist umgekehrt proportional der Dichte oder dem Molekulargewichte μ des Gases; setzt man letzteres für Sauerstoff $= 32$, so berechnet sich

$$R = 848 : \mu. \tag{8}$$

Diese Beziehung folgt aus dem Gesetze von *Avogadro*, wonach gleiche Räume bei gleichem Drucke und gleicher Temperatur für alle Gase dieselbe Anzahl Moleküle enthalten.

Das Molekulargewicht steht ferner im gewissen Verhältnis zu der spez. Wärme der Gase. Die Werte des Molekulargewichtes und der spez. Wärme sind in der Zahlentafel Anlage 6 des Anhanges enthalten. Das Verhältnis der spez. Wärme $\varkappa = \frac{c_p}{c_v}$ (spez. Wärme bei konstantem Druck dividiert durch spez. Wärme bei konstantem Volumen) hat für die einatomigen Gase den Wert $\varkappa = {}^5/_3$ und für die zweiatomigen bei gewöhnlichen Temperaturen den Wert $\varkappa = 1{,}4$. Für Gase von größerer Atomzahl ist $\varkappa$ kleiner und stärker von der Temperatur abhängig. Die Gaskonstante R ist für einzelne Gase verschieden. Für Luft ist $R = 29{,}27$; für Sauerstoff $R = 26{,}5$; für Kohlensäure $R = 19{,}27$; für überhitzten Wasserdampf $R = 47{,}06$ (vgl. Zahlentafel 6 im Anhange).

Beispiel 3.

Es ist das spezifische Volumen $\left(\text{d. h. der reziproke Wert des spez. Gewichtes} = \frac{1}{\gamma}\right)$ und das spez. Gewicht der Luft bei 50° C und 760 mm Ba zu ermitteln.

$$R \text{ für Luft (trocken)} = 29{,}27$$

$$T = t + 273 = 50 + 273 = 323°.$$

Der spez. Druck $= 760 \cdot 13{,}596$ (spez. Gewicht des Quecksilbers) $=$ 10 333 kg/qm (= mm W.-S.).

Hieraus ergibt sich nach Gleichung (7) das spez. Volumen

$$v = \frac{RT}{P} = \frac{29{,}26 \cdot 323}{10\,333} = 0{,}9146 \text{ cbm/kg}.$$

Das spez. Gewicht γ ist dann gleich

$$\gamma = \frac{1}{v} = \frac{1}{0{,}9146} = 1{,}0933 \text{ kg/cbm}.$$

IV. Bestimmung des Feuchtigkeitsgehaltes des Gases.

Sobald die Gase mit Wasser in Berührung kommen, werden sie mit Wasserdampf gesättigt. Es können jedoch andere Fälle eintreten, und man hat dann, wenn das Gas nicht vollständig mit Wasser gesättigt ist, den wirklichen Wassergehalt zu ermitteln.

Da der Wasserdampf in der Atmosphäre fast immer überhitzt und die Luft also nicht vollkommen mit Wasserdampf gesättigt ist, so ist es unter Umständen notwendig, die relative Feuchtigkeit, d. h. das Verhältnis des wirklichen Teildruckes des Wasserdampfes zu dem der entsprechenden Temperatur zugeordneten Sättigungsdruck zu bestimmen. Dasselbe gilt auch für technische Gase. Der wirklich herrschende Dampf-Teildruck läßt sich experimentell bestimmen, indem man unter einer Glasglocke ein gewisses Quantum der Luft dicht absperrt unter Beifügung von etwas Chlorcalcium und mit einem Barometer beobachtet, um wieviel der Druck sich vermindert. Die Feuchtigkeit wird nämlich vom Chlorcalcium absorbiert, d. h. der Dampfdruck beseitigt, genauer gesagt, bis auf den sehr kleinen Wert des Gleichgewichtsdruckes gegen Chlorcalcium vermindert. Was das Barometer nach Beendigung des Absorptionsvorganges anzeigt, ist der reine Luftdruck.

Die Messung des Dampfdruckes durch Absorption mit Chlorcalcium unter einer Glocke ist nicht die übliche Methode. Man bestimmt gelegentlich die Feuchtigkeit mittels des bekannten Haarhygrometers, das unmittelbar den relativen Feuchtigkeitsgehalt, jedoch meist recht ungenau, angibt; immerhin genügen Haarhygrometer für manche betriebstechnischen Zwecke, besonders, wenn die Temperaturen nicht zu hoch sind. Für eigentliche Versuchszwecke kommt mehr die Verwendung des Psychrometers in Frage, das namentlich für meteorologische Zwecke ausgebildet worden ist.

Den wirksamen Teil des Psychrometers bilden zwei gut übereinstimmende Thermometer. Das eine ist mit einem Läppchen umwickelt, welches vor der Bestimmung angefeuchtet wird, das zweite behält die blanke Quecksilberkugel. Streicht ungesättigte Luft an dem befeuchteten Thermometer vorbei, so wird sie sich mit Wasserdampf anreichern, die Verdampfungswärme des aufgenommenen verdampften Wassers wird dem Wasser entzogen, und das Thermometer wird infolge der Verdunstungskälte eine niedrigere Temperatur anzeigen als das trockene Thermometer. Der Unterschied beider Temperaturen, die sogenannte psychrometrische Differenz, wird um so größer, je trockener die Luft ist, je energischer also die Luft Feuchtigkeit aus dem Läppchen aufnimmt.

Die entstehende psychrometrische Differenz ist indessen wesentlich abhängig von dem Maße der Konvektion in der Nähe der Thermometer. Stagniert die Luft am feuchten Thermometer, so stellt sich bald hinsichtlich der Feuchtigkeit eine Art Sättigungszustand ein, während doch von der Umgebung her Wärme zugeführt wird. Die psychrometrische Differenz kommt daher in voller Größe nicht zustande, wenn man in ruhender Luft das Psychrometer stillhält.

Bei der Messung in den Kanälen und Rohrleitungen wird wegen der Wirbelung des Luftstromes selbst die Konvektion häufig ausreichen. In gewissen Fällen aber ist es sicherer, künstlich für Konvektion der Luft an beiden Thermometern zu sorgen. Dazu werden beide Thermometer in einem einfachen Blechgestell gemeinsam befestigt und an einem Faden im Kreise herumgeschleudert (Schleuderpsychrometer). In engen Kanälen ist das Schleudern nicht möglich; dann muß man sich des auf alle Fälle bequemeren Aspirations-Psychrometers bedienen.

Es ist wichtig, daß das trockene Thermometer wirklich trocken bleibt, deshalb darf man das feuchte nicht durch Spritzen anfeuchten. Es ist ferner wichtig, daß das verwendete Wasser rein ist; es sollte eigentlich destilliertes Wasser genommen werden. Denn der Druck des Wasserdampfes, von dem die Verdunstung abhängt, ist über Salzlösungen anders als über Wasser, meist niedriger.

Bei der Auswertung der erhaltenen Resultate muß auch die sogenannte Gütezahl des Psychrometers berücksichtigt werden; diese wird jedem Instrument von der anfertigenden Firma beigelegt.

Die Auswertung der erhaltenen Resultate ist nicht ganz einfach; besser als die Rechnung führt ein graphisches Verfahren zum Ziel, das schon *Weiß* angegeben hat.

Da man fast immer vom trockenen und befeuchteten Thermometer ausgehend die relative Feuchtigkeit ermitteln will, so sind auf der Tafel 13 im Anhang die Ergebnisse so aufgetragen, daß ein genaues Ablesen des Feuchtigkeitsgehaltes ohne weiteres möglich ist. Die Temperaturen des trockenen Thermometers sind nach *Hinz* als Abscissen, die relativen Feuchtigkeiten sind für verschiedene Temperaturen des feuchten Thermometers als Ordinaten aufgetragen.

Beispiel 4.

$t_{tr} = 20°$ C, $t_f = 15°$ C, dann ist $x = 59$ Proz.

Für den Fall, daß der Luftdruck anstatt 1 at abs., für den die Tafel 13 im Anhang gezeichnet ist, 1,03 at abs. beträgt, sind entsprechende Korrektive einzuführen. Die Abweichung ist für gesättigte Luft 0, für trockene Luft etwa 1 Proz. Feuchtigkeitsgehalt. Bei etwa 60 Proz. Feuchtigkeit ist für je 0,01 at höheren Luftdruck etwa 0,2 Proz. Feuchtigkeitsgehalt von der Ablesung zu addieren.

V. Die Temperaturmessung.

Zur Messung von Temperaturen bis etwa 350° können gewöhnliche Quecksilberthermometer benützt werden. (Der Siedepunkt von Quecksilber liegt oberhalb 360°.) Temperaturen von 350 bis 550° lassen sich ebenfalls mit Quecksilberthermometern bestimmen, wenn zum Zwecke der Verzögerung des Siedepunktes das Meßrohr oberhalb des Quecksilbers unter Druck mit Stickstoff oder wasserfreier Kohlensäure gefüllt ist. Solche Thermometer heißen alsdann Pyrometer.

Von Thermometern für technische Zwecke verlangt man nicht nur, daß ihre Temperaturangaben richtig sind, sie sollen auch ein gewisses Maß von Widerstandsfähigkeit gegen Stoß, raschen Temperaturwechsel usw. besitzen. Schon bei etwa 300° ist die Ausdehnung gewöhnlicher Glassorten so bedeutend und unregelmäßig, daß die Angaben des Thermometers falsch werden. Auch fangen derartige Glassorten schon verhältnismäßig früh an, weich zu werden.

Eine Glassorte, die diese Fehler in viel geringerem Maße besitzt und daher zu Quecksilberthermometern sehr gut geeignet ist, ist das Jenaer Borosilikatglas 59^{III}, welches erst bei etwa 650° eine gefährliche Plastizität annimmt. Für höhere Temperaturen werden wohl thermoelektrische Methoden am geeignetsten sein.

Korrektion des herausragenden Fadens.

Die Angaben der Quecksilberthermometer sind gemäß den üblichen Eichungsmethoden nur richtig, wenn nicht nur das Quecksilbergefäß, sondern auch die Capillare, soweit sie mit Quecksilber gefüllt ist, der zu messenden Temperatur ausgesetzt ist. Dies ist aber bei technischen Temperaturmessungen fast nie der Fall, weshalb zu den abgelesenen Temperaturen ein Zuschlag zu machen ist, der um so größer ist, je länger das Thermometer und je kürzer dessen Eintauschlänge in jedem einzelnen Falle ist.

Bezeichnet

t_a die abgelesene Temperatur,
t_b die zu bestimmende Temperatur,
α den scheinbaren Ausdehnungskoeffizienten von Quecksilber in Glas,
n die Anzahl von Graden, die herausragen,
t_m die mittlere Temperatur des herausragenden Quecksilberfadens,

so ist die wirkliche Temperatur:

$$t_b = t_a + n \cdot \alpha (t_b - t_m). \tag{9}$$

Für α kann mit genügender Genauigkeit 0,000155 gesetzt werden.

Die mittlere Temperatur des herausragenden Quecksilberfadens bestimmt man durch ein kleines Thermometer, welches man in der Mitte des herausragenden Fadens neben dem zu korrigierenden Thermometer aufhängt. Wegen der guten Wärmeleitungsfähigkeit von Quecksilber ist aber bei kurzen Quecksilberfäden das so bestimmte t_m zu klein. Um diesen Fehler auszugleichen, nimmt man in solchen Fällen $\alpha = 0{,}000135$.

Bei der praktischen Temperaturmessung ist noch folgendes zu beachten. Das Einbauen der Thermometer in eine Leitung macht oft Schwierigkeiten, da man das Thermometer, um ein Herausschleudern bei hohen Spannungen zu vermeiden, möglichst fest in den Stutzen oder Öffnungen befestigen muß, zugleich aber der Einfluß der kühlenden Rohrwandungen möglichst beseitigt werden soll. Man kann einen Stutzen in das Rohr einsetzen, oder man füllt den Stutzen (Tasche) mit Öl oder Quecksilber und taucht das Thermometer hinein. Durch das Öl wird die Trägheit des Thermometers erhöht, es folgt nur langsam den Temperaturschwankungen, deshalb ist diese Befestigungsart wenig zu empfehlen. Eine andere Möglichkeit ist die, die Leitung ebenfalls anzubohren und ein starkes Gasrohr einzusetzen, das in einem Gummistopfen das Thermometer trägt. Auf diese Weise wird das Thermometer fast vollkommen von der zu messenden Luft umspült und der Einfluß der kühlenden Wandung möglichst abgehalten. Die Thermometerkugel soll sich immer in der Mitte der Rohrleitungen befinden. Die Einführungsstelle muß gut abgedichtet sein. Es ist aber nicht immer, namentlich nicht bei Hochdruckkompressoren möglich, die Thermometer unmittelbar mit dem Gasstrom in Berührung zu bringen. In solchen Fällen wird wohl die Anwendung der Tauchrohrbefestigung zur Aufnahme der Thermometer unumgänglich sein; durch einen besonderen Versuch muß man die zurückbleibenden Angaben der Thermometer bei dieser Befestigungsart bestimmen und entsprechend berücksichtigen. Überhaupt ist es empfehlenswert, die Thermometer vor den Versuchen im Wasser- bzw. im Ölbad mit dem Normalthermometer zu eichen. Die Messung der Temperatur ist stets unmittelbar mit der Druckmessung zu verbinden, indem das Thermometer durch eine besondere Öffnung etwa 0,5 bis 1,0 m hinter dem Staugerät (und bei anderen Meßmethoden an einer Stelle, wo die Parallelität der Stromfäden nicht gestört wird) in die Leitung eingesetzt und regelmäßig abgelesen wird. Es empfiehlt sich, während der Messung das Thermometer zu verschieben, um die Temperatur an den einzelnen Stellen des Rohrquerschnittes zu vergleichen. Ein Fehler in der Temperatur von 2,7° C (siehe Seite 7) kann schon einen solchen von 1 Proz. in der Berechnung des Volumens verursachen. In manchen Rechnungen muß der Wert der absoluten Temperatur eingesetzt werden. Die absolute Temperatur $T = t + 273$.

Feststellung des Barometerstandes. Quecksilberbarometer sind schwer transportabel, Aneroide verändern durch Stöße ihre Angabe. In Ermangelung eines Quecksilber-Barometers kann bequem die Siedemethode angewendet werden; auf diesem Prinzip beruhende Apparate baut die Firma *R. Fueß* in Steglitz. Bei Quecksilber-Barometern mit Messingskala ist die Korrektionstafel (Anlage 1 im Anhang) zu berücksichtigen.

Registrierende Barometer und Thermometer sind zu empfehlen, ihre Angaben sind jedoch öfters mit den Angaben von Einzelmessungen zu vergleichen.

VI. Spezifische Wärme.

Wenn die in einem Körper enthaltene Wärmemenge auf irgendeine Weise vergrößert (oder verkleinert) wird, so steigt (oder fällt) seine Temperatur. Gleichen Temperaturänderungen entsprechen jedoch, unter sonst gleichen Umständen, bei verschiedenen Körpern gleichen Gewichtes sehr ungleiche Wärmemengen. Die „Aufnahmefähigkeit" für die Wärme (Wärmekapazität) ist von der Natur der Körper abhängig.

Die Wärmemenge, die man 1 kg flüssigem Wasser zuzuführen hat, um seine Temperatur um 1° C zu erhöhen, wird als „Einheit der Wärmemenge" (WE, cal) angenommen.

Unter „spezifischer Wärme" (C) eines beliebigen Körpers versteht man die Anzahl Wärmeeinheiten, die gebraucht werden, um 1 kg des Körpers um 1° C zu erwärmen.

Bei festen und flüssigen Körpern ist die spez. Wärme eindeutig (abgesehen von etwaiger Abhängigkeit von der Temperatur). Bei Gasen und Dämpfen dagegen kann c alle möglichen Werte annehmen, je nach den äußeren Umständen, unter denen die Erwärmung vor sich geht.

Man unterscheidet spez. Wärme der Gase bei konstantem Druck (c_p) und bei konstantem Volumen (c_v). Ferner ist die mittlere (für eine beliebige Temperatur in einem bestimmten Temperaturbereich) spez. Wärme mit der wahren nicht zu verwechseln. Die mittlere spez. Wärme c_m zwischen t_0 und t ist gleich der wahren spezifischen Wärme für die halbe Temperatur (z. B. die mittlere zwischen 0 und 2000° ist gleich der wahren bei 1000°). Ferner ist noch zu berücksichtigen, daß bei Gasen die Werte der spez. Wärme sich auf die Gewichts- resp. auf die Volumeneinheit beziehen, worauf man besonders achten muß.

Die spez. Wärme der Gase ist mit der wechselnden Temperatur nicht unveränderlich und nimmt im allgemeinen mit dem Steigen der Temperatur zu. Unten folgen die Werte der spez. Wärme für einige Gase (bezogen auf die Gewichtseinheit).

Sauerstoff	$c_v = 0{,}156 + 0{,}000\,033\,2\ t$;	$c_p = 0{,}218 + 0{,}000\,033\,2\ t$
Stickstoff	$c_v = 0{,}178 + 0{,}000\,037\,8\ t$;	$c_p = 0{,}249 + 0{,}000\,037\,8\ t$
Wasserstoff . . .	$c_v = 2{,}415 + 0{,}000\,526\ t$;	$c_p = 3{,}40 + 0{,}000\,526\ t$
Kohlenoxyd . . .	$c_v = 0{,}171 + 0{,}000\,037\,8\ t$;	$c_p = 0{,}242 + 0{,}000\,037\,8\ t$
Luft	$c_v = 0{,}172 + 0{,}000\,036\,6\ t$;	$c_p = 0{,}214 + 0{,}000\,036\,6\ t.$

C. Das spezifische Gewicht der Gase.

Unter spezifischem Gewicht eines Körpers versteht man im allgemeinen das Gewicht der Volumeneinheit des Körpers. Bei Gasen gilt die Angabe des spez. Gewichtes für 0° und 760 mm Quecksilberdruck und wird in der Regel auf Luft bei 0° und 760 mm Ba = 1 bezogen. Bezieht sich dagegen die Angabe des spez. Gewichtes auf das wirkliche Gewicht der Luft (1,2928 kg pro cbm), so spricht man von einem Litergewicht. Aus der unten folgenden Tabelle 1 sieht man die Litergewichte und die spez. Gewichte einiger Gase.

Tabelle 1.

Litergewichte und spezifische Gewichte der Gase bei 0° C und 760 Q.-S.[1]

Gasart	Chemische Formel	Litergewicht	Spez. Gewicht	Gasart	Chemische Formel	Litergewicht	Spez. Gewicht
Äthan	C_2H_6	1,3408	1,037	Luft	—	1,2928	1,000
Äthylen	C_2H_4	1,2507	0,967	Methan	CH_4	0,7153	0,553
Ammoniak	NH_3	0,7598	0,588	Sauerstoff	O_2	1,4278	1,105
Acetylen	C_2H_2	1,1608	0,898	Schwefelwasserstoff	H_2S	1,5209	1,176
Benzol	C_6H_6	3,4824	2,694	Stickstoff	N_2	1,2502	0,967
Kohlenoxyd	CO	1,2493	0,966	Wasserdampf	H_2O	0,8035	0,622
Kohlensäure	CO_2	1,9632	1,519	Wasserstoff	H_2	0,0899	0,069

Man erhält das Litergewicht, indem man das spez. Gewicht mit 1,2928 multipliziert.

I. Ermittlung des spezifischen Gewichtes des Gases.

Die Ermittlung des spezifischen Gewichtes des Gases kann auf verschiedene Weise erfolgen: 1. mit dem Apparat nach *Schilling-Bunsen*, 2. mit der *Lux*schen Gaswage, 3. mit dem Apparat von *Krell* und 4. aus der Gasanalyse und 5. nach verschiedenen anderen Methoden.

1. Apparat nach *Schilling-Bunsen*.

Der Apparat (Fig. 1) beruht im Prinzip darauf, daß gleich große Volumina verschiedener Gase beim Ausströmen unter gleichem Druck und Temperatur aus einer engen Öffnung verschiedene Ausströmungszeiten haben, und daß sich die spez. Gewichte der Gase wie die Quadrate der Ausströmungszeiten verhalten.

[1] Nach *Bunte*.

Der Apparat besteht aus einem engen und einem weiten Glaszylinder. Der innere Zylinder ist in einem Messingdeckel fest eingekittet und trägt einen Aufsatz, dessen oberes Ende durch eine mit feiner Öffnung versehene Platte abgeschlossen ist, unterhalb welcher sich der Abschlußhahn befindet. Der seitlich angebrachte Hahn mit Schlauchtülle schließt die Einströmungsöffnung ab. Seitlich davon befindet sich ein deutlich ablesbares Thermometer, welches mit dem unteren Ende in das Wasser hineinragt. Da nun während der Messung das in den engen Zylinder eintretende Gas (bzw. die Luft) schnell die Temperatur des umgebenden Wassers annimmt, so wird dadurch eine möglichst genaue Bestimmung erreicht. Der am Boden befindliche Hahn dient zum Entleeren des Gefäßes von Wasser. Zum vertikalen Einstellen des ganzen Apparates sind am Boden drei Stellschrauben angeordnet.

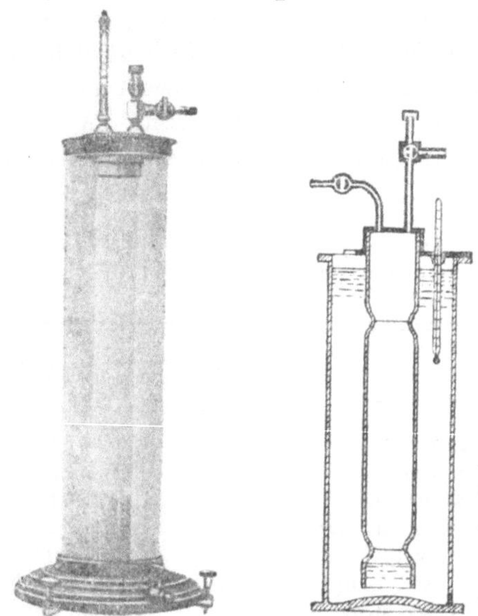

Fig. 1. Apparat nach *Schilling*, Bauart *Pintsch*.

Fig. 2. Apparat nach *Schilling*, in der Modifikation von *Pannertz*.

Der äußere Zylinder wird fast bis zum oberen Rande mit Wasser gefüllt; dann taucht man den mit atmosphärischer Luft gefüllten Innenzylinder in das Wasser ein, nachdem der Ein- und Ausströmungshahn des Aufsatzes geschlossen worden ist.

Das Wasser wird bis zu einer gewissen Höhe in den engen Zylinder eintreten, aber noch unterhalb des unteren eingeschliffenen Teilstriches bleiben. Nun öffnet man den Auslaßhahn und läßt die Luft aus der Öffnung entweichen. Das Wasser steigt nun langsam im engen Zylinder. Sobald es am unteren Teilstrich angekommen, beginnt man mittels einer Stoppuhr zu beobachten, wieviel Sekunden das Wasser braucht, um bis zum oberen Teilstrich aufzusteigen, und notiert diese Zeit. Gleichzeitig liest man auch den Thermometerstand ab und geht hierauf zur Untersuchung des zu messenden Gases über. Nachdem der Eingangshahn mit der Gasleitung verbunden und geöffnet ist, füllt man den inneren Zylinder mit Gas, indem man denselben entsprechend langsam aus dem Wasser heraushebt. Sobald der Zylinder beinahe gefüllt ist, schließt man den Eingangshahn, taucht den Zylinder wieder in das Wasser hinein und läßt, indem man den Auslaßhahn öffnet, den Inhalt entweichen. Um alle Luft aus dem Zylinder zu verdrängen, muß das Füllen und Entleeren mehrere Male wiederholt werden. Nun füllt man den Zylinder noch einmal, schließt den horizontal liegenden Eingangshahn und läßt, nachdem man den Zylinder wieder ins Wasser eingetaucht hat, durch das kleine Loch so lange

Gas entweichen, bis die Wasserlinie den unteren Strich erreicht hat, und beobachtet nun, wieviel Zeit dieselbe braucht, um bis zum oberen Strich zu gelangen. Schließlich notiert man auch den Thermometerstand.

Ist γ = das spez. Gewicht des Gases, Z_g die Ausströmungszeit desselben in Sekunden, Z_l die Ausströmungszeit der Luft in Sekunden, so ist, wenn das spez. Gewicht der Luft = 1 gesetzt wird,

$$\gamma = \frac{Z_g^2}{Z_l^2}. \tag{1}$$

Fand man bei der Untersuchung, daß das Gas um $x°$ C kälter als die Luft war, so ist:

$$\gamma = \frac{Z_g^2}{(1 + 0{,}003666\,x)\,Z_l^2}. \tag{2}$$

War dagegen das Gas um $x°$ C wärmer als die Luft, so ist:

$$\gamma = \frac{Z_g^2}{(1 - 0{,}003666\,x)\,Z_l^2}. \tag{3}$$

Beispiel 5.

Hat die Luft 120 Sekunden zur Ausströmung gebraucht und das Gas 80 Sekunden, und war das Gas um 2° C wärmer als die Luft, so ist:

$$\gamma = \frac{80^2}{(1 - 0{,}003666 \cdot 2)\,120^2} = 0{,}447,$$

bezogen auf Luft = 1.

Diese Berechnungsmethode läßt sich aber nur bei ganz geringen Temperaturdifferenzen anwenden, wie sie z. B. vorkommen, wenn sich das Sperrwasser in einem wärmeren Raume allmählich anwärmt. Andernfalls ist die Dampfspannung (S. 9) zu berücksichtigen.

Um zu vermeiden, daß das feine Ausströmungsloch durch Staub usw. sich ganz oder teilweise zusetzt, muß es, sobald der Apparat nicht gebraucht wird, stets durch eine dichtschließende Kappe geschützt werden.

Um die Genauigkeit des Instrumentes zu erhöhen, hat *Pannertz* den Apparat abgeändert (Fig. 2), indem er den Zylinder an den Stellen, wo die Striche sich befinden, einschnürt. Infolgedessen muß der Wasserspiegel durch den engeren Querschnitt schneller hindurchtreten. Damit ist aber das Passieren der Striche genauer zu beobachten.

Über die Umrechnung auf das wirkliche Gewicht der Luft unter Berücksichtigung der Feuchtigkeitsverhältnisse siehe weiter unten.

2. *Lux*sche Gaswage.

Die *Lux*sche Gaswage (Fig. 3) läßt das spez. Gewicht ohne Versuch direkt ablesen. Im Prinzip beruht sie darauf, daß gleiche Luft- und Gasvolumina ausgewogen werden und ihre Gewichtsdifferenz als spezifisches Gewicht (wobei Luft = 1) an einer Skala abgelesen wird. Die Wage besteht aus einem etwa einen Liter fassenden Glas- oder Metallballon, der an ein

Rohr dicht angesetzt ist. Dieses Rohr dient zur Zuführung des Gases. Das Gas wird durch einen Gummischlauch zugeführt und gelangt unter Vermittelung eines Quecksilberverschlusses in das in der Achse des Drehungsmittelpunktes liegende Rohr, welches mit dem genannten Zuführungsrohr in Verbindung steht. Die Abfuhr des Gases erfolgt durch eine Öffnung am Boden des Ballons und durch den Rohransatz, der wieder durch einen Quecksilberverschluß zum Gasabführungsschlauch führt. Auf diese Weise wird der Ballon stets mit frischem Gas versorgt. Die beiden Quecksilberverschlüsse, welche die freie Beweglichkeit des Wagebalkens gewährleisten müssen, bestehen im Unterteile aus zwei konzentrischen Zylindern, deren Zwischenraum mit Quecksilber gefüllt ist. Das Gas tritt durch den inneren Zylinder ein. In den ringförmigen, mit Quecksilber gefüllten Raum taucht das freie, nach abwärts gebogene Ende des Rohres, welches in der Drehungsachse liegt,

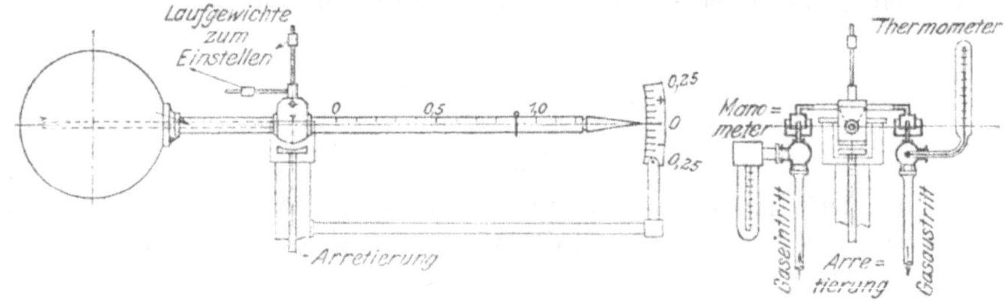

Fig. 3. *Lux*sche Gaswage.

derart, daß es im Quecksilber genügenden Spielraum besitzt, um einen großen Ausschlag des Wagebalkens zu ermöglichen.

Der Wagebalken ist in 100 Teile geteilt, von 5 zu 5 Teilen mit einer Einkerbung, und von 10 zu 10 Teilen, vom Mittelkörper aus gerechnet, mit den Bezeichnungen 0,0, 0,1 bis 1,0 versehen. Der Gradbogen ist mit 51 Teilstrichen versehen, deren mittelster die Bezeichnung 0,0 trägt, während nach oben und nach unten von 10 zu 10 Teilstrichen die Bezeichnungen 0,1 und 0,2 stehen. Oberhalb der Bezeichnung 0,0 ist ein Pluszeichen (+), unterhalb ein Minuszeichen (—) angebracht.

Bei Aufstellung der Wage verfährt man in der Weise, daß man zunächst dem ganzen Apparat einen möglichst festen, dem direkten Sonnenlicht sowie starken Temperaturwechseln nicht ausgesetzten Standort gibt, und das Gehäuse vermittelst der Stellschrauben und unter Beobachtung der Dosenlibelle genau wagrecht einstellt.

Vor Inangriffnahme der Untersuchung wird Luft hindurchgeleitet, und man verstellt das am rechten Ende des Wagebalkens befindliche Laufgewicht solange, bis der Zeiger auf den Nullpunkt der Skala zeigt. Dann leitet man das Gas hindurch und liest an der Neigung des Wagebalkens direkt das spez. Gewicht ab. Zur Ausgleichung größerer Gewichtsdifferenzen kann man auf dem Wagebalken auch noch einen Reiter an einer dort angebrachten Skala verschieben.

Auf demselben Prinzip, wie die *Lux*sche Wage, beruht auch das Ökonometer von *Arndt*; dasselbe wird aber in der Praxis vorzugsweise zur Untersuchung der schwereren Rauchgase benutzt.

3. Apparat nach *Krell*.

Dieser Apparat (Fig. 4) beruht auf dem Prinzip der kommunizierenden Röhren, in denen Gewichtsunterschiede zwischen der atmosphärischen Luft

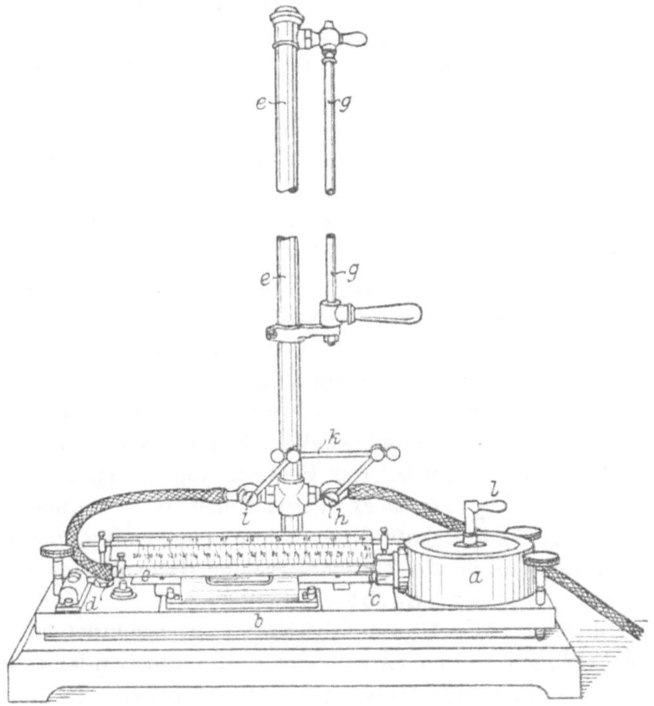

Fig. 4. *Krell*sche Luftsäulenwage.

und dem zu untersuchenden Gase durch eine Sperrflüssigkeit ausgeglichen werden.

Durch die Menge der zum Ausgleich nötigen Sperrflüssigkeit findet die Ermittelung des spez. Gewichtes von dem zu untersuchenden Gase statt.

Da dieser Apparat keine komplizierten Bewegungsteile besitzt, welche Nachjustierung oder Störung verursachen könnten, sind selbst ganz Ungeübte in der Lage, in ebenso schneller als zuverlässig genauer Weise das gewünschte spez. Gewicht zu bestimmen.

Der Apparat besteht, wie aus obenstehender Figur ersichtlich, hauptsächlich aus einem besonders empfindlichen Manometer, dem sogenannten Mikromanometer *a c*, und einem Standrohre *e* nebst den entsprechenden Hähnen und Verbindungen. Dieses Standrohr *e* erhält aus praktischen Gründen eine Länge von 2 m und dient zur Aufnahme des zu untersuchenden

Gases. Das Mikromanometer besteht aus einer Dose *a* und einem in dieselbe eingesetzten Glasrohr *c* nebst Skalenanordnung. Die Dose ist mit der Fußplatte *b* aus einem Stück gegossen und kommuniziert mit der Außenluft durch die Tülle *l*.

Das Glasrohr steckt an seinem freien Ende in einer Schelle *d* und ist mit einer geringen Neigung gegen die Dose *a* zu festgelegt.

Der ganze Apparat ruht auf einer gußeisernen Grundplatte und wird mittels dreier Stellschrauben unter Beobachtung der auf der Fußplatte *b* befindlichen Libellen horizontal eingestellt, worauf die Dose mit rotgefärbtem Alkohol von 0,8 spez. Gewicht gefüllt wird, bis derselbe am Anfang des Glasrohres zu erscheinen beginnt.

Um nicht an einen bestimmten Nullpunkt der Flüssigkeit gebunden zu sein und doch genaue Resultate erzielen zu können, ist folgende Skalenanordnung getroffen:

Dem Glasrohr zunächst befindet sich eine genau nach den einzelnen Gasrohrquerschnitten kalibrierte Skala, deren einzelne Teilstriche wieder mit den Teilstrichen einer genau nach Millimetern eingeteilten Skala verbunden ist. Auf dieser letzteren ist eine Schiebeskala angeordnet, auf welcher die den einzelnen Teilstrichen der festen Skalen entsprechenden spez. Gewichtszahlen verzeichnet sind. Ist also beim Füllen der Dose die Flüssigkeit z. B. auf den dritten Teilstrich der unteren Skala zu stehen gekommen, so stellt man den Anfangspunkt der Schiebeskala auf den dritten Teilstrich der mittleren Skala ein. Dringt dann bei der Bestimmung des spez. Gewichtes eines Gases die Flüssigkeit bis zum zwanzigsten Teilstrich der unteren Skala vor, so liest man auf der Schiebeskala die mit dem zwanzigsten Teilstrich der mittleren Skala zusammenfallende Zahl ab, welche dann das spezifische Gewicht des Gases direkt angibt.

Zur Ausführung einer Gewichtsbestimmung verbindet man den Hahn *h* durch einen Schlauch mit der Leitung des zu untersuchenden Gases, nachdem man vorher die verbundenen Hebel *k* der Hähne *h* und *i* in die in der Figur veranschaulichte Lage gebracht hat. In dieser Stellung der Hähne steht die Manometerdose *a* durch die Tülle *l* und das Manometerrohr *c* durch eine kleine Bohrung im Gehäuse vom Hahn *i* mit der freien Luft in Verbindung, so daß sich die Manometerflüssigkeit im Ruhezustande befindet. Hahn *h* verbindet die Gasleitung mit dem Standrohr *e*, so daß das zu untersuchende Gas in letztere einströmt und die darin befindliche Luft vollständig verdrängt. Unterdessen richtet man den Apparat horizontal aus und stellt die Schiebeskala dem Stande der Manometerflüssigkeit entsprechend ein. Nachdem man durch Anzünden des bei *f* austretenden Gases sich davon überzeugt hat, daß es die Luft aus dem Rohr *e* vollständig verdrängt hat, dreht man mittels des Griffes der Stange *g* Hahn *f* zu, um die Flamme auszulöschen, und öffnet den Hahn wieder, da er während der Prüfung offen bleiben muß. Alsdann legt man die Hebel *k* der Hähne *h* und *i* nach links um, wodurch Hahn *h* die Gasleitung zum Standrohr *e* abschließt, während Hahn *i* die Verbindung zwischen Rohr *e* und dem Manometerrohr *c* herstellt.

Infolge des Druckunterschiedes zwischen der in *e* befindlichen Gassäule, welche mit der Manometerröhre verbunden ist, und der auf der Manometerdose ruhenden Luftsäule erfolgt ein Ausschlag der Manometerflüssigkeit in dem Glasrohr. Wenn dann die Flüssigkeit nach einigen Sekunden zum Stillstand gekommen ist, kann man auf dem entsprechenden Teilstrich der Schieberskala das spezifische Gewicht des Gases direkt ablesen.

Von den drei besprochenen Einrichtungen mißt nur der *Bunsen-Schilling*sche Ausströmungsapparat das Verhältnis der übrigen, die Differenz. Die Änderungen des Druckes und der Temperatur wirken auf die beiden zu vergleichenden spez. Gewichte gleich stark ein, so daß das Verhältnis beider erhalten bleibt. Bei anderen Apparaten, wo nicht das Verhältnis, sondern der Unterschied des spez. Gewichts angezeigt wird, ist eine entsprechende Umrechnung nötig.

4. Ermittelung aus der Gasanalyse.

Stehen die oben beschriebenen Apparate nicht zur Verfügung, oder ist die vorhandene Gasmenge sehr gering (etwa bei der Entnahme einer Durchschnittsgasprobe), so läßt sich das spez. Gewicht des Gases auch aus einer chemischen Zusammensetzung ausrechnen, wie es aus dem unten folgenden Rechenbeispiel zu ersehen ist.

Beispiel 6.

Gasbestandteile	Proz.-Gehalt	Spez. Gewicht pro Teil	Gesamtes spez. Gewicht
H_2	61	0,069	4,209
CH_4	27,2	0,553	15,042
C_6H_6	0,9	2,694	2,425
C_2H_4	2,9	0,967	2,804
CO	3,3	0,967	3,201
N_2	4,7	0,967	4,545
			32,226

32,226 : 100 = 0,322 oder auf das wirkliche Gewicht der Luft bezogen 0,322 · 1,2928 = 0,417.

Die im Anhang befindliche Rechentafel 12 gestattet, diese Rechnung zu ersparen. Die vertikalen Reihen der Tafel beziehen sich auf den Prozentgehalt des betreffenden Gases an jeweiligen Bestandteilen; die horizontalen Reihen entsprechen den Zehntel-Proz. Danach wäre das spez. Gewicht eines Gases von der oben angegebenen Zusammensetzung (bezogen auf das wirkliche Gewicht der Luft) gleich:

Beispiel 6a.

für	61	Teile	H_2	=	5,484
„	27,2	„	CH_4	=	19,456
„	0,9	„	C_6H_6	=	3,132
„	2,9	„	C_2H_4	=	3,625
„	3,3	„	CO	=	4,125
„	4,7	„	N_2	=	5,875
					41,697

41,697 : 100 = 0,417.

5. Andere Methoden zur Ermittlung des spezifischen Gewichtes der Gase.

Guhlich[1] schlägt vor, mit Hilfe einer Saugflasche ein Vakuum von bestimmter Höhe herzustellen. Man läßt dann Luft durch eine Öffnung einströmen und beobachtet das Fallen der Quecksilbersäule am Manometer; ebenso verfährt man mit Gas an Stelle von Luft und erhält aus den Zeiten, die notwendig sind, um das Vakuum auf eine bestimmte Höhe sinken zu lassen, das spez. Gewicht des Gases.

Eine andere Methode der Anzeige von Dichteunterschieden verschiedener Gase, welche jedoch mehr qualitativen Charakter trägt, beruht auf der Diffusion der Gase durch poröse Membranen. Versieht man einen Zylinder aus nicht glasiertem gebrannten Ton mit einem Abschluß und schließt an eine Öffnung desselben ein Manometer an, so zeigt sich eine Steigerung des Druckes im Inneren des Tonzylinders, wenn man diesen Tonzylinder in eine Atmosphäre bringt, die ein leichteres Gas enthält. Dieses diffundiert nämlich leichter durch die Poren des Tones hinein, als das im Inneren befindliche schwere Gas herausdiffundiert. Dadurch steigert sich die Menge des im Zylinder enthaltenen Gases, also auch der Druck. Auf diesem Prinzip beruht ein Apparat, der den Namen „Gasoskop“ (*Wassergas- und Patentverwertungsgesellschaft*, Wien) trägt.

Ferner wurde eine akustische Methode vorgeschlagen, darauf beruhend, daß die Tonhöhen einer von verschiedenen Gasen angeblasenen Lippenpfeife sich, gerade so wie die Ausströmungsgeschwindigkeiten, umgekehrt verhalten wie die Quadratwurzeln aus dem spez. Gewicht dieser Gase.

6. Vergleich der verschiedenen Methoden untereinander.

Die *Lux*sche Gaswage ist teuer. Außerdem leidet sie an dem Übelstand, daß kleine Verunreinigungen in Form fester Partikelchen, welche im Gas enthalten sein können, sich am Ballon ansetzen und dessen Gewicht allmählich erhöhen, so daß dann die Anzeigen ungenau werden. Im übrigen eignet sich die *Lux*sche Gaswage mehr für stationäre Zwecke. Der *Schilling*sche Apparat ist sehr genau und handlich, außerdem portativ und beim Mitnehmen auf die Reise deshalb vorzuziehen. Der *Krell*sche Apparat ist wenig handlich. Die analytische Methode ist nicht ganz genau, und der Durchschnittswert erfordert die Durchführung von mehreren Analysen, was mit großer Mühe verbunden ist. Am geeignetsten erscheint somit der *Schilling*sche Apparat.

7. Einfluß der Feuchtigkeit.

Man gibt gern das spez. Gewicht, korrekter gesagt, die Dichte des Gases bezogen auf trockene Luft = 1 an. Trockene Luft wiegt bei 0° und 760 mm Ba 1,293 kg/cbm. Ein Gas von der Dichte 0,5 wiegt also (bei 0° und 760 mm Ba) 1,293 · 0,5 kg/cbm.

---

[1] Journ. f. Gasbel. 1911, S. 699.

Bezeichnet γ_0 das spez. Gewicht des Gases bei 0° und einem bestimmten Luftdruck, γ_t das spez. Gewicht unter dem gleichen Luftdruck bei t°, so ist

$$\gamma_t = \gamma_0 \cdot \frac{273}{273 + t}. \tag{4}$$

Wechselt auch der Luftdruck und bezeichnet b allgemein den Barometerstand, $\gamma_{t/b}$ das auf t° und b mm Quecksilber bezogene spez. Gewicht, so ist

$$\gamma_{t/b} = \gamma_0 \cdot \frac{b \cdot 273}{(273 + t) \cdot 760}. \tag{5}$$

Einfluß auf das spez. Gewicht der Gase hat die in ihnen enthaltene Feuchtigkeit. Wasserdampf ist nämlich nur reichlich halb so schwer wie Luft. Einen Anhalt, wie groß der Fehler ist, den man durch Nichtbeachtung der Feuchtigkeit begeht, ergeben folgende Beispiele, bei denen man sich des Gesetzes von *Dalton* erinnern möge.

Beispiel 7[1].

Temperatur 20°, Barometerstand 750 mm, d. i. Spannung der Luft plus der des in ihr enthaltenen Wasserdampfes. Trockene Luft wiegt

$$1{,}293 \cdot \frac{750}{760} \cdot \frac{273}{273 + 20} = 1{,}189 \text{ kg/cbm}.$$

Mit Feuchtigkeit gesättigte Luft enthält bei dieser Temperatur im Kubikmeter (Zahlentafel 2 des Anhanges) 0,017 kg Dampf. Dabei ist die Dampfspannung (Zahlentafel 4) 17 mm Q.-S., also bleiben 750 − 17 = 733 mm Q.-S. Luftspannung. Die in 1 cbm enthaltene Luft wiegt daher $1{,}293 \cdot \frac{273}{273 + 20} \cdot \frac{733}{760}$ = 1,162 kg/cbm. Die feuchte Luft als Ganzes wiegt also 1,162 + 0,017 = 1,179 kg/cbm. Fehler bei Nichtberücksichtigung der Feuchtigkeit 0,85 Proz. Hätte die Luft 50 Proz. Feuchtigkeit enthalten, so hätte sie 1,184 kg/cbm gewogen.

Temperatur 50°, Barometerstand 760 mm. Trockene Luft wiegt 1,093 kg/cbm. In gesättigt feuchter Luft wöge der Dampf 0,083 kg/cbm bei 92 mm Spannung; die Luft wöge bei 668 mm Spannung 0,961 kg/cbm. Gesättigt feuchte Luft wöge 1,044 kg/cbm, mittelfeuchte 1,068 kg/cbm. Fehler durch Vernachlässigen der Feuchtigkeit 5 Proz. bei gesättigter, 2,5 Proz. bei mittelfeuchter Luft.

Bei warmer Luft ist eine Vernachlässigung der Feuchtigkeit unzulässig. Man muß also die Luftfeuchtigkeit bestimmen (Psychrometer) oder man rechne im Notfall mit mittelfeuchter Luft.

8. Praktische Ausführung der Bestimmung des spezifischen Gewichtes.

Die genaue Bestimmung des spez. Gewichtes ist besonders wichtig; dasselbe ist mit mindestens drei Dezimalen einzustellen. Setzt man das

[1] Nach *Gramberg*.

z. B. zu 0,427 gefundene spez. Gewicht mit 0,42 oder 0,43 ein, so erhält man bei einem Geschwindigkeitsdruck von 5,5 mm eine Differenz in der gelieferten Gasmenge von mindestens 2,0 Proz. Durch Temperaturunterschiede ändern sich die Verhältnisse in den Apparaten, man muß also beide Versuche bei der gleichen Temperatur vornehmen. Auch ist es nicht zulässig, den Versuch mit Luft ein für alle Mal zu machen, man muß beide Versuche kurz hintereinander ausführen. Dies ist speziell bei der Anwendung des *Bunsen-Schilling*schen Apparates von Wichtigkeit. Wenn nämlich das Gas nicht staubfrei ist, verstopft sich die kleine Ausflußöffnung. Das kann man an den unregelmäßigen Änderungen der Zeitdifferenzen zwischen den einzelnen Ablesungen erkennen, man staube die Öffnungen vor den Versuchen ab.

Von großer Wichtigkeit ist die gute Durchspülung des Apparates, wenn mit dem Gase gewechselt wird.

Eine Absperrung mit Wasser oder Glyzerin hat den Nachteil, daß hygroskopische Gase, wie CO_2, Feuchtigkeit aufnehmen, wodurch sich das spez. Gewicht merklich ändern kann. Quecksilber als Sperrflüssigkeit wäre vorzuziehen, jedoch bringt diese Anordnung eine entsprechende Abänderung des Apparates mit sich.

Das spez. Gewicht ist gleichzeitig mit der Gasmessung auszuführen. Zur Auswertung gelangt der Durchschnitt von mehreren Messungen.

Die Bestimmung des spez. Gewichtes bringt, auch abgesehen von der absoluten Notwendigkeit für die Messungsauswertung, manchen Vorteil. So kann z. B. an der Meßstelle eine bestimmte Gasmenge ermittelt worden sein. Sind aber in der Gasleitung Undichtigkeiten vorhanden, so kann die Gasmenge in einer bestimmten Entfernung von der Meßstelle, je nachdem in der Gasleitung Druck und Saugung herrscht, kleiner oder (durch Ansaugung von Luft) größer werden. Daher ist eine Kontrolle durch die Bestimmung des spez. Gewichtes empfehlenswert.

II. Die Auswertung der Meßergebnisse.

Die Auswertung der mit dem *Schilling-Bunsen*schen Apparat erhaltenen Resultate geschieht wie folgt:

Werden die Zeiten, die die Luft und die gleiche Menge Gas bei gleichen Drücken und Temperaturen zum Ausströmen aus dem *Schilling*schen Apparat brauchen, mit Z_l und Z_g bezeichnet, so ist das Verhältnis

$$\gamma = \frac{Z_g^2}{Z_l^2}\,; \tag{1}$$

Da Luft und Gas unter Wasserabschluß gemessen werden, so sind beide als gesättigt zu betrachten. Das Raumgewicht der feuchten Luft ist (vgl. Gleichung (5) im Abschnitt B III):

$$\gamma_{l\,(t/b+p)} = 1{,}293 \cdot \frac{b+p-\tau}{760} \cdot \frac{273}{273+t}, \tag{6}$$

dasjenige des feuchten Gases

$$\gamma_{g\,(t/b+p)} = \gamma \cdot \gamma_{l\,(t/b+p)}\,; \tag{7}$$

Wird hiervon der Wassergehalt abgezogen und auf 0° und 760 mm Ba reduziert, so ist nach dem Einsetzen von $\gamma_{l\,(t/b\,+\,p)}$ das Raumgewicht des trockenen Gases bei 0° und 760 mm Q.-S. gleich:

$$\gamma_{g\,(0/760)} = \left[\left(\frac{b+p-\tau}{760} \cdot \frac{273}{273+t} + W_t\right) \cdot \gamma - Wt\right] \cdot \frac{760}{b+p-\tau} \cdot \frac{273+t}{273} \text{ kg/cbm} . \qquad (8)$$

Für die meisten in Frage kommenden Temperaturen (15 bis 20° C) ist der mittlere Wasserdruck p des *Schilling*schen Apparates nahezu gleich dem Teildruck τ, so daß die Differenz $p - \tau$ praktisch vernachlässigt werden kann. Die geordnete Gleichung (8) wird also lauten:

$$\gamma_{g\,(0/760)} = 1{,}293 \cdot \gamma + W_t \cdot \frac{760}{b} \cdot \frac{273+t}{273} (\gamma - 1) \text{ kg/cbm} . \qquad (8\text{a})$$

An der Meßstelle ist das Raumgewicht des Gases in gesättigtem Zustande =

$$\gamma_{g\,(t_m/b\,+\,p_m)} = \gamma_{g\,(0/760)} \cdot \frac{b+p_m-\tau_m}{760} \cdot \frac{273}{273+t_m} + W_{t_m} \text{ kg/cbm.} \qquad (9)$$

An folgendem Beispiel möge die Auswertung des spez. Gewichtes gezeigt werden:

Beispiel 8.

Z_g = die Ausströmungszeit des Gases aus dem Apparat von *Schilling-Bunsen* = 48,9 Sekunden.

Z_l = die Ausströmungszeit der Luft aus dem Apparat von *Schilling-Bunsen* = 52,4 Sekunden.

γ = das Verhältnis der Quadrate der Ausströmungszeiten des wassergesättigten Gases zur wassergesättigten Luft, schlechthin spez. Gewicht genannt $= \frac{48{,}9^2}{52{,}4^2} = 0{,}8705$, bezogen auf Luft gleich 1.

$\gamma_{g\,(0/760)}$ = Das Raumgewicht des trockenen Gases im Normalzustande, siehe Gleichung (8a).

W_t = Wasserdampfgehalt des gesättigten Gases in kg/cbm; bei der Arbeitstemperatur t des Gases = 18° C beträgt W_t 15 g = 0,015 kg/cbm; Vgl. Anlage 2 im Anhang.

t = Gastemperatur während der Ausführung der Bestimmung = 18° C.

b = Barometerstand in mm Q.-S. = 752,5 mm, korrigiert entspr. S. 15 und Anlage 1 im Anhang ergibt, 752,5—2,5 = 750 mm W.-S. = 750 · 13,6 (Spez. Gewicht des Quecksilbers) = 10200 mm W.-S.

p = Überdruck des Gases im Apparat in mm Q.-S.; wird hier vernachlässigt; vgl. Gleichungen (8) und (8a).

τ = Dampftension entsprechend der Temperatur t (in diesem Beispiel t = 18° C) wird der Anlage 5 im Anhang entnommen;

wird hier ebenso, wie p nicht berücksichtigt; vgl. Gleichungen (8) und (8a).

Dann ist:

$$\gamma_{g(^0/_{760})} = 1{,}293 \cdot \gamma + W_t \cdot \frac{760}{b} \cdot \frac{273 + t}{273} (\gamma - 1) \text{ kg/cbm},$$

$$\gamma_{g(^0/_{760})} = 1{,}293 \cdot 0{,}8705 + 0{,}015 \cdot \frac{760}{750} \cdot \frac{273 + 18}{273} (0{,}8705 - 1) \text{ kg/cbm},$$

$$\gamma_{g(^0/_{760})} = 1{,}1256 - 0{,}021 = 1{,}1035.$$

Für die Umrechnung des Raumgewichtes auf die an der **Meßstelle** herrschenden Verhältnisse sind noch folgende Größen maßgebend:

p_m = Gasüberdruck (Pressung) an der Meßstelle in mm Q.-S. $\left(= \frac{\text{mm} \cdot \text{W.-S.}}{13{,}6}\right) = \frac{50}{13{,}6} = 3{,}7$ mm.

τ_m = Dampftension entsprechend der an der Meßstelle herrschenden Temperatur t_m wird der Anlage 10 im Anhang entnommen; der Temperatur $t_m = 40°$ C entspricht eine Wasserdampftension von 747 mm W.-S. $= \frac{747}{13{,}6} = 54{,}9$ mm Q.-S.

t_m = Gastemperatur an der Meßstelle = 40° C.

W_{t_m} = Wasserdampfgehalt des gesättigten Gases bei der Temperatur $t_m = 40$ °C; nach der Anlage 10 im Anhang gleich 510 g/cbm = 0,051 kg/cbm.

Das Gas sei an der Meßstelle **gesättigt**. Wir bezeichnen das Raumgewicht des gesättigten Gases bei den an der **Meßstelle** herrschenden Temperatur- und Überdruckverhältnissen mit $\gamma_{g(^{t_m}/_{b+p_m})}$;

Dann ist nach Gleichung (9)

$$\gamma_{g(^{t_m}/_{b+p_m})} = 1{,}1035 \cdot \frac{750 + 3{,}7 - 54{,}9}{760} \cdot \frac{273}{273 + 40} + 0{,}051 \text{ kg/cbm}$$

$$= 0{,}8850 + 0{,}051 = 0{,}936 \text{ kg/cbm}.$$

Befindet sich das Gas an der Meßstelle in **überhitztem** Zustande, so gilt statt der Gleichung (9) die folgende:

$$\gamma_{g(^{t_m}/_{b+p_m})} = \gamma_{g(^0/_{760})} \cdot \frac{b + p_m}{760} \cdot \frac{273}{273 + t_m} \text{ kg/cbm.} \tag{10}$$

Setzt man in der Gleichung (9) den Ausdruck

$$\left(\frac{b + p_m - \tau_m}{760} \cdot \frac{273}{273 + t_m}\right) \text{ gleich } K,$$

so findet man in den Anlagen 7 und 10 im Anhang die diesem Ausdrucke entsprechenden Faktoren; bei $t_m = 40$ und $b + p_m = 750 + 3{,}7$ mm Q.-S. $= 753{,}7 \times 13{,}6 = 10\,250$ mm W.-S. ist der Faktor gleich 0,802. Man erhält somit dieselben Resultate auf schnellerem Wege.

$$1{,}1035 \cdot 0{,}802 = 0{,}885 + 0{,}051 = 0{,}936 \text{ kg/cbm}.$$

III. Registrierende Gasdichteapparate.

Der Wert einer automatischen Registrierung von Drucken oder anderen Zuständen und Eigenschaften von Gasen beschränkt sich eben nicht auf die Bequemlichkeit, welche eine automatische Anzeige bietet, weil dadurch die persönliche Arbeitsleistung entfällt, sondern sie ist besonders wichtig, weil aus dem Gange der Linien der Schaubilder Vorkommnisse entnommen werden können, die bei einzelnen zeitlich voneinander getrennten Beobachtungen gar nicht erkannt werden könnten. Aus diesem Grunde ist es auch belanglos, wenn ein derartiger Apparat eine bestimmte Aufsicht oder Bedienung erfordert. Oft hört man ja gegen die Anwendung von Automaten irgendwelcher Art die Einwendung erheben, daß der Automat eine Beaufsichtigung und Instandhaltung erfordere, die in vielen Fällen ebenso umständlich ist, wie die persönliche Arbeit, die der Automat ersetzen soll. Berücksichtigt man jedoch den Wert der Automaten nicht vom Standpunkte der Arbeitsersparnis, sondern vom Standpunkte der viel größeren Vollkommenheit ihrer Anzeigen, so wird man zum Ergebnis kommen, daß Automaten auch dann sehr wertvoll sein können, wenn sie eine gewisse Wartung benötigen. Von diesem Standpunkte aus sind die selbsttätigen Apparate noch lange nicht genügend gewürdigt.

Von den schreibenden Apparaten muß verlangt werden, daß sie sich schnell und zuverlässig auf Null einstellen, und daß sie größere Diagramme liefern. Wendet man als Sperrflüssigkeit Wasser an, so lassen sich diese Bedingungen erfüllen, doch hat das Wasser den Nachteil schneller Verdunstung, wodurch Veränderungen des Nullpunktes auftreten. Diesen Umständen begegnet man durch Aufgabe einer Ölschicht, die aber infolge Adhärierens an den Gefäßwandungen eine schleppende Nulleinstellung bewirkt. Dasselbe tritt auch bei Paraffinölen und Glyzerin ein. Bei Glyzerin kommt auch die Wasseraufnahme in Betracht. Bei Magnetwagebalkenmeßgeräten tritt eine Veränderung des Nullpunktes nicht ein.

Von einem brauchbaren schreibenden Meßgerät wird verlangt:

a) Empfindlichkeit in der Widergabe der Schwankungen von Druck oder Geschwindigkeiten.
b) Geringes Nachhinken und gleichbleibende Perioden bei dem schreibenden Meßgerät.
c) Geringe Veränderung bzw. bequeme Einstellbarkeit.

Zur Vergrößerung der Aufzeichnung werden manchmal Hebelanordnungen angebracht. Gradlinig geschriebene Diagramme gewähren aber den Vorteil, daß sie bequemer zu planimetrieren sind, als solche mit Hebeln geschriebene.

Es ist zu beachten, daß die Registrierapparate, welcher Bauart sie auch sein mögen, zur Bestimmung absoluter Werte nicht in Frage kommen, da es Interpolationsinstrumente sind und nur Annäherungswerte ergeben, die für die Betriebskontrolle allerdings sehr wertvoll sind; werden jedoch für bestimmte Fälle durch Vergleich besondere Koeffizienten ermittelt, so ändert sich das Bild. (Siehe auch Abschnitt G.)

Im folgenden wird die Beschreibung einiger gebräuchlicher selbstschreibender Apparate[1] zur Ermittlung des spez. Gewichtes der Gase gebracht.

1. Registrierende Gaswage (Gasdichteschreiber) von *Simmance* und *Abady*.

Das den Apparaten zugrunde liegende Prinzip ist ein überaus einfaches, indem das Gewicht einer etwa 1 m hohen Gassäule gewogen und die Änderungen im Gewicht des Gases durch einen mit dem Wagebalken verbundenen Zeiger angezeigt bzw. registriert werden.

In Fig. 5 ist die Arbeitsweise dieser registrierenden Gaswage schematisch dargestellt. Das zu untersuchende Gas tritt in den Zylinder *a* bei *b* ein und bei *c* wieder aus, und zwar ist der Eintritt des Gases stark gedrosselt, der Austritt dagegen ganz frei, so daß ein Gasstrom von schwachem Druck und mäßiger Geschwindigkeit den Zylinder durchfließt.

Der Kolben *d* ist durch den Steg *e*, und das biegsame Glied *f* mit dem Segment *g* eines Wagebalkens verbunden, der das Gegen- und Reguliergewicht *h* und den Zeiger *i* trägt, unter dem sich die Teilung *k* befindet.

Ist der Zylinder *a* mit Luft gefüllt, so ist der Druck der Atmosphäre auf beiden Seiten des Kolbens *d* gleich, und man wird die Stelle der Teilung, auf die nun der Zeiger einspielt, mit dem spez. Gewicht der Luft = 1,0 bezeichnen. Strömt nun durch den Zylinder ein Gas, das leichter oder schwerer als die Luft ist, so wirkt auf die untere Seite des Kolbens das Gewicht, das die Atmosphäre an dieser Stelle hat, auf die obere Seite des Kolbens dagegen das Gewicht, das die Atmosphäre an der Ausströmungsstelle des Gases hat, und dazu das Gewicht des im Zylinder enthaltenen Gases. Ist dieses Gas also leichter als die Luft, so wird der Wagebalken auf der linken Seite solange steigen, bis das System, das eine Neigungswage darstellt, wieder ins Gleichgewicht gekommen ist, während er bei einem Gas, das schwerer als die Luft ist, auf der linken Seite bis zum Eintritt des Gleichgewichts sinken wird. Auf empirischem Wege läßt sich dann der Abstand der einzelnen Teilstriche feststellen.

In Fig. 6 ist dann die Gaswage von *Simmance* und *Abady* in ihrer praktischen Ausführung schematisch dargestellt. Die Änderungen gegenüber der Fig. 5 bestehen nur darin, daß an der Stelle des Kolbens eine Tauchglocke, die im übrigen genau wie der Kolben wirkt, und an die Stelle des weiten Zylinders ein enges Rohr tritt.

Da der Druck in einer Flüssigkeit sich nach allen Seiten gleichmäßig fortpflanzt und daher der Bodendruck einer Flüssigkeit unabhängig von der Gestaltung der Seitenwandungen eines Gefäßes ist, so ist die Wirkung des über der Glocke befindlichen Gases genau gleich, ob der weite Zylinder in Fig. 5 oder das enge Rohr in Fig. 6 benutzt wird; die Verwendung des letzteren bietet aber den Vorteil, einerseits, daß der Apparat viel leichter und hand-

[1] Das auf der Seite 29 über registrierende Apparate Gesagte bezieht sich auch auf die in den anderen Abschnitten des Buches beschriebenen Registrierapparate.

licher wird, andererseits, was wichtiger ist, daß die Erneuerung des den Apparat durchfließenden Gases viel rascher erfolgt, als wenn der weite Zylinder benutzt werden würde, so daß die Gaswage auf die Veränderungen im spez. Gewicht rascher anspricht, als dies sonst der Fall sein würde.

Die Fig. 7 bis 8, in welchen die etwa 1 m lange Röhre, an deren Ende ein Brenner sitzt, gekürzt bzw. durchbrochen dargestellt ist, zeigen die anzeigende und registrierende Gaswage nach *Simmance* und *Abady* in praktischer Ausführung. Das Gas gelangt — möglichst unter

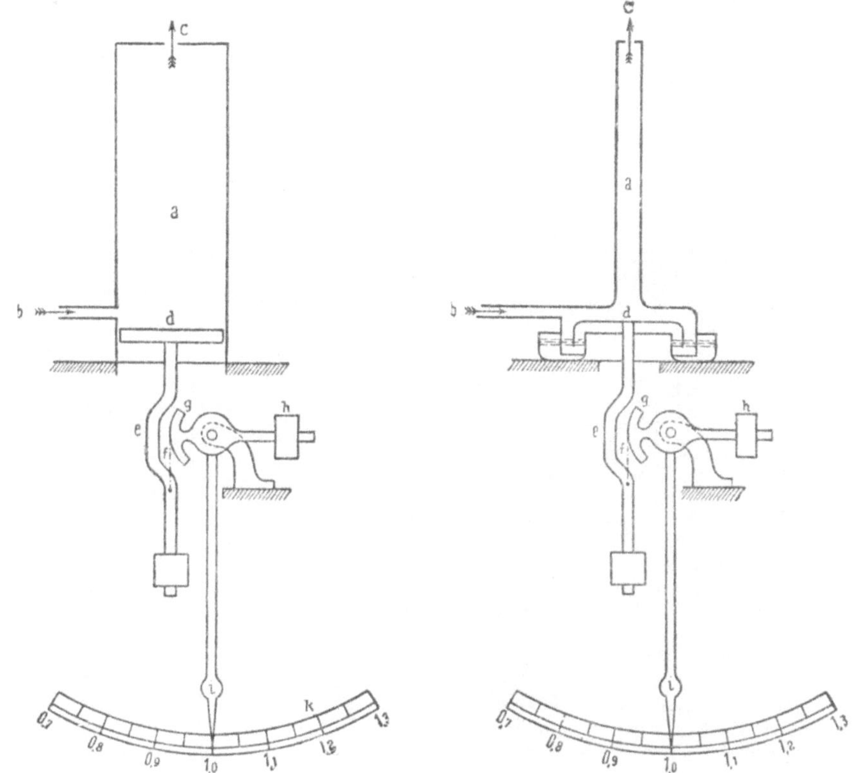

Fig. 5 u. 6. Gasdichtewage nach *Simmance* und *Abady* in schematischer Darstellung.

Vorschaltung eines genau arbeitenden Druckreglers — durch den seitlichen Hahn in den Apparat und wird über eine in Öl tauchende und genau ausbalanzierte Aluminiumglocke geleitet. Am Ende der Gassäule, die auf der Aluminiumglocke lastet, wird das den Apparat ständig durchströmende Gas in einem Specksteinbrenner verbrannt. Die Aluminiumglocke steht mit ihrer unteren bzw. inneren Fläche mit der atmosphärischen Luft in Verbindung und ist mit dem sehr beweglich und möglichst ohne Reibung gelagerten Wagebalken in Verbindung. Letzterer bewegt sich vor einer durch Uhrwerk betriebenen und mit einem Registrierstreifen versehenen Trommel und zeichnet jede Änderung im spez. Gewicht des Gases, welche ein tieferes oder geringeres Eintauchen der Glocke in die ölige Sperrflüssigkeit verursacht, in sehr empfindlicher Weise an. Der Apparat wird mit Hilfe des *Schilling-Bunsen*-Apparates eingestellt, indem die Registriertrommel an ihrer horizontalen Achse durch eine Stellschraube so gestellt wird, daß der Zeiger auf das durch den *Schilling-Bunsen*-Apparat ermittelte spez. Gewicht zeigt. Ebenso wie bei letzterem Apparat sind auch bei diesem Gasdichteschreiber die Angaben unabhängig von Temperatur und Barometerdruck, da dieselben bzw. ihre Änderungen auf das Gas, sowie auf die Luft gleich-

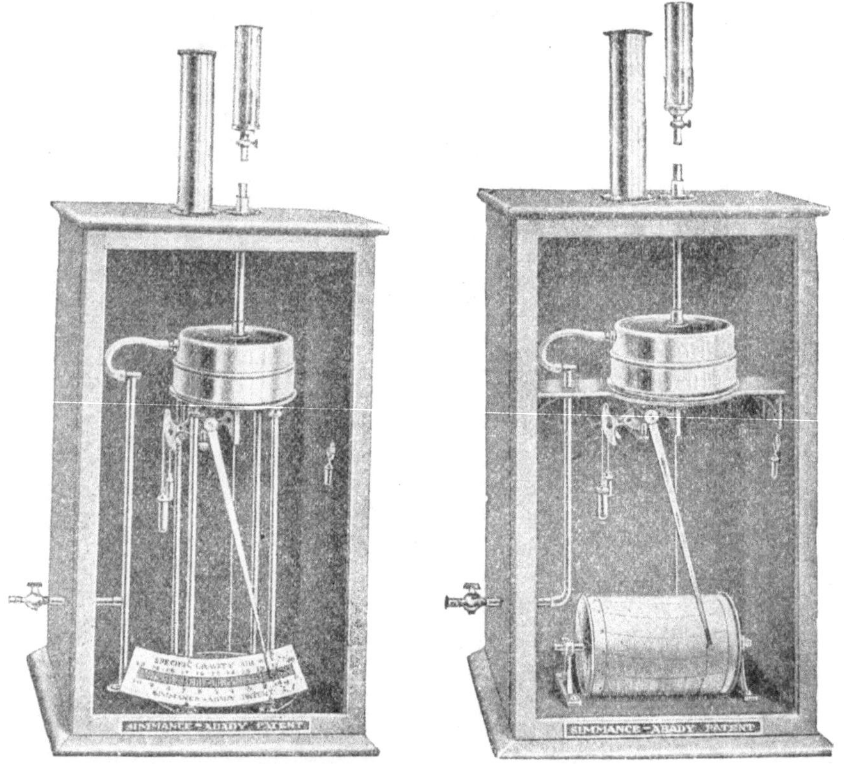

Fig. 7 u. 8. Praktische Ausführung der anzeigenden und registrierenden Gaswage nach *Simmance* und *Abady*.

zeitig und in gleichem Sinne einwirken. Während jedoch im *Schilling-Bunsen*-Apparat wasserdampfgesättigtes Gas gegen wasserdampfgesättigte Luft gemessen wird, befindet sich beim Gasdichteschreiber nur das Gas in wasserdampfgesättigtem Zustand, die Außenluft aber unterhalb der Aluminiumglocke nicht. Der in gewissen Grenzen sich ändernde Feuchtigkeitsgehalt der Luft gibt jedoch keinen nennenswerten Fehler. Zudem kann der Gasdichteschreiber mit dem *Schilling-Bunsen*-Apparat in einfacher Weise nachgeprüft und evtl. nachgestellt werden.

Der Gasdichteschreiber von *Simmance* und *Abady* wurde von der Lehr- und Versuchsanstalt in Karlsruhe geprüft. Mehrere Kontrollbestimmungen, welche mittels des *Schilling-Bunsen*-Apparates durchgeführt wurden, ergaben Abweichungen in den Grenzen von + 0,01 bis 0,008 bei einem spez. Gewicht des Gases von 0,3 bis 0,45[1]. Die Abweichungen betrugen somit etwa 2 bis 3 Proz., so daß diese Angaben für die meisten Fälle der Praxis als ausreichend betrachtet werden können, besonders wenn man sich eines für bestimmte Verhältnisse ermittelten Korrektionsfaktors bedient.

2. Hydro-Gasdichteschreiber.

Dem Hydro-Gasdichteschreiber liegt die physikalische Beziehung zu Grunde, wonach bei gleichbleibender Gasgeschwindigkeit der durch Querschnittsverengung hervorgerufene Druckunterschied dem spez. Gewicht des Gases proportional ist. Man kommt zu dieser Beziehung durch folgende Überlegung. Man denke sich eine Doppeldüse[2] (Fig. 9), wie sie zur Messung von Gasmengen usw. Verwendung findet (vgl. Abschnitt H) und nehme an, der Querschnitt an der Einbaustelle der Düse sei f_1, der an der engsten Einschnürung f_2, die Geschwindigkeit bei f_1 sei w_1, bei f_2 sei w_2, der statische Druck p_1 bzw. p_2, das Gewicht des Gases in kg/cbm sei γ. Dann gilt unter Vernachlässigung der Reibungswiderstände:

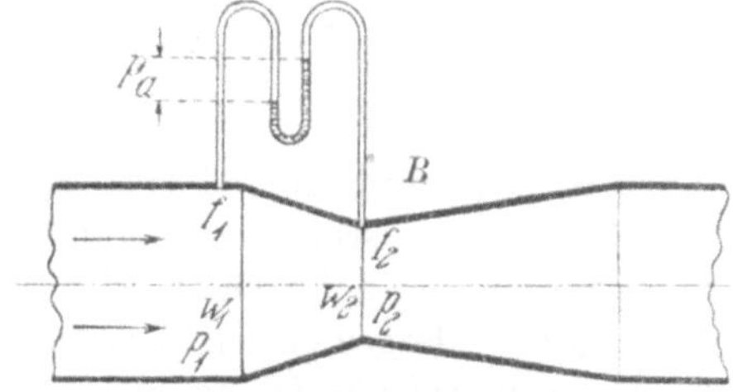

Fig. 9. Doppeldüse (Prinzipskizze zum Hydro-Gasdichteschreiber).

$$p_1 + \frac{w_1^2}{2g} \cdot \gamma = p_2 + \frac{w_2^2}{2g} \cdot \gamma,$$

wo g die Beschleunigung durch Erdschwere bedeutet. Aus der Gleichung folgt

$$p_1 - p_2 = p_d = \frac{\gamma}{2g}(w_2^2 - w_1^2).$$

Ferner ist

$$\frac{w_2}{w_1} = \frac{f_1}{f_2}.$$

Dies in die obige Gleichung eingesetzt ergibt:

$$p_1 - p_2 = p_d = \frac{\gamma}{2g} \cdot w_1^2 \cdot \left[\left(\frac{f_1}{f_2}\right)^2 - 1\right],$$

d. h. die Druckdifferenz zwischen Einlauf und engster Einschnürung der Doppeldüse ist proportional dem spez. Gewicht und dem Quadrat der Geschwindigkeit.

---

[1] Journ. f. Gasbel. 1914, Nr. 11 vom 14. März.

[2] Der prakt. Maschinenkonstrukteur 1914, Nr. 1.

Die Reibungswiderstände sind:

$$\alpha \cdot \frac{w_1^2}{2g} \cdot \gamma;$$

unter Berücksichtigung derselben ergibt sich:

$$p_d = \gamma \cdot \frac{w_1^2}{2g} \cdot \left[\left(\frac{f_1}{f_2}\right)^2 - 1 + \alpha\right].$$

Die Proportionalität zwischen p_d und $\gamma \cdot w_1^2$ bleibt also auch bei Berücksichtigung der Reibungswiderstände bestehen.

Ist das spezifische Gewicht γ bekannt, so kann man aus dem Druckunterschied p_d die Geschwindigkeit, d. h. die durchströmende Gasmenge berechnen.

Bleibt die Geschwindigkeit konstant, so ist:

$$p_d = c \cdot \gamma.$$

Der Druckunterschied ist also proportional dem spez. Gewichte.

Auf dieser Grundlage baut sich der Hydro-Gasdichteschreiber, System *Contzen*, auf, der in Fig. 10 schematisch dargestellt ist. Bei der in der Figur wiedergegebenen Ausführung wird nicht der Druckunterschied gemessen, sondern der Druck beim Einlauf durch einen Druckregler konstant gehalten, während der Druck an der engsten Einschnürung durch einen Druckschreiber aufgezeichnet wird.

Was die Konstruktion des Apparates (vgl. Fig. 10) selbst anbetrifft, so besteht derselbe in der dargestellten Ausführungsform aus dem Wasserkasten *f*, dem Triebwerk *e*, der Doppeldüse *d*, dem Druckregler *c*, sowie dem Filter *b*. Bei *a* erfolgt der Anschluß an die Gasleitung.

Aus dem Wasserkasten *f* fließt durch die Düse *g* dem Triebwerk *e* Wasser zu. Ist *e* gefüllt, so „enthebert" es durch *h* und saugt durch *y* gleichmäßig Gas an. Der beim Durchströmen der Doppeldüse *d* an der Einschnürungsstelle entstehende Unterdruck wird vom Druckschreiber *k* auf die Registriertrommel *m* aufgezeichnet, die von einem Uhrwerk in 24 Stunden einmal um ihre Achse gedreht wird. Der Druck vor der Doppeldüse *d* wird durch den Druckregler *z* konstant gehalten, während das Filter *b* dazu dient, Schmutzteilchen, die im Gas enthalten sind, zurückzuhalten. Ist das Triebwerk *e* entleert, so wird durch das aus dem Wasserkasten *f* zufließende Wasser die angesaugte Gasmenge durch Rohr *h*, Druckventil *i* und Abgasleitung *e* hinausgedrückt.

Das Triebwerk *o* ist als Mariottesche Flasche ausgebildet, so daß die Heberlänge sich während des Absaugens nicht ändert.

Je nach der Flüssigkeitsmenge, die dem Triebwerk *e* während des Abheberns zufließt, wird die Entleerungszeit und damit die Geschwindigkeit des angesaugten Gases in der Doppeldüse *d* verschieden groß, weil die angesaugte Gasmenge immer nur dem Inhalt des Triebwerkes *c* entspricht, während die abfließende Wassermenge dem Gefäßinhalt plus Zulauf während der Entleerungszeit entspricht.

Unregelmäßigkeiten im Wasserzulauf, die durch irgendwelche Ursachen bedingt sein können, würden erhebliche Fehler in der Anzeige verursachen.

Zur Ausschaltung dieser Fehlerquelle dient folgende Einrichtung: Das Entleerungsrohr *h* mündet in einen kleinen Behälter *z*, der an einem Winkelhebel *x* aufgehängt ist, der andererseits mit dem drehbaren Düsenhalter *y* verbunden ist. Die Feder *σ* zieht den Düsenhalter gegen den rechten Anschlag. Beginnt nun das Gefäß *e* sich durch das Rohr *h* zu entleeren, so füllt sich der Behälter *z* mit Wasser. Das gefüllte Gefäß *z* zieht entgegen der Federspannung den Düsenhalter mit der Düse nach links, so daß während des Entleerens keine Flüssigkeit in das Triebwerk *e* hineingelangt, sondern in das Gefäß 15 und von dort durch das Rohr *w* und den Abwasserkasten 1 fließt.

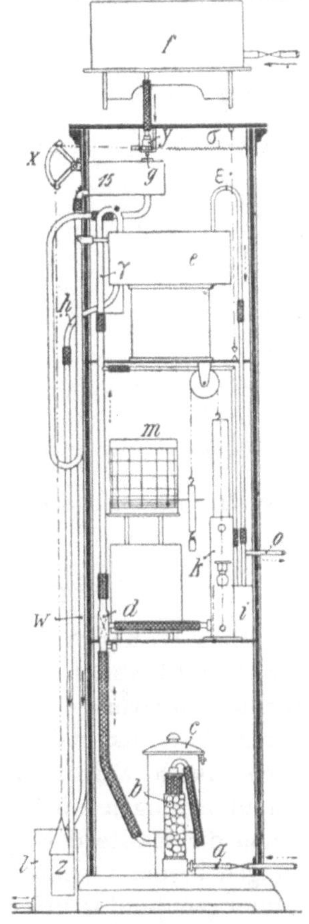

Fig. 10. Hydro-Gasdichteschreiber.

Nach Schluß der Entleerung des Triebwerkes *e* läuft das Wasser durch eine im Boden des Gefäßes *z* befindliche Öffnung ab und die Feder *σ* zieht den Düsenhalter mit Düse wieder zurück. Durch diese Einrichtung werden nicht nur Fehler durch unregelmäßigen Wasserzulauf vermieden, sondern es wird auch erreicht, daß man durch Auswechseln der Düse *g* die zufließende Wassermenge innerhalb weiter Grenzen ändern kann, wodurch man die Anzahl Anzeigen pro Stunde vermehrt oder vermindert, ohne den Maßstab des Diagrammes ändern zu müssen.

Die Anzeige des Apparates ergibt das Gewicht des Gases in kg/cbm.

Die Diagramme werden auch so eingeteilt, daß das Gewicht des Gases bezogen auf Luft = 1 bei einer bestimmten Temperatur und einem bestimmten Barometerstand — z. B. 15° C und 735 mm Hg — angegeben wird. Bei anderen Verhältnissen ist das Resultat dann an Hand von speziellen Kurventafeln oder Umrechnungen zu berichtigen. Dies ist bei Vergleichsmessungen zu beachten. Nach den Versuchen der Lehr- und Versuchsgasanstalt in Karlsruhe zeigt der Apparat Abweichungen von max. 2,5 Proz. und kann für laufende Betriebskontrolle empfohlen werden.

3. Die Hydro-Gaswage.

Ein anderer, ebenfalls von der *Hydro-Apparatebauanstalt*, Düsseldorf, gebauter Apparat ist in der Fig. 11 dargestellt. Der Apparat beruht auf demselben Prinzip wie die Gaswage von *Simmance* und *Abady*, die Bauart hat jedoch gegenüber der letzteren den Vorzug, daß das Standrohrsystem beliebig hoch ausgeführt werden kann, wodurch für die Registrierung ein großer Druckunterschied erreicht und die Verwendung eines deutlich registrierenden, kräftigen Druckunterschiedmessers ermöglicht wird.

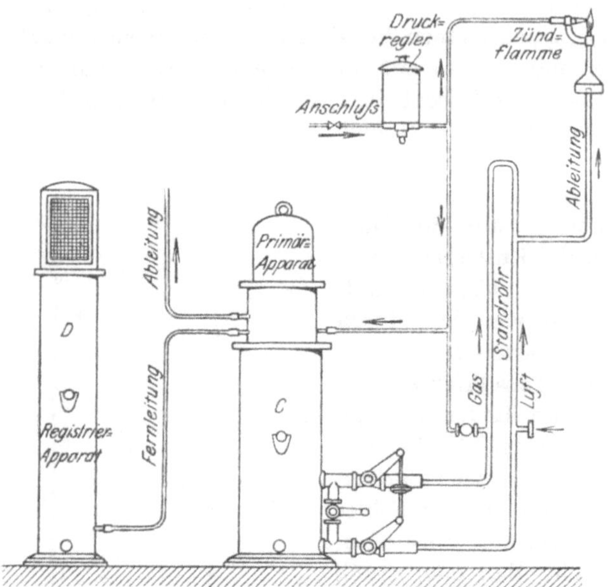

Fig. 11. Registrierende Hydro-Gaswage mit Relaisapparat.

In dem Standrohr befindet sich links eine Gassäule und rechts eine Luftsäule, beide von gleicher Höhe. Der Unterschied des Gewichts der Luftsäule gegenüber demjenigen der Gassäule wirkt durch die beiden Verbindungsleitungen auf den Primärapparat *C*. Der Registrierapparat *D* zeichnet das spez. Gewicht des Gases auf einem Schreibeblatt fortlaufend auf.

4. Der Densograph von *Prof. Strache.*

Dem Densograph liegt nach den Ausführungen *Straches*[1] das Prinzip der Durchlassfähigkeit von feinen Öffnungen für Gase von verschiedenen Dichten zu Grunde. Das lange hohe Gefäß *g* trägt sowohl an seiner Gaseintrittsstelle *a*, als an der Gasaustrittsstelle *b* je ein Plättchen mit einem kleinen Loch, durch welche Öffnungen das Gas mit Hilfe einer Saugvorrichtung hindurchgezogen wird. Die Saugwirkung im Innern des Gefäßes *g* beträgt genau die Hälfte der gesamten aufgewendeten Saugwirkung, wenn die Öffnungen *a* und *b* genau gleich groß sind und wenn das durch diese beiden Öffnungen hindurchtretende Gas das gleiche ist. Nehmen wir nun an, es befindet sich in diesem Gefäß *g* zunächst Luft, und leiten wir an der Eintrittsstelle *a* ein anderes Gas ein, welches leichter als Luft ist, z. B. Steinkohlengas, dann wird der Widerstand, welchen die Öffnung *a* dem Gasstrom entgegensetzt, ein geringerer, und dementsprechend sinkt die Saugwirkung in *g*. Ein an dem Gefäß angebrachtes Manometer *m* sinkt von dem Stande, den es früher eingenommen hatte, um ein gewisses Maß herab, welches die Dichte des bei *a* einströmenden Gases angibt. Gelangt aber nun allmählich dieses Gas nach Verdrängung der Luft aus dem Gefäße *g* zur Ausströmungsöffnung *b*, so stellt sich der ursprüngliche Stand des Manometers wieder ein, weil dann

[1] Österr. Gasjournal 1914, Nr. 10.

ja wieder bei *a* und *b* das gleiche Gas hindurchtritt. Man kann also auf diese Weise zunächst nur eine einmalige Anzeige des spez. Gewichtes erhalten und man muß, um eine neuerliche Anzeige zu erzielen, das Gefäß *g* wieder mit Luft ausspülen. Ist dies geschehen, so gibt die Vorrichtung sofort wieder eine Anzeige, wenn über die Öffnung *a* abermals das zu untersuchende Gas geleitet wird. Man braucht also, um fortdauernde Anzeigen zu erhalten, nur oberhalb der Öffnung *a* abwechselnd Luft und das zu untersuchende Gas zu leiten, und wird dann aus den jeweiligen Ausschlägen des Manometers *m* im Augen-

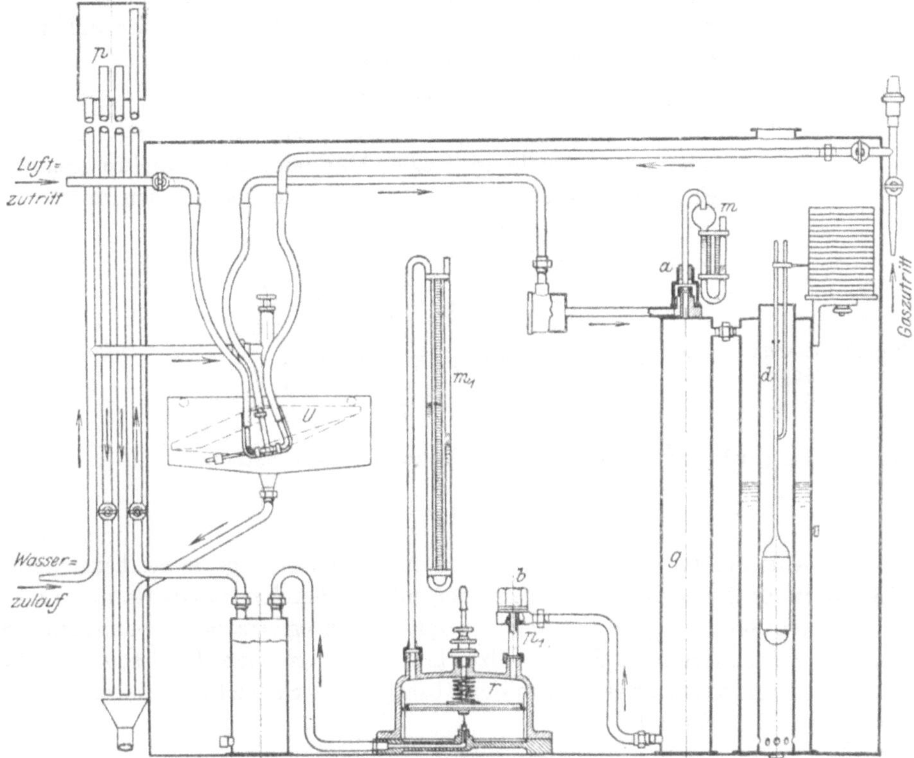

Fig. 12. Konstruktion des Densographen.

blicke des Wechsels die Dichte des Gases ohne weiteres ablesen können. Um nun hierüber fortdauernd Aufzeichnungen zu erhalten, ist das Manometer *m* durch einen Druck- bzw. Saugregistrator ersetzt, der mit Hilfe einer Schreibfeder auf dem Diagrammstreifen bei dem jedesmaligen Eintritt des zu untersuchenden Gases die Öffnung *a* eine Linie nach aufwärts schreibt, deren Höhe das spez. Gewicht des Gases anzeigt. Das abwechselnde Umsteuern auf Luft und Gas wird durch einen einfach konstruierten Umschalter bewirkt.

Die wesentlichen Teile des Apparates sind daher gemäß Fig. 12 außer dem mit den Öffnungen *a* und *b* in Verbindung stehenden Gefäß *g*: eine Wasserfallrohrpumpe *p*, ein Regler *r*, welcher die Saugwirkung dieser Pumpe gleichmäßig erhält, die mit dem Manometer m_1 angezeigt wird, der Druckregistrator d und die Umschaltungvorrichtung u. Eine ausführliche Beschreibung des Apparates befindet sich im Österr. Gasjournal 1914 Nr. 10.

Bezeichnet gemäß Fig. 13 p_0 den Druck des einströmenden Gases vor der Einströmungsöffnung a, p den Druck im Gefäße g und p_1 den Druck, unter welchem das Gas das Gefäß nach dem Durchtritt durch die Ausströmungsdüse b verläßt (d. i. die mit Hilfe des Reglers eingestellte Saugwirkung), ferner γ das spez. Gewicht des einen und γ_1 das spez. Gewicht des zweiten Gases, so verhalten sich die Druckverluste in beiden Düsen wie die spez. Gewichte der hindurchtretenden Gase, also ist:

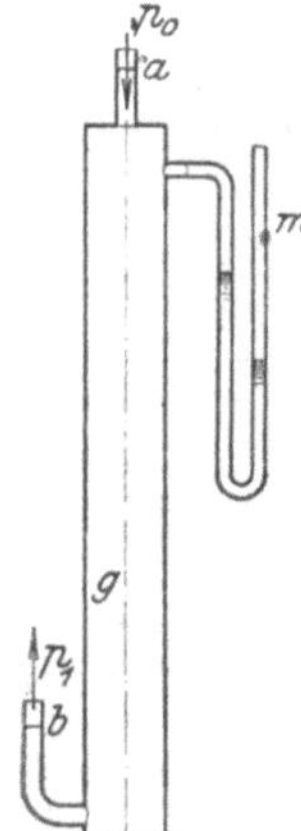

Fig. 13. Schema des Densographen.

$$\frac{p_0 - p}{p - p_1} = \frac{\gamma}{\gamma_1}$$

oder wenn wir die am Regler-Manometer eingestellte gesamte Saugwirkung gegenüber der Außenluft bezeichnen mit:

$$p_0 - p_1 = P,$$

so ergibt sich:

$$p_0 - p = P \frac{\gamma}{\gamma + \gamma_1}.$$

Setzten wir für Luft $\gamma_1 = 1$, so wird

$$p_0 - p = P \frac{\gamma}{\gamma + 1}$$

für die Luftlinie ergibt sich, wenn wir auch $\gamma = 1$ setzen

$$p_0 - p = \frac{P}{2},$$

was den Abstand der obersten und untersten Linie des Diagrammes bezeichnet, obwohl dieser Abstand in mm nicht der entsprechenden Saugwirkung in mm W.-S. entspricht, weil der hier angewendete Druckregistrator die Saugwirkung in etwas verkleinertem Maßstabe aufzeichnet. Nehmen wir z. B. diesen Abstand mit 89 mm an, so ergibt sich dann der Abstand A der einzelnen Linien von der o-Linie aus der Formel

$$A = 1{,}78 \frac{\gamma}{\gamma + 1},$$

dies ergibt für

$\gamma =$	$A =$	$\gamma =$	$A =$
0,0	0,0 mm	0,6	66,7
0,1	16,2	0,7	73,3
0,2	29,6	0,8	79,1
0,3	41,2	0,9	84,5
0,4	51,0	1,0	89,0
0,5	59,3		

Der Apparat gibt die Dichte des untersuchten Gases, bezogen auf Luft vom jeweils in der Atmosphäre herrschenden Zustande an. Handelt es sich um genaue Angaben, die auf trockene Luft zu beziehen sind, so ist eine entsprechende Korrektur einzuführen, die sich nach dem mittels Hygrometers oder Psychrometers zu messenden Feuchtigkeitsgehalt der Luft richtet.

5. Die Wahl eines Apparates.

Was die Auswahl der selbstschreibenden Gasdichte-Apparate betrifft, so wird man in Bezug auf Einfachheit und Zuverlässigkeit im Betriebe im allgemeinen den unter 1 und 3 besprochenen Apparaten den Vorzug geben.

Ferner ist bei der Auswahl folgendes zu beachten:

Die Ermittelung des Durchschnittswertes ist ohne weiteres mittels eines gewöhnlichen Planimeters (vgl. S. 142) bei solchen Apparaten möglich, wo die Einteilung der zugehörigen Schreibblätter gleichmäßig ist und die Schreibhöhe, vom ideellen Nullpunkte an gerechnet, dem Raum- resp. dem spez. Gewicht proportional ist. Bei Apparaten, deren Schreibhöhe dem Raumgewicht nicht proportional sind, müssen Planimeter besonderer Konstruktion verwandt werden, die gelegentlich, z. B. für Dampfmesser, bereits konstruiert sind, meines Wissens aber kaum jeweils zur Verwendung gelangt sind und bei ihrer Kompliziertheit keine Vorteile versprechen. Man kommt in derartigen Fällen nach einiger Übung mit der Schätzung nach Augenmaß genau so weit.

Eine genaue Berücksichtigung der Feuchtigkeit im Gase bietet manche Schwierigkeiten. Wasserdampf hat, auf gleiche Temperatur und gleichen Druck bezogen, eine Dichte, bezogen auf Luft, die zwischen 0,62 und 0,68 schwankt. Durch Hinzutreten der Feuchtigkeit wird also Luft spez. leichter, Gase, wie Leucht-, Wasser-, Koksofengas usw., hingegen spez. schwerer. Es findet also nicht notwendig eine Verminderung des Fehlers dadurch statt, daß beide Gase feucht sind. Oft wird man den Einfluß vernachlässigen können. Oft wird man, wo man genau arbeiten will und die Bezugnahme auf trockenes Gas für das richtige hält, besser gleich mit trockenem Gas und trockener Luft arbeiten, indem man beide durch Chlorcalciumrohre hindurchsaugt (vorausgesetzt, daß Chlorcalcium nicht Bestandteile des Gases absorbiert). Oder endlich muß man den Feuchtigkeitsgehalt beider Gase messen und eine recht langwierige Umrechnung vornehmen.

D. Druckmessung und Druckmeßinstrumente.

I. Druckmessung.

Druck wird gemessen durch die Kraft auf einer zu verabredenden Flächeneinheit (kg/cm^2, kg/m^2 usw.) oder durch eine Flüssigkeitshöhe (Quecksilber- oder Flüssigkeitsmanometer); die Druckeinheit ist hier 1 cm Q.-S., 1 mm W.-S. Es ist ohne weiteres ersichtlich, daß 1 mm W.-S. = 1 kg/qm.

Je nachdem, ob der gasförmige Körper sich bewegt oder in dem Raume keine Bewegung herrscht, haben wir zwischen zweierlei Druckarten zu unterscheiden.

Sehen wir zunächst von den Reibungsverlusten, sowie Energieänderungen durch Expansion, Kompression oder Stoß ab, so haben wir bei den bewegten (strömenden) Gasen entsprechend zwischen dynamischem und statischem Druck zu unterscheiden.

Statischer Druck (p_{st}) ist der innere Druck eines geradlinig strömenden Gases. Er ist gleich demjenigen Druck, den ein in Strömungsrichtung mit einer der Geschwindigkeit des strömenden Stoffes gleichen Geschwindigkeit bewegtes Druckmeßgerät anzeigen würde.

Dynamischer Druck (p_d) ist der Geschwindigkeitsdruck, d. h. der Druck, den der strömende Stoff durch Auswirkung seiner Strömungsenergie auszuüben imstande ist.

Die Fig. 77 auf Seite 121 veranschaulicht diese beiden Druckarten.

Die Ermittelung des dynamischen Druckes kommt dann in Frage, wenn man aus der mittels Staugeräten zu bestimmenden Geschwindigkeit des Gasstromes in der Leitung die Gasmenge ermitteln will. Da die Ermittelung des sogenannten Gesamtdruckes ($p_{st} + p_{dyn} = p_{ges.}$) verhältnismäßig leicht vollzogen wird, so benutzt man dabei Staugeräte (vgl. Abschnitt F. III), welche den dynamischen Druck als Differenz zwischen dem Gesamtdruck und statischem Druck angeben, oder man bedient sich anderer Methoden, die es erlauben, den statischen Druck zu eliminieren.

Die Ermittelung des statischen Druckes ist dagegen von größter Wichtigkeit bei der Messung von Gasmengen mittels Durchflußwiderständen (Abschnitt H). Aber abgesehen davon kommt die Feststellung des statischen Druckes auch in verschiedenen anderen Fällen in Frage. Beispielsweise sei an den Fall erinnert, daß in einer Gasleitung eine Verstopfung eintritt, als deren Folge bei verminderter Förderleistung des Gebläses oder Ventilators der statische Druck steigt. Aus det Ablesung an einem der üblichen Druckmesser wird es dem Betriebsbeamten nicht möglich sein, einen Fehler zu entdecken, besonders wenn zuvor der Gesamtdruck gemessen wurde, denn bei gesteigertem statischen Druck wird infolge der Verstopfung der dynamische Druck sinken, und wenn der Zufall will, bleibt die Summe wie zuvor und scheinbar ist alles in bester Ordnung. Aus diesem Grunde ist es ratsam, neben dem Gesamtdruck auch den statischen Druck zu ermitteln.

Die Technik der Gasmessung hatte mit sehr vielen Schwierigkeiten zu kämpfen, bis es einigermaßen gelang, eine Einrichtung zu schaffen, um den statischen Druck messen bzw. eliminieren zu können.

Findet in einem Raume keine Bewegung der dampf- oder gasförmigen Körper statt, so läßt sich der darin herrschende statische Druck in einfacher Weise ermitteln, indem man in den Raum ein Rohr einführt und dieses mit einem Manometer verbindet. Dabei ist es ganz gleichgültig, ob das Rohr gerade ist, mit der Wand abschließt oder tief in den Raum hineinragt, ob es rechtwinkelig umgebogen ist und in welcher Richtung es dabei immer gestellt wird. In allen Fällen wird mit angeschlossenem Manometer die gleiche konstante Druckhöhe abgelesen werden, welche dem statischen Druck entspricht.

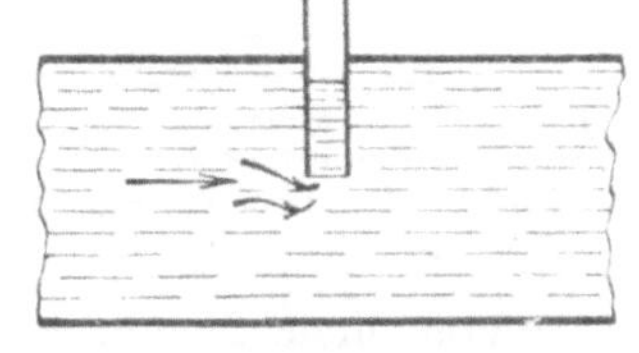

Fig. 14. Saugende Wirkung des strömenden Gases auf das in den Gasstrom eingeführte Meßröhrchen.

Wenn sich aber der gasförmige Körper in einer Leitung bewegt, so treten für die Ermittlung des statischen Druckes Schwierigkeiten ein. Ein zu diesem Zweck in die Leitung eingebautes gerade abgeschnittenes Rohr wirkt saugend (vgl. Fig. 14) und zeigt deshalb den statischen Druck unrichtig an, und zwar wird bei einem vorhandenen Überdruck ein kleinerer, beim Unterdruck ein größerer statischer Druck angezeigt. Nur an der Wand der Leitung, wenn diese glatt ist, das Meßrohr eng ist und zur Wand senkrecht steht und ferner das Rohrende mit der Wand bündig abschließt, kann der statische Druck mit einiger Sicherheit gemessen werden. Selbstverständlich mißt man so nur die Pressung bzw. die Depression unmittelbar an der Wand der Leitung, und auch diese nur dann richtig, wenn die Gasfäden parallel zur Leitungswand gerichtet sind.

Vambera und *Schramml*[1] haben sich eingehend mit den verschiedenen Geräten zur Messung des Druckes befaßt und haben folgendes festgestellt:

Bei der Anwendung eines geraden Meßrohres (*C* in der Fig. 15) entsteht eine Saugwirkung. Der Durchmesser des Meßrohres, die Geschwindigkeit des Stromes, die Beschaffenheit der Mündung des Rohres üben dabei einen bestimmten Einfluß aus, so daß es zur Messung des statischen Druckes nicht anwendbar ist.

Das rechtwinkelig gebogene Meßrohr, welches als Saugrohr gestellt wird, (*B* in der Fig. 15), hat auch bestimmte Nachteile. Die Saugwirkung nimmt hier bei gleicher Schenkellänge mit dem Durchmesser des Rohres zu und mit Zunahme der Länge des horizontalen Rohrschenkels ab. Auch die Krümmung

[1] Die direkte Messung der Geschwindigkeit heißer Gasströme (Leoben 1906).

des Saugrohres scheint nicht ohne Einfluß zu sein, während Wandstärke dagegen scheinbar keinen Einfluß ausübt. Die Saugwirkung des Saugrohres ist bei entsprechender Form sehr klein, jedoch ist sie der Geschwindigkeit des Stromes proportional. Zur Eliminierung des statischen Druckes an den einzelnen Stellen des Leitungsquerschnittes kann diese Anordnung mit besserem Erfolg angewendet werden als das gerade Meßrohr, infolge der kräftigen Saugwirkung ist sie jedoch zu verwerfen.

Die Wirkung des in der Fig. 15 Stellung A dargestellten Druckrohres (Pitotrohr) wurde ebenfalls untersucht. Der Durchmesser des Druckrohres wird für die Genauigkeit der Ablesung ohne besonderen Einfluß sein, wenn es den Leitungsquerschnitt nicht mehr als um 3% verengt. Wird das Verhältnis des Durchmessers zu der Länge des Druckrohres nicht allzu groß gewählt, so kann seine Mündung durch die Stauung vor seinem vertikalen Rohrschenkel nicht beeinflußt werden. Die Wandstärke des Druckrohres spielt keine besondere Rolle, dagegen aber seine Lage. Bei der Stellung A (Fig. 15) erhält man sehr genau den Gesamtdruck ($p_{st} + p_{dyn}$).

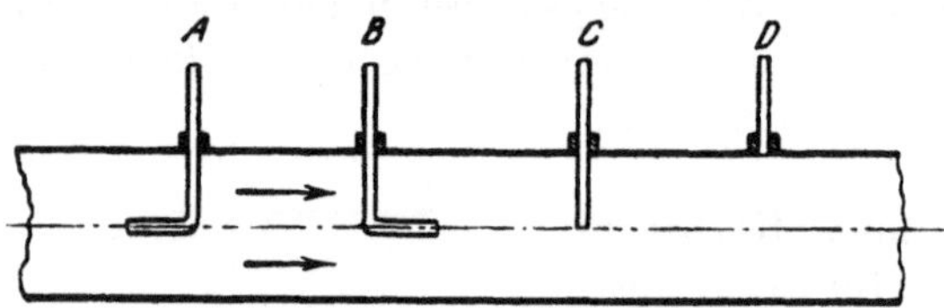

Fig. 15. Messung des statischen Druckes.

Von einer Anbohrung in der Kanalwand (Stellung D in der Fig. 15) wurde bisher immer angenommen, das sie den statischen Druck liefere; durch neuere Versuche dürfte indes erwiesen sein, daß sich in der Anbohrung D ein Unterdruck gegenüber dem Druck im Kanalinneren von etwa 1 bis 3 v. H.[1] des dynamischen Druckes einstellt, was für genauere Messungen zu beachten sein würde. Macht der dynamische Druck nur einen kleinen Teil des zu messenden Druckunterschiedes aus, so ist dieser Fehler meist belanglos; er entfällt ganz, wenn der Druckunterschied zwischen zwei Stellen von gleicher Geschwindigkeit gemessen wird. Daß bei Anbohrung in der Wand Unebenheiten der Kanalwand an der Anbohrungsstelle, ja selbst leichte Einbeulungen oder Gratbildungen das Meßergebnis recht merklich beeinflussen, sei nebenbei erwähnt.

Die Feststellung des statischen Druckes ist nur dort einfach, wo der durch die Strömung erzeugte dynamische Druck so klein ist, daß er gegen den zu messenden Druckunterschied nicht in Betracht kommt. Selbst bei kleinem Überdruck und großer Geschwindigkeit, z. B. bei einem Gebläse für 0,5 at Überdruck und 20 m/sek. Geschwindigkeit in der Windleitung, würde der dynamische Druck nicht mehr als 0,5 v. H. des statischen Druckes ausmachen. Macht der dynamische Druck nur einen kleinen Teil des zu messenden Druckunterschiedes aus, so ist der Fehler, wie erwähnt, unbedeutend. Immerhin kann unter Umständen der dynamische Druck so groß werden, daß er nicht mehr unberücksichtigt bleiben darf. In irgendeinem Rohr kann

[1] Regeln für Leistungsversuche an Ventilatoren und Kompressoren. Berlin 1912. S. 40.

z. B. eine große Geschwindigkeit vorhanden sein und der statische Druck ist klein; andererseits kann aber auch die Geschwindigkeit klein sein bei hohem statischen Druck. In diesem Falle sind dann folgende Schwierigkeiten zu berücksichtigen.

Das zur Druckentnahme in die Strömung eingeführte Gerät verursacht nämlich eine Störung in der Druckverteilung, und zwar werden die Druckunterschiede, die sich am Gerät einstellen, nicht kleiner, wenn man das Gerät kleiner macht; sie sind von der Größenordnung des dynamischen Druckes.

Eine richtige Messung des statischen Druckes eines strömenden Gases ist durch eine in glatter Wand sorgsamst angebrachte Entnahmeöffnung nur dann möglich, wenn an der Wand die Parallelität der Stromfäden gar nicht gestört wird.

Will man den statischen Druck in einer von Luft oder Gas durchströmten Rohrleitung ermitteln, so handelt es sich, wie wir oben gesehen haben, darum, den Einfluß des strömenden Gases, den sogenannten Geschwindigkeitsdruck, auf die Messungen unwirksam zu machen.

Man benutzt dafür häufig die sogenannte *Ser*sche Scheibe. Die *Ser*sche Scheibe (Fig. 16) besteht aus einer dünnen ebenen Scheibe *a*, die in der Mitte eine Einbohrung *b* hat. Diese Einbohrung steht in Verbindung mit dem Röhrchen *c*, das nach außen führt und am Ende mit einer Schlauchtülle zum Anschluß der Zuleitung zum Manometer versehen ist.

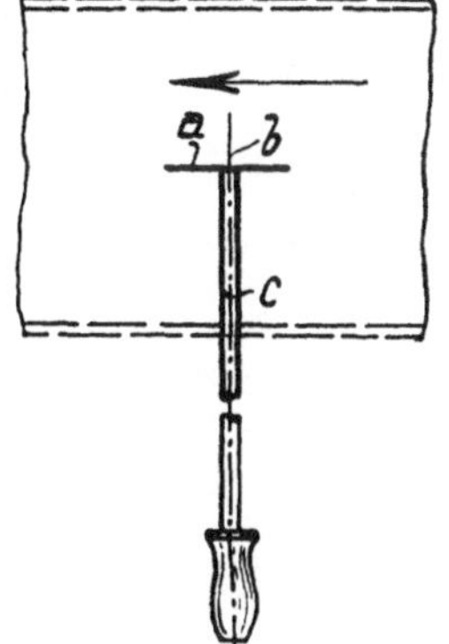

Fig. 16. *Ser*sche Scheibe.

Die *Ser*sche Scheibe muß, um richtige Angaben zu liefern, derart in die zu untersuchende Rohrleitung eingeführt werden, daß die Luftströmung ihr parallel ist, wodurch eine drückende oder saugende Wirkung des Gasstromes vermieden wird.

Die *Ser*sche Scheibe wird mit einem entsprechend empfindlichen Manometer so verbunden, daß dessen eine Seite mit der Atmosphäre in Verbindung steht. Der alsdann vom Manometer angezeigte Druck gibt den Über- oder Unterdruck gegenüber der atmosphärischen Luft an.

Der statische Druck kann auch gemessen werden, indem der dynamische Druck durch möglichst viele Hindernisse, welche die bewegte Luft in ihrem Weg trifft, vernichtet wird, während durch den statischen Druck solche Hindernisse überwunden werden. Solche Apparate sind in den Figuren 17—20 dargestellt.

Den Nipher-Kollektor (Fig. 17, Bauart *Schultze*) kann man sich aus einer *Ser*schen Scheibe entstanden denken, wenn man sich auf die erwähnte dünne Scheibe eine Anzahl runder Drahtgewebe-Scheiben *a* gelegt denkt. Am Rand wird das ganze durch einen schmalen Ring *l* und in der Mitte durch eine kleine Scheibe *c* zusammengehalten. Durch das Rohr *e* wird der Druck nach außen zum Manometer geleitet.

In der Fig. 18 ist eine ähnliche Einrichtung von *Rosenmüller* abgebildet. In einer kleinen zylindrischen Büchse, deren Mantel eine Reihe von Schlitzen *b* trägt, ist feine Drahtgaze spiralig aufgewickelt eingeschoben. Der in das Innere tretende Luftstrom verliert durch Reibung an der Drahtgaze seine kinetische Energie, so daß nur der statische Druck übrig bleibt, welcher durch ein Metallröhrchen nach außen geleitet wird.

Ähnlich ist auch der Apparat von *R. Fueß*, Steglitz (Fig. 19). Hier sind nur statt Gaze Schrotkugeln *a* verwandt.

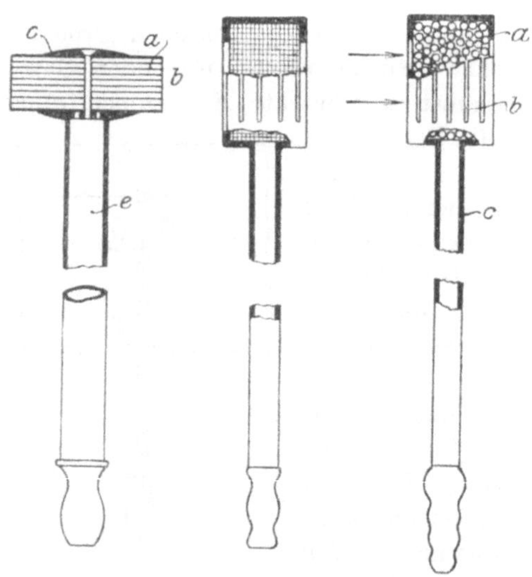

Fig. 17—19. Einrichtungen zur Messung des statischen Druckes.

Sowohl die *Ser*sche Scheibe, als auch die anderen Apparate (Fig. 17—19) ergeben jedoch keine absolut genauen Resultate. Dagegen hat sich das sogenannte „Hakenrohr“ gut bewährt (vgl. Fig. 20). Für die Messung des statischen Druckes mittelst des Hakenrohres ist zu beachten, daß hierfür seine Angaben nur in der Normalstellung und wenige Grade davon brauchbar sind. Bei Richtungsabweichungen zeigt das Hakenrohr einen tieferen Druck (bzw. größeren Unterdruck) an.

Mit Hilfe der *Recknagel*schen oder *Krell*schen Stauscheibe (vgl. Seite 116) läßt sich die Bestimmung des statischen Druckes wie folgt ausführen:

Man schließt beide Seiten der Stauscheibe an einen Druckmesser an, dessen 0-Punkt bekannt ist, und dreht nun die Stauscheibe in dem Gasstrome solange, bis sie in dem Druckmesser die 0-Lage einstellt. Löst man nun die eine oder andere Verbindung mit dem Druckmesser, so wird der statische Druck (wenigstens mit größter Wahrscheinlichkeit) angegeben werden.

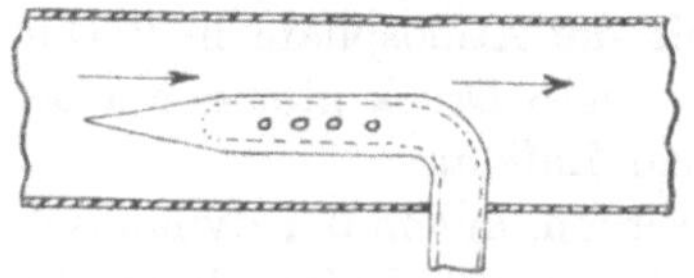

Fig. 20. Hakenrohr.

Der statische Druck kann auch mit dem ringförmigen Schlitz des *Prandtl-Rosenmüller*schen Staurohres (Fig. 78) gemessen werden. Bedingung ist aber dabei, daß die Strömung an der Meßstelle gradlinig und parallel der Achse des kleinen Staukörpers ist.

Und nun noch einige Worte über die Stelle der Druckentnahme.

Bei der Messung der Gasmengen mittels Durchflußwiderständen könnte die Druckdifferenz entweder an den Stellen 1 und 3, oder 1 und 2 oder schließlich 3 und 2 (vgl. Fig. 21) ermittelt werden. Am zweckmäßigsten wäre es, den Druck direkt im kontrahierten Querschnitt (2) zu messen, was sich aber kaum durchführen läßt. Praktisch wird der Druck in der Weise gemessen, wie es für die Düse in der Fig. 101 und 113 und für Staurand in der Fig. 102 und 105 gezeigt wird. Speziell bei Staurand ist aber die Anordnung nach Fig. 116 sehr empfehlenswert.

Wird aber die Druckdifferenz zwischen 1 und 3 gemessen, so ist diesem Umstande in der Vorzahl k (Vgl. Seite 165) entsprechend Rechnung zu tragen. Dabei muß die Druckentnahmestelle genügend weit (3 bis 8 Rohrdurchmesserbreiten D) von der Stauvorrichtung entfernt sein. Bei kleinen Druckhöhen spielt auch der durch Reibung an der Rohrwandung hervorgerufene Druckverlust zwischen Entnahmestelle und Öffnung, sowie die eventuellen Wirbelerscheinungen eine gewisse Rolle.

Die Druckentnahme direkt an der Durchdringungslinie der Rohrwand mit der Meßscheibe, worüber gute Versuchsergebnisse von *Brandis* vorliegen, scheint wohl am begründetsten zu sein.

Zweckmäßig wird die Druckentnahme nicht nur an einem Punkt, sondern gleichzeitig an mehreren Stellen des Rohrumfangs gleichzeitig vorgenommen, um den Mittelwert zu bilden; man bedient sich dabei gewisser Ausgleichs-

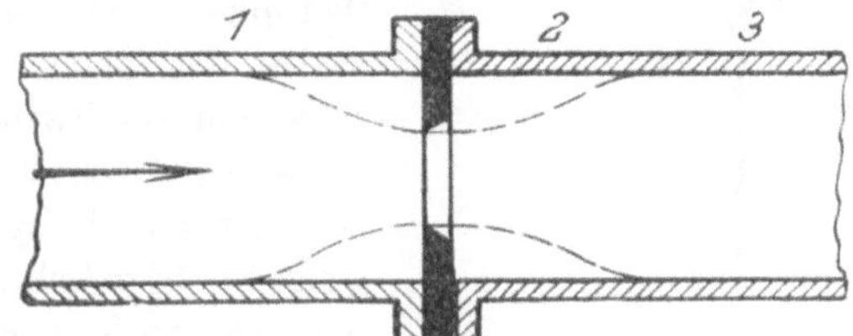

Fig. 21. Druckentnahmestellen.

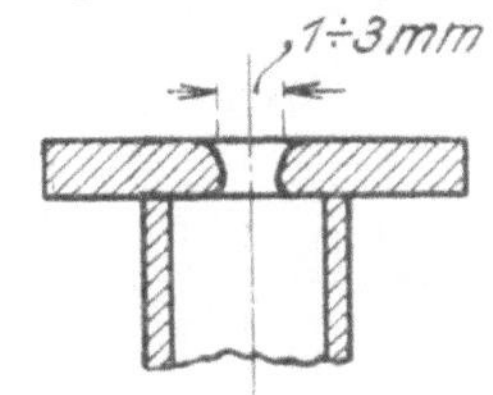

Fig. 22. Vorrichtung zur Druckentnahme.

kammern, wie sie z. B. beim Venturirohr (Fig. 117) zur Ausführung gelangt sind.

Wenn der Druck an der Kanalwand durch Anbohrungen gemessen wird, so dürfen diese auf der Innenseite keinerlei vorstehenden Rand oder Grat haben, sie sind von innen her glatt abzurunden. Ein- und Ausbeulung der Rohrwandung sind tunlichst zu vermeiden. Mit dem Manometer werden die Anbohrungen zweckmäßig durch ein davorgelötetes Röhrchen (Fig. 22) oder durch Andrücken eines glatt abgeschnittenen Gummischlauches verbunden.

Bei der Ermittelung des dynamischen Druckes sind die Ausführungen in dem Abschnitt F 1 zu berücksichtigen.

Wie wir gesehen haben, handelt es sich sowohl bei der Benutzung von Durchflußwiderständen (Düse, Staurand, Doppeldüse bzw. Venturirohr), als auch bei der Anwendung von Staugeräten (Pitotrohre, *Recknagel*sche Stauscheibe, Staudoppelrohre, Meßsonden usw.) in der Hauptsache (neben der Feststellung des spezifischen Gewichtes des Gases) um eine möglichst sehr genaue Ermittelung der durch den Durchflußwiderstand hervorgerufenen Druckdifferenz bzw. des mittels des Staugerätes zu ermittelnden dynamischen Druckes. Während im ersteren Falle die erzeugten Druckdifferenzen verhältnismäßig bedeutende Werte darstellen und nicht selten

50 mm W.-S. (bei Preßluft noch bedeutend mehr) überschreiten, so daß man sie mit einfachen Standmanometern oder gewöhnlichen aufrechten U-Röhren messen kann, sind die bei Anwendung von Staugeräten zu ermittelnden Drücke (sogen. Staudruck, dynamischer Druck, Geschwindigkeitshöhe, Pressungsdifferenz usw.) sehr gering. Dynamische Drücke von 2—4 mm W.-S. und zuweilen noch geringer, bilden keine Seltenheit bei den in vielen Betrieben herrschenden Geschwindigkeiten des Gases in der Leitung von beispielsweise 8—10 m/sek., wie man es aus folgendem ersehen kann: h ist bekanntlich gleich $\frac{w^2 \gamma}{2 \cdot g}$; bei w (Geschwindigkeit) $= 10$, γ (spezifisches Gewicht des Gases) $= 0{,}5$ und $g = 9{,}81$ ist h (die Geschwindigkeitshöhe) $= \frac{10^2 \cdot 0{,}5}{19{,}62} = 2{,}55$ mm Wassersäule. Zur genauen Ermittelung solcher geringer Druckdifferenzen dienen die sogenannten Mikromanometer, bei welchen die Empfindlichkeit der Anzeige in den allermeisten Fällen dadurch erzielt wird, daß man den Schenkel, in welchem der Flüssig-

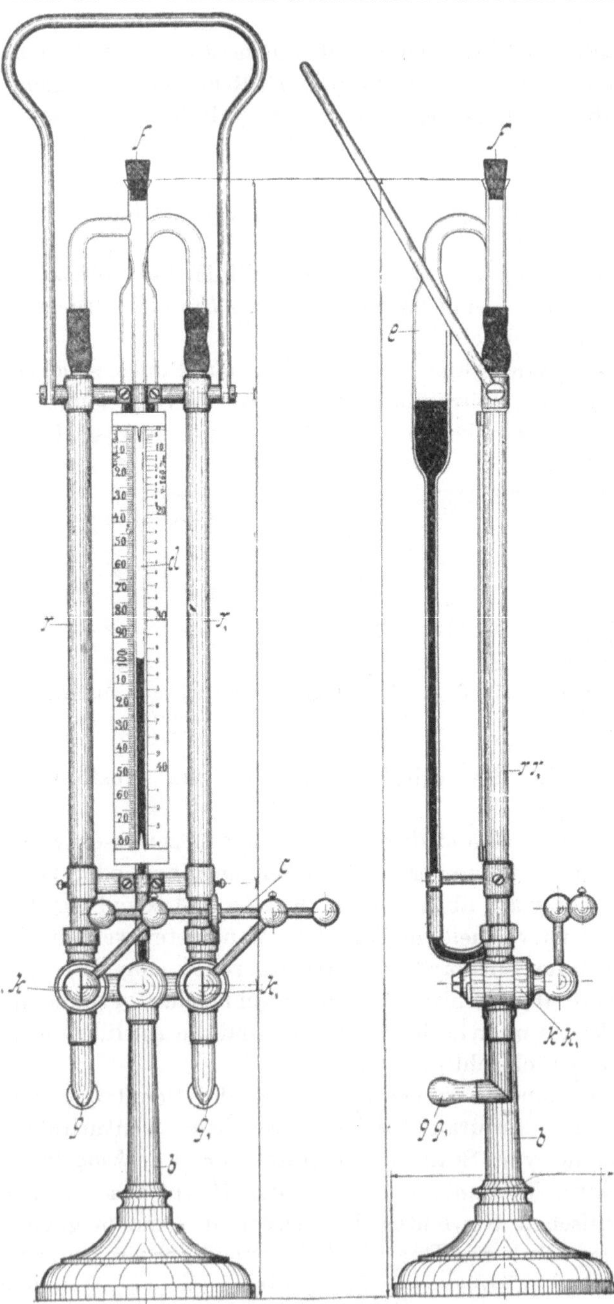

Fig. 23. Standmanometer nach *Krell*.
(Bauart *Schultze & Co.*, Charlottenburg.)

keitsstand abgelesen wird, seitlich und stark geneigt und an einem im Verhältnis zum Meßschenkel großen Gefäß anbringt (vgl. Fig. 24); auch werden zu diesem Zwecke Instrumente benutzt, bei welchen die Empfindlichkeit der Anzeige durch die Niveaudifferenz in zwei Flüssigkeiten von verschiedenem spezifischen Gewicht bewerkstelligt wird.

Für größere und mittlere Druckdifferenzen eignen sich auch gewöhnliche Flüssigkeitsmanometer, die je nach dem Meßbereich bei ganz hohen Drücken mit Quecksilber, spezifisches Gewicht 13,6, bei niedrigeren Drücken mit Wasser (spez. Gewicht = 1) oder noch leichteren Flüssigkeiten, wie Alkohol, Äther usw. (spez. Gewicht unter 1; vgl. Tabelle 2, Seite 61) gefüllt werden. Solche Manometer setzen lediglich einen gut geteilten Maßstab und gleichmäßige Weite des Meßrohres voraus, außerdem die Kenntnis des spezifischen Gewichtes der Manometerflüssigkeit (Temperatureinflüsse bei Wasser und besonders bei Alkohol!).

Von den Manometern mit senkrechten Meßrohren werden die Standmanometer, System *Krell* (siehe Fig. 23) vielfach benutzt.

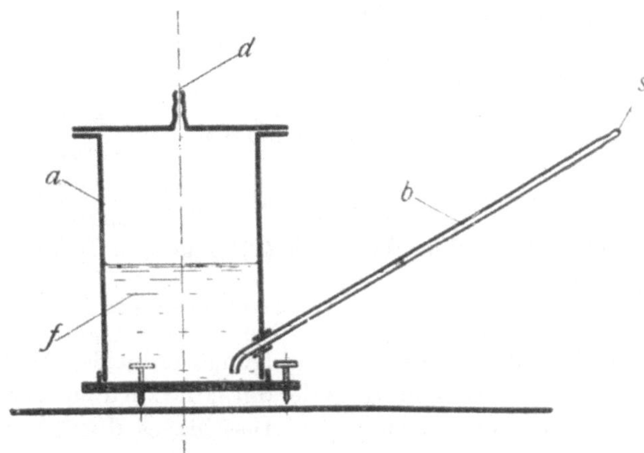

Fig. 24. Mikromanometer.

An dem mit Blei beschwerten Fuß ist die Säule *b* befestigt, an der das durch die Stange *c* gekuppelte Hahnen-Paar *k* k_1 montiert ist. An diese beiden Hähne schließen sich rasch oben die beiden Rohre *r* und r_1 an, die an dem oberen Ende einerseits mit dem Meßrohr *d*, andererseits mit dem etwas weiteren Gefäße in Verbindung stehen. Nach Lösen des Stopfens kann die Sperrflüssigkeit in das Meßrohr *d* und in das mit diesem am unteren Ende kommunizierende Gefäß *e* eingeführt werden, bis die Flüssigkeit bei linksgestellter Hahnstange auf Null der Skala, die nach oben und unten etwas verschieblich ist, einspielt. Die Skala ist einerseits in Millimeter Wassersäule geteilt, andererseits kann nach vorheriger Ermittelung des Korrektionsfaktors aus der Eichung auch die Geschwindigkeit in Metern pro Sekunde abgelesen werden.

Der Anschluß der Zuleitungen erfolgt an die beiden nach hinten gerichteten Schlauchtüllen *g* und g_1.

Für ganz hohe Drücke lassen sich unter Umständen Differential[1]-Platten oder Federmanometer anwenden.

[1] Als Differentialmanometer bezeichnet man diejenigen Anordnungen, bei denen der Druckunterschied zweier Räume gegeneinander direkt gemessen werden soll. Die meisten Flüssigkeitsmanometer können als Differentialmanometer dienen.

II. Theorie des Mikromanometers.

In der Fig. 24 ist das Prinzip eines Mikromanometers angegeben. Das Instrument besteht aus einem Manometergefäß a, welches die Füllflüssigkeit f enthält. An dem Manometergefäß ist schräg und vielfach mit verstellbarem Winkel das Manometerrohr b angebracht. Bezeichnet man mit α den Neigungswinkel des Manometerrohres, so ergibt eine einfache Überlegung, daß die Vergrößerung, die das Manometer bewirkt, umgekehrt proportional sein muß $\sin\alpha$.

Wir bezeichnen[1] mit F den Querschnitt des um einen Winkel α gegen die Horizontale geneigten Rohres. Dann entsteht ein senkrecht gemessener Höhenunterschied h der Spiegel in beiden Teilen aus dem Anstieg h_1 im Rohr und dem Abfall h_2 im Gefäß:

$$h = h_1 + h_2. \tag{1}$$

Der Faden habe sich nun um n mm vorwärts bewegt. Dann ist das ins Rohr eingetretene Flüssigkeitsvolumen $n \cdot f = \frac{h_1}{\sin\alpha} \cdot f$ gleich dem aus dem Gefäß entnommenen $F \cdot h_2$, es ist also $n \cdot f = \frac{h_1}{\sin\alpha} \cdot f = F \cdot h_2$. Die hieraus für h_1 und h_2 folgenden Werte, in (1) eingesetzt, ergeben

$$h = n \cdot \left(\sin \cdot \alpha + \frac{f}{F}\right) \tag{2}$$

als diejenige Druckänderung (gemessen in den Einheiten wie h, also gegebenfalls in mm Alkoholsäule oder dgl.), die zur Bewegung n des Fadens erforderlich ist. Die Vergrößerung des Ausschlages durch Anwendung der Neigung ist durch den Bruch $\frac{n}{h}$ gegeben:

$$\frac{n}{h} = \frac{1}{\sin\alpha + \frac{f}{F}}. \tag{3}$$

Wo man Übersetzungsverhältnis $\frac{n}{h}$ erzielen will an einem Instrument vom Querschnittsverhältnis $\frac{f}{F}$, hat man die Neigung zu wählen:

$$\operatorname{tg}\alpha \backsim \sin\alpha = \frac{h}{n} \frac{f}{F}. \tag{4}$$

Bei flachen Neigungen kann man sin und tg miteinander vertauschen. Auf das Übersetzungsverhältnis haben also $\sin\alpha$ und $\frac{f}{F}$ gleichstarken Einfluß, dergestalt, daß das Instrument um so empfindlicher wird — Ausschaltung jeder Reibung vorausgesetzt —, je kleiner man diese beiden Werte hält. Bei empfindlichen Mikromanometern muß das Rohr also möglichst eng sein; hat das Rohr 2 mm Durchmesser, bei 100 mm Gefäßweite, so ist $\frac{f}{F} = \frac{1}{100}$. Wählt

[1] Nach *Gramberg*.

man die Rohrneigung $\operatorname{tg}\alpha = 1 : 100$, so erhält man also nicht 100fache, sondern nur 50fache Vergrößerung des Ausschlages. Um hundertfache Vergrößerung zu erzielen, wäre $\sin\alpha = o$ zu machen, das Rohr also wagerecht zu legen, das ist bei engen Rohren auch zulässig, ohne daß die Flüssigkeit ausläuft. Bei einer Abwärtsneigung im Betrage $\sin\alpha = -\frac{f}{F}$ würde das Aushebern beginnen.

Formel (3) gilt auch für einfache U-Rohre, $\sin\alpha = 1$. Beim einfachen U-Rohr, $f = F$, wird $\frac{n}{h_1} = \frac{1}{2}$; beim Gefäßmanometer ist die Skala im Verhältnis $\frac{n}{h} = \frac{1}{1 + \frac{f}{F}}$ zu verkürzen.

Beim Mikromanometer ermittelt man meist $\frac{n}{h}$ nicht rechnungsmäßig nach Formel (3), sondern durch eine Eichung des Mikromanometers, die sich sehr schnell und so ausführen läßt, daß sich die Bestimmung von $\sin\alpha$ und von $\frac{f}{F}$ praktisch ganz erübrigt. Bei irgendwelchen Beobachtungen sei die Flüssigkeitssäule im Rohr um n Skalenteile vorwärtsgelaufen. Der zugehörige Wert h ist zu ermitteln. Er wird sein:

$$h = n\left(\sin\alpha + \frac{f}{F}\right). \tag{2}$$

Wir fügen, während das Instrument beiderseits an Luft angeschlossen ist (Wechselbahn), das Volumen V_0 von der gleichen Flüssigkeit zu dem schon vorhandenen Inhalt hinzu, und beobachten die Anzahl Skalenteile n_0, um die der Flüssigkeitsfaden dabei voranläuft. Es wird sein:

$$V_0 = f \cdot n_0 + F \cdot h_0,$$

wenn h_0 die (unbekannte) Niveauhebung im Gefäß ist. Senkrecht gemessen steigt das Niveau im Gefäß und Rohr gleichviel:

$$h_0 = n_0 \cdot \sin\alpha;$$

also ist:

$$V_0 = f \cdot n_0 + F \cdot n_0 \cdot \sin\alpha$$

$$\frac{V_0}{F} = n_0\left(\frac{f}{F} + \sin\alpha\right). \tag{5}$$

Aus dem Vergleich von (2) und (5) folgt:

$$h = n \cdot \frac{V_0}{F \cdot n_0} \text{ mm Flüssigkeit.} \tag{6}$$

Ist γ das spezifische Gewicht der verwendeten Flüssigkeit in kg pro cbm, so kann man auch schreiben:

$$h = n \cdot \frac{V_0 \cdot \gamma}{F \cdot n_0} = n \cdot \frac{G_0}{F \cdot n_0} \text{ kg/qm} \quad \text{oder} \quad \text{mm W.-S.}, \tag{6a}$$

wenn G_0 das bei der Eichung eingefüllte Gewicht bedeutet. Alle Größen sind in den Einheiten des technischen Maßsystems, also in kg, qm, cbm, anzunehmen. Doch kann man, da nur das Verhältnis $\frac{n}{n_0}$ in Frage kommt, unter n und n_0 auch die Fadenlänge in beliebigen Skalenteilen verstehen. Wenn man aber meist die Einheiten wie folgt nehmen wird: V_0 in ccm, γ als Relativgewicht bezogen auf Wasser von 4°, G_0 in Gramm, F in qcm, so hätte man die Formeln zu schreiben:

$$h = n \cdot \frac{10 \cdot V_0 \cdot \gamma}{F \cdot n_0} = n \cdot \frac{10 \cdot G_0}{F \cdot n_0} \text{ kg/qm oder mm W.-S.} \qquad (6\text{b})$$

III. Mikromanometer mit festem Rohr.

Ist die zu messende Druckdifferenz klein (etwa unterhalb 20—30 mm W.-S.), so läßt sich eine genaue Ermittelung derselben mittels der auf Seite 46 besprochenen Standmanometer nicht durchführen. Man ist in

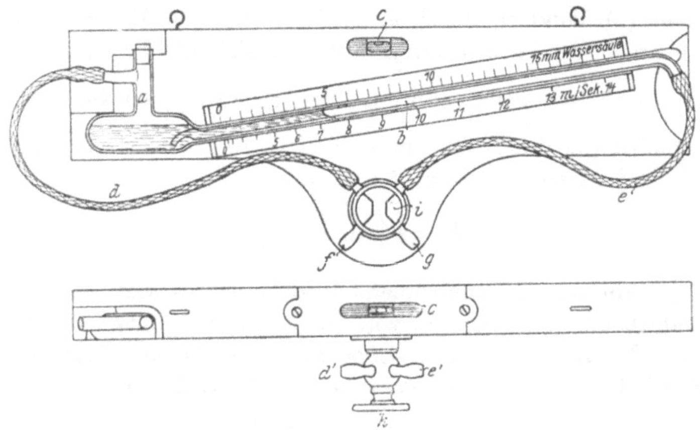

Fig. 25. Druck-(Zug-)Messer mit geneigtem Meßrohr nach *Krell*.

solchen Fällen (und das sind bei der Anwendung von Staugeräten die meisten) auf feinere Instrumente, die sogen. Mikromanometer, angewiesen.

Kommt es auf eine große Genauigkeit nicht an und betragen die Geschwindigkeiten etwa 8—20 m/sek., so kann man in Ermangelung der kostspieligen Mikromanometer mit einfacheren und daher billigeren Apparaten auskommen. Ein solcher Apparat (sogenannter *Krell*scher Zugmesser D. R. G. M.) von der Firma *Schultze & Co.* in Charlottenburg ist in der Fig. 25 dargestellt.

*Krell*scher Zugmesser. Wie man aus der Fig. 25 ersieht, stellt dieses Manometer eine vereinfachte Ausführungsform des bekannten *Krell*schen Mikromanometers dar. (Vgl. weiter unten.) Der Apparat ist mit 2 geneigten Skalen versehen. Die oberen dienen zum Ablesen des Druckes in mm W.-S., die untere zum direkten Ablesen von Geschwindigkeiten. Der Gebrauch der unteren Skala ist entweder nur an ein Gas von ganz bestimmtem spezifischen Gewicht oder an ein ganz bestimmtes Staugerät (Pneumometer, *Prandtl*sches Staurohr usw.) gebunden.

Das Instrument besteht aus einem starken Eichenholzbrett, welches das Glasmeßrohr *a b*, die Skala, die Wasserwage *c* und den Vierweghahn *i* trägt.

Das Glasmeßrohr besteht aus dem Gefäß *a* mit Füll- und Anschluß-Tülle und dem mehr oder weniger geneigten Meßrohr *b* mit der an seinem Ende nach unten gebogenen zweiten Anschluß-Tülle. Das Gefäß *a* und das Meßrohr *b* sind miteinander verschmolzen. An der Verbindungsstelle setzt sich das Meßrohr hakenförmig in das Innere des Gefäßes fort. Dieses sowohl wie das Meßrohr liegen vertieft in dem Eichenholzbrett, welches links und rechts geräumige Aussparungen hat, um die Anschluß-Tüllen für den Anschluß der Gummischläuche freizulegen. Diese stellen die Verbindung mit dem mit 4 Schlauchtüllen versehenen Vierweghahn *i* her, dessen beide Tüllen *f* und *g* zur Verbindung mit den zu dem Staugerät führenden Leitungen dienen. Ein gleichzeitiger Anschluß der beiden Meßleitungen ist erforderlich, weil der absolute Druck in der Rohrleitung vielfach höher ist, als das Manometer überhaupt angeben kann. Dieses muß so geschehen, daß der vorhandene Überdruck auf der Flüssigkeit im Gefäß lastet. Das Hahnküken hat vorn eine kreisrunde Handplatte, auf welcher die vier Handbohrungen in breiten Rillen kenntlich gemacht sind.

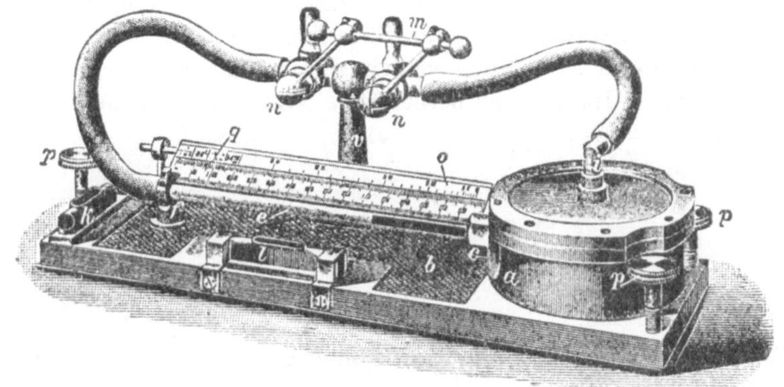

Fig. 26. Mikromanometer nach *Krell*, Bauart *Schultze*.

Selbstverständlich muß bei der Anschaffung solcher Apparate der zu erwartende Meßbereich mit berücksichtigt werden, weil das geneigte Rohr fest und nicht beweglich angebracht ist.

Es lassen sich mit dem *Krell*schen Zugmesser Druckdifferenzen bis zu 1 mm W.-S. herab ablesen, so daß man damit Gasgeschwindigkeiten bis zu etwa 5 m pro Sekunde herab ermitteln kann.

Mikromanometer nach *Krell*. Für genauere Messungen benötigt man feinere Apparate. Sehr verbreitet ist das in der Fig. 26 dargestellte Mikromanometer nach *Krell* mit festem Rohr, welches von *Schultze & Co.*, Charlottenburg gebaut wird. Der Apparat besteht aus der Grundplatte *b*, dem dosenartigen Gefäß *a*, dem Glasmeßrohr *e*, der Skala *q*, dem Doppelhahn-

Ständer v, den beiden Wasserwagen k und l, den drei Mikrometerschrauben p und den beiden Verbindungsschläuchen.

Die Grundplatte und das Gefäß sind aus einem Stück gegossen, letzteres ist durch den aufgeschliffenen und aufgeschraubten Deckel luftdicht verschlossen. Der Deckel enthält in der Mitte eine konische Bohrung zur Aufnahme der eingeschliffenen rechtwinklig gebogenen Schlauchtülle i. Das Gefäß dient zur Aufnahme der Sperrflüssigkeit. Die Füllung geschieht mittels Pipette durch die vorerwähnte Bohrung, aus welcher die Schlauchtülle leicht herausgenommen werden kann. Mit dem Inneren des Gefäßes kommuniziert ein starkwandiges Glasmeßrohr von etwa 3 mm lichter Weite und etwa 240 mm Länge. Dieses ruht einerseits, fest verkittet, in der Seitenwand des Gefäßes und andererseits in dem Rohrständer f, in welchem es durch eine Schraube fest und unverrückbar gehalten wird. Im Innern des Gefäßes erhält das Meßrohr einen ebenfalls aus Glas bestehenden und fest eingekitteten nach unten gebogenen Fortsatz, der in die Sperrflüssigkeit eintaucht. Die Skala wird stets unter Berücksichtigung verschiedener gegebener Verhältnisse und individuell für jedes Instrument hergestellt. Wäre das Glasmeßrohr auf die

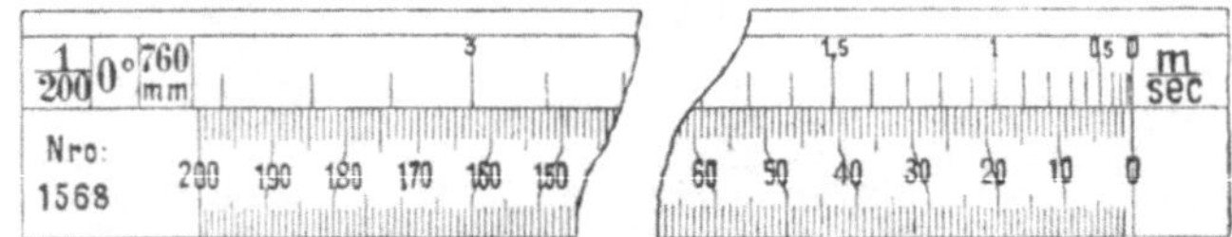

Fig. 26 a. Kompensierte Skala zum Mikromanometer nach *Krell.*

ganze Teilungslänge von 200 mm ganz genau gerade und innen gleich weit, so würden gleichen Drücken auch stets gleiche Meßlängen am Glasmeßrohr entsprechen. Da es aber technisch unmöglich ist, Glasröhren herzustellen, welche mathematisch genau gerade und gleichmäßig kalibrisch sind, so kommt eine sogenannte kompensierte Skala zur Anwendung. Eine solche Skala ist naturgemäß eine ungleiche, da sie die, für das Auge allerdings nicht erkennbaren Abweichungen des Rohres von der mathematisch genauen Form ausgleichen muß. Die Größe dieser Abweichungen darf ein gewisses Maß nicht übersteigen, da sonst die Skala praktisch unbrauchbar werden würde. Durch ein besonderes Eichverfahren und mit Hilfe feinster Meßgeräte wird diese Größe ermittelt und auf dem unteren, an dem Meßrohr liegenden Teil der Skala festgelegt. An einer solchen kompensierten Skala — (siehe Fig. 26 a) — mit gleichwertigen, aber ungleich langen Teilstrecken würde nun aber eine Gleitskala wegen dieser Ungleichheiten nicht benutzt werden können. Da eine solche jedoch, um nicht immer an einen bestimmten Nullpunkt gebunden zu sein, praktisch wertvoll ist, so wird folgende Einrichtung getroffen: Parallel zu der unten liegenden Kompensationseinteilung verläuft am oberen Skalenrand eine gleich lange Millimeterteilung von 0 bis 200 mm, und zwar so, daß sich die Anfangs- und Endpunkte der beiden übereinander liegenden Skalen direkt gegenüber liegen. Jeder zehnte Teilstrich der kompensierten Skala wird sodann mit dem entsprechenden Teilstrich der Millimeterskala durch eine gerade Linie verbunden, welche Verbindungslinien je nach dem Grade der Ungleichmäßigkeit der kompensierten Skala mehr oder weniger schräggestellt erscheinen. Die Verbindungslinien tragen die für beide Skalen geltenden Zahlen. An der oberen gleichmäßig verlaufenden Skala gleitet nun die Schieberskala, welche die Geschwindigkeitsskala — (bei Luft- und Gasmessungen) — trägt. Verschiebbar ist diese Skala, wie vorher schon angedeutet, aus dem Grunde gemacht, um nicht immer an den auf der Doppelskala befindlichen Nullpunkt gebunden zu sein; man müßte sonst jedes, wenn auch nur das geringe Zurückweichen des Flüssigkeitsstandes in Folge von Verdunstung durch Nachfüllen von Sperrflüssigkeit wieder ausgleichen. Durch die Einrichtung des Gleitschiebers ist man dieser Notwendigkeit enthoben. Man füllt beiläufig bis zu einem Drittel der ganzen Teilungslänge Sperrflüssigkeit ein, ohne dabei vorläufig auf einen bestimmten Skalenstrich zu achten. Alsdann stellt man den Nullpunkt des Gleitschiebers auf denjenigen Strich der oberen Skala ein, bei welchem an der unteren des Meniskus

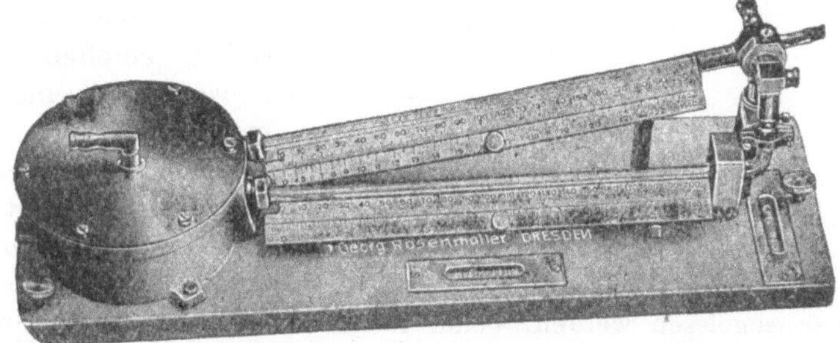

Fig. 27. Mikromanometer von *Rosenmüller* für zwei verschiedene Meßbereiche.

der Sperrflüssigkeit steht. Weicht dieser nach und nach durch Verdunstung etwas zurück, so folgt man mit dem Gleitschieber nach. Dies kann man solange wiederholen, bis man an dem Nullpunkt der beiden festliegenden Skalen angelangt ist. Erst dann hat man nötig, Sperrflüssigkeit nachzufüllen. Es ist stets darauf zu achten, daß bei den Einstellungen die Wasserwagen auf Mitte einspielen. Dies wird dadurch erreicht, daß die Stellschrauben p entsprechend betätigt werden; durch sie erfolgt die richtige Einstellung des Mikromanometers auf der Unterlage, welche stets möglichst fest und unveränderlich sein soll.

Der Doppelhahnständer trägt die beiden Dreiweghähne, welche mit Hilfe der sie verbindenden Kuppelstange stets genau gleichzeitig geöffnet werden können. Dies ist deshalb nötig, weil bei höherem statischen Druck in der Leitung, als das Mikromanometer überhaupt anzuzeigen vermag, die Flüssigkeit aus dem Meßrohr herausgetrieben werden würde.

Zu der oben besprochenen Art der Apparate gehören auch die Mikromanometer mit einem bzw. mit zwei festen Meßröhren in der Bauart von *G. Rosenmüller*, Dresden.

Mikromanometer mit festen Rohren nach *Rosenmüller*. Da der Nullpunkt sich durch Abdunsten etwas verschiebt, ist die Skala innerhalb eines kleinen Intervalles verschiebbar. Da die Meßröhren für Neigungen kleiner als 1 : 25 sich nicht genügend gerade und kalibrisch herstellen lassen, sind auch diese Apparate mit einem durch Eichung gefundenen Maßstabe versehen.

Mit dem Mikromanometer mit zwei Meßröhren (Fig. 27) lassen sich sowohl kleine als auch größere Geschwindigkeiten messen. Wird z. B. der Meßbereich des stärker geneigten Meßrohres überschritten, so erfolgt die Ablesung an dem anderen Meßrohr.

Mikromanometer mit gebogenem Meßrohr. Die Verwendung von Mikromanometern, wie oben besprochen, kommt nur dann in Betracht, wenn die Geschwindigkeit und somit p_d nicht allzusehr schwankt. Bei stark wechselnden Geschwindigkeiten, die auf jeden Fall möglichst genau abgelesen werden sollen, empfiehlt sich die Anwendung eines Mikromanometers mit gebogenem Meßrohr (Fig. 28). An diesem Instrument kann sowohl der Differenzdruck, als auch die Geschwindigkeit unmittelbar abgelesen werden, beide natürlich nur für bestimmte Druck- und Temperaturverhältnisse. Das Steigerohr des Mikromanometers ist dabei in der Art gebogen, daß gleichen Geschwindigkeiten gleiche Skalenstrecken entsprechen.

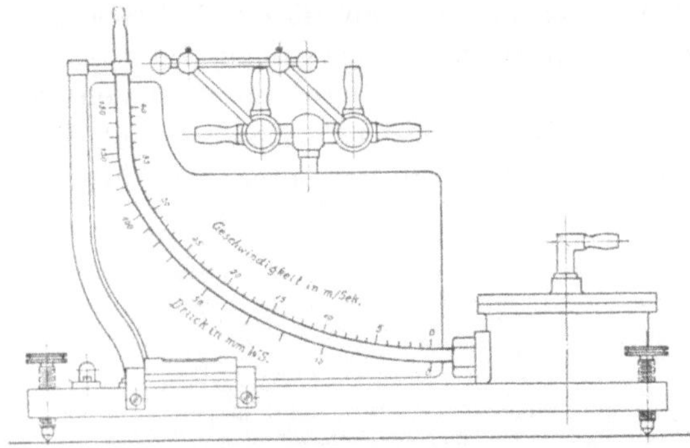

Fig. 28. Mikromanometer mit gebogenem Meßrohr.

IV. Mikromanometer mit schwenkbarem Meßrohr.

Der Vorteil der Mikromanometer dieser Art besteht darin, daß man durch die größere oder geringere Neigung des Meßrohres praktisch in der Lage ist, jedes Übersetzungsverhältnis, also jede Empfindlichkeit herzustellen, während man bei den oben besprochenen Einrichtungen an einen bestimmten Meßbereich gebunden ist und beim Auftreten anderer Geschwindigkeiten auf Anschaffung neuer Druckmeßapparate angewiesen ist. Es lassen sich mit diesen Mikromanometern (mit schwenkbarem Rohr) Drücke bis zu 0,01 mm W.-S. herab messen.

Mikromanometer nach *Recknagel*. Zu den bekannten Apparaten dieser Art gehören die Mikromanometer nach *Recknagel*. Dieses Instrument wurde von C. *Recknagel* zuerst verwandt und im Jahre 1877[1] beschrieben; eine weitere Vervollkommnung dieses Instrumentes wurde 1893[2] publiziert.

---

[1] Wiedem. Ann. d. Physik u. Chemie 1877, **2**, 291.

[2] G. *Recknagel*, Über Einrichtungen und Gebrauch des Differentialmanometers. Archiv f. Hyg. 1893, Jubelband S. 293.

In der Fig. 29 ist eine viel gebräuchliche Form des *Recknagel*schen Mikromanometers in der Ausführung von *R. Fueß*, Steglitz gezeigt. Mit A ist der mit einem besonderen Strahlungsschutz (was namentlich für Messungen an warmen Orten, wie Kesselhäuser, Generatoren usw. wertvoll ist) umgebene Metallkopf bezeichnet, in dessen Bodenplatte durch einen Metallkonus g die gläserne Steigröhre c gelenkig eingesetzt ist. Um ein Lockern des Konus zu verhindern, wird er durch einen federnden Stift sanft in seine Bohrung gedrückt. Nach Entfernen der Schraube b kann der Befestigungswinkel samt federndem Stift entfernt und die Steigeröhre, sofern sie bis in die Senkrechte gebracht wurde, wobei der Klemmrahmen N von dem Gradbogen T abgleitet, herausgenommen werden.

Der Gradbogen T trägt eine Kreisbogenteilung in $^1/_2{}^\circ$, und der am Klemmrahmen angesetzte Nonius gestattet Winkel von 5 zu 5′ abzulesen. Zu besserem

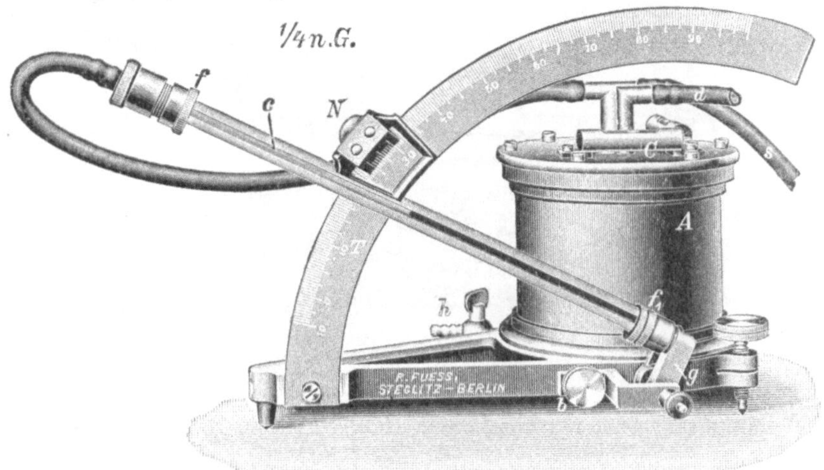

Fig. 29. Mikromanometer nach *Recknagel.*

Schutz der Steigeröhre ist diese b e i d e r s e i t i g in Metallfassungen gelagert und in diesen nach Art der Wasserstandsgläser durch kleine Gummiringe abgedichtet.

Auf dem Deckel des Instrumentes sind außer den beiden Röhrenlibellen B noch zwei Schlauchstücke angebracht, von welchen das eine in den Topf führt, während das andere durch einen Gummischlauch mit dem Ende der Steigeröhre verbunden ist. Beide Schlauchstücke sind durch + und — kenntlich gemacht, und es ist bei dem Anschluß des Staudoppelrohres darauf zu achten, daß die auch am Staugerät befindlichen gleichen Vorzeichen mit denen des Mikromanometers korrespondieren.

Bei der Benutzung hat man das Instrument zunächst mittels der beiden Wasserwagen und der Stellschraube auszurichten und muß dann, namentlich wenn man die Neigung des Rohres verändert hatte, den Wert eines Teilstriches der Skala feststellen — das Instrument eichen. Die genau gleichzeitige Einwirkung der beiden Drücke ist dann erforderlich, wenn in den Beobachtungsräumen, deren Pressungsdifferenz gemessen werden soll, eine den gesamten Skalenumfang des Manometers überschreitende Über- oder Unterpressung gegenüber der Pressung in dem Aufstellungsraum des Manometers stattfindet. Bei nicht gleichzeitiger Einwirkung beider Drücke (also wenn die Klemmschrauben an den Gummischläuchen nicht gleichzeitig los gemacht werden), würde die Sperrflüssigkeit aus dem Manometer herausgeworfen werden.

Neuere Ausführungen solcher Mikromanometer (*Fueß*) haben den Vorzug gegenüber dem in der Fig. 29 dargestellten, daß mittels eines Hahnkörpers eine gleichzeitige Übertragung der beiden Drücke auf das Mikromanometer ermöglicht wird. Bei einigen Ausführungen wird die Skala direkt in Graden des Kreises angegeben. Multipliziert man dann die Ablesung am geneigten

Fig. 30. Mikromanometer mit konstantem Nullpunkt nach *Berlowitz-Rosenmüller*.

Rohr mit dem Sinus des Neigungswinkels, so wird die senkrechte Druckdifferenz erhalten.

Mikromanometer mit konstantem Nullpunkt (System *Berlowitz-Rosenmüller*). Die älteren Konstruktionen der Mikromanometer mit neigbarem Meßrohr zeigen nun den Nachteil, daß beim Übergang von einer Neigung zu anderen der Nullpunkt sich stark gegen die Teilung des Meßrohres verschiebt, sogar ganz aus dem Meßbereich heraustritt. Der Nullpunkt ist stets neu zu bestimmen. Kleine Neigungen erfordern ein Absaugen von Sperrflüssigkeit, während beim Übergang zu vertikaler Stellung des Meßrohres sich ein Nachfüllen notwendig macht, wenn der Meniskus in den Meßbereich zurückgeführt werden soll. Diese Manipulationen sind zeitraubend und unbequem und bilden oft die Ursache von Fehlern. Bei dem neuen Mikromanometer, das von *G. Rosenmüller*, Dresden nach dem System von Dr.-Ing. *Berlowitz* hergestellt wird (Fig. 30), fallen alle diese störenden Handgriffe weg. Ist bei dieser Konstruktion einmal der Nullpunkt bei der kleinsten in Aussicht genommenen Neigung eingestellt, so behält sie ihn unverändert bei allen Neigungen des Meßrohres bei. Es kommen alle nachträglichen Neueinstellungen des Nullpunktes bei veränderter Neigung, jedes Nachfüllen oder Absaugen von Sperrflüssigkeit in Wegfall. Dieser Vorteil ist in einfacher Weise dadurch erreicht, daß die Drehachse des neigbaren Rohres unter Berücksichtigung der Kapillarerhebung durch das Nullniveau des Manometers geht. Genaue Versuche mit dieser neuen Anordnung haben gezeigt, daß innerhalb der Übersetzungen von 1 : 100 bis 1 : 1 die Nullpunktslage wirklich konstant bleibt[1].

Für Neigungen kleiner als 1 : 50 ist dem Instrument zur genauen Bestimmung des Übersetzungsverhältnisses und zur Kalibrierung des Meßrohres eine Pipette beigegeben. Bei solchen Neigungen ist es unerläßlich, die ganze Skala schrittweise durchzueichen. Bei absolut geradem und kalibrischem Meßrohr wäre nur nötig, an einer beliebigen Stelle das Übersetzungsverhältnis festzulegen. Da aber bei geringeren Neigungen, z. B. 1 : 100 (35 Minuten), die Meßrohre nicht genügend gerade hergestellt werden können, spiegelt sich in der Skala mehr oder minder die Durchbiegung der Kapillare wieder. Es ist daher schrittweise der Wert der Millimeterteilung in Druckwert nach mm Sperrflüssigkeit (Alkohol) zu bestimmen. Dies geschieht in der Weise, daß man mit Hilfe der Pipette gemessene Mengen der Sperrflüssigkeit in dem weiten Schenkel einfließen läßt und die entsprechenden Verschiebungen des Meniskus bestimmt. Der Quotient: zugefügtes Volumen, dividiert durch den Querschnitt der weiten Schenkels, gibt unter Berücksichtigung der Kapillarweite die Größe der Druckänderung, welche der zugehörigen Meniskusverschiebung entspricht.

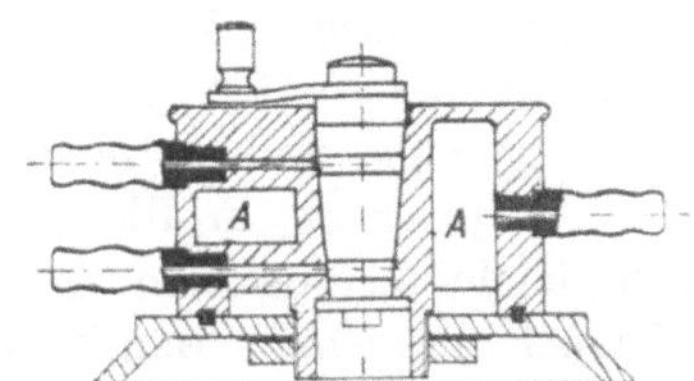

Fig. 31. Hahnkörper zum Mikromanometer nach Fig. 30.

Im allgemeinen empfiehlt sich jedoch, bei Übersetzungen unter 1 : 50 die Mikromanometer mit neigbarem Rohr durch solche mit fester Neigung zu ersetzen.

Eine besondere Vorrichtung dient dem Ausgleich schnell verlaufender statischer Druckschwankungen. Tritt eine solche ein, so pflanzt sich bei den Einschenkelmanometern diese Schwankung auf die Meßröhre unmittelbar fort, am weiten Schenkel wird sie durch den Luftraum über der Sperrflüssigkeit stark gedämpft. Es tritt ein Schwingen des Meniskus ein. Um dies zu vermeiden, ist der Hahnkörper mit einem Hohlraum versehen, der dem engen Schenkel vorgeschaltet wird, und dessen Volumen dem des weiten Schenkels entspricht. Gelangen jetzt beim Messen von Geschwindigkeiten schnell verlaufende Schwankungen des statischen Druckes an das Mikromanometer, so erfahren dieselben auch am Meßrohrschenkel eine Dämpfung, und zwar in dem gleichen Maße, wie dies am weiten Schenkel stattfindet. An beiden Schenkeln wächst oder fällt der Druck in gleicher Weise, so daß keine verschiebenden Kräfte auftreten und eine ruhige Einstellung des Meniskus bewirkt wird. In Fig. 31 ist ein schematischer Schnitt des Hahnkörpers gegeben (D. R. G. M.). *A* ist der dem engeren Schenkel vorgeschaltete Raum.

---

[1] Vgl. die Beschreibung einer neueren Ausführung dieses Mikromanometers in der Zeitschr. d. Ver. deutsch. Ing. 1917, S. 971.

Für das gute Arbeiten dieser Mikromanometer ist unerläßliche Bedingung, daß Luftbläschen im Meßrohr und Schwenkkonus vollkommen entfernt sind. Dies erfordert ein sorgfältiges Füllen und Einstellen auf Null.

Bei Berücksichtigung nachstehender Winke wird das Füllen keine Schwierigkeiten bereiten und nach geringer Übung flott vonstatten gehen.

Man stelle den Hahn auf Null und löse am besten den Schlauch, welcher Schwenkarm und Hahnkörper miteinander verbindet, an letzterem los. Ferner öffne man die Eingußstelle am Gefäß. Dieselbe besteht für Niederdruck gewöhnlich aus einem Konus (für höheren Druck aus einer verschraubbaren Kapsel). Man stelle den Schwenkarm ungefähr auf Übersetzung 1 : 2. Nach diesen Vorbereitungen lasse man entweder durch den Hahn, welcher die Füllflasche mit dem Gefäß des Instrumentes verbindet, oder, durch den Trichter vorsichtig und langsam solange Flüssigkeit ein, bis dieselbe in dem Glasrohre erscheint. Es ist nun nötig, festzustellen, ob sich im Kanal des Schwenkarmes Luftblasen gebildet haben. Daher sauge man am Schlauche, welcher am Schwenkarm hängt, vorsichtig solange, bis die Flüssigkeit das Glasrohr fast ausfüllt, jedoch nicht so weit steigt, daß sie noch in das Metallstück gelangt, weil sie in demselben Tropfen zurückläßt, welche sehr leicht die Veranlassung zu Blasenbildung geben. Mittels dieses Verfahrens ist es sehr leicht festzustellen, ob Blasen vorhanden sind. Man wiederhole diesen Versuch einigemal, damit auch die kleinsten Bläschen, welche im Kanal hängen, nach dem Glasrohre steigen. Machen sich auf diese Weise Blasen bemerkbar, so entferne man dieselben dadurch, daß man die Flüssigkeit durch abwechselndes Saugen und Stoßen im Glasrohr auf- und niedergleiten läßt, bis alle Blasen entfernt sind. Es ist natürlich auch hierbei zu beachten, daß man die Flüssigkeit weder oben in das Metallstück, noch unten bis in das Gefäß zurückschlagen läßt, was Veranlassung zu immer neuer Blasenbildung geben würde. Nachdem nun auf diese Weise alle Blasen entfernt worden sind, fülle man das Instrument vollends bis zum Nullpunkt, und zwar läßt sich dies am besten und genauesten mittels beigegebener Glaspipette machen, da es zuletzt oft nur auf Tropfen ankommt. Hat man auf diese Art den Nullpunkt erreicht, so ist der Schwenkarm bis zur größten Übersetzung 1 : 50 umzulegen. Steigt in dieser Stellung die Flüssigkeit unter Null, so ist zu wenig Flüssigkeit im Gefäß, um dasselbe mittels Pipette nachzufüllen. Hat man auf diese Weise den genauen Nullpunkt erreicht, so überzeuge man sich noch einige Male durch vorsichtiges Auf- und Abwärtssteigen des Schwenkarmes, ob sich der Nullpunkt noch verändert. Bleibt er bei genauer Libelleneinspielung in der Nullpunktslage stehen, so kann mit der Messung begonnen werden. Soll das Instrument im gefüllten Zustande an einer anderen Stelle gebraucht werden, so stelle man den Schwenkarm wieder auf die Übersetzung 1 : 2, trage dasselbe vorsichtig, ohne zu schütteln, damit keine Blasen entstehen, und prüfe nach Aufstellung die Libelle, sowie durch mehrmaliges Verstellen des Schwenkarmes, ob der Nullpunkt noch unverändert in seiner alten Lage blieb.

V. Mikromanometer mit zwei Flüssigkeiten.

Ein weiterer Weg, die Empfindlichkeit der Anzeige bei kleinen Spannungsunterschieden zu erhöhen, besteht darin, daß man zwei Flüssigkeiten von verschiedenem spezifischen Gewicht verwendet. In der Fig. 32 ist eine solche Einrichtung schematisch gezeigt.

Der Boden wird bis zum Niveau *a b*, *c d* mit gefärbtem Alkohol gefüllt, worauf bis zum Niveau *e f*, *g h* sorgfältig gereinigtes Petroleum gegossen wird. Das Manometer hat eine graduierte Skala, deren Nullpunkt in der Höhe des Trennungsniveaus *a b* eingestellt wird, wenn der Druck auf den beiden Niveaus *e f*, *g h* gleich ist. Wenn man nun einen höheren Druck auf das Niveau *g h*, als auf dasjenige von *e f* ausübt, wobei der Hahn *C* geschlossen bleibt und der Hahn *B* offen ist, so bemerkt man auf den ersten Blick, daß die relativen Schwankungen der Niveaus *g h* und *e f* eine weit größere Schwankung des Niveaus *a b* hervorrufen. Ist nun *S* der den Niveaus *c d*, *e f*, *g h* entsprechende Querschnitt; *s* der dem Niveau *a b* entsprechende Querschnitt; γ_1 und γ_2 das spezifische Gewicht der beiden Flüssigkeiten, so wird sich, für einen Druckunterschied *p* mm W.-S., ausgeübt auf die Niveaus *e f* und *g h*, das Trennungsniveau *a b* um ein beträchtliches Stück *h* heben, welches sich aus der folgenden Gleichung bestimmt.

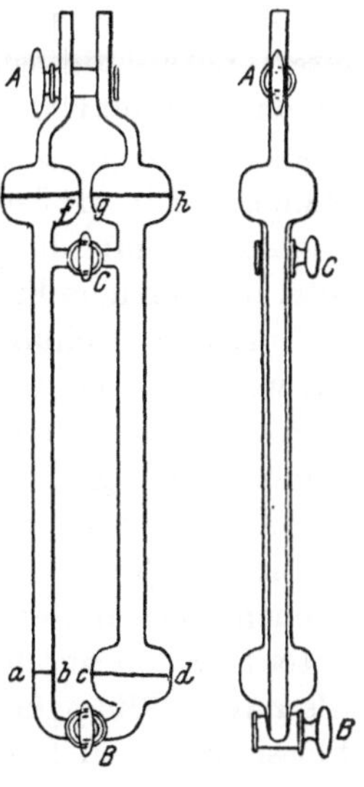

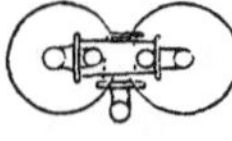

Fig. 32. Mikromanometer mit zwei Flüssigkeiten von verschiedenem spezifischen Gewicht.

$$h = \frac{p}{(\gamma_2 - \gamma_1) + (\gamma_2 + \gamma_1) \cdot \frac{s}{S}}. \tag{7}$$

Hieraus geht hervor, daß *h* in direktem Verhältnis zum Druck *p* ist. Damit *h* möglichst groß werde, ist es nötig, daß γ_2 und γ_1 kleine und möglichst gleiche Werte haben. Endlich muß *s* in Rücksicht auf *S* klein sein, Da *s* im Verhältnis zu *S* sehr klein ist, so kann man auch den abgerundeten Wert für *h* nehmen

$$h = \frac{p}{\gamma_2 - \gamma_1}. \tag{8}$$

Wenn z. B. vorliegenden Falles

$$\gamma_2 = 0{,}827 \qquad \text{und} \qquad \gamma_1 = 0{,}776$$

ist, so wird $h = 20\,p$.

Das heißt: ein Druckunterschied von 1 mm W.-S. auf das Niveau *g h* und *c f* überträgt sich durch eine Schwankung von 20 mm auf das Niveau *a b*.

Weitere Manometer mit zwei verschiedenen Flüssigkeiten sind: 1. der *Seger*sche Zugmesser; 2. Differentialmanometer von *König* u. a.[1]. Eine Verbesserung der beiden letzteren stellt die Konstruktion von *Verbeck* dar[2].

Das beschriebene Manometer hat den Nachteil, daß der Nullpunkt bei Erwärmung steigt und bei Abkühlung fällt, weshalb es bei der Arbeit öfters notwendig ist, die augenblickliche Lage des Nullpunktes, d. i. der Trennungspunkt der beiden Flüssigkeiten, gegenüber dem Nullpunkt der Skala zu kontrollieren. Zur Vermeidung dieser Störung empfiehlt sich, das Manometer in größerer Entfernung von heißen Gasleitungen aufzustellen. Es kann auch empfohlen werden, das Manometer in einem Kästchen mit Schnee bzw. zerstoßenem Eis oder auch mit Wasser kontinuierlich zu kühlen. Dadurch, daß man die Eichung des Manometers bei der gleichen Temperatur vornimmt, auf welcher es bei dem Gebrauche durch Kühlung erhalten werden soll, behebt man auch den Fehler, der durch Änderung der spezifischen Gewichte der Manometerflüssigkeiten infolge der Ausdehnung entsteht.

Die verwendete Flüssigkeit darf sich mit Wasser gar nicht mischen; die scharfe Trennung der Flüssigkeiten voneinander hängt von ihren Oberflächeneigenschaften ab, die z. B. für Wasser sehr ungünstig sind (vgl. weiter unten), jedoch durch einen sehr kleinen Zusatz von Ätzkali verbessert werden. Als zweite Flüssigkeit kommen neben dem unsauberen Petroleum dieselben Flüssigkeiten in Frage, wie sonst für Mikromanometer angewandt werden. Toluol ist sauberer als Petroleum, außerdem chemisch definiert und wird daher nicht im spezifischen Gewicht durch Verdunstung beeinflußt; sehr geeignet ist Chloroform, das sich durch etwas Indigo blau färben läßt. Mischungen von Benzol und Nitrobenzol lassen sich in jedem beliebigen zwischenliegenden spezifischen Gewicht herstellen.

VI. Die Sperrflüssigkeit.

Man verwendet Petroleum, Alkohol, Äther, auch wohl Toluol und Xylol. Petroleum, früher meist verwendet, hat den Nachteil der Unsauberkeit und den weiteren, daß es nicht gleichmäßig verdunstet. Durch Verdunsten der leichteren Bestandteile kann das spezifische Gewicht merklich zunehmen. Für Alkohol gilt letzteres auch, infolge von Wasseraufnahme. Insofern sind die übrigen chemisch definierten und gegen Luft- und Wasserdampf indifferenten Flüssigkeiten besser. Erwünscht ist geringe Zähigkeit, um die Einstellung zu beschleunigen, geringe Kapillaritätskonstante, um die Unabhängigkeit von der Netzung zu sichern, geringe Temperaturausdehnung. Einige Zahlen in dieser Hinsicht sind in nebenstehender Tabelle 2 wiedergegeben.

Trotz sonst guter Eigenschaften scheidet Wasser wegen seiner Zähigkeit aus. Es haftet an Glasoberflächen im allgemeinen unregelmäßig und zeigt

[1] Über diese Mikromanometer siehe *Brand*, Technische Untersuchungsmethoden. Julius Springer, Berlin.

[2] Chem. Apparatur 1918, S. 11.

daher die geringen Druckunterschiede leicht fehlerhaft an. Das Hängen des Wassers, insbesondere die mangelnde Netzung, läßt sich beheben durch Zusatz von ganz wenig Kalilauge oder Seife, wodurch die Oberflächenerscheinungen durchaus geändert werden; es braucht nur so wenig zugesetzt zu werden, daß die Änderung des spezifischen Gewichtes unwesentlich bleibt. Sehr gut bewährt hat sich Toluol, für das ein billiger Ausgleich zwischen allen diesen Anforderungen besteht, und noch besser käufliches Xylol — eine Mischung von etwa $^2/_3$ *o*-Xylol und $^1/_3$ *m*- und *p*-Xylol. Dasselbe ändert sein spezifisches Gewicht an der Luft sehr wenig, ein Fehler, der Alkohol und Petroleum anhaftet und zeitweise Kontrolle verlangt. Ferner hinterläßt Xylol an der Glasrohrwandung keine Rückstände, wie Petroleum, löst vielmehr die sich nach längerem Stehen bildende fettige Schicht auf der Glasröhre besser noch als wässeriger Alkohol auf. Xylol hat ungefähr dieselbe Kapillaritätskonstante wie wässeriger Alkohol, aber nur eine halb so große Zähigkeit, und einen Siedepunkt von 137 gegen 78°.

Tabelle 2.

Eigenschaften von Sperrflüssigkeiten[1].

	Wasser H_2O	Petroleum	Alkohol C_2H_6O +aq	Äther $C_4H_{10}O$	Toluol $C_6H_5CH_3$	Benzol C_6H_6	Nitrobenzol $C_6H_5O_2N$	Chloroform $CHCl_3$
Kapillaritätskonstante $a^2 = r \cdot h$	14,8	6,6	5,8	4,8	6,7	6,7	7,3	3,7
Spezifische Zähigkeit bei 20°, Wasser = 100 .	100	—	—	14	33	36	114	32
Wärmeausdehnungszahl × 1000, wahre bei 20°	0,18	0,95	1,0	1,65	1,1	1,25	0,84	1,27
Spez. Gewicht bei 20°, Wasser von 4° = 1 .	0,998	∾0,85	∾0,80	0,705	0,864	0,880	1,206	1,501
Gewicht des Dampfes, Luft = 1, annähernd	0,62	—	1,5	2,6	4	2,6	—	5
Dampfdruck bei 20° C in mm Q.-S.	17	—	44	432	20	74	<1	160

Die Kohäsion der Flüssigkeit ist für die Anzeige sehr wichtig, die Meniscusform der Sperrflüssigkeit kann oft die Ablösung erschweren. Der Meniscus wird bedingt durch das Verhältnis

$$\frac{\text{Kohäsion der Flüssigkeit}}{\text{Adhäsion der Wandung}}$$

und seine Form wechselt daher bei Änderungen der Rohrweite, wodurch die Ablösung oft erschwert wird.

Die Temperatur der Sperrflüssigkeit ist ebenfalls von Wichtigkeit. So ändert sich das spezifische Gewicht des Alkohols mit der Temperatur wie folgt. (Vgl. Tabelle 3).

[1] Nach *Gramberg.*

Tabelle 3.
Spezifisches Gewicht von Alkohol.

Stärke des Alkohols	Temperaturen			
	0°	10°	20°	30°
98 Proz.	0,813	0,805	0,796	0,788
99 „	0,810	0,802	0,793	0,785
100 „	0,807	0,798	0,790	0,782

Um den Faden der Steigerohre des Mikromanometers besser sichtbar zu machen, kann man die Sperrflüssigkeiten färben. Für Wasser nimmt man Fluorescin, für Alkohol Eosin, für Petroleum rote Sudanfarben usw. Das Färben aber hat zur Folge, daß sich Farbstoff in der Steigeröhre absetzt, wodurch die Ablesung unter Umständen unmöglich gemacht wird. Es ist deshalb auf die Färbung nur in besonderen Fällen zurückzugreifen.

Bei Verwendung von Alkohol (und anderen Flüssigkeiten) ist darauf zu achten, daß er frei ist von Luftteilchen, welche sich in den Kanälen festsetzen und zur Blasenbildung Veranlassung geben.

Bei der Messung an warmen Orten muß man die Meßflüssigkeit vor der Erwärmung schützen (Mikromanometer mit Strahlungsschutz!) resp. die dadurch hervorgerufene Änderung des spezifischen Gewichtes berücksichtigen.

Die Ermittlung des spezifischen Gewichtes von Flüssigkeiten geschieht in bekannter Weise. Beträgt die Masse m g, das Volumen v ccm, so ist nach der Definition der Dichtigkeit $s = m/v$.

Über Apparate und Methoden zur Ermittelung des spezifischen Gewichtes von Flüssigkeiten findet man Angaben in jedem Physikbuch. Es mögen hier einige von solchen Methoden kurz erwähnt werden:

a) Kalibriertes Gefäß (Meßflasche, Pipette, Meßzylinder, Bürette). Man wägt z. B. ein in einer Meßflasche abgemessenes Volumen als die Differenz der Gewichte der leeren und der gefüllten Flasche. Für genäherte Bestimmungen ist oft auch eine Pipette brauchbar. Wenn die Auslaufmenge nicht sicher genug ist, so kann man eine auf Trockenfüllung geeignete Pipette zunächst trocken mit einem Fläschchen zusammenwägen, alsdann die Pipette füllen und ihren in das Fläschchen auslaufenden Inhalt wieder mit Pipette und Fläschchen zusammen wägen.

Bei dem Gebrauch eines geteilten Zylinders, z. B. auch einer Bürette, wird man meistens das Gewicht einer ausgegossenen oder ausgeflossenen Menge bestimmen und hat dann die für den Auslauf geltenden Volumina in Rechnung zu setzen.

b) Pyknometer. Man wägt durch Differenzbestimmung gegen das leere Gefäß die Flüssigkeitsmenge m und die Wassermenge w, welche von einem und demselben Gefäß aufgenommen werden. Dann ist $s = m/w$. Ein gewöhnliches Fläschchen, bis zum Rande oder zu einem Strich am Halse gefüllt, liefert leicht die dritte Dezimale richtig. Genauer arbeiten die mit dem Namen Pyknometer, Tarierfläschchen bezeichneten konstanten Gefäße, welche ganz oder bis zu einer Marke gefüllt werden.

c) Auftriebsmethode. Man wägt einen mit Faden oder Draht an die Wage gehängten Körper (Glaskörper) in der Luft (p_l), in der Flüssigkeit (p_f) und im Wasser (p_w). Beträgt der Gewichtsverlust in der Flüssigkeit $m = p_l - p_f$, im Wasser $w = p_l - p_w$, so ist wieder $s = m/w$. Denn wenn v das Volumen des Glaskörpers bedeutet, so ist nach dem Archimedischen Gesetz der Auftrieb (Gewichtsverlust) je gleich dem Gewicht der verdrängten Flüssigkeit, also $m = v \cdot s$ und $w = v \cdot l$. Auf diesem Prinzip beruht die *Mohr*sche Wage.

d) Aräometer; Senkwage. Ein schwimmender Körper sinkt so weit ein, daß die verdrängte Flüssigkeit gerade sein Gewicht hat. Je dichter die Flüssigkeit, desto weniger tief sinkt er also ein. — Die Senkwage hat einen so tief liegenden Schwerpunkt, daß der Stiel beim Schwimmen aufrecht steht. Der Teilstrich, bis zu welchem der Stiel einsinkt, zeigt entweder die Dichtigkeit oder deren reziproken Wert, das spezifische Volumen, oder den Gehalt einer bestimmten Lösung, oder endlich den sogenannten „Dichtigkeitsgrad" (Bé usw.).

Die Einteilung der Aräometerskalen geschieht auf empirischem Wege; die Aräometer werden in gebrauchsfertigem Zustande von jedem Glasinstrumentenmacher geliefert.

e) Hydrometer, Schwebemethode usw.

Selbstverständlich ist bei all diesen Methoden die Temperatur der zu prüfenden Flüssigkeit sowie der Verbrauchsflüssigkeit in Betracht zu ziehen und sind entsprechende Korrektionen zu berücksichtigen.

VII. Die Justierung der Mikromanometer.

Geht man mit der Neigung weiter als 1 zu 5 bis 10, so erzielt man nicht ohne weiteres genauere Ergebnisse; mangelhafte Geradheit und wechselndes Kaliber des Rohres, Hängen der Sperrflüssigkeit an der Wandung und ungenau wagerechte Aufstellung machen sich dann bald störend bemerkbar. Dann ist eine Eichung des Mikromanometers, welche in kleinen Intervallen oder gerade über dem Teil der Skala hin vorgenommen wird, der bei Messung gilt, dringend zu empfehlen. Die Justierung des Mikromanometers kann bei Instrumenten, die einen ausgedrehten zylindrischen Topf besitzen, leicht in der sehr präzisen und große Genauigkeit gewährleistenden Weise vorgenommen werden, daß man aus einer Pipette schrittweise abgemessene Mengen der Meßflüssigkeit in den Topf des Mikromanometers fließen läßt und die zugehörige Stellung des Meniscus in der Meßröhre aufschreibt. Das Gewicht der zugegossenen Flüssigkeitsmengen, das man dadurch ermitteln kann, daß man entsprechende Flüssigkeitsmengen aus der Pipette auf eine feine Wage fließen läßt, wirkt dabei wie eine gleichmäßig auf den Topfquerschnitt verteilte Druckbelastung, die leicht auf kg/m² umgerechnet werden kann. Die erhaltenen Werte in kg/m² werden mit den abgelesenen Skalenteilen in einer Eichkurve oder Eichtabelle zusammengetragen. Ist dem Instrument eine Kompensationsskala beigegeben, so empfiehlt es sich, eine Nachprüfung durch obige, im Prinzip von *Recknagel* angegebene Eichung vorzunehmen.

Bei Anwendung dieser Methode werden zwei mögliche Fehlerquellen von selbst eliminiert, nämlich einmal die Kaliberfehler des verwandten gläsernen Meßrohres und sodann die evtl. nicht richtige, der idealen gleichteiligen Skala entsprechende Neigung desselben.

Ebenso wird hierbei die Korrektur wegen Sinkens des Niveaus der Meßflüssigkeit in der Manometerbüchse gleich mitgemacht und fällt, da dieselbe schon sowieso bei den angewandten Dimensionen äußerst gering ist, von selbst aus. Selbstverständlich kann diese Methode auch zur Prüfung eines fertigen Instrumentes auf die Richtigkeit seiner Skala herangezogen werden, da dieselbe eben sehr genaue Resultate ergibt und mit den in jedem Laboratorium vorhandenen Hilfsmitteln ausgeführt werden kann[1].

VIII. Vergleich verschiedener Mikromanometer.

Für Messungen, welche keine besondere Genauigkeit beanspruchen, genügen die *Krell*schen Zugmesser (Fig. 25). Für genauere Messungen kommen die Mikromanometer nach *Krell* (Fig. 26) mit kompensierter Skala in Betracht. Diese Apparate, sowie die *Rosenmüller*schen Apparate nach der Fig. 27, haben den Nachteil, daß sie infolge unverschiebbarem Meßrohres nur für ein oder höchstens zwei bestimmte Meßbereiche verwendet werden können.

Mikromanometer nach *Recknagel* mit schwenkbarem Rohr (Fig. 29) sind entschieden vorzuziehen, weil infolge der Beweglichkeit des Meßrohres sowohl eine größere Genauigkeit der Anzeige erzielt wird, als auch die Möglichkeit, ein und dasselbe Instrument für verschiedene Messungen mit verschiedenem Meßbereich zu verwenden, geboten wird. Das in der Fig. 29 dargestellte *Recknagel*sche Mikromanometer hat den Nachteil, daß es hier schwierig ist, die beiden Drücke auf das Instrument gleichzeitig einwirken zu lassen, weil hier kein Hahn vorgesehen ist. Dieser Nachteil kann jedoch dadurch behoben werden, daß zwischen dem Instrument und dem Staugerät ein besonderer Umschalthahn (oder auch Linienwähler) eingebaut wird. Bei dem Mikromanometer in der Bauart *Fueß* ist ein solcher Umschalthahn bereits vorgesehen.

Bei dem Mikromanometer mit beweglichem (schwenkbarem) Rohr verschiebt sich der Nullpunkt bei dem Übergang von einer Neigung zu der anderen. In dem Mikromanometer System *Berlowitz-Rosenmüller* (Fig. 30) ist dieser Nachteil behoben, so daß der Nullpunkt bei verschiedenen Übersetzungsverhältnissen sich nicht verändert.

Es finden sich im Handel einige Mikromanometer, bei welchen die Skala so eingeteilt ist, daß man sowohl den Druck als auch die Geschwindigkeit ablesen kann. Die Geschwindigkeitseinteilung ist ziemlich wertlos, weil sie sich meistens nur auf ein bestimmtes Staugerät, bestimmtes spez. Gewicht des Gases usw. bezieht.

Mikromanometer nach der Art der Fig. 32 leiden an dem Übelstand, daß ihr Nullpunkt sich mit der Temperaturänderung verschiebt.

---

[1] Siehe auch Zeitschr. d. Ver. deutsch. Ing. 1917, S. 971.

E. Volumetrische Bestimmung von Gasmengen.

Die volumetrische Ermittelung von strömenden Gasmengen wird ausgeführt: 1. mittels Gasuhren, 2. durch Behältermessung, 3. mit Hilfe des Indicatordiagramms.

Bei den Uhren unterscheidet man zwischen trockenen und nassen Gasmessern.

Bei den Behältermessungen kann man die Gasmenge feststellen, indem man das Gas einem Behälter bei konstant bleibendem Druck entnimmt oder in ihn einfüllt und die Volumenänderungen beobachtet (Gasometer, Meßglocken, Kubizierapparate); oder man kann an einem Behälter konstanten Volumens die Druckänderungen beobachten (Auffüll- oder Ausblasmethode).

Das Indicatordiagramm stellt eine Modifikation der volumetrischen Messung dar, indem graphisch aufgenommene Spannungsänderungen des komprimierten Gases Anlaß zur Ermittelung der Volumenmenge geben.

I. Gasuhren.

In den allermeisten Fällen ist die Anwendung von Gasuhren ausgeschlossen, häufig schon allein wegen hoher Temperaturen oder wegen hohen Gehaltes des Gases an Staub bzw. sauren Bestandteilen oder wegen anderer Eigenschaften des Gases. Anderseits sind auch die zu messenden Gasmengen in technischen Betrieben so groß, daß man sie nicht nur mit Gasuhren, sondern zuweilen auch mit Gasometern nicht gut messen kann. Ferner spielen die Kosten sowie der große Raumbedarf der Gasuhren im Vergleich zu den Kosten resp. dem Wert der technischen Gase (mit Ausnahme des teueren Leuchtgases) eine große Rolle. Für die Zwecke der Messung großer Gasmengen in technischen Betrieben, für welche dieses Buch bestimmt ist, kommt die Anwendung von Gasuhren kaum in Betracht. Der Vollständigkeit halber mögen hier die gebräuchlichsten Gasmesserkonstruktionen doch kurz beschrieben werden; im übrigen soll aber auf die in der Einleitung (S. 3) empfohlenen Werke verwiesen werden.

Man unterscheidet, je nachdem die betreffenden Apparate mit oder ohne Sperrflüssigkeit arbeiten, zwischen nassen und trockenen Gasuhren. Beide beruhen auf fortlaufender Abtrennung und Zählung gleicher Gasmengen; beide messen das Volumen des durch eine Leitung gehenden Gases und registrieren die gesamte durch den Gasmesser (Gasuhr) gegangene Gasmenge an einem Zeigerwerk.

1. Die nassen Gasuhren.

Das Prinzip dieser Art der Gasmessung ist noch von *J. Malam* (1819) angegeben worden; die heute gebräuchlichste Form der eigentlichen Seele des Gasmessers — der Trommel — stammt jedoch von *J. Crosley*. Eine photographische Darstellung der *Crosley*-Trommel nach der Entfernung des Kugelbodens und des größten Teils des Mantelumfanges ist in der Fig. 33 gegeben. Ein Gasmesser mit *Crosley*scher Trommel[1] im Längsschnitt und Rückansicht ist in der Fig. 34 dargestellt. Die eigentliche Meßtrommel ist bei diesen Apparaten in einem zylindrischen, meist gußeisernen Gehäuse G untergebracht, das vorn durch den Vorderdeckel VD und hinten durch den Rückdeckel RD gas- und wasserdicht abgeschlossen ist. Die Lagerung der Trommelwände erfolgt in den beiden an den Deckeln befestigten Lagern L_1 und L_2. Die Bewegung der Meßtrommel wird in der Regel durch Vermittlung einer Zwischenübersetzung J auf das in den Uhrkasten U eingebaute Zählwerk übertragen; die Antriebsspindel des Zählwerks wird zu diesem Zweck durch eine in den Boden des Uhrkastens eingebaute Stopfbüchse hindurchgeführt.

Fig. 33. *Crosley*-Trommel.

Die größeren Gasmesser dieser Art werden in der Regel mit einer Umgangsleitung versehen, deren Anordnung aus der Rückansicht der Fig. 34 hervorgeht. Sie besteht[1] aus zwei Eckventilen V_e und V_a, einem Kreuzventil V_u und einem T-Rohr und hat den Zweck, den Gasmesser selbst außer Betrieb nehmen zu können, ohne an der Betriebsleitung eine Veränderung vornehmen zu müssen. Für den normalen Betrieb, wobei der Messer eingeschaltet ist, strömt das Gas bei V_u, welches in der Richtung nach dem T-Rohr geschlossen ist, ein, tritt durch das Eingangsventil V_e und den Bogen E in die Gasmessertrommel ein. Nach dem Verlassen der Trommel strömt es aus dem Gehäuse durch das Auslaßventil in das T-Rohr ein und gelangt von da aus in die Betriebsleitung. Soll der Gasmesser außer Betrieb genommen werden, so wird das Umgangsventil V_u geöffnet, und die beiden anderen Ventile werden geschlossen. Das Gas strömt dann unmittelbar durch V_u nach dem T-Rohr und der Betriebsleitung, ohne in den Gasmesser zu gelangen. Es ist dadurch möglich, an dem Gasmesser Reinigungs- und andere Arbeiten vorzunehmen, ohne daß der Betrieb im geringsten gestört wird. Die Außerbetriebnahme bzw. Inbetriebsetzung des Gasmessers kann

[1] Chem. Apparatur 1916, S. 73.

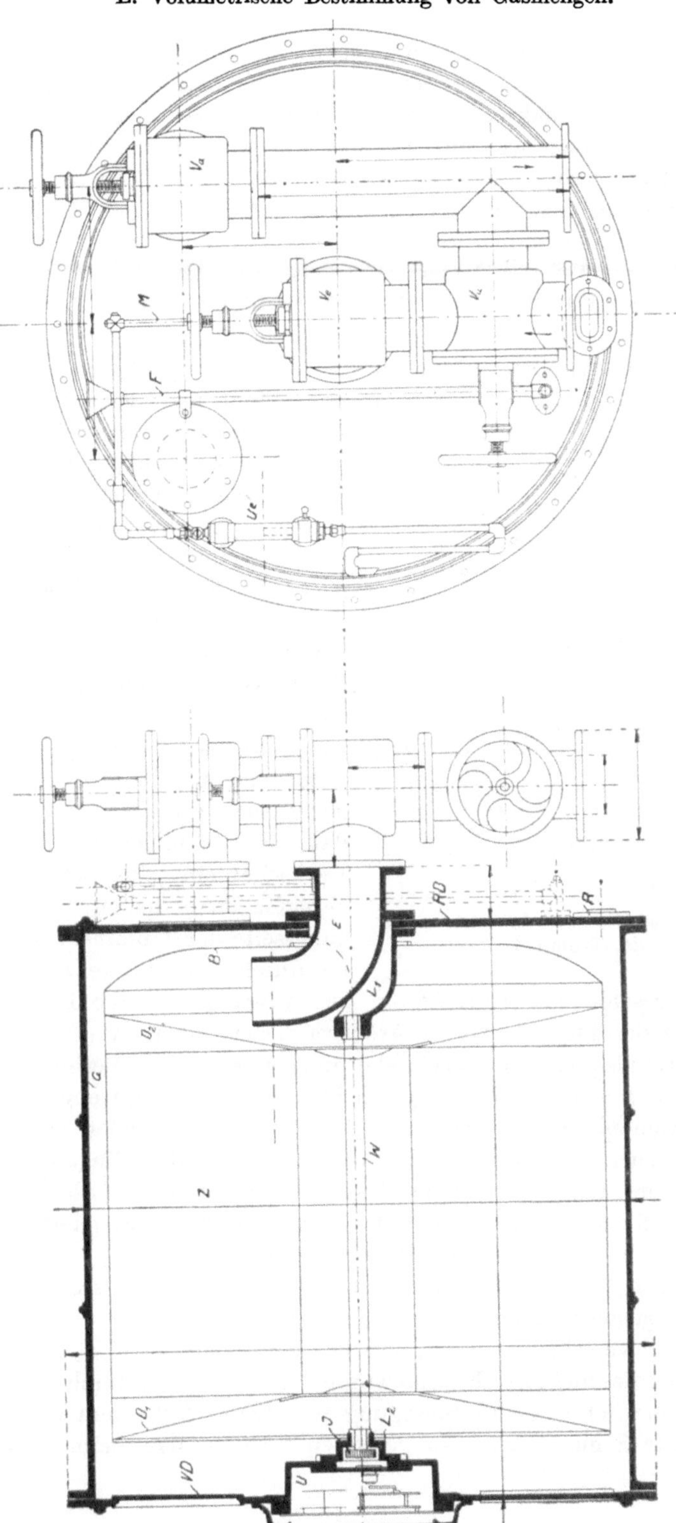

Fig. 34. Nasser Gasmesser mit *Crosley*-Trommel.

bei Vorhandensein einer Umgangsleitung in wenigen Minuten erfolgen. Zweckmäßig wird dabei stets die eine Vorsichtsmaßregel gebraucht, daß bei der Außerbetriebnahme zuerst V_u geöffnet wird, dann nacheinander V_e und V_a geschlossen werden. Bei der Inbetriebsetzung wird zuerst V_a, dann V_e geöffnet und endlich V_u langsam geschlossen. Es wird hierdurch vermieden, daß das Gas unter einem plötzlichen Stoß in den Zähler gelangt, wodurch leicht ein Zerreißen der Trommel entstehen kann.

Der wichtigste Teil des Gasmessers ist die aus verzinntem oder verbleitem Eisenblech hergestellte Trommel, deren Verbindungsnähte bei den größeren Ausführungen genietet und gasdicht verlötet sind. Sie besteht im wesentlichen aus einem Zylinder, dessen Inneres durch geeignet angebrachte Zwischenwände Z (Fig. 35) in vier Kammern geteilt ist. Seitlich werden die Kammern durch je zwei Deckschaufeln D_1 und D_2 abgegrenzt, die von den Zwischenwänden aus nach beiden Seiten unter einer geringen Neigung ausgehen und einander etwas überdecken. Die an den Überdeckungsstellen offen bleibenden Schlitze dienen als Ein- und Ausströmöffnungen für das Gas. Die Zwischenwände sind zur Verringerung des Bewegungswiderstandes in der Sperrflüssigkeit unter einem Winkel von etwa 70° gegen die Trommelachse geneigt, so daß sie zusammen mit den beiden Deckschaufeln eine schraubenganggähnliche Form haben. An der Eingangsseite der Trommel ist der Zylinder durch einen Deckel in Form einer Kugelhaube geschlossen, während an der Ausgangsseite die Deckschaufeln freiliegen. In der Fig. 34 ist der größeren Deutlichkeit wegen sowohl der Zylindermantel als auch der Kugelboden weggelassen. Alle Verbindungsnähte in der Trommel müssen unbedingt gasdicht hergestellt sein, wenn die Messung mit größter Genauigkeit erfolgen soll. In dem Trommelboden (B in Fig. 34) ist ein zentrisches Loch angebracht, durch welches der Eingangsstutzen E und das hintere Lager L_1 in die Trommel eingeführt werden. Der gasdichte Abschluß erfolgt an dieser Stelle durch die Sperrflüssigkeit, die daher das Trommelloch vollständig überdecken muß.

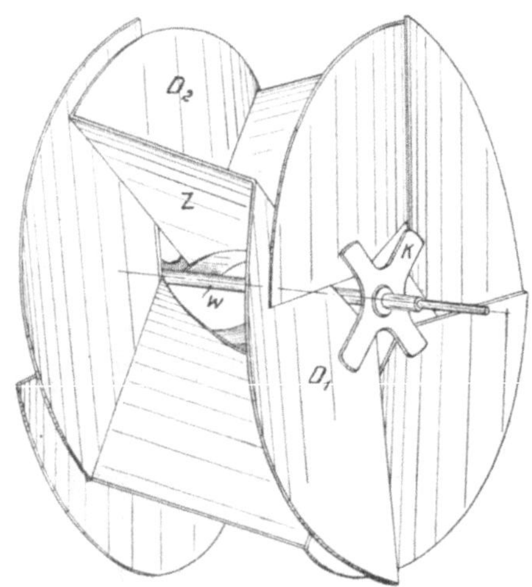

Fig. 35. Perspektivische Ansicht einer *Crosley*-Trommel.

Die von den Deckschaufeln gebildeten Ein- und Ausgangsschlitze müssen nun derartig gegeneinander versetzt sein, daß immer der eine durch die Sperrflüssigkeit verschlossen wird, solange der andere geöffnet ist, und umgekehrt. Wäre dies nicht der Fall, so würde das Gas einfach durch die Trommel hindurchströmen, ohne sie in Bewegung zu setzen. Außerdem muß die Anordnung dieser Schlitze auch so getroffen werden, daß beim Abschließen eines Eingangsschlitzes der Ausgangsschlitz der vorhergehenden Kammer noch nicht gleich geschlossen wird; es müssen also immer zwei Kammern gleichzeitig arbeiten, damit bei keiner Stellung der Trommel eine Unterbrechung des Gasstromes eintreten kann.

Die Wirkungsweise der Trommel wird durch Fig. 36 veranschaulicht, die eine Trommelabwicklung darstellt. Die beiden strichpunktierten Linien stellen dabei die Grenzen des Wasserspiegels dar, so daß also der mittlere von diesen beiden Linien begrenzte Teil der Trommel außerhalb der Sperrflüssigkeit, alles übrige innerhalb derselben liegt. Der Trommelboden, der nur zur Bildung einer Vorkammer des einströmenden Gases dient, ist auch hier der größeren Deutlichkeit wegen fortgelassen. In der gezeichneten Stellung der Trommel ist die Kammer *1* in der Entleerung, die Kammer *2* in der Füllung begriffen. Bei einer weiteren Drehung der Trommel in der Pfeilrichtung wird der Eingangsschlitz der Kammer *2* geschlossen, derjenige der Kammer *3* geöffnet, während der Ausgangsschlitz der Kammer *1* noch kurze Zeit geöffnet bleibt; es arbeiten also in diesem Augenblick die Kammern *1* und *3* zusammen, und zwar so lange, bis der Ausgangsschlitz von *1* geschlossen und gleichzeitig der von *2* geöffnet wird; dann wiederholt sich der oben beschriebene Vorgang für die Kammern *2* und *3*.

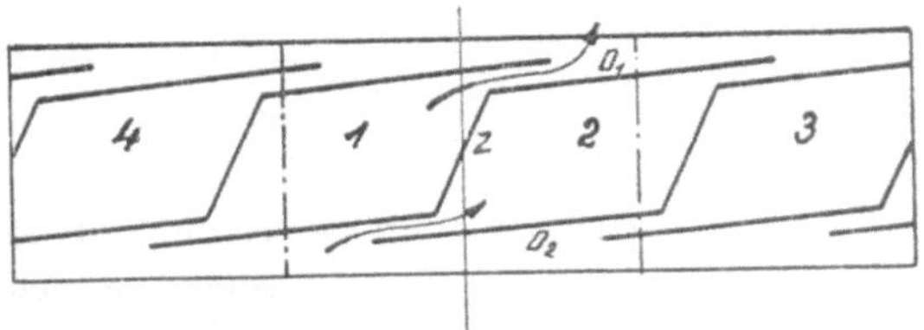

Fig. 36. Schematische Darstellung der Wirkungsweise einer *Crosley*-Trommel.

Die Bewegung der Trommel erfolgt durch die Druckdifferenz, die zwischen der Ein- und der Ausgangsseite des Gasmessers herrscht. Da der Eingangsdruck höher ist als der Ausgangsdruck, wirkt ein Drucküberschuß auf die Zwischenwand zwischen Kammer *1* und *2* im Sinne der Drehrichtung, wodurch die Trommel in drehende Bewegung versetzt wird.

Während die Gasmessertrommel eine Umdrehung macht, wird dasjenige Gasvolumen gemessen, das dem Inhalt der vier Kammern, oder kurz gesagt dem Trommelinhalt entspricht. Es ist daher klar, daß zur fortgesetzten Erhaltung der Meßgenauigkeit der Trommelinhalt, für den die Übersetzung zum Zählwerk berechnet ist, konstant gehalten werden muß, was durch Konstanthaltung des Spiegels der Sperrflüssigkeit erreicht werden kann. Zu diesem Zweck werden die Gasmesser mit einem Überlauf (*Ue* in Fig. 34) ausgerüstet. Um die durch Verdunstung usw. verloren gehende Menge an Flüssigkeit ständig zu ersetzen, läßt man durch das Füllrohr *F* ständig solche tropfenweise zufließen. Die etwa zuviel zulaufende Flüssigkeitsmenge wird durch den auf ein konstantes Niveau eingestellten Überlauf selbsttätig abgeführt. Hierbei ist noch zu beachten, daß der Flüssigkeitsspiegel innerhalb und außerhalb der Trommel entsprechend dem verschiedenen Druck am Gasein- und -ausgang sich verschieden hoch einstellt. Maßgebend für die Meßgenauigkeit ist aber der Flüssigkeitsspiegel im Innern der Meßkammern;

es muß daher Vorsorge getroffen werden, daß auch im Überlauf derselbe Druck und damit derselbe Flüssigkeitsspiegel herrscht, wie im Innern der Trommel. Man erreicht dies dadurch, daß man die Eingangsseite des Gasmessers durch ein Manometerrohr M mit dem Überlauf verbindet, so daß dieser unter dem Eingangsdruck des Gases steht.

In der Fig. 37 ist ein sog. *King*scher Überlauf, Bauart *Pintsch*, gesondert dargestellt. Er besteht aus einem zylindrischen Gefäß a, dessen oberer Anschluß g mit dem Eingang des Gasmessers verbunden ist. Das unten heraustretende Rohr w trägt einen Einstellring c und steht mit dem Innenraum des Gasmessers unterhalb der Wasserlinie in Verbindung. Das mit einem Auslauf versehene Gefäß a enthält noch ein das innere Rohr b umschließendes Tauchrohr e, das nahezu bis auf den Boden des Gefäßes reicht. Die Höhe des Überlaufes ist verstellbar.

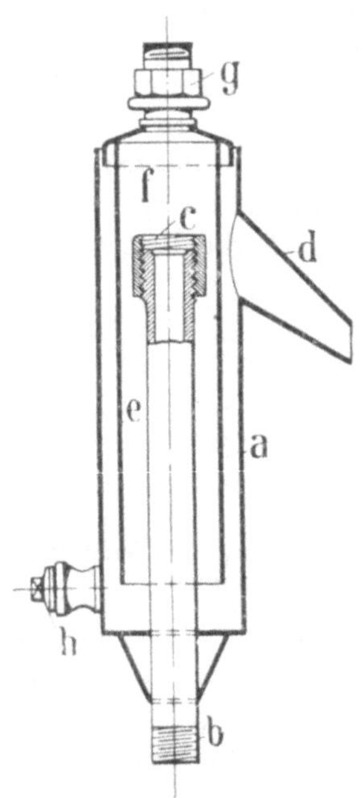

Fig. 37. *King*scher Überlauf, Bauart *Pintsch*.

Zur sonstigen Ausrüstung der Gasmesser gehört noch ein Differentialmanometer, dessen einer Schenkel mit der Eingangsseite und dessen anderer Schenkel mit der Ausgangsseite verbunden ist. Das Manometer gestattet dann, sofort die vom Gasmesser erzeugte Druckdifferenz abzulesen. Außerdem ist jeder Gasmesser mit einem Entleerungshahn mit einer großen Reinigungsöffnung am Boden des Gehäuses zu versehen. An der Ein- und Ausgangsseite des Gasmessers müssen Thermometer angebracht werden.

Die Größe des zu wählenden Gasmessers bestimmt sich aus der maximalen Gasproduktion in 24 Stunden, wobei als Regel zu beachten ist, daß die Trommeln kleiner und mittlerer Gasmesser normal 100, diejenigen größerer Apparate 80 und 70 Umdrehungen in der Stunde machen sollen. Bei größeren Umdrehungszahlen wird die Druckwegnahme der Gasmesser zu groß. In Ausnahmefällen (z. B. bei zu klein gewordenen Zählern) ist jedoch eine Überlastung bis etwa 30 Proz. der normalen Leistung ohne wesentliche Beeinträchtigung der Meßgenauigkeit zulässig.

Der Trommelinhalt (I) eines mittleren Gasmessers berechnet sich demnach, wenn Q die größte Erzeugung in 24 Stunden bedeutet, zu

$$I = \frac{Q}{24 \cdot 100}.$$

Als Grenze für die Umdrehungszahl von 100 in der Stunde kann ein Trommelinhalt von etwa 15 cbm angenommen werden. Bei größeren Trommeln, bis etwa 30 cbm Inhalt, ist eine stündliche Umdrehungszahl von 80—90, bei noch größeren eine solche von 70—80 zugrunde zu legen. Die Trommeln

*Crosley*scher Bauart lassen sich etwa bis zu einem Nutzinhalt von 100 cbm, entsprechend einer stündlichen Leistung von 6500 bis 7000 cbm, herstellen.

Die in den obigen Ausführungen niedergelegten Zahlen für die stündlichen Umdrehungen der *Crosley*schen Trommeln sind Erfahrungswerte, über die im normalen Betrieb nicht hinausgegangen werden soll. Es hat nun von jeher nicht an Versuchen gefehlt, Trommelkonstruktionen ausfindig zu machen, die bei gleichen Druckverlusten höhere Umdrehungszahlen erlauben. Der Vorteil einer solchen Konstruktion wäre der, daß für die gleiche Leistung ein geringerer Trommelinhalt, mithin ein kleinerer und billigerer Gasmesser ausreichen würde.

Einen Versuch dieser Art stellt die sog. Duplex-Trommel[1] dar, die — wie schon aus der Bezeichnung hervorgeht — sich als eine Verbindung von zwei einzelnen Trommeln zeigt. Die beiden Trommeln sind dabei in einen gemeinsamen Zylinder eingebaut und bestehen — zum Unterschied von der oben besprochenen *Crosley*schen Trommel — aus je drei Kammern. Außerdem sind die beiden Trommeln um eine halbe Teilung, also um 60°, gegeneinander versetzt. Ein Nachteil dieser Trommelkonstruktion ist der, daß sie sich nur für mittlere Leistungen ausführen lassen; die Grenze liegt etwa bei einer stündlichen Leistung von 1500 cbm, entsprechend einem Trommelinhalt von 10 cbm. Die Wirkungsweise der beiden kombinierten Trommeln ist dieselbe, wie sie vorstehend für die *Crosley*sche Trommel beschrieben ist.

Je größer der Durchmesser der Trommel wird, um so ungünstiger wird der Wirkungsgrad, d. h. das Verhältnis zwischen stündlicher Leistung und Trommelinhalt eines nassen Stationsgasmessers. Es ist daher leicht einzusehen, daß es im Bau der großen Gasmessertrommeln eine Grenze geben muß, jenseits welcher die weitere Vergrößerung des Trommelinhaltes weder praktisch, noch wirtschaftlich Vorteile bieten kann.

Diese Schwierigkeiten werden bei der sog. Vielfachtrommel vermieden. Die Überlegung, die zur Konstruktion der Vielfachtrommel geführt hat, war folgende: Trommeln mit kleinem Durchmesser verursachen bei derselben Anzahl von Umdrehungen weniger Druckverlust als solche mit großem Durchmesser, weil bei diesen die Geschwindigkeit, mit der die Zwischenwände das Wasser durchqueren müssen, am Trommelumfang sich rasch vergrößert. Sind also große Gasmengen zu messen, so ist ein kleinerer Druckverlust zu erwarten, wenn das Gas in mehreren parallel geschalteten, kleineren Zählern gemessen wird, statt von einem einzigen großen Zähler mit einer Trommel von großem Durchmesser. Denkt man sich nun die kleinen Trommeln nicht in verschiedenen Gehäusen, sondern in einem Gehäuse auf gemeinsamer Welle angeordnet, so hat man den Grundgedanken der Vielfachtrommel. Fig. 38 zeigt einen Längsschnitt durch einen Gasmesser mit Vielfachtrommel. Die Fünfteilung der Trommel ist dabei der größeren Deutlichkeit wegen nur angedeutet. Aus der Figur geht hervor, daß die Lagerung der Trommel in ganz ähnlicher Weise erfolgt, wie bei den Gasmessern mit *Crosley*scher Trommel besprochen. Die übrige Ausführung dieser Zähler entspricht ganz der

[1] Chem. Apparatur. 1916, S. 73.

früher näher angegebenen. Es wäre noch zu erwähnen, daß die Trommeln nicht unbedingt in Fünfteilung ausgeführt werden müssen: Für manche Fälle – namentlich da, wo wegen des verfügbaren Raumes ein langer Zähler nicht

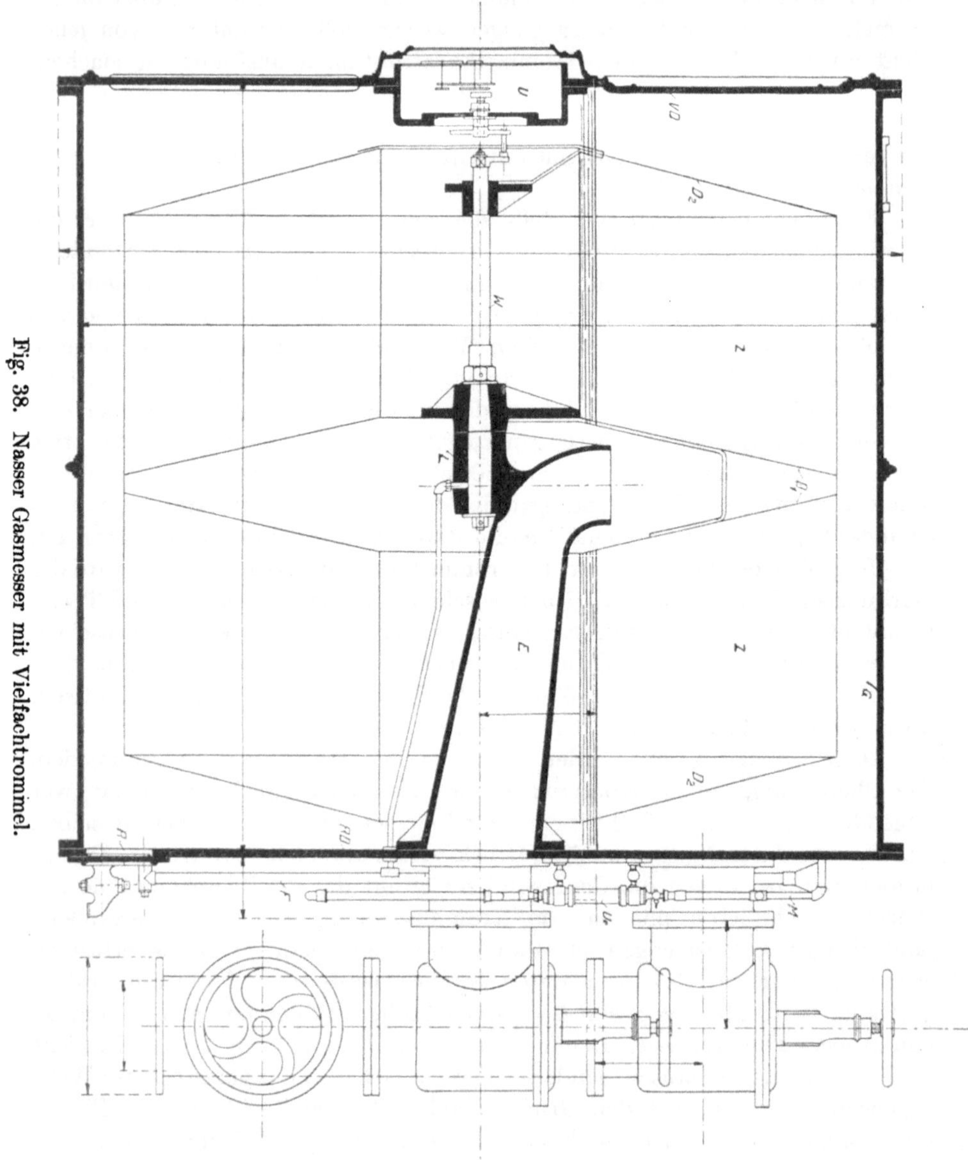

Fig. 38. Nasser Gasmesser mit Vielfachtrommel.

aufgestellt werden kann – eignet sich besser die Dreiteilung bei Annahme eines entsprechend größeren Durchmessers.

Die Vorteile der Vielfachtrommeln sind nach *Moser* während der sechs Jahre, in welchen diese in Betrieb sind, von der Praxis vollkommen bestätigt worden. Trotz der höheren Geschwindigkeit, mit der diese Trommeln laufen, ist der bei der größten Leistung erzeugte Druckverlust wesentlich kleiner als bei einer einfachen *Crosley*schen Trommel von gleichem Nutzinhalt. Mit der neuen Trommel lassen sich Gasmesser für eine stündliche Leistung von 10 000 cbm, entsprechend einem Trommelinhalt von 90 cbm, noch bequem herstellen.

Als Sperrflüssigkeit dient bei den vorstehend beschriebenen nassen Gasmessern in der Regel Wasser. Müssen die Zähler in nicht frostsicheren Räumen untergebracht werden, so wird dem Sperrwasser Glycerin zugesetzt. Noch besser eignet sich für diese Zwecke die Füllung der Zähler mit einem Mineralöl, das unter dem Namen Transformatorenöl in den Handel kommt.

Bei nassen Gasuhren ist unbedingt der Druck und die Austrittstemperatur des zu messenden Gases zu beobachten, und zwar ist der Druck und die Temperatur des Gases in der sich füllenden Kammer am Ende der Füllungsperiode maßgebend. Auch die Feuchtigkeitsverhältnisse spielen hier eine bedeutende Rolle. Das durchstreichende Gas sättigt sich mit Wasserdampf, was bei höheren Temperaturen zu beachten ist (vgl. Tabelle 3 bzw. 10 im Anhange). Infolge der dadurch eintretenden Wasserverdunstung ist für den richtigen Stand des Wasserspiegels zu sorgen. Auch erscheint es wünschenswert, daß der Messer schon lange genug mit dem zu benutzenden Gase gelaufen hat, so daß das Wasser damit gesättigt ist.

Über den Einfluß des Wasserspiegels, der Belastung resp. Durchgangsmenge (durchschnittlich 100 Umdrehungen pro Stunde), der Schiefstellung. Wasserverdunstung, Anwendung nicht verdunstender Flüssigkeiten usw. auf die Meßergebnisse möchte ich auf das Werk: Handbuch der Gastechnik, Bd. VI, R. Oldenbourg, München und Berlin 1917, Seiten 177 bis 209 verweisen.

Einen sehr wichtigen Vorteil der Unempfindlichkeit gegen Frost (sowie andere aus Ausschaltung des Wassers sich ergebende Vorteile) weist dem nassen stationären Gasmesser gegenüber der trockene Gasmesser auf.

2. Die trockenen Gasuhren.

Der trockene Gasmesser ist eine kleine Kolbenmaschine mit Blasbalgkolben. Diese Apparate bestehen aus Membranen aus Leder oder anderen Stoffen, die sich in der Art von Blasbälgen durch den Gasdruck abwechselnd aufblasen und dabei einen Bewegungsmechanismus für das Zählwerk antreiben. Die trockenen Gasmesser haben in der Leuchtgasindustrie, namentlich als Hausgasmesser, eine außerordentliche Bedeutung gewonnen. Da sie aber nur für kleinere Leistungen in Frage kommen, soll von ihrer Beschreibung an dieser Stelle abgesehen werden. Ausführliche Beschreibungen derselben befinden sich im Journal für Gasbeleuchtung 1893, Seite 645f., sowie im Werk: „*Strache*, Gasbeleuchtung und Gasindustrie“, Braunschweig 1913, Seite 632.

3. Vergleich zwischen trockenen und nassen Gasuhren.

Bei größeren Ausführungen ist der trockene Gasmesser etwas billiger; auch erfordert er weniger Wartung. Für ihn besteht keine Frostgefahr (höchstens bei ungewöhnlich vielen Kondensationsprodukten); er ist für Preßgas besser geeignet.

Als Stationsgasmesser (also für größere Gasmengen) haben trockene Zähler in größerer Ausführung, schon wegen der größeren Kondensationsansammlungen, kaum Anwendung gefunden. In bezug auf Meßgenauigkeit, Lebensdauer, Betriebs- und Reparaturkosten ist die nasse Uhr der trockenen überlegen. Im übrigen sind beide Arten nicht geeignet, wenn die Gasströmung oder der Gasverbrauch, wie z. B. bei der Gasmaschine, intermittierend bzw. hubweise stattfindet. Stoßweise Bewegung verursacht Wasserbewegung und gibt dann die absperrenden Kanten frei. In solchen Fällen muß für zwischengeschaltete Druckausgleichsgefäße gesorgt werden. In den Ausgleichsgefäßen befinden sich Gummibeutel, die mit der Außenluft in Verbindung stehen. Sinkt der Druck beim Ansaugen im Gefäß, so blähen die Gummibeutel sich auf, vermindern dadurch den Inhalt des Gefäßes und verhindern einen plötzlichen Druckausfall. Weiter muß beachtet werden, daß jeder einzelne sowohl nasse auch trockene Gasmesser nur für bestimmte Durchgangsmengen hergestellt wird und für Überlastung nicht elastisch genug ist, ohne an der Meßgenauigkeit einzubüßen Bei größeren Gasmengen erlangen die Gasmesser, durch ihr Arbeitsprinzip bedingt, ganz erheblich größere Abmessungen, so daß eine Aufteilung in mehrere Messer sich als erforderlich erweist, wodurch wiederum die Anschaffungskosten ganz wesentlich gesteigert werden. Von einer parallelen Schaltung mehrerer gleich großer Gasmesser soll man aber nach Möglichkeit absehen, weil selbst kleine Verschiedenheiten in den Widerständen außerordentlich verschiedene Belastungen der einzelnen Messer bewirken. Der Zustand der Gasuhren (Verschmutzung usw.) ist ebenfalls zu beachten.

Der praktischen Durchführung von Gasmessungen mittels Gasuhren steht außer den obenerwähnten Hindernissen auch die Notwendigkeit im Wege, die Gasuhr für jede Neuverwendung einer Eichung unterziehen zu müssen. Für die Verwendung in wissenschaftlichen Instituten ist die Gasuhr eigentlich besser geeignet. *Heilemann*[1] und *Fritzsche*[2] bedienten sich bei ihren Versuchen einer Gasuhr, die Gasmengen waren jedoch dabei verhältnismäßig nur unbedeutend.

Bei der später zu besprechenden Proportionalgasmessung, bei welcher ein kleinerer Teil des Gesamtgases abgezweigt wird, können die Gasuhren zur Messung dieses kleineren, im gewissen proportionalen Verhältnis zum Gesamtgasstrom stehenden abgezweigten Gasstromes Verwendung finden. Kommt noch hinzu, daß es sich dabei um Gase handelt, welche, wie z. B.

---

[1] Mitteilungen über Forschungsarbeiten auf dem Gebiete des Ingenieurwesens. Heft 58.

[2] Mitteilungen über Forschungsarbeiten auf dem Gebiete des Ingenieurwesens. Heft 60.

Kohlensäure, von Wasser absorbiert werden, so wird eben der trockene Gasmesser in Betracht kommen, um so mehr, da derselbe nur für verhältnismäßig kleinere Gasmengen gebaut wird.

II. Meßglocken oder Gasometer.

Zur direkten Messung eines Gasvolumens dient die Meßglocke, eine unten offene, in Wasser tauchende Blechglocke (Fig. 39). Auch Gasometer, welche eigentlich nicht zum Zwecke der Gasmessung errichtet werden, können zu solchen Messungen herangezogen werden. Das unten in bezug auf Meßglocken Mitgeteilte gilt selbstverständlich auch für Gasometermessungen.

Man kann das Gas der im Wasser schwimmenden Glocke zuführen oder auch aus ihr entnehmen. Das Gas tritt (Fig. 39) durch das Rohr *a* ein, dabei hebt sich die Glocke; oder es tritt durch dasselbe Rohr *a* aus, dann sinkt die Glocke. Der Rauminhalt der Meßglocke läßt sich durch Ausmessen oder experimentell mit genügender Genauigkeit feststellen. Da die Glocke genau rund hergestellt ist, so kennt man das Volumen, welches jedem gemessenen Hube der Glocke entspricht. Die Höhe des Wasserstandes ist dabei gleichgültig. Die Stellung der Glocke kann man an einer, bei großen Glocken an mehreren Skalen, die über den Umfang verteilt sind, unter Zuhilfenahme einer Visiervorrichtung ablesen.

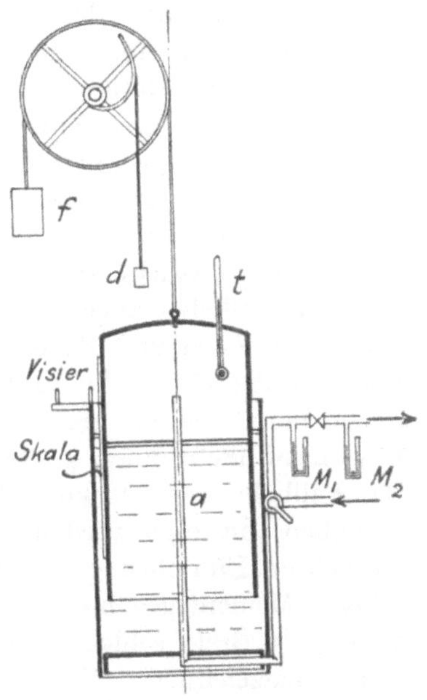

Fig. 39. Meßglocke.

Es ist noch erforderlich, die Spannung des Gases in der Glocke, sowie den Atmosphärendruck zu messen. Der Unterschied dieser Gasspannung gegen die Atmosphäre, also der Überdruck des Gases, wird durch den Niveauunterschied des Wassers innerhalb und außerhalb der Glocke gekennzeichnet; er gleicht gerade das Eigengewicht der Glocke aus, soweit es nicht durch Ausgleichsgewichte *f* ausgeglichen ist; man kann ihn am Wassermanometer M_1 erkennen und durch Auflegen von Gewichten *f* auf die gewünschte Höhe bringen. Dieser Überdruck des Gases soll bei allen Stellungen der Glocke der gleiche sein, weil sonst gleichen Glockenhüben nicht auch gleiche Gasmengen entsprechen und umständliche Reduktionen nötig werden. Bei sinkender Glocke wird das Stück der Glocke, welches in Wasser taucht und dem Auftrieb unterworfen ist, immer größer, das Eigengewicht der Glocke also immer kleiner, und damit würde die Gasspannung sinken. Das verhütet das Gewicht *d*, das an veränderlichem Hebelarm angreift und die Änderungen des Glockengewichts ausgleicht. (*Gramberg.*)

Die Temperatur des Absperrwassers muß mit der äußeren Lufttemperatur übereinstimmen, sonst läßt sich die Gastemperatur im Behälter (am Thermometer *t*) nicht genau feststellen. Bei großen Glocken ist die Bedingung nur schwer zu erfüllen.

Bei kleinem Gasbedarf kann man das Gas direkt einer Glocke entnehmen und dadurch messen.

Hat man zwei Glocken zur Verfügung, so kann man sie abwechselnd benutzen und die Versuche beliebig lange ausdehnen. Meist aber dienen die Meßglocken, welche eigentlich Kubizierapparate im großen darstellen, nur dazu, andere Gasmeßeinrichtungen zu eichen, deren praktische Verwendung bequemer ist.

Der Inhalt der Glocke kann einfach ermittelt werden, indem mit einer Schnur oder mit einem Bandmaß der äußere Umfang derselben gemessen wird, daraus der Durchmesser ermittelt und davon die doppelte Blechstärke abgezogen wird. Der Einfluß der Temperatur (Ausdehnung des Bleches) kann in diesem Falle vernachlässigt werden; für einen Gasometer von 30 cbm Inhalt betrug die Querschnittveränderung bei einer Temperaturdifferenz von 15 ° C nur 0,044 Proz.

Die Glockenbewegung wird an einer oder mehreren vertikal angebrachten Skalen abgelesen; man bedient sich dabei eines Vergrößerungsglases mit Visier und Fadenkreuz. Dabei ist aber noch zu berücksichtigen, daß sich die Gasglocke (durch einseitige Entlastung) leicht etwas schiefstellen kann, was bei großem Durchmesser der Glocke und auch bei kleinen Messungswinkeln einen großen Fehler in der Höhenablesung ergeben kann. Die Fallhöhe der Glocke soll daher zweckmäßig an verschiedenen Stellen derselben abgelesen werden. Es eignen sich dafür die an der Gasglocke angebrachten Einrichtungen mit eingeschraubten Stahlspitzen, welche im beliebigen Moment gegen ein an den Führungssäulen des Gasometers senkrecht befestigtes Brett schlagen und infolge des Eindrückens deutlich ablesbare Ritzen aufzeichnen. (Vgl. Anlagen zum Hauptbericht der Preuß. Schlagwetterkommission, Bd. 5, Berlin 1887, S. 109).

Bei sehr langsamer Bewegung muß auf das infolge der Veränderlichkeit des Reibungswiderstandes eintretende Hängenbleiben der Glocke achtgegeben werden. Die Glockenbewegung setzt sich aus der durch das eintretende (oder austretende) Gas, aus der durch die zeitliche Temperaturänderung des bereits im Behälter befindlichen Gases entstehenden und der durch die Undichtheiten verursachten Bewegung zusammen. Die beiden letzteren Beträge lassen sich in ihrer Summe durch besondere Versuche feststellen. Will man eine große Genauigkeit erzielen, so macht sich die Messung und besonders die Auswertung der Meßresultate sehr umständlich.

Die Genauigkeit der Ablesung hängt von der Geschwindigkeit der Fallhöhe der Glocke ab. Zur Steigerung der Genauigkeit der Glockenhubmessung bei höheren Geschwindigkeiten empfiehlt sich das Anbringen einer elektrischen Signalvorrichtung.

Vor dem Versuche muß man sich überzeugen, daß die Gasglocke vollkommen **dicht** gegen die Gaszuleitung abschließt, weil nicht selten die Schieberventile undicht sind. Am besten wird dies kontrolliert, indem die Glocke mit Gas oder Luft gefüllt wird, Schieber abgeschlossen und dann während einiger Stunden darauf geachtet wird, ob sich die Stellung der Glocke nicht verändert hat. Dabei ist zu berücksichtigen noch der Einfluß der Außentemperatur, welcher am besten bei solchen Untersuchungen konstant bleiben sollte. Auch die ungleichmäßige Erwärmung durch Sonnenbestrahlung an verschiedenen Teilen der Gasglocke ist dabei nicht außer acht zu lassen.

Sobald es sich um große Gasbehälter handelt, ist es nicht leicht, mit dieser Methode genaue Resultate zu erreichen. Wegen der großen Dimensionen ist man gezwungen, die Behälter im Freien aufzustellen und die ungleichmäßige Erwärmung der Behälter durch Sonne in Kauf zu nehmen. Dadurch, daß das Gas einerseits von den durch Sonnenbestrahlung erhitzten Metallwänden, anderseits von der großen von der Nacht her noch kühlen Wassermasse, die den unteren Abschluß bildet, umgeben wird, können an einem heißeren Tage ganz erhebliche Temperaturunterschiede im Gasinnern bestehen, ohne deren Kenntnis man leicht die Gasmenge um einige Prozent falsch errechnet. Ein einigermaßen zuverlässiges Ergebnis wird nur dann erzielt, wenn die Gastemperaturen im Innern des Behälters gemessen werden, vor allem diejenige an der Rohrmündung, durch die das Gas in den Behälter eintritt oder aus ihm entnommen wird.

Die unmittelbare Messung mittels Gasbehälters, gewissermaßen die grundlegende, erscheint auf den ersten Blick als die zuverlässigste von den verschiedenen Meßarten; doch wird sie sich nur in seltenen Fällen ausführen lassen. Im übrigen dürfte sie wesentlich nur für solche Versuche in Frage kommen, die zur Entscheidung von grundsätzlichen Fragen unternommen werden und daher erhöhte Genauigkeit erfordern, wie z. B. Versuche zur Eichung von anderen bei der Gasmengenmessung benutzten Geräten. Ausschlaggebend ist aber der hohe Preis sowie der große Platzbedarf der Gasbehälter. Gasbehälter sind zur Messung der geförderten Gasmenge verwendbar, sofern ihre Größe im Verhältnis zu der in Betracht kommenden Gasmenge eine genügende Genauigkeit erwarten läßt. Besonderes Augenmerk ist hierbei auf die Gastemperatur zu richten. Temperatur und Druck des Gases sind tunlichst nahe am Gasbehälter zu messen.

Für die Ausführung der Messung mittels der Glocke ist die Ermittlung folgender Größen notwendig: a) Querschnitt der Glocke; b) Geschwindigkeit der Glockenbewegung; c) Temperatur des Gases innerhalb der Glocke; d) Überdruck in der Glocke; e) Undichtigkeitsverluste. Dazu kommt noch die sonstige bei jeder Gasmengenermittlung übliche Bestimmung des spez. Gewichtes, des Feuchtigkeitsgehaltes in dem zu messenden Gase, des Barometerstandes usw. (Vgl. Beispiel 35.)

III. Auffüllmethode. (Meßkessel.)

Eine leidlich sichere Messung von Gasmengen kann man durch Auffüllen eines Behälters von bekanntem Inhalt und Beobachten der Spannungszunahme erzielen.

Diese Auffüllmethode ist namentlich zur Bestimmung der Luftlieferung von Kompressoren üblich.

Die Anordnung des Meßverfahrens ist in der Fig. 40 dargestellt.

Das Prinzip der Methode besteht in folgendem: Der Kompressor C komprimiert die Luft auf einen Druck p_1, mit dem sie im Betriebe an irgendeinen Verwendungsort geht. Jetzt aber geht sie in einen Behälter von bekanntem Volumen V, an dem man Spannung p und Temperatur t jederzeit ablesen kann. Ein Drosselventil d sorgt dafür, daß man den Kompressor gegen einen beliebigen konstanten Druck arbeiten lassen kann, während in V der Druck ansteigt; d muß dazu ständig nachgerechnet werden. Durch Ventil e läßt man vor Beginn und nach Beendigung des Versuches die Luft ins Freie blasen. Bei der Versuchsausführung schließt man zunächst Ventil e und stellt nun fest, wann das Manometer p durch einen, wann es durch einen zweiten beliebigen Teilstrich geht. Sonst ist im Behälter V schon anfangs, trotzdem es offen ist, ein beträchtlicher Überdruck, den das Manometer nicht anzeigt, weil diese Instrumente nahe dem Nullpunkt schlecht zeigen. Bessere Ergebnisse wird oft die Verwendung eines Quecksilbermanometers liefern.

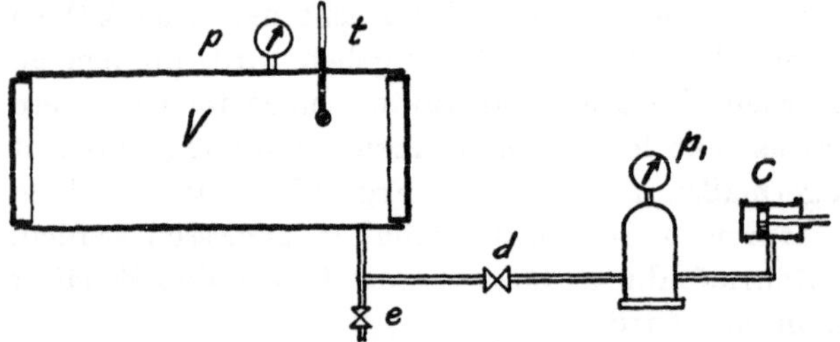

Fig. 40. Schematische Anordnung der Auffüllmethode.

Die Berechnung[1] der eingefügten Menge geschieht nun wie folgt: In einem Raum von V cbm Inhalt befindet sich beim Druck p kg/qm und bei der Temperatur $t°$ C oder absolut T ein Gewicht von

$$G = \frac{V \cdot p}{29{,}27 \cdot T}, \tag{1}$$

wenn es sich um Luft handelt, für die $R = 29{,}27$ die sog. Gaskonstante ist; für ein anderes Gas von der Dichte γ, bezogen auf Luft $= 1$ wäre

$$G = \frac{\gamma}{29{,}27} \cdot \frac{V \cdot p}{T}. \tag{2}$$

[1] *Ostertag*, Theorie und Konstruktion der Kolben- und Turbo-Kompressoren (1911), S. 49; Zeitschr. d. Ver. deutsch. Ing. 105, S. 45. Hier die Entwicklung nach *Gramberg*.

Bleiben wir aber bei Luft, so möge am Anfang eines Versuches der Druck p' und am Ende p'' kg/qm beobachtet sein; dann waren anfangs $\frac{V \cdot p'}{29{,}27 \cdot T}$ und nachher $\frac{V \cdot p''}{29{,}27 \cdot T}$ kg Luft im Behälter. Es ist also ein Luftgewicht

$$G = \frac{V}{29{,}27 \cdot T} \cdot (p'' - p') \text{ kg} \tag{3}$$

in den Behälter eingefüllt worden. Das eingefüllte reduzierte Volumen wäre dann

$$V_0 = \frac{G}{1{,}293} = \frac{V}{37{,}8 \cdot T} \cdot (p'' - p') \text{ cbm bei } 0° = 760 \text{ ccm Ba.} \tag{4}$$

Die Auffüllmethode mißt also das Luftgewicht oder, was damit gleichbedeutend ist, das reduzierte Luftvolumen. Ihre Ergebnisse sind daher nicht ohne weiteres mit den Angaben der Gasuhr vergleichbar.

Darauf, daß der Druck in den obigen Formeln wegen der Anwendung der Gaskonstanten in kg pro Quadratmeter angegeben ist, sei noch besonders hingewiesen.

Da die relativen Feuchtigkeiten zu Anfang und Ende des Auffüllens verschieden groß sind und sich von der relativen Feuchtigkeit beim Ansaugen unterscheiden, so darf eine Berücksichtigung dieser Tatsache bei der Berechnung des spez. Gewichtes nicht unterlassen werden. Über die Berechnung des spez. Gewichtes siehe Abschnitt C II.

Bei der praktischen Ausführung dieser Methode ist folgendes zu beachten: Die Inhaltsbestimmung des Behälters geschieht entweder aus den Abmessungen durch Berechnen oder noch besser durch Auslitern mit Wasser. Es ist zu beachten, daß auch der Inhalt der Verbindungsleitungen zwischen dem Kompressor und Behälter mitzubestimmen ist. Bei diesem Verfahren arbeitet man nicht gegen einen konstanten Druck von p'' Atm abs., sondern bestimmt die Lieferung bei rund $\frac{p''}{2}$ Atm abs. Gegendruck. Man kann nun auch so verfahren, daß man, wenn man z. B. die Luftlieferung für 7 Atm abs. Gegendruck erhalten will, den Behälter von 6,5 auf 7 Atm abs. aufpumpt.

Man benutzt einen oder mehrere Behälter, die stehend oder liegend angeordnet werden können, wie und wo es die räumlichen Verhältnisse gerade erfordern. Der Behälter muß Stutzen zum Einführen der Thermometer und zum Anschließen des Thermometers haben und muß ferner mit einem Sicherheitsventil versehen sein. In der Druck- bzw. Saugleitung vom Behälter wird das Drosselventil eingeschaltet. Vor dem Ventil in der Richtung der strömenden Luft ist ein Druckmesser einzubauen, um das Drosselventil auf den gewünschten Druck einstellen zu können.

Infolge der beschränkten Höhe der Drücke, die in Hinsicht auf das Dichthalten angewandt werden können, und wegen der beschränkten Abmessung der Behälter kann die Behältermessung nur für kleine Kompressoren Anwendung finden. Für große Kompressoren, besonders für die meist für große Leistung gebauten Turbo-Kompressoren, versagt das Verfahren.

Die Auffüllmethode läßt sich umkehren (Ausblasemethode) und gibt dann einwandfreiere Resultate; man kann, um irgendeinen Luftverbrauch zu messen, die nötige Luft einem Behälter bekannten Inhalts V entnehmen, der vorher mit Druckluft gefüllt war und dessen Spannungsverminderung man beobachtet. Die Rechnung bleibt die gleiche. Die Temperaturmessung ist jetzt sehr viel sicherer auszuführen, denn man kann das Thermometer in das Entnahmerohr verlegen und bekommt so mit einiger Sicherheit die mittlere Temperatur im Behälter zu den verschiedenen Zeitpunkten.

Diese Ausblasemethode teilt mit der Auffüllmethode den Nachteil, daß man sie nicht für Dauerbetrieb verwenden kann.

Auf der Zeche „Consolidation“ in Gelsenkirchen wurden Luftmessungen mittels zwei Meßkesseln ausgeführt. Die Einrichtung dieser beiden sich selbsttätig umschaltenden Meßkessel ermöglicht es vielleicht, das Behälterverfahren auch für größere Leistungen zu verwenden.

Zu den Nachteilen der Auffüllmethode gehört die Schwierigkeit der Temperaturmessung, worauf auch die ablehnende Haltung des Ausschusses des Vereins deutscher Ingenieure („Regeln für Leistungsversuche an Ventilatoren und Kompressoren“) diesem Verfahren gegenüber zurückzuführen ist. *Jahn*[1] findet auf Grund von Versuchen von *Heilemann*[2] diesen Standpunkt ungerechtfertigt.

Das in der Praxis meist geübte Verfahren, nur die mittlere Temperatur während des Aufpumpens zu beobachten, muß verworfen werden. Die Temperatur im Behälter wird nämlich nicht konstant gehalten. Erstens kann die vom Kompressor kommende Luft eine andere Temperatur aufweisen, als die im Behälter befindliche. Mißt man aber Anfangs- und Endtemperatur, so hat man eine gewisse Gewähr, daß man sich der Wirklichkeit ziemlich nähert. Auch lassen sich Temperaturdifferenzen unschwer berücksichtigen durch Beobachten der Temperatur der ankommenden Luft. Zweitens wird ja die im Behälter vorhandene Luft durch die hinzukommende komprimiert und also Kompressionswärme erzeugt. Deren Betrag wäre wohl zu berechnen, aber der größte Teil der Wärme wird schon während der Versuche an die Behälterwand abgegeben — nur weiß man nicht wieviel —. Die gleichzeitige Ablesung der Temperatur bei verschiedenen Drücken hilft ebenfalls nicht: ein Thermometer gibt schwerlich die mittlere Temperatur an, folgt außerdem den Temperaturveränderungen zu langsam, wenn seine Kugel nicht direkt von der Luft des Behälters umgeben ist, sondern in einem Stutzen steckt.

Genauere Messungen könnte man erzielen, wenn man dafür sorgte, daß man die Ablesung der Spannung nach dem vollendeten Temperaturausgleich (also am Ende des Versuches) vornehmen könnte. Ein Wechselhahn statt des Ventils d wäre nötig, um plötzlich den Behälter abzusperren und zugleich

---

[1] Zeitschr. für kompr. u. flüss. Gase 1915, S. 24.

[2] Mitteilungen über Forschungsarbeiten auf dem Gebiete des Ingenieurwesens, Heft 68, S. 4 u. 16.

den Kompressor irgendwohin, etwa ins Freie, ausblasen zu lassen. Dann könnte man den Temperaturausgleich mit der Umgebung abwarten und nun Druck und Temperatur ablesen. Hier macht sich aber die übrigens allen Behältermessungen mehr oder weniger anhaftende Erscheinung bemerkbar, daß die Behälter bei hohen Drücken nie vollkommen dicht gehalten werden können.

Noch andere Nachteile haften diesem Verfahren an. Die Zeitdauer der Messung fällt ungünstig kurz aus und wird deshalb leicht durch Zufälligkeiten beeinflußt. Ein weiterer Nachteil besteht eben in den hohen Kosten, die durch die verlangte Dichtheit des Behälters entstehen, was eine starke Belastung der Anlage zur Folge hat, besonders wenn die Betriebsuntersuchungen nur von Zeit zu Zeit stattfinden. Wenn man aber den Meßbehälter zugleich als Windkessel benutzen kann, so fällt natürlich dieser Nachteil fort.

Als Beispiel[1] für die Anwendung der Auffüllmethode sei die Bestimmung der Luftlieferung und des Lieferungsgrades eines Kompressors vorgeführt.

Beispiel 9.

Zum Auffüllen wurde ein gerade unbenutzter Dampfkessel von 16,2 cbm Rauminhalt benutzt; zum Auffüllen vom Überdruck 400 mm Q.-S. bis 900 mm Q.-S. waren 206 Sek. nötig gewesen, die Temperatur im Kessel war zu 22° C = 295° abs. gemessen.

Nach Beendigung des Versuches wurde der Kesseldruck bis auf etwa 650 mm Q.-S. Überdruck — das Mittel aus 400 und 900 — abgelassen und dann beobachtet, wie schnell der Kesseldruck infolge von Undichtheiten sank. In 10 Minuten sank er von 652 auf 633 mm Q.-S., also um 19 mm. Der Druckverlust durch Undichtheit ist somit während der Versuchszeit von 206 Sek. mit $19 \times 206 : 600 = 6{,}5$ mm einzusetzen. An einem vollständig dichten Kessel gleichen Inhalts wäre durch den Kompressor in 206 Sek. eine Drucksteigerung von $500 + 6{,}5 = 506{,}5$ mm gemessen worden; diese Berichtigung macht also über 1 Proz. aus.

Die 506,5 mm Q.-S. Drucksteigerung waren an einer Quecksilbersäule von 20° gemessen; bei 0° hätte die gleiche Quecksilbersäule (Tabelle 1 im Anhang) nur 504 mm Länge gehabt; da bei 0° das spez. Gewicht vom Quecksilber 13,56 ist, so sind 504 mm Q.-S. $= 504 \times 13{,}56 = 6850$ mm W.-S. $= 6850$ kg/qm. Das ist $p'' - p'$ der obigen Formel; das in der ganzen Versuchszeit eingefüllte reduzierte Volumen wird

$$V_0 = \frac{16{,}2}{37{,}8 \cdot 295} \cdot 6850 = 9{,}94 \text{ cbm } {}^0/_{760}\,;$$

also förderte der Kompressor $9{,}94 : 206 = 0{,}0483$ cbm/sek. — Nun hätte der Kompressor einen Zylinderdurchmesser von 250 mm und einen Hub von 300 mm; aus beiden berechnet sich das Hubvolumen zu 0,01473 cbm. Der

[1] Ein anderes Rechenbeispiel befindet sich im Buche: *Ostertag*, Theorie und Konstruktion von Kolben- und Turbo-Kompressoren (Berlin 1911), S. 52.

Kompressor war doppelt wirkend und hatte eine Kolbenstange von 35 mm Durchmesser, die an der Kurbelseite vom Hubvolumen 0,00029 cbm fortnimmt und dasselbe dort auf 0,01473 – 0,00029 = 0,01444 cbm verringert. Die Drehzahl des Kompressors war 125 pro Min.; also wurde durch den Kolben beiderseits ein Raum von

$$\frac{(0{,}01473 + 0{,}01444) \cdot 125}{60} = 0{,}0609 \text{ cbm}$$

sekundlich freigelegt. Danach ist der Lieferungsgrad des Kompressors unter den gerade herrschenden Verhältnissen (nämlich bei 4,9 Atm Gegendruck, 741 m Ba und 17° C Lufttemperatur)

$$\eta_e = \frac{0{,}0483}{0{,}0609} = 0{,}786.$$

IV. Ermittelung von Gasmengen aus dem Indicatordiagramm.

Diese Art der Gasmengenermittelung beruht auf der Auswertung der graphisch wiedergegebenen Spannungsänderungen des Gases (Luft) in einem Indicatordiagramm. Sie stellt also eine indirekte Volumenmessung dar. Wenn auch das Anwendungsgebiet dieser Methode ein sehr beschränktes ist und die Meßresultate, wie es gezeigt wird, recht mangelhaft ausfallen, so möge diese Methode hier um so mehr besprochen werden, als sie noch bis heute sich einer großen Beliebtheit bei der Untersuchung von Kolbenkompressoren erfreut.

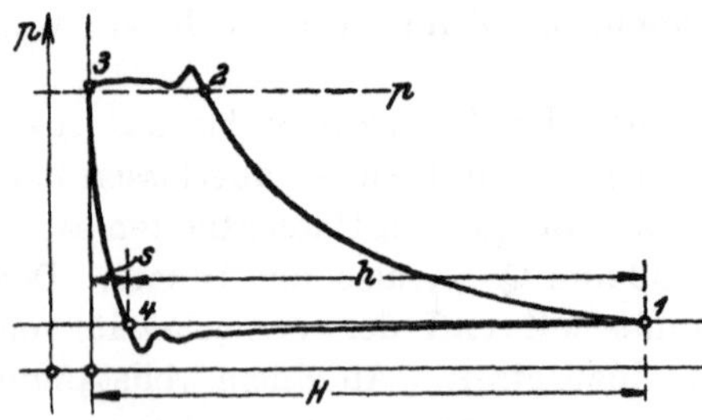

Fig. 41. Kompressordiagramm.

Die Grundlage der Messung ist folgende: In dem Diagramm eines Kompressors (Fig. 41) stellt die Atmosphärenlinie p_0 den Druck dar, von dem aus das Ansaugen stattfindet. Die Strecke H stellt das gesamte Hubvolumen des Kompressors dar. Von 3 bis 4 findet kein Ansaugen statt, erst nach Unterschreitung des Saugraumdruckes öffnet sich das Saugventil, die Strecke 4 bis 1 (h) ist der nutzbare Saughub. Wir bezeichnen den Kolbendurchmesser mit D, die Umdrehungszahl mit n und den schädlichen Raum mit s. Der volumetrische Wirkungsgrad ist dann

$$\eta_v = \frac{h}{H}. \tag{5}$$

Die angesaugte Menge ist bei einem einfach wirkenden Kompressor pro Stunde:

$$Q_{st} = \eta_v \cdot H \cdot \frac{\pi D^2}{4} \cdot n \cdot 60, \tag{6}$$

wenn D in Metern und n in Minuten ausgedrückt wird.

Bei doppelt wirkenden Kompressoren entsprechend:

$$Q_{st} = \eta_v \cdot H \cdot 2 \cdot \frac{\pi D^2}{4} \cdot n \cdot 60. \quad (6a)$$

Die Auswertung geschieht unter Berücksichtigung der beim Arbeiten mit Indicatoren anzuwendenden Korrektive auf üblichem Wege. Vgl. 1. *Brand*, Technische Untersuchungsmethoden zur Betriebskontrolle. Julius Springer, Berlin; 2. *Boettcher*, Wegweiser für den praktischen Gebrauch des Indicators usw. Hamburg 1913, Selbstverlag des Verfassers; 3. *Wilke*, Der Indikator und das Indikatordiagramm. Otto Spamer, Leipzig 1916.

Die Indicatormessung ist nur auf Kolbenmaschinen anwendbar. Turbokompressoren und hydraulische Kompressoren fallen nicht unter diese Messungsart. Es ergibt sich daraus der Nachteil, daß mit der Indicatormessung dem Bedürfnisse, verschiedene Bauarten von Maschinen mit der gleichen Meßmethode zu prüfen, nicht entsprochen werden kann. Abgesehen davon haften dieser Methode Unvollkommenheiten an, welche sich in der Ungenauigkeit der Meßergebnisse äußern. Nach den Versuchen von *Richter*[1] ergab sich zwischen den tatsächlichen und den aus dem Indicatordiagramm ermittelten Werten ein Unterschied von 5,4 bis 10,1 Proz. Eine Berechnung aus der indizierten Saugleistung ergibt im allgemeinen zu große Werte. Die Erklärung der Unmöglichkeit, genaue Resultate zu erzielen, findet sich im folgenden:

1. Die im Kompressor durch Undichtigkeit der Saugventile oder zu spätes Öffnen des Schiebers entstehenden Verluste, wodurch die Expansionslinie zu steil abfällt, können unmöglich berücksichtigt werden. Es empfiehlt sich deshalb, die Expansionslinie nachzuprüfen.

2. Die beim Durchgang der Luft durch den Kompressor infolge Undichtigkeit an den Ventilen und am Kolben entstehenden Verluste kommen in dem Diagramm nicht zum Ausdruck.

3. Die Erwärmung der Zylinder kommt in dem Indicatordiagramm ebenfalls nicht zum Ausdruck usw.

Näheres darüber siehe in den „Regeln über Leistungsversuche an Ventilatoren und Kompressoren“, herausgegeben vom Verein deutscher Ingenieure im Jahre 1912, S. 73/78.

Ferner ist zu beachten, daß zuweilen Wirkungsgrade von über 100 Proz. auftreten. So kann es vorkommen[2], daß die zu Anfang des Saughubes zwischen Saugventilen und Filter beschleunigte Luftsäule am Ende des Hubes dem Kolben vorzueilen versucht und dadurch eine Drucksteigerung hervorruft. Die Sauglinie kann gegen Hubende über die atmosphärische Linie ansteigen, so daß zu Beginn der Kompression schon ein geringer Überdruck vorhanden ist. Da aber die angesaugte Luft auf die atmosphärische Spannung zu beziehen ist, so ergibt sich der volumetrische Wirkungsgrad, der durch Ver-

[1] Mitteilungen über Forschungsarbeiten auf dem Gebiete des Ingenieurwesens. Heft 32.

[2] Zeitschr. f. kompr. u. flüss. Gase 1915, S. 18.

längerung der Kompressionslinie bis zur Atmosphärenlinie oder durch Rechnung ermittelt wird, leicht zu über 100 Proz.

Trotz dieser Nachteile findet das Verfahren auch in allerletzter Zeit bei vielen ersten Firmen Anwendung. Sein Vorzug besteht eben in der großen Einfachheit. Die ganze Meßeinrichtung besteht in der Aufstellung von Indicatoren und Anwendung von einem Thermometer und einem Barometer. In entsprechenden Zeitabschnitten nimmt man an beiden Zylinderseiten Diagramme ab und bestimmt daraus für die betreffende Belastung die durchschnittliche indizierte Saugleistung. Bei Verbundkompressoren berechnet man die indizierte Saugleistung aus dem Niederdruckdiagramm.

Eine annähernd genaue Bestimmung läßt sich dadurch erreichen, daß man für jede Maschine bei verschiedener Belastung Vergleichsversuche mit dem Indicator und irgendeiner anderen zuverlässigen Messungsart anstellt. Den auf diese Weise ermittelten Koeffizienten setzt man dann später in die Rechnung ein. Da aber inzwischen der Kompressor infolge irgendwelcher Umstände seinen Wirkungsgrad verändert haben kann, so bietet dieses Korrektiv ebenfalls keine Garantie verläßlicher Genauigkeit.

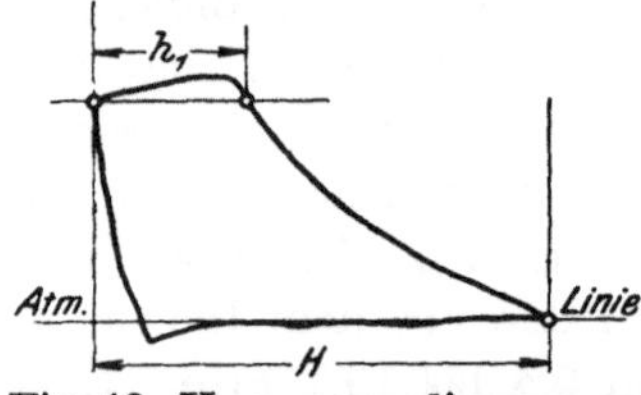

Fig. 42. Kompressordiagramm.

Die Mengenbestimmung läßt sich auch aus dem sog. „Liefergrad“ λ ermitteln (vgl. Fig. 42).

Der Liefergrad ist

$$\lambda = \frac{h_1}{H} \cdot \frac{p_2}{p_1} \cdot \frac{T_1}{T_2}. \qquad (7)$$

Hier bedeutet:

p_1 den Ansaugedruck (Atmosphärendruck),

p_2 den mittleren absoluten Druck zwischen 2 und 3,

T_1 die Temperatur der angesaugten Luft und

T_2 die Temperatur der fortgedrückten Luft.

Dann ist die Liefermenge pro Stunde (bei einem einfach wirkenden Kompressor) vom Druck p_2, der Temperatur T_2 und Umlaufgeschwindigkeit n gleich

$$Q_{st} = \lambda \cdot H \cdot n \cdot 60. \qquad (8)$$

Mit diesem Verfahren erzielt man aber nach *Jahn* noch weniger genaue Resultate.

F. Gasmengenermittelung durch Geschwindigkeitsmessung.

Da die Gase in den allermeisten Fällen durch Rohrleitungen geführt werden, deren Querschnitt F bekannt oder zu ermitteln ist, kann man nach der Beziehung $V = w \cdot F$ die Gasmenge V aus der Geschwindigkeit w des Gases ermitteln.

I. Verteilung der Geschwindigkeit über den Rohrquerschnitt.

Bei der Ermittelung der Gasmenge aus Geschwindigkeitsmessungen, wobei man anemometrische oder hydrostatische (Staurohre, Pneumometer, Pitot-Rohre usw.) Apparate anwendet, wird die Geschwindigkeit von allen diesen Instrumenten an einem Punkt der Rohrleitung gemessen. Wie wir aber sehen werden, herrscht nicht an allen Punkten des Rohrquerschnittes die gleiche Geschwindigkeit.

In der Mitte des Rohres herrscht gewöhnlich die höchste Geschwindigkeit; je rauher und ungleichmäßiger die Oberfläche der Wandungen des Rohres bzw. des Kanales ist, um so mehr nimmt die Geschwindigkeit gegen die Rohrwandung ab. Sie ist abhängig von Wirbelungen des Gases und oft an einer Seite geringer, als an der gegenüberliegenden.

Das Verhältnis zwischen der Geschwindigkeit an einem bestimmten Punkt und der mittleren Geschwindigkeit wird im allgemeinen, ohne genügenden Grund dafür zu haben, als konstant angenommen, kann sich aber durch wechselnden Einfluß von Wirbelungen oder durch Ablagerungen an der Rohrwand ändern. Genaue Zahlen darüber bei verschiedenen Durchflußmengen und Querschnitten der Rohrleitungen sind meines Wissens noch nicht erhalten worden.

Bei einseitig offenen Rohrleitungen läßt sich die Verteilung der Strömung auf dem ganzen Querschnitt des Rohres durch Hineinhalten eines Büschels leichter Seidenfäden (3 bis 4 cm lange Fädchen an Drähten festgemacht) an allen Punkten des Querschnittes ermitteln. Auch lassen sich bei der Veränderung der Strömungsgeschwindigkeit die eventuell dabei auftretenden Wirbelungen auf diese Weise feststellen. Anders liegen dagegen die Verhältnisse bei den geschlossenen Rohrleitungen. Zum Abtasten der Geschwindigkeitsverteilung ist man hier eben auf einen Versuch angewiesen, der sich übrigens mittels Staugeräte verhältnismäßig einfach und schnell ausführen läßt.

Im Betriebe kommt dann noch hinzu, daß die Rohrleitung meist aus genietetem Blech oder aus rohem Gußeisen besteht; das vielfach mit hoher Geschwindigkeit strömende Gas befindet sich infolgedessen im turbulenten Zustande (vgl. Fig. 43).

Bei längerer Betriebsdauer, was speziell bei dauernder (registrierender) Gasmessung zu berücksichtigen ist, rostet das Rohr an und Staub (bzw. Teer, Naphtalin oder sonstige im jeweiligen Gase befindliche Partikelchen) lagert sich ab. Dadurch ändert sich mit der Zeit und mit der Stelle der Rohrleitung der Reibungskoeffizient und mit ihm das Geschwindigkeitsverteilungsdiagramm, auch kann dann die Geschwindigkeit der einzelnen Gasfäden nicht immer parallel zur Rohrachse erscheinen.

In einem geraden Stück der Leitung werden die Gasfäden am vollkommensten gleichgerichtet und die Geschwindigkeit symmetrisch zur Achse verteilt. In Krümmungen ist die Verteilung der Geschwindigkeit unsymmetrisch, und es entstehen an den Wänden der Leitungen stärkere Wirbel. Daß aber selbst in geraden Leitungen längs der Wandungen Wirbel auftreten, welche durch Unebenheiten und Rauheiten der Wände verstärkt werden, kann man bei allen Essen an dem aufsteigenden Rauch beobachten. Infolge der Reibung eilt der Rauch in der Achse der Esse vor und bildet an den Wänden, wo er zurückbleibt, Ballen, welche unter rollender Bewegung fortschreiten.

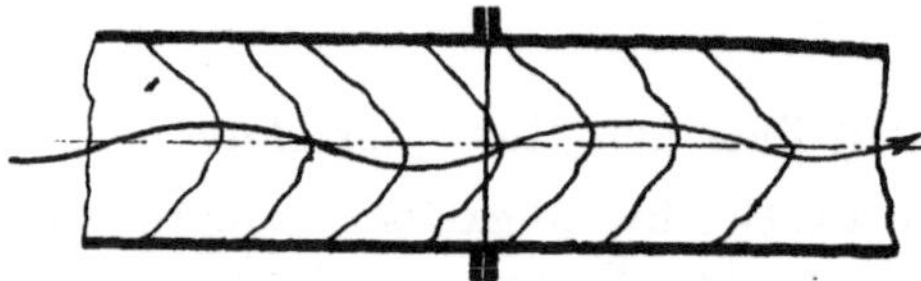

Fig. 43. Turbulente Gasströmung.

Ist die Gasgeschwindigkeit normal über den Rohrquerschnitt verteilt, so entsteht in jedem Punkt der Ebene des Rohrquerschnittes durch axiales Auftragen eine schwach gekrümmte, angenähert paraboloidische Fläche, deren Achse mit der Rohrachse zusammenfällt. Eine solche als normal zu bezeichnende Verteilung der Stromgeschwindigkeit entsteht jedoch nur in geraden, ganz glatten Rohrleitungen von genügender Länge. In Betriebsrohrleitungen weist die Geschwindigkeitsfläche fast immer Unregelmäßigkeiten auf.

In den folgenden Figuren sind einige Fälle der Geschwindigkeitsverteilung graphisch dargestellt.

Fig. 44 stellt eine normale Geschwindigkeitsverteilung dar; die Fig. 45 zeigt einen Zustand, der mit Rücksicht auf Betriebsverhältnisse ebenfalls als normal anzusehen ist („Hydro"); Fig. 46 bringt eine Geschwindigkeitsverteilung für ein Rohr von 400 mm lichtem Durchmesser bei einer axialen Geschwindigkeit von 14,88 m pro Sekunde; in der Fig. 47 ist dasselbe für ein Rohr von 600 mm, jedoch in einer Saugleitung aufgenommen, dargestellt (mittlere Geschwindigkeit = 7,14 m/sek.); das Diagramm Fig. 48 zeigt den Einfluß von Ablagerungen an der Rohrwandung auf die Geschwindigkeitsverteilung; das Diagramm Fig. 49 liefert ein Bild des durch einen vorhergehenden Krümmer gestörten Geschwindigkeitsverlaufes.

Die Kurve der Geschwindigkeitsverteilung scheint sich bei verschiedenen Geschwindigkeiten nur wenig zu verändern. Das bestätigen die Versuche von *Contzen*, die in dem von ihm aufgestellten Diagramm (Fig. 50) wiedergegeben sind. Die beiden Kurven *A* und *B* wurden bei verschiedenen Geschwindigkeiten aufgenommen und zeigen im großen und ganzen den gleichen Verlauf.

Im Anschluß an die Diagramme mögen hier noch ein paar Betriebsbeispiele angebracht sein. In einem Rohr von 400 mm lichter Weite betrug die

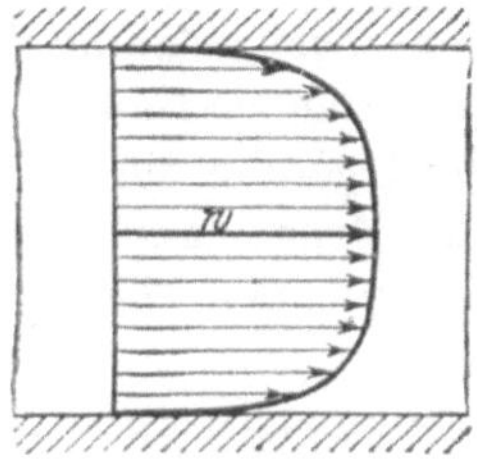

Fig. 44.

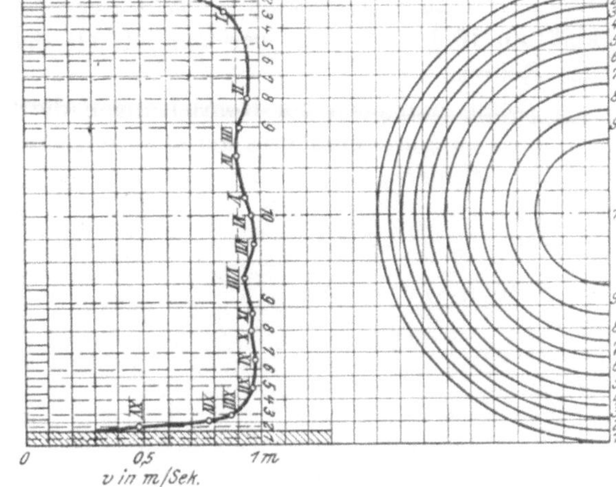

Fig. 45.

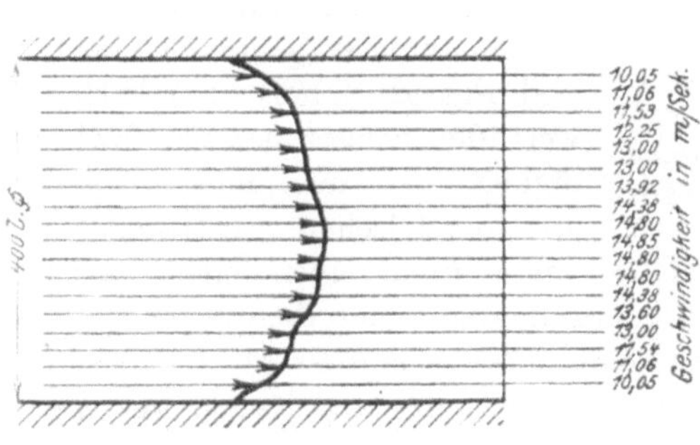

Fig. 46.

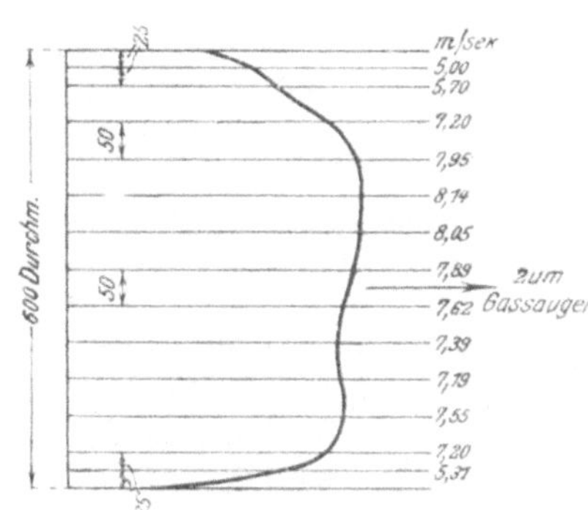

Fig. 47.

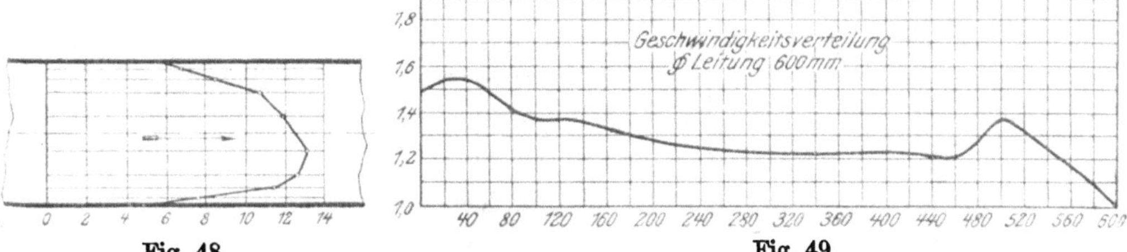

Fig. 48. Fig. 49.

Fig. 44 bis 49. Geschwindigkeitsverteilung in kreisrunden Rohren.

axiale Geschwindigkeit 13,8, die mittlere 11,9 m pro Sekunde, das sind rund 86 Proz. der axialen (zumeist auch der maximalen) Geschwindigkeit; in einem 600-mm-Rohr betrug die mittlere Geschwindigkeit bei einer Axialgeschwindigkeit von 9,2 m pro Sekunde 91,9 Proz. der axialen Geschwindigkeit; *Rietschel* fand in einem Rohr von 1000 mm Durchmesser eine mittlere Geschwindigkeit zu 89 Proz. der axialen (3,8 m pro Sekunde); aus einer Reihe von anderen Messungen geht hervor, daß die mittlere Geschwindigkeit um 10 bis 15 Proz. geringer ist, als die Geschwindigkeit in der Mitte des Rohres.

Wenn man auch bei Rohrleitungen die Geschwindigkeit der fortschreitenden Bewegung eindeutig als Quotienten aus Fördermenge und Rohrquerschnitt definieren kann, so kann man diese Geschwindigkeit, wie man sieht, nicht immer sicher messen; als Quotienten der genannten Größen könnte man sie finden, wenn nicht meist gerade die Ermittelung der Menge aus der Geschwindigkeit der Zweck der Messung wäre.

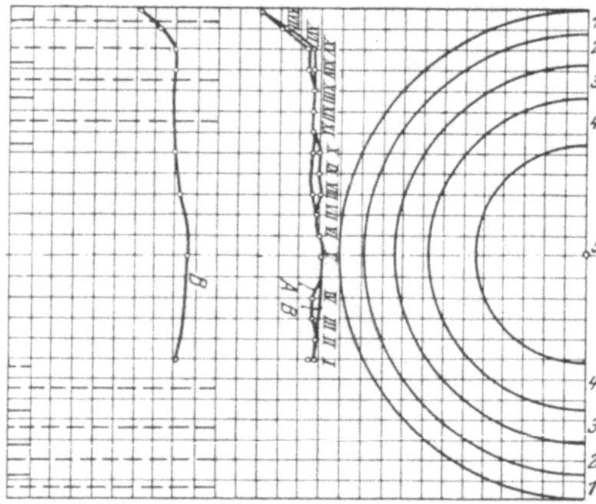

Fig. 50. Geschwindigkeitsverteilung in kreisrunden Rohren bei verschiedener Geschwindigkeit.

Will man also sorgfältig verfahren, so wird man sich den Querschnitt in ungefähr flächengleiche Unterabteilungen einteilen, in deren Mittelpunkt je eine Messung vorgenommen wird (vgl. Fig. 82, S. 127). Der Mittelwert der gemessenen Geschwindigkeit, den man mittels eines anemometrischen Instrumentes oder eines Staugeräts ermittelt, welches man über einen oder besser zwei oder drei Durchmesser verschiebt, ergibt dann, mit dem Kanalquerschnitt multipliziert, die gesuchte Gasmenge. Noch besser ist es in Hinsicht auf die Berücksichtigung des Geschwindigkeitsabfalles am Rande, die gemessenen Werte der Geschwindigkeit in einer zeichnerischen Darstellung zusammenzutragen und hieraus die mittlere Geschwindigkeit oder die Gasmenge durch ein geeignetes Verfahren der graphischen Integration zu ermitteln.

Man verfährt dabei (nach *Rosenmüller*) folgenderweise:

Bezeichnet w die Geschwindigkeit der Strömung in der Entfernung r von der Rohrachse (w in m/s^{-1}, r in m), so ist das sekundlich durch einen elementaren Ringquerschnitt fließende Gasvolumen gegeben durch

$$2\, r \pi \cdot w \cdot dr$$

und das gesamte durch den Querschnitt fließende Volumen pro Sekunde

$$V = \int_0^R 2 r \pi w\, dr = 2\pi \int_0^R r \cdot w \cdot dr.$$

Die mittlere Geschwindigkeit ist dann in m/s^{-1}

$$w_m = \frac{2}{R^2} \cdot \int_0^R r \cdot w \cdot dr.$$

Man kann also, um die mittlere Geschwindigkeit zu finden, entweder $w = f(r^2)$ auftragen, die Ausgleichslinie durch Planimetrieren ermitteln, die unmittelbar die mittlere Geschwindigkeit auf die Fläche bezogen angibt — oder man kann $w\,r = f(r)$ auftragen, die Ausgleichslinie der Flächen gibt den Wert $\frac{1}{r}(wr)\,dr$, der mit $\frac{r}{2}$ zu dividieren ist, um die mittlere Geschwindigkeit zu erhalten.

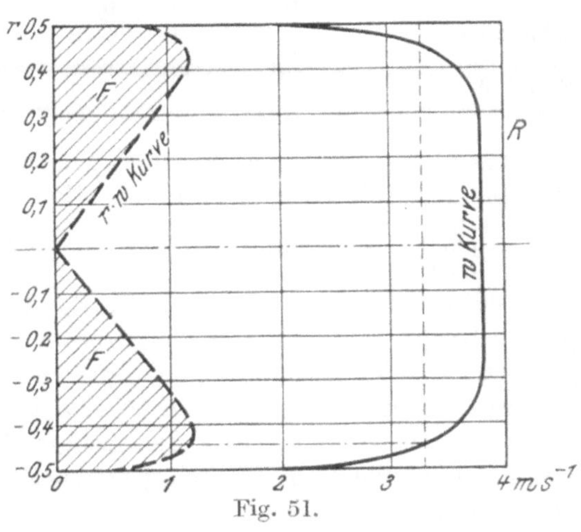

Fig. 51.

Im zweiten Falle geschieht die Auswertung des Integrales mit anderen Worten in der Weise, daß man die durch Versuche aufgenommene w-Kurve mit den zugehörigen Werten r multipliziert, also das Produkt $r \cdot w$ als Funktion von r darstellt. Die Fläche, welche diese Kurve mit der Abszissenachse (r-Achse) einschließt, stellt dann mit 2 multipliziert das Volumen pro Sekunde in m^3/s^{-1} dar, welches, durch den Querschnitt an der Meßstelle dividiert, die mittlere Strömungsgeschwindigkeit w ergibt. Der ihr zugehörige Radius r findet sich dann aus der Kurve der Geschwindigkeitsverteilung als Abszisse der Geschwindigkeit w (siehe Fig. 51).

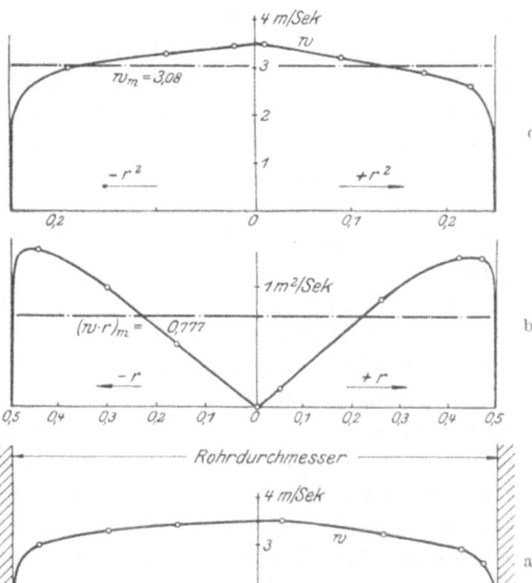

Fig. 52a—c.

Fig. 51 u. 52. Ermittelung der mittleren Geschwindigkeit aus der Geschwindigkeitsverteilung in einem kreisrunden Rohr.

In der Fig. 52 ist ebenfalls die graphische Ermittelung der Geschwindigkeit aus der Geschwindigkeitsverteilung in einem kreisrunden Rohr dargestellt. Die Schaubilder der Fig. 52 ergeben sich aus den folgenden Messungen, die an einem Rohr von 1,0 m lichte Weite ausgeführt wurden.[1]

An den Stellen einer beliebig angebrachten Skala

	$s =$	0	0,05	0,19	0,42	0,63	0,77	0,91 m
entsprechend	$r =$	0,47	0,42	0,28	0,05	− 0,16	− 0,30	− 0,44 m
wurde gemessen	$w =$	2,6	2,9	3,2	3,5	3,4	3,3	3,0 m/s
Es ist also	$w \cdot r =$	1,22	1,22	0,895	0,175	0,54	0,99	1,32
und	$r^2 =$	0,221	0,176	0,0784	0,0026	0,0256	0,090	0,1936

Aus der Fig. 52c ergab sich durch Planimetrieren direkt $w_m = 3{,}08$ m/sek., aus der Fig. 52b aber folgt durch Planimetrieren $(wr)_m = 0{,}777$, daraus

$$w_m = \frac{0{,}777}{0{,}25} = 3{,}11 \text{ m/sek.}$$

Die Abweichung erklärt sich aus der Unsicherheit, in der man sich darüber befindet, wie am Rand die Kurve zu verlaufen habe. Diese Unsicherheit ist nach der Natur der Sache größer als es nach Fig. 52a scheint.

Als einfache und genaue Annäherungsmethode, bei der man das Planimeter entbehren kann, und die insbesondere dann vorteilhaft erscheint, wenn mehrere Versuche für den gleichen Durchmesser vorliegen, sei folgende empfohlen:

Man teilt den Durchmesser in eine größere Anzahl von Teilen derart, daß die entstehenden konzentrischen Kreisringflächen gleich sind, und bestimmt aus der Kurve der Geschwindigkeitsverteilungen die den Kreisringflächen zugehörige Höhe, deren arithmetisches Mittel w_m ergibt. Zur Beruhigung bzw. gleichmäßigen Verteilung des Gasstromes und Beseitigung von Wirbelungen empfiehlt sich der Einbau von Drahtgittern oder Messinggaze (bis zu 13,5 Faden auf 1 cm) in die Rohrleitung; auch mehrere Zwischenwände aus gelochtem Blech[2] bzw. Rohrbündel erfüllen zuweilen ihren Zweck (vgl. S. 126).

Brandis hat bei seinen Versuchen, die später noch besprochen werden, ebenfalls mit Drahtgeflecht aus Messing (ca. 0,3 mm Drahtstärke und 15 Maschen auf 1 Zoll) bezogene Ringe („Siebe") angewandt; infolge ihrer stauenden Wirkung beseitigen solche Siebe eine unregelmäßige Geschwindigkeitsverteilung in derselben Weise, wie eine lange Rohrleitung. In der Fig. 53 sind die Meßresultate zusammengetragen, die in einer Rohrleitung erhalten wurden, in welcher die normale Geschwindigkeitsverteilung durch den Einbau einer halbkreisförmigen Verengung (Blende) gestört wurde. Die Wirkung dieser Blende entsprach etwa der eines halbgeöffneten Schiebers. Ohne Siebe ergab sich die Kurve 1, mit zwei Sieben die Kurve 2, welche eine völlige Ausgleichung der unregelmäßigen Geschwindigkeitsverteilung zeigt. Beide Kurven wurden in der Druckleitung bei der gleichen Lieferung eines im Kapselgebläse erzeugten stationären Luftstromes aufgenommen. Bei Entfernung eines Siebes und Beibehaltung der Liefermenge blieb die Verteilung

[1] *Gramberg*, Techn. Messungen (1920), S. 133.

[2] Über Gleichrichter siehe auch Zeitschr. d. Ver. deutsch. Ing. 1909, S. 1716.

annähernd wie bei 2. Bei Steigerung der Gebläseleistung tritt dagegen die ursprüngliche Unregelmäßigkeit, allerdings etwas gemildert, zutage, wie Kurve 3 zeigt.

Es geht daraus hervor, daß Siebe, in genügender Anzahl angewandt, eine regelmäßige Geschwindigkeitsverteilung gewährleisten können. Es ist aber dabei darauf zu achten, daß die Siebe sauber sind, da ein teilweise verstopftes Sieb wie eine Blende wirkt. Der Nachteil der Siebe besteht im Auftreten eines durch den Widerstand hervorgerufenen bedeutenden Druckverlustes.

Sofern aber durch solche oder andere Einrichtungen eine gleichförmige Geschwindigkeitsverteilung über den ganzen Rohrquerschnitt nicht erreicht wird, erscheint eine netzweise Aufnahme der Geschwindigkeiten unerläßlich.

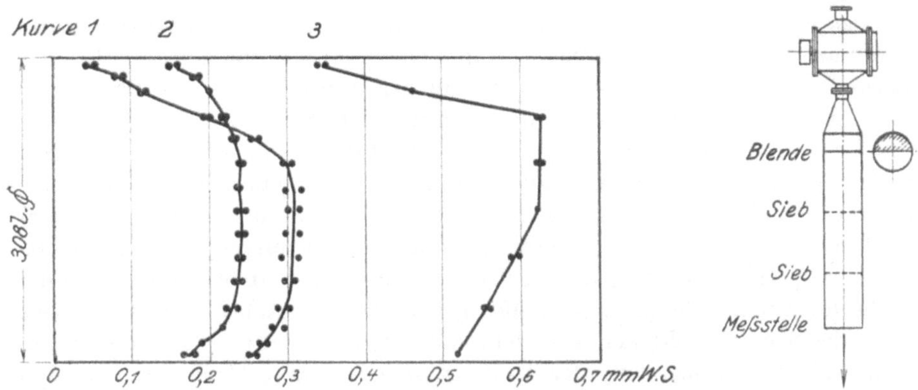

Fig. 53. Wirkung von Sieben auf den Geschwindigkeitsausgleich in Rohren.

II. Anemometer.

Jedes Anemometer besteht aus einem Kraftwerk (Flügel-, Schalen-, Plattensystem), auf welches ein Luft-, Wind- oder Gasstrom einwirkt, und einem mit dem Kraftwerk verbundenen Meßwerk. Das Prinzip der Anemometermessung beruht darauf, daß aus der Anzahl der auf das Zählwerk übertragenen, durch die kinetische Energie des bewegten Luftstromes bedingten Mengen pro Sekunde dann auf die Gasgeschwindigkeit (oder gegebenenfalls auf die Gasmenge) geschlossen wird. An Stelle des Zählwerks kann man sich gewisser elektrischer oder der tachometrischen Einrichtungen bedienen.

Die anemometrische Methode der Luftmessung ist schon seit langem bekannt; die bezüglichen Apparate sind ja Nachbildungen der seit jeher bekannten Windmühlen. Anemometer wurden bereits von *Leupold* in seinem 1724 erschienenen „Theatrum machinarum generale" besprochen, stammen also nicht etwa erst, wie vielfach angenommen wird, von *Woltmann*, der sie allerdings in seinem 1790 erschienenen Werke „Theorie und Gebrauch des hydrometrischen Flügels" eingehend bespricht.

Die Anemometer wurden bis zur neuesten Zeit hauptsächlich zur Ermittlung der Windgeschwindigkeit, zur Messung der Luftgeschwindigkeit in Heizungs- und Lüftungsanlagen (z. B. Frischwettermenge im Bergbau) usw. benutzt. Erst in späterer Zeit sind Konstruktionen bekannt geworden, die sich für Geschwindigkeitsmessung in Kanälen und geschlossenen Leitungen eignen (vgl. weiter unten). Der in dem Abschnitt K III besprochene Rotarymesser gehört eigentlich auch zu den Anemometern.

Man unterscheidet folgende Arten von Anemometern:

1. Flügelradanemometer,
2. Schalenkreuzanemometer,
3. Pendelanemometer,
4. Statische Anemometer.

1. Flügelradanemometer.

Das Flügelrad besteht, wie schon der Name sagt, aus einer Anzahl sternförmig um eine Welle angeordneter Flügel, die gegen die zur Achse senkrechte Radebene geneigt sind. Der in Richtung der Achse kommende Wind wird daher, auf die Flügel treffend, eine Drehung erstreben, die ähnlich wie bei dem bekannten *Woltmann*-Flügel bei widerstandslosem Gang des Instrumentes eine Umfangsgeschwindigkeit des Rades veranlaßt von solcher Größe, daß die minutliche Axialgeschwindigkeit der Schraubenfläche gleich der Windgeschwindigkeit wird. Allerdings kann diesmal nur von Durchschnittswerten gesprochen werden, da die Schaufeln eben zu sein pflegen. Bei einer durchschnittlichen Neigung von 45° gegen die zur Achse normale Ebene würde der Schwerpunkt der Schaufeln eine Geschwindigkeit gleich der Windgeschwindigkeit annehmen, der Umfang also bereits größere Geschwindigkeiten. Sind die Schaufeln mit weniger als 45° gegen die Radebene geneigt, so wird die Geschwindigkeit des Umlaufes größer als die Windgeschwindigkeit. Den bedeutenden Windgeschwindigkeiten entsprechen bedeutende Fliehkräfte, auch tritt ein nicht unerheblicher Winddruck in Richtung der Achse auf, solange das Rad noch nicht die Geschwindigkeit des Windes besitzt, also beim Einbringen in den Windstrom. Aus allem folgt, daß man nur mäßige Windgeschwindigkeiten mittels des Flügelrades messen kann, da bei größeren der Bestand des Rades gefährdet ist.

Unten folgt die Beschreibung einiger gebräuchlicher Flügelradanemometer[1].

a) Das *Casella*-Anemometer, dessen Bauart aus England stammt und die weitaus größte Verbreitung zur Wettergeschwindigkeitsmessung gefunden hat, ist in der Fig. 54 dargestellt.

Das Zählwerk wird von Hand oder in Fällen, wo der Beobachter zur Vornahme der Zählung nicht unmittelbar an das Instrument herantreten kann, mittels Schnüren ein- und ausgeschaltet; seine Benutzung setzt eine

[1] Vgl. a) Westfälische Berggewerkschaftskasse Bochum, Weltausstellung Lüttich 1905; b) Stahl u. Eisen 1911, Nr. 46.

gleichzeitige Verwendung einer Uhr voraus. Zum Schutze des Flügelrades ist dieses mit einem Metallring umgeben, der an dem Gehäuse des Zählwerkes und an dem Fuß befestigt ist. Die durch den Schutzring strömende Luft wird an dem Zählwerkgehäuse Widerstand finden und in Wirbel aufgelöst werden.

b) Uhrwerk-Anemometer. Für manche Messung ist es bequem, eine Uhr in Verbindung mit dem Manometerzählwerk zu haben. Dabei kann die Anordnung so getroffen sein, daß die Uhr das Ein- und Ausschalten des Zählwerkes besorgt, oder daß Uhr und Zählwerk gleichzeitig durch den Beobachter ein- und ausgeschaltet werden. Nach der ersten Art arbeiten Anemometer in der Ausführung von *R. Fueß*-Steglitz. Ist das Uhrwerk aufgezogen und

Fig. 54. *Casella*-Anemometer, Bauart *Rosenmüller*, Dresden.

Fig. 55. Uhrwerk-Anemometer, Bauart *Rosenmüller*, Dresden.

das Anemometer zur Messung aufgestellt oder aufgehängt, so drückt man den Schalthebel nach links, worauf das Uhrwerk zu laufen beginnt und nach etwa $^1/_4$ Minute das Zählwerk selbsttätig einschaltet. Nach Ablauf einer vollen Minute schaltet das Uhrwerk das Zählwerk aus und läuft dann noch $^3/_4$ Minute bis zum Stillstande. Während der ersten $^3/_4$ Minute hat der Beobachter Zeit, sich aus dem Meßbereich zu entfernen; er findet daher nach etwa 2 Minuten eine der Zeit nach abgemessene Geschwindigkeitsangabe vor. Ein solches Uhrwerkanemometer wird daher nur in begehbaren Kanälen oder am Ende offener Rohrleitung zu benutzen sein.

Nach der zweiten Art arbeitet das Anemometer Fig. 55. Zähl- und Uhrwerk liegen unter dem freien Flügelrad. Der erste Druck auf den vorspringenden Hebel *b* rückt gleichzeitig Zähl- und Uhrwerk ein, der zweite Druck schaltet beide nach einer gewünschten Zeit aus, worauf man die Geschwindigkeit während der Zeit abliest; ein dritter Druck führt die Zeiger beider Werke wieder in die Nullstellung zurück. Durch eine Verlängerung zwischen Flügelrad- und Uhrwerkgehäuse kann dieses Anemometer zur Benutzung in Rohrleitungen mit geringem inneren Druck eingerichtet werden. Diese Bauart stammt von *G. Rosenmüller* in Dresden. Hervorzuheben ist für dieses Anemometer die freie Lagerung des Flügelrades.

c) Anemometer für geringe Geschwindigkeiten. Für manche Verhältnisse ist die Messung sehr schwacher Gasströme von Wichtigkeit, wofür aber zuverlässig arbeitende Instrumente bisher nicht bekannt geworden waren.

Von Dr. *Schultz*-Bochum ist hierfür das Prinzip der Differentialmessung mit dem *Woltmann*schen Flügel angegeben. In Fig. 56a u. b ist die Wirkungsweise veranschaulicht. Das Flügelrad *F* wird durch einen mit Federkraft angetriebenen kleinen Ventilator *V*, welcher durch das Rohr *R* ausbläst, in gleichförmige, in ruhender Luft konstante Umdrehungsgeschwindigkeit versetzt.

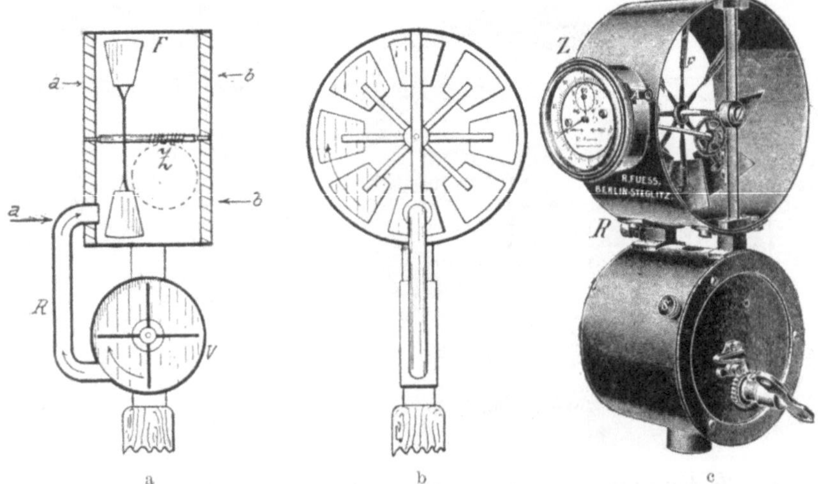

Fig. 56. Anemometer nach *Schultz-Fueß*.

Wird nun dieses Flügelrad in einen Luftstrom gebracht, der die Richtung *b* hat, so läuft das Flügelrad langsamer, und man wird an dem Zählwerk einen geringeren Wert ablesen als in vollständig ruhender Luft, z. B. in einem geschlossenen Kasten oder Schrank. Die Differenz der Ablesungen im ruhenden und bewegten Luftstrom wird die Geschwindigkeit des letzteren angeben. In Fig. 56c ist die Ausführungsform von *R. Fueß* in Steglitz dargestellt. Eine Feder treibt ein Rädervorgelege mit Übersetzung ins Schnelle für den Ventilator, dessen Blaserohr durch die Schraube *R* eng und weit gestellt werden kann. Ein Achsenregulator dient zur Herstellung gleichförmiger Antriebsgeschwindigkeit des Ventilators. Mit diesem Anemometer sind schon Geschwindigkeiten von $^1/_{60}$ m/sek. festgestellt. Ohne Federaufzug ist das *Schultz-Fueß*-Anemometer wie ein gewöhnliches bis zu 10 m/sek. Luftgeschwindigkeit zu gebrauchen.

d) Anemometer zur Anwendung in geschlossenen Rohrleitungen und Kanälen. Zur Messung der Gasgeschwindigkeit in Gichtgasleitungen usw.

konstruierte *Rosenmüller*-Dresden ein in der Fig. 57 dargestelltes Anemometer. Das Instrument besteht aus einem Schutzring von 70 mm[1] Durchmesser, in welchem das Wetterrad in Steinlagern läuft und mittels Schnecke und Schneckenrad seine Bewegung auf das Zählwerk überträgt, welches sich am Ende des seitlich angesetzten Rohres befindet. Die Normallänge von der Achse des Windrades bis zum Deckel beträgt 500 bis 1500 mm. Alle empfindlichen Teile sind durch Metallkapseln umschlossen und so vor Beschädigung und Verschmutzung geschützt.

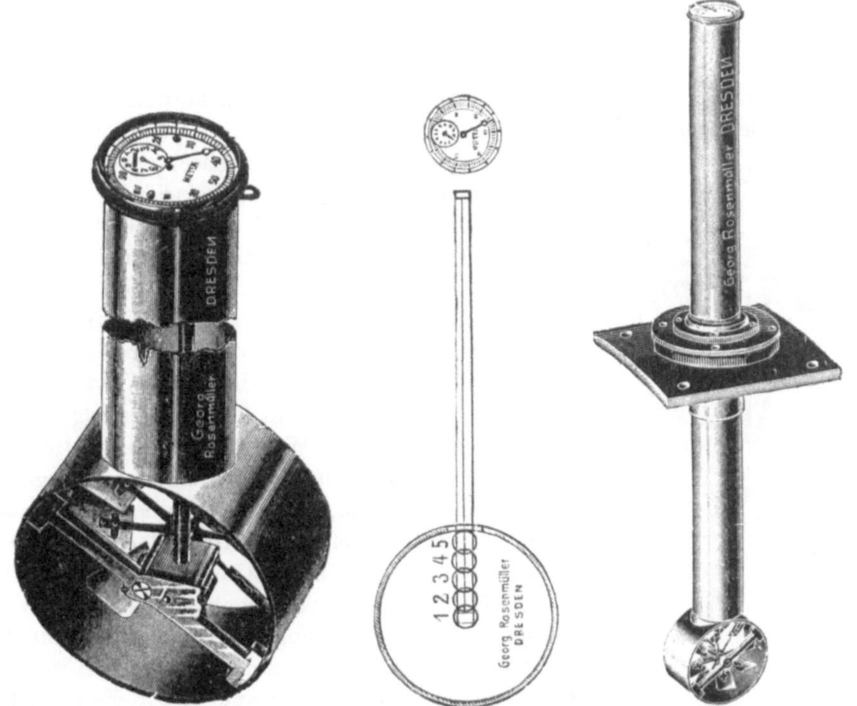

Fig. 57. Anemometer von *Rosenmüller* zur Gasmessung in Gichtgasleitungen usw.

Bei der Anwendung dieser Anemometer lassen sich auch wärmere Gasströme in weiten Rohren messen, und die Geschwindigkeit des Gasstromes kann außen beobachtet werden.

Der eigentliche Meßkörper ist ein Flügelradanemometer, dessen Zeigerwerk sich an dem einen Ende eines langen Rohrschaftes befindet, welcher seitlich am Schutzringrohr des Anemometers befestigt ist. Dieser Rohrschaft dient zur Einführung des Instrumentes in den Kanal, während das Zählwerk von außen sichtbar bleibt. Das Instrument hat sich in der Praxis

[1] Neuerdings baut *Fueß* auch Flügelrad-Anemometer von nur 25 mm Durchmesser, die für manche Zwecke, bei denen die große körperliche Ausdehnung der bisherigen Instrumente die Bestimmung der Luftgeschwindigkeit unmöglich machte, recht brauchbar sein könnten, z. B. wenn es sich darum handeln sollte, die Verteilung der Luftgeschwindigkeiten über den Querschnitt eines Rohres festzustellen (vgl. S. 85—86).

während der Zwischenzeit sehr gut bewährt. Nur für Betriebe mit starkem Staubgehalt der Gase und bei hohen Strömungsgeschwindigkeiten war es etwas zu empfindlich. Auch nahmen seine Konstanten bei langdauernden Messungen großer Geschwindigkeiten etwas zu, so daß sie nach längerem Gebrauch etwas zu hohe Geschwindigkeit anzeigten. Es wurde daher in neuester Zeit das Flügelradanemometer durch ein *Robinson*sches Schalenkreuzanemometer (vgl. weiter unten) ersetzt, wie letzteres für meteorologische Zwecke üblich ist.

2. Schalenkreuzanemometer.

Das Schalenkreuz besteht aus einem um eine Achse drehbaren Kreuz, dessen Arme je eine hohle halbkugelige Schale tragen. Die Schnittebenen der Halbkugeln gehen durch die Achsen, und die Halbkugeln sind so angeordnet, daß bei einer Drehrichtung alle Höhlungen sich auf der rückwärtigen Seite befinden. Der Wind wird daher stets auf der einen Seite eine konkave, auf der anderen Seite eine konvexe Halbkugelschale sich entgegengekehrt finden. Auf beide übt er Kräfte aus, die aber bei derjenigen Halbkugelschale größer sind, die dem Wind die konkave Seite entgegenkehrt, in deren Höhlung er also hineinbläst. Denn der Wiederzusammenschluß der Luftfäden hinter der Kugelschale wird in geringerem Maße turbulent sein da, wo die Fäden der Krümmung der Halbkugelschale folgen, als im andern Fall. Daraus ergibt sich ein stärkerer Unterdruck auf der Abwindseite für diejenige Kugelschale, die dort dem Wind die Kugelfläche als Führung bietet. Da aber nun der Unterschied der auf die beiden Kreuzhälften wirkenden Kräfte frei wird, so nimmt der Schalenmittelpunkt nur Geschwindigkeiten an, die hinter der Windgeschwindigkeit zurückbleiben. Seine Geschwindigkeit wird tatsächlich nur etwa $^1/_3$ der Windgeschwindigkeit. Wegen der kleineren auftretenden Fliehkräfte ist daher das Schalenkreuz für große Windgeschwindigkeiten geeigneter, als das Flügelrad. Hinzu kommt, daß das Schalenkreuz an sich stabiler ist.

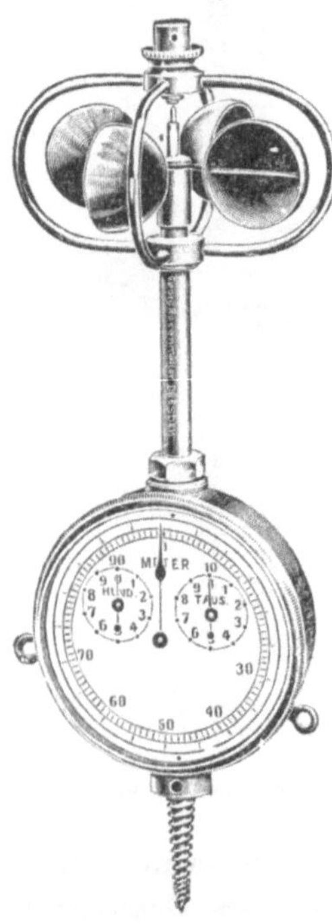

Fig. 58. Schalenkreuzanemometer von *Rosenmüller*, Dresden.

Das Schalenkreuzanemometer ist aus der Fig. 58 zu ersehen. An einer dünnen und an beiden Enden in Steinlagern geführten Stahlachse sitzt am oberen Ende ein kleines Schalenkreuz, das zum Schutz gegen Beschädigung mit einem Schutzkorb umgeben ist, der auch gleichzeitig das obere Lager trägt.

Schalenkreuzanemometer sind infolge ihrer eigenartigen Konstruktion von der Windrichtung völlig unabhängig und werden aus diesem Grunde vorzugsweise für meteorologische Messungen (Windmessungen im Freien) angewandt. Sie bedürfen keiner Einstellung in die Windrichtung.

Im allgemeinen benutzt man das Instrument in aufrechter Stellung, d. h. Schalenkreuz oben, Zählwerk unten; es kann aber auch in umgekehrter Haltung benutzt werden, aber nicht in einer schrägen oder horizontalen Lage, sofern es nicht für diese Lage justiert ist.

Die Fig. 59 zeigt ein Schalenkreuzanemometer (*Robinson*-Anemometer) zur Verwendung in Kanälen und Rohrleitungen. Es unterscheidet sich von dem in der Fig. 57 dargestellten Anemometer nur dadurch, daß hier statt des Flügelsystems ein um eine Achse drehbares Kreuz angewandt ist, an dessen Enden vier halbkugelförmige Schalen so befestigt sind, daß sie ihre hohlen Seiten alle nach derselben Seite wenden. Da der Winddruck auf die konvexen Seiten geringer ist als auf die konkaven, dreht sich das Kreuz immer in demselben Sinne, woher auch der Wind kommen mag. Der Zusammenhang zwischen Windgeschwindigkeit und Umdrehungszahl ist auch hier durch die Gleichung

$$w = \varphi + k \cdot n \quad (1)$$

gegeben, wobei w die Windgeschwindigkeit in Meter pro Sekunde, φ die Reibungskonstante, k den unveränderlichen Robinsonfaktor und n die mittlere Umfangsgeschwindigkeit des Schalenkreuzes in Meter pro Sekunde darstellt. Der Robinsonfaktor k ist für das vorliegende Instrument groß gewählt, etwas größer als drei, so daß die Umfangsgeschwindigkeit des Schalenkreuzes nur etwa ein Drittel der Luftgeschwindigkeit ist. Durch passende Übersetzung der Drehbewegung des Wetterrades auf das Zählwerk ist Sorge getragen, daß die Ablesung am Zählwerk unmittelbar in Meter Windweg geschieht. Eine schnelle Aufeinanderfolge von Messungen, wie sie zur Aufnahme der Geschwindigkeitsverteilung über den Querschnitt notwendig ist, wird durch Momentnullstellung der Zeiger in bequemster Weise erleichtert. Die Konstruktion erlaubt auch, bis nahe an die Rohrwandung ohne irgendwelche Beeinflussungen zu messen.

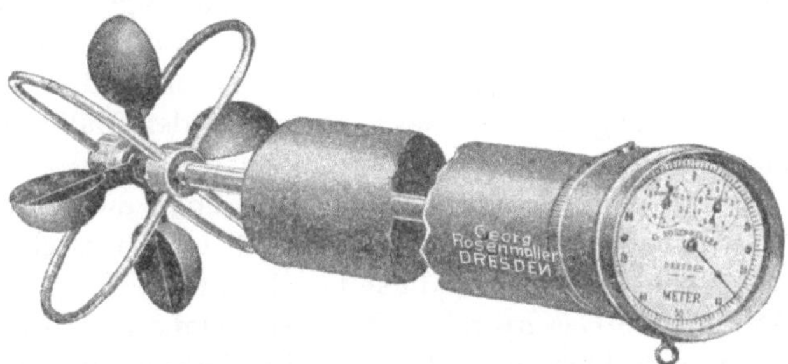

Fig. 59. Schalenkreuzanemometer für Kanäle. Länge des Schaftrohres beliebig, für Geschwindigkeit bis ca. 40 m/sek. Bauart *Rosenmüller*, Dresden.

3. Vergleich zwischen Flügelrad- und Schalenkreuzanemometer.

Die oben erwähnten Eigentümlichkeiten des Schalenkreuzes ergeben nun einige besondere Vorteile bei ihrer Anwendung. Aus dem stets gleichen Drehsinn folgt zunächst, daß eine Einstellung des Instrumentes in die Windrichtung nicht nötig ist. Es kann daher in seiner Befestigungsvorrichtung beliebig um seine Achse gedreht werden, ohne daß hierdurch das Meßresultat beeinflußt würde. Ein weiterer Vorzug ist die geringe Veränderlichkeit der Konstanten des Anemometers[1]. Die Größe der Konstanten macht das Instrument infolge der geringen Umdrehungszahl des Schalenkreuzes für große Geschwindigkeiten brauchbar und betriebssicher. Es lassen sich gut Geschwindigkeiten bis 40 bis 50 m pro Sekunde vorübergehend messen.

In heißen Gasen, welche Staub, Ruß oder Wasser mitführen, wie solche im Hüttenwesen in Betracht kommen, können Flügelradanemometer nicht angewandt werden. Abgesehen von der Verunreinigung des Uhrwerkes leidet das feine Instrument durch die Hitze, die Schmiere wird in den Achsenlagern der Flügelwelle ausgebrannt, die Reibungswiderstände werden erhöht, und das Instrument kann trotz der sorgfältigen Eichung nicht verläßliche Resultate liefern. Die Schalenkreuzanemometer können dagegen auch bei staub-, ruß- und wasserhaltigen Gasen unbesorgt angewandt werden. Es ist das damit zu erklären, daß die Halbkugeln infolge der größeren Massenträgheit die Wassertropfen und den trockenen Staub fast vollständig wieder abschleudern, während bei feuchtem Staub und nicht zu langer Ausdehnung der Messungen die Gewichtszunahme der Halbkugeln den Trägheitsfaktor der Schalenkreuze nur unwesentlich erhöht.

Infolge ihrer Empfindlichkeit können die Flügelradanemometer nur für Geschwindigkeiten von höchstens 10 bis 15 m/sek. angewandt werden, weil bei höheren Geschwindigkeiten leicht Verbiegungen vorkommen können. Für höhere Geschwindigkeiten, wie solche z. B. in Gebläserohren der Ventilatoren vorkommen, ist somit die Anwendung von Flügelradanemometern meist ausgeschlossen.

Die Schalenkreuzanemometer, die dazu auch stabiler sind, vertragen dagegen Geschwindigkeiten bis zu 50 m pro Sekunde. Abwärts allerdings reagiert das Schalenkreuz erst auf Geschwindigkeiten von 1 m/sek., während man Flügelradinstrumente durch Verwendung von Glimmerflügeln an einem Rade genügenden Durchmessers (z. B. 150 mm) für Luftgeschwindigkeiten herab bis zu 0,1 m/sek. (neuerdings sogar 0,03 m/sek.) brauchbar machen kann.

Ferner ist noch zu berücksichtigen, daß beim allmählichen Einbringen des Schalenkreuzes in einen Kanal auch dann keine schädlichen, sondern immer nur drehende Kräfte auftreten, wenn das Instrument erst teilweise in den Luftstrom eintaucht. Beim Flügelrad hingegen treten beim Eintauchen nur einer Hälfte des Rades einseitige Kräfte parallel zur Achse auf, die der Achse und den Schaufeln Beanspruchungen zumuten, denen sie nicht gewachsen sind; gerade beim Einbringen erfolgen daher am leichtesten Brüche oder Verbiegungen.

Die Flügelradanemometer haben eine der Windrichtung parallele Drehungsachse und müssen immer der Luftrichtung entgegengehalten werden; die Schalenkreuze, die eine zur Luftrichtung senkrechte Drehungs-

---

[1] *Neumayer*, Anemometerstudien der deutschen Seewarte Hamburg.

achse haben, brauchen der Luft nicht entgegengehalten zu werden, da sie auch bei wechselnder Richtung stets die gleiche Angriffsfläche am Instrumente findet.

4. Pendelanemometer und statische Anemometer.

Die Fig. 60 zeigt ein Pendelanemometer in der Ausführung von *R. Fueß*-Steglitz. Das Prinzip derselben stammt von *Dickensohn*.

Das Instrument wird so aufgestellt, daß die zu messende Strömung rechtwinklig auf die vordere Seite der Pendelscheibe auftritt.

Es gibt die Stärke der Luftströmung durch den Ausschlag einer rechteckigen, sehr empfindlich aufgehängten Aluminiumtafel an, deren Zeiger über einem Gradbogen spielt; das am Zeiger verschiebbar angebrachte Gewicht gestattet, das Instrument verschieden empfindlich einzustellen, und zwar für vier verschiedene Meßbereiche. Das Instrument muß senkrecht aufgestellt werden, und dies geschieht mit Hilfe der im Dreifuß angebrachten kleinen Stellschraube. Die richtige Einstellung wird durch das kleine Lot kontrolliert. Für die Werte des Pendelausschlages ist dem Instrument eine Tabelle beigefügt.

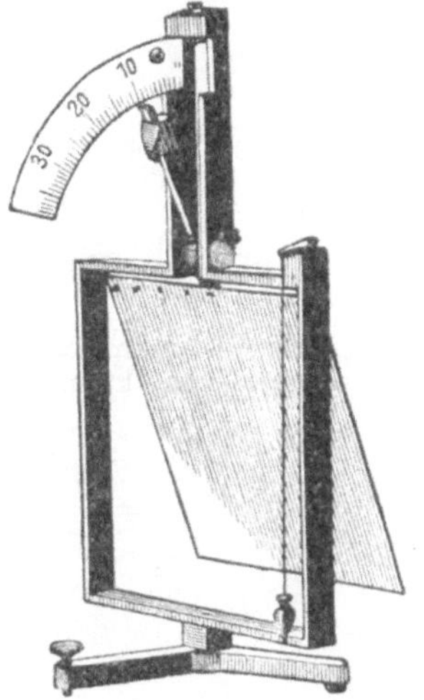

Fig. 60. Pendelanemometer, Bauart *Fueß*, Steglitz.

In der Praxis jedoch hat sich dieses Instrument wenig eingeführt.

Die statischen Anemometer enthalten ein Flügelrad oder ein Schalenkreuz, wie die beschriebenen, doch läuft dasselbe nicht, sondern macht unter dem Einfluß der Luftgeschwindigkeit nur einen Ausschlag um einen gewissen Winkel entgegen der Kraft einer Feder, oder verursacht eine Senkung einer Flüssigkeitssäule um so weiter, je größer die Geschwindigkeit ist; deren Wert kann man, wie beim Anemotachometer, an einer Skala unmittelbar ablesen ohne Benutzung einer Uhr. Die Genauigkeit der vorhandenen statischen Instrumente ist aber nur mäßig; man baut sie wohl als zeigende, nicht messende Instrumente in Luftwege zur Kontrolle des Betriebes ein. Solche Instrumente baut *Horlacher* in Kaiserslautern, *Gralwitz* in Berlin u. a. Im Ausstellungsbericht der Berggewerkschaftskasse in Bochum zu der Weltausstellung in Lüttich 1905 sind einige solche Apparate beschrieben.

5. Registrierende Anemometer.

Die Registrierung der mit dem Anemometer gemessenen Gasgeschwindigkeit bzw. Gasmenge erfolgt in einer etwas eigenartigen Weise, und zwar vermittelst eines elektrischen Kontaktes. Ein solches Anemometer mit Kontakt, welches mit einem Läutewerk oder Registrierapparat (Chronograph) hörbare bzw. sichtbare Zeichen auf weite Entfernung übertragen kann, zeigt die

Fig. 61. Die Kontakte erfolgen nach einer bestimmten Anzahl Meter Windweg oder einer bestimmten Anzahl von Umdrehungen. Die beiden führenden Firmen auf dem Gebiete des Anemometerbaues *R. Fueß* in Steglitz und *Georg Rosenmüller* in Dresden führen solche Anemometer aus.

Fig. 61. Anemometer mit elektrischer Kontakteinrichtung.

Zur Aufzeichnung der bei Kontaktanemometern nach bestimmten Zeitabschnitten erfolgenden Stromschlüsse dient das in der Fig. 62 dargestellte Chronograph. Die Uhrtrommel dreht sich in der Stunde einmal um; gleichzeitig wird auch die Schreibfeder um ca. 4 mm nach abwärts geführt, so daß die einzelnen Marken auf einer Schraubenlinie eingezeichnet werden. In 24 Stunden sinkt die Schreibfeder von oben bis unten.

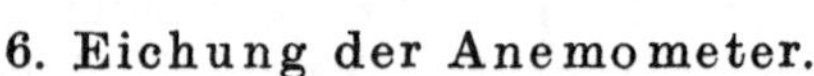

6. Eichung der Anemometer.

Wie verschieden bei Anemometern gleicher Bauart die Korrektionen ausfallen können, zeigt die Fig. 63. Es erhellt daraus die Notwendigkeit, Anemometer zu prüfen.

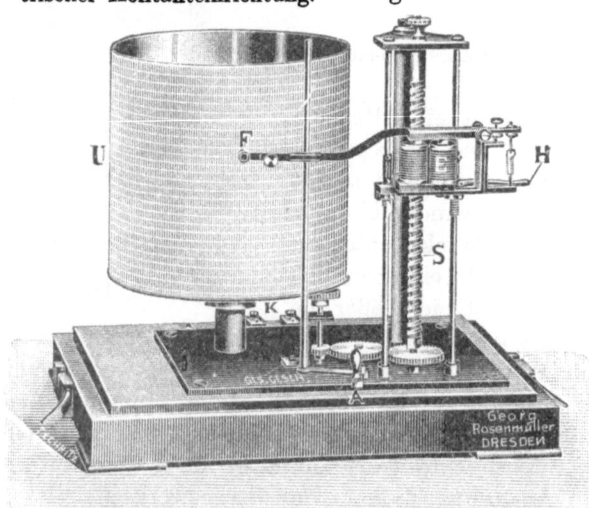

Fig. 62. Chronograph-Registrierapparat für elektrisches Kontaktanemometer, Bauart *Rosenmüller.*

Die Prüfung eines Anemometers, welche den Zweck hat, die jedem Apparat eigene Konstante („Korrektion“) festzustellen, kann nach zwei Gesichtspunkten geschehen:

1. Man bringt das ruhende Anemometer in einen mit bekannter Geschwindigkeit sich gleichförmig bewegenden Luftstrom (Zwangslaufeichung mittels Gasometer, Luftuhren usw.) und

2. man bewegt das Anemometer mit bekannter Geschwindigkeit gegen ruhende Luft (Freilaufeichung).

Die erste Prüfungsart wurde z. B. von *Althans*[1] angewandt, und zwar

[1] Anlagen zum Hauptbericht der Preußischen Schlagwetter-Kommission, Bd. V (Berlin 1887).

mit Benutzung eines Gasometers, welcher in bestimmter Zeit durch ein Rohr gleichmäßig entleert wurde, in oder vor welchem sich das Anemometer befand.

Diese Methode gibt, abgesehen von den hohen Einrichtungskosten, nicht immer brauchbare Resultate, weil die Gasgeschwindigkeit in Rohren von verschiedenem Querschnitt wechselt und durch das Anemometer ein bestimmter Teil eines jeweiligen Querschnittes eingenommen wird, so daß dadurch unkontrollierbare Veränderungen der Geschwindigkeit eintreten. Es soll daher die Eichung zweckmäßig unter Anwendung derselben Querschnitte vorgenommen werden, die bei der späteren Messung in Betracht kommen.

Die zweite Prüfungsart ist die Umkehr der tatsächlichen Verhältnisse bei der Anemometermessung. Sie ist nach den Grundsätzen der Mechanik zulässig, solange nicht nachgewiesen ist, daß die Wirkung bewegter Luft gegen ruhende Körper eine andere ist, als die eines bewegten Körpers gegen ruhende Luft. Da das Gegenteil noch nicht festgestellt wurde[1], hat man diese Methode der Anemometereichung in Ermangelung einer besseren als richtig zulässig anerkannt.

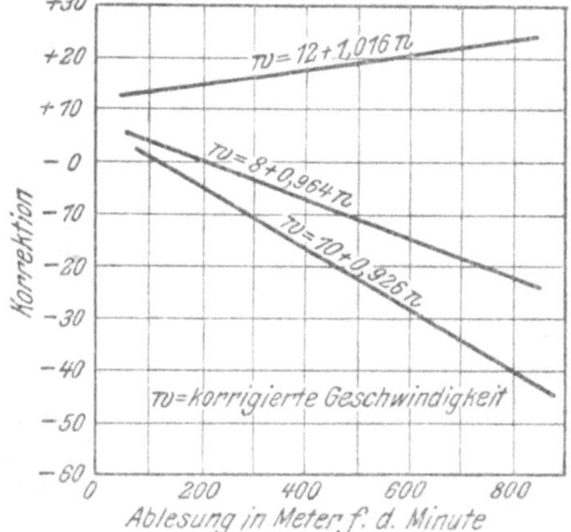

Fig. 63. Korrektionen an verschiedenen Anemometern.

Zur Feststellung der Anemometerkorrektion wäre es nun am zweckmäßigsten, wenn das Anemometer geradlinig gegen den ruhenden Luftstrom bewegt würde, schon zur Übereinstimmung mit den im Bergbau üblichen geraden Wetterwegen. Diese Methode setzt aber Räume ohne natürliche Luftbewegung von großer Länge voraus, welche kaum zu beschaffen sind. Messungen bei Lokomotivfahrten, wie sie auch vorgeschlagen und ausgeführt sind, können ebenfalls kein befriedigendes Resultat geben. Ganz abgesehen davon, daß dieses Mittel nur in Ausnahmefällen zu Gebote stehen kann, wird der fast nie fehlende Wind seinen Einfluß ausüben. Außerdem erzeugt der fahrende Wagen, wie schon *Grashof* erwähnt, in der Luft vor sich Wirbel, die von Einfluß auf die Angaben des mitgeführten Anemometers sind. Endlich fehlt es an Hilfsmitteln, um während der Fahrt die Eigenbewegung der Luft festzustellen.

Es bleibt daher als letztes Mittel nur die Eichung mit Hilfe eines rotierenden Göpels, welcher zuerst von *Woltmann* und besonders von *Combes*[2] benutzt wurde. Dabei ist es von Wichtigkeit, den Prüfungsarm des Göpels so lang zu machen, als es die Verhältnisse irgend gestatten, um den Einfluß

[1] Glückauf 1902, Nr. 47.

[2] *H. Wild,* Über den gegenwärtigen Zustand der Anemometrie und über Anemometer-Verifikation. Carls Repertorium 1877, **13**, 486. Die deutsche Seewarte ist im Besitze eines *Combes*schen Apparates (vgl. Zeitschr. f. Instrumentenkunde).

der Abweichung von der Geraden, also die Wirkung der Zentrifugalkraft auf Vergrößerung der Achsenreibung der Flügelradwelle, möglichst zu beseitigen oder wenigstens zu vermindern.

Die Westfälische Berggewerkschaftskasse in Bochum bedient sich zur Justierung der Anemometer (zur Ermittelung ihrer „Korrektionen") eines Rundlaufapparates, welcher in der beifolgenden Figur 64 dargestellt ist.

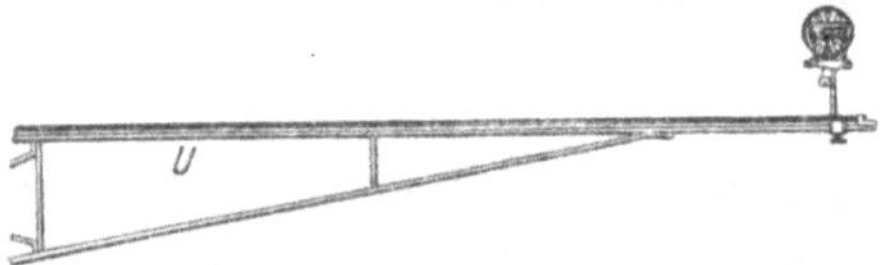

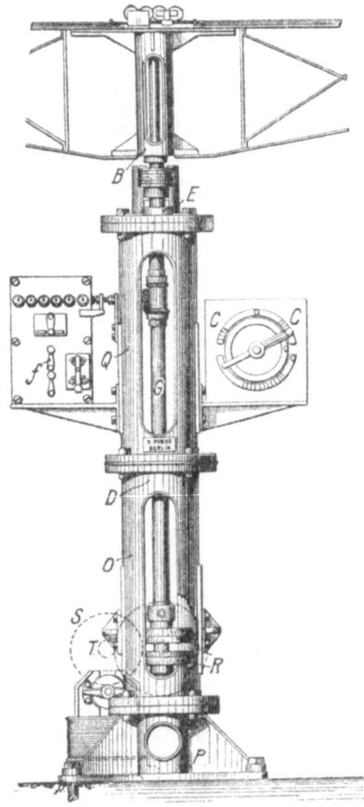

Fig. 64. Anemometerprüfungsapparat.

Dieser Prüfungsapparat ist ebenfalls nach dem Prinzip der Göpeleichung gebaut. Seine Konstruktion ist als Ergebnis der Zusammenarbeit der Westfälischen Berggewerkschaftskasse mit der ausführenden Firma *R. Fueß* in Steglitz anzusehen.

An einen Anemometerprüfungsapparat werden folgende Anforderungen gestellt:

1. Es muß möglich sein, die hauptsächlich in Betracht kommenden Luftgeschwindigkeiten, für deren Messung Anemometer gebräuchlich sind, also von 0,10 m/sek. bis etwa 30 m/sek., jederzeit und auf einfachste Weise herzustellen.

2. Die jeweilig eingestellte Geschwindigkeit muß während der Messung absolut konstant sein.

3. Es ist notwendig, daß Beginn und Schluß der Vergleichsmessung von einer Normaluhr eingeleitet wird.

4. Es ist eine Einrichtung erforderlich, die gestattet, ein bereits geprüftes Anemometer zur Prüfung eines anderen Anemometers zu benutzen.

Diesen Anforderungen ist der unten beschriebene Apparat vollständig gewachsen[1].

Der zu der stehenden Göpelwelle (*G* in der Fig. 64) symmetrisch verlagerte Arm dieses Prüfungsapparates, welcher eine möglichst große Länge (ca. 7 m) erhalten hat, um einmal, wie es bereits oben erwähnt wurde, die auf eine Vermehrung der Achsenreibung der Anemometer hin wirkende Zentrifugalkraft möglichst abzuschwächen und andererseits die Bewegungsrichtung

[1] Die Ausstellung der westfälischen Berggewerkschaftskasse zu Bochum, Weltausstellung Lüttich (Verlag der Zeitschrift „Glückauf").

möglichst der geraden Linie zu nähern, wird durch einen Elektromotor bewegt. Die Vorgelege sind als Wechselgetriebe $T-S$ bzw Kegelradwendegetriebe R angeordnet, um besonders *Robinson*-Schalenkreuze im Drehsinne N—O—S—W und N—W—S—O prüfen zu können. Durch einen Regulierwiderstand C und drei Wechselgetriebe können Geschwindigkeiten von 1 bis 22 m in der Sekunde am Umfange des vom Göpelarm bestrichenen Kreises in mehreren Stufen erzielt werden. Korrektionen für höhere als mit dem Apparat erreichbare Geschwindigkeiten können durch Extrapolation gefunden werden, da der Verlauf der Korrektionslinie für niedrige Geschwindigkeiten bei bewegten Anemometerkonstruktionen eine größere Gesetzmäßigkeit erkennen läßt.

Die stehende Welle G ist auf eine Stahlspur und in zwei Lagern D und E der dreiteiligen Säule $P\,O\,Q$ gelagert. Das Ganze ist mit einem Fundament verschraubt, welches genügend schwer ist, um Eigenschwingungen auch bei den höchsten Geschwindigkeiten zu verhüten.

Der Prüfungsarm U ist aus Flacheisen in Dreieckverband möglichst leicht hergestellt und wird durch die Nabe B von der Welle O getragen, die obere Gurtung ist horizontal gelegt worden, um mehrere Anemometer gleichzeitig prüfen zu können.

Eine für praktische Fälle völlig ausreichende Konstanz der Umdrehungsgeschwindigkeit der Welle ist dadurch erreicht, daß der Motor als Nebenschlußmotor ausgebildet ist; um von Spannungsschwankungen möglichst unabhängig zu sein, kann der Betriebsstrom einer Sammlerbatterie mit automatischem Spannungsregulator entnommen werden.

Die weiteren Einrichtungen an dem Göpel bezwecken die selbsttätige Ein- und Ausschaltung der Zählwerke der zu prüfenden Anemometer, die Zählung der Umläufe des Prüfungsarmes während des Versuches bei eingeschaltetem Anemometer und die Messung der Versuchszeit durch eine mit einem elektrischen Kontakt ausgerüstete Normaluhr, deren Sekundenzeiger mittels einer Einzahnscheibe Kontakt gibt, wenn der Zeiger den Beginn oder das Ende einer vollen Minute passiert. An dem linken Schaltkasten (vgl. Fig. 64) kann durch den Hebel f der Strom von der Uhr unterbrochen werden, um länger als eine Minute prüfen zu können. (Einzelheiten über den Apparat finden sich in der Zeitschrift „Glückauf", Jahrgang 1902, Nr. 47, S. 1142ff., sowie in der „Zeitschrift für Instrumentenkunde" 1906, S. 333 bis 337). Die getroffenen Einrichtungen bezwecken den Ausschluß persönlicher Beobachtungsfehler.

Die Anemometer-P r ü f u n g vollzieht sich in der Weise, daß das zu prüfende Instrument am Ende des Prüfungsarmes aufgespannt wird und seine Arretiervorrichtung durch Hebel und kleine Stangen mit der von der Uhr und dem Schaltwerk betätigten elektromagnetischen Arretiereinrichtung am Prüfungsapparat in Verbindung gebracht wird. Sodann setzt man den Rundlaufapparat in Bewegung; hat er die gewünschte gleichförmige Geschwindigkeit angenommen, so schaltet man die elektromagnetisch betätigte Zähleinrichtung der Umläufe des Apparates und die Arretiereinrichtung ein, worauf während der gewünschten Zeit (gewöhnlich 2 oder 4 Minuten) die Zählwerke am Anemometer und am Apparat gleichzeitig in Tätigkeit treten. Darauf setzt man den Rundlaufapparat still, stellt die Angabe des Anemometers und den von ihm zurückgelegten Weg fest und bestimmt die entsprechenden Werte (d. h. die Geschwindigkeit) pro Minute. Bekanntlich wird durch die Rundlaufbewegung der Laufarme der umgebenden Luft allmählich eine rotierende Bewegung erteilt, wodurch die Angaben der zu prüfenden Anemometer beeinflußt werden. Diese Erscheinung, die man mit den Namen „Mitwind" bezeichnet, muß beim Endresultat berücksichtigt werden, und zwar in der Weise, daß man durch eines oder mehrere in der Nähe des Laufarmes an der Decke des Versuchsraumes aufgehängte besondere Anemometer den Mitwind mißt.

Die für verschiedene Geschwindigkeiten in Frage kommenden Mitwindgrößen sind durch eingehende Versuche für verschiedene Anemometerkonstruktionen festgelegt.

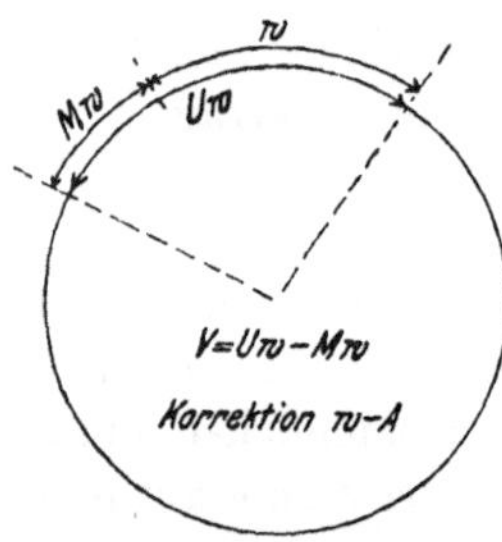

Fig. 65. Einfluß des Mitwindes auf die Umlaufgeschwindigkeit.

Da der Mitwind im gleichen Sinne wie das zu prüfende Anemometer umläuft, so beweist er, daß das Anemometer sich nicht in ruhender Luft bewegt, und verzögert so die Bewegung des Flügelrades, d. h. die Angabe des Anemometers in der Zeiteinheit ist nicht mit der wahren, sondern mit der um den Mitwind verminderten Umlaufgeschwindigkeit zu verrechnen. Ist z. B. A die Anzeige des Anemometers, U_w dessen Umlaufgeschwindigkeit, M_w der dabei auftretende Mitwind, so ist nach Fig. 65 die wirkliche zu verrechnende Geschwindigkeit

$$W = U_w - M_w, \tag{2}$$

und die Korrektion des Anemometers bei dieser Geschwindigkeit ist

$$W - A. \tag{3}$$

Die Korrektion kann nun einen positiven oder negativen Wert darstellen, je nach der Konstruktion und Beschaffenheit des Anemometers. Bei gleichen Konstruktionen werden selten zwei Anemometer gleiche Korrektionen zeigen; als Ursache hierfür ist das Zusammentreffen mehrerer Fehlerquellen anzusehen, welche sein können:

1. Unterschiede in der Flügelstellung,
2. Unterschiede in den bewegten Massen der Flügelräder,
3. Änderung des Reibungswiderstandes der Flügelwelle in ihren Lagern durch Auslaufen oder Verschmutzen,
4. hemmender Einfluß bei der Einschaltung des Zählwerks mittels des Schneckentriebes,
5. Verzögerung der Flügelbewegung durch das eingeschaltete Zählwerk.

Da sich mit der Änderung der Geschwindigkeit auch die Korrektion ändert, muß jedes Instrument bei verschiedenen Geschwindigkeiten geprüft werden. Ist das Instrument in gutem Zustande, dann ergibt die Aufzeichnung der Korrektion in einem Koordinatensystem, worin als Abszissen die am Anemometer abgelesenen Geschwindigkeiten pro Zeiteinheit, als Ordinaten die zugehörigen Korrektionen aufgetragen sind, stets eine gerade Linie; sie ist das Kennzeichen für die Güte der Ausführung des Instruments.

Da eine gerade Linie analytisch durch eine Gleichung ersten Grades von der Form $w = \varphi + k \cdot n$ (Gleichung 1) dargestellt werden kann, so wird jedem korrigierten Anemometer die Korrektionsgleichung beigegeben.

Als wesentliche Punkte bei der Prüfung der Anemometer sind anzusehen:

1. Die Benutzung einer für alle Geschwindigkeiten geltenden Korrektionsziffer ist unzulässig, da mit Änderung der Geschwindigkeit auch die Korrektion sich ändert.
2. Die Korrektion muß auf dem Versuchswege für die einzelnen Geschwindigkeiten der Luft bestimmt und für die gradlinige Bewegung umgerechnet werden.
3. Die Korrektion kann auf dreierlei Weise angegeben werden:
   a) In einer linearen Gleichung von der Form $w = \varphi + kn$, worin bedeuten:
      w die gesuchte Luftgeschwindigkeit in Metern pro Sekunde,
      n abgelesene Anzahl Umdrehungen des Flügelrades während einer Messung in der Sekunde,
      k und φ Konstanten, welche durch Eichung ermittelt werden.
   b) In einem Koordinatensystem, worin als Abszissen die am Anemometer abgelesenen Meter in der Minute und als Ordinaten die erforderlichen Korrektionen aufgetragen sind.
   c) Schließlich könnte in einer Zahlentafel für einzelne Geschwindigkeiten, abgelesen am Anemometer, die Korrektion in Form eines Multiplikationsfaktors angegeben werden.

Die unter b) angeführte Art der Korrektionsangabe erscheint uns für praktische Messungen als die geeignetste, da sie bei einiger Übung sofort verwertbar ist.

Die Prüfung der Anemometer gestaltet sich für geringe Geschwindigkeiten einfach, wird aber sofort schwierig, sobald mit Zunahme der Geschwindigkeit des Göpels durch diesen und das darauf befestigte Anemometer in dem Versuchsraum eine Luftströmung erzeugt wird, welche auf das Flügelrad des Anemometers verzögernd einwirkt. Die Bestimmung dieser als „Mitwind“ (vgl. oben) bezeichneten Eigenbewegung der Luft im Versuchsraum ist der schwierigste Punkt der Untersuchungen, da die Größe des Mitwindes in dem Augenblick bestimmt werden muß, in welchem das zu prüfende Anemometer die Meßstelle des Mitwindes passiert.

Bei einem in geringem Maße auftretenden Mitwind würde aber ein Anemometer, welches man zur Mitwindbestimmung im Prüfungsraum oberhälb des zu prüfenden Instrumentes aufhängt, infolge des Beharrungsvermögens eine zu hohe Angabe machen, da das zu prüfende Anemometer auf Luftschichten mit geringerer Eigenbewegung stößt, als solche von dem Mitwindanemometer angezeigt werden. Erst bei größeren Geschwindigkeiten des Göpels wird eine so gleichförmige Luftbewegung im Prüfungsraum entstehen, daß die Mitwindangabe nicht mehr zu korrigieren ist.

An folgendem Beispiel möge die Anemometerprüfung erläutert werden.

Beispiel 10.

Die für die Berechnung notwendigen Durchschnittswerte der Geschwindigkeit w, der Umdrehungen des Flügelrades n, beide in der Sekunde, sowie die Werte n^2 und $n \cdot w$ enthält die Zahlentabelle 4. Bedeuten noch $\sum a$ die Zahl gleichwertiger Versuche, φ und k die zu ermittelnden Konstanten, so ist nach der Methode der kleinsten Quadrate

$$\begin{aligned} \varphi \sum a^2 + k \sum n &= \sum w \\ \varphi \sum a n + k \sum n^2 &= \sum n w. \end{aligned} \tag{4}$$

Tabelle 4.

Anemometereichung.

Versuch Nr.	n	w	n^2	$n \cdot w$
1	4,44	0,942	19,71	4,18
2	8,394	1,556	70,46	13,06
3	10,44	1,875	108,9	19,575
4	11,75	2,085	139,34	24,50
5	14,18	2,471	201,07	35,04
6	65,01	2,769	256,32	44,33
Summa	65,214	11,698	795,80	140,685

Setzt man diese Werte in obige Gleichungen ein, so ergibt sich unter der Annahme der Gleichwertigkeit aller Versuche, also mit $a = 1$, $a^2 = 1$ und bei sechs Versuchen, also $\sum a^2 = 6$

$$\begin{aligned} 6\varphi + 65{,}214\,k &= 11{,}698 \\ 65{,}214\,\varphi + 795{,}8\,k &= 140{,}685. \end{aligned}$$

Daraus ist

$$k = \frac{140{,}685 \cdot 6 - 65{,}214 \cdot 11{,}698}{795{,}8 \cdot 6 - 65{,}214^2} = 0{,}155$$

$$\varphi = \frac{140{,}685 \cdot 6 - 65{,}214 \cdot 11{,}698}{6} = 0{,}265$$

$$w = 0{,}265 + 0{,}155\,n.$$

Wie man aus dem obigen ersieht, weist die Methode der Anemometereichung nach dem Göpelprinzip manche Nachteile auf. Zunächst ist es nicht gleich, ob das Anemometer in Ruhe ist und die Luft sich bewegt, wie beim späteren Gebrauche, oder ob umgekehrt das Instrument sich bewegt und die Luft in Ruhe ist, wie bei der Eichung. Ferner bewegt sich das Instrument bei der Eichung im Kreise, während, seiner späteren Benutzung entsprechend, auch bei der Eichung eine gradlinige Bahn gewählt werden müßte, und endlich wird schon ganz kurze Zeit nach Benutzung des Rundlaufapparates die

Zimmerluft in der Richtung seiner Umdrehung in Bewegung gesetzt; es entsteht der (schon *Woltmann* bekannte) Mitwind, welcher nach *Recknagel* Fehler bis 5 Proz., nach *Fueß* bis 6, nach den Regeln des Vereins deutscher Ingenieure für Leistungsversuche an Kompressoren und Ventilatoren bis 10 Proz. betragen kann.

Daß die Bewegung des Anemometers krummlinig ist, dürfte übrigens bei nicht zu geringer Länge der Arme und passender Anordnung des Instrumentes (Achse eines Schalenkreuzes parallel zur Längsrichtung des Armes) wenig Einfluß haben. Bedeutender wird der Einfluß der Fliehkraft der Teile sein, die merkliche zusätzliche Beanspruchungen in die Achsen und merkliche zusätzliche Reibungen in die Lager bringen können.

Dennoch ist der Göpelapparat viel verbreitet, weil es eben eine bessere Eichmethode zur Zeit noch nicht gibt. So ist auch schon die vor etwa 20 Jahren vom Sächsischen Ingenieur- und Architektenverein zum Studium der Prüfungsmethoden von Anemometern eingesetzte Kommission nach vielen Versuchen wieder auf den Rundlaufapparat zurückgekommen.

Die Göpelmethode, von Hand nachgeahmt, kann öfter von Nutzen sein, wenn es sich darum handelt, roh zu prüfen, ob ein lange Zeit unbenutztes Instrument in der Zwischenzeit nicht etwa durch Fall oder ähnliche mechanische Einflüsse unbrauchbar geworden ist. Man stellt sich[1] zu dem Zwecke in die Mitte eines Zimmers, befestigt das Anemometer an das Ende eines langen Stockes und schwingt das Instrument an dem Stocke in einem horizontalen Kreise herum. Bei nur einigermaßen großer Geschwindigkeit gelingt es leicht, sich mit gleichmäßiger Geschwindigkeit zu drehen und einen gleich großen Kreis mit dem Instrumente innezuhalten. Man kann auf diese Weise mindestens drei verschiedene Geschwindigkeiten erzeugen und die entsprechenden Werte $w\ n$ finden. Durch graphische Auswertung läßt sich dann eine Kurve aufstellen, die dem oben angegebenen Zwecke, nämlich zu prüfen, ob die dem Instrumente beigegebene Eichtabelle noch gültig sein dürfte oder nicht, vollkommen genügt. *Marx* hat derartige Versuche[1] öfter unter Vergleichung mit den genauen Eichresultaten angestellt und empfiehlt daher die „Methode des Umschwingens“ für den angegebenen Zweck.

Auch eine andere Methode läßt sich für rohe Nachprüfung eines geeichten Anemometers brauchbar machen, indem man mit dem Instrumente einen langen zugfreien Gang mit verschiedenen Geschwindigkeiten abschreitet. Steht ein derartiger Gang zur Verfügung, liefert diese „Methode des Abschreitens“ noch weit genauere Werte als die mittels Umschwingens.

7. Anwendung, Gebrauch und Behandlung der Anemometer.

Die Art der Eichung der Anemometer ist maßgebend für ihren Gebrauch. Aus der Fig. 66 ersieht man, daß die Unterschiede in den Angaben derselben Anemometer, die auf verschiedene Weise geeicht sind, recht beträchtlich sein können. Vergleichende Versuche mit Anemometern, die einmal im Zwanglauf, d. h. beim Durchgang der ganzen zu messenden Luftmenge

[1] *Marx*, Gesundheitsingenieur 1904.

durch das Anemometerflügelrad, und das andere Mal im **Freilauf**, also bei unendlich großer Durchflußweise der Luft, geprüft wurden, ergaben, daß hierin Unterschiede in den Angaben bis zu 25,0 Proz. liegen können, und zwar läuft das Flügelrad im Zwanglauf bei gleicher Luftgeschwindigkeit schneller als im Freilauf. Anemometer, die für freie Bewegung in der Luft geeicht wurden, dürfen nicht benutzt werden, wenn man sie bündig in eine Rohrleitung einsetzt. Die für **Freilauf** geeichten Apparate können in weiten Kanälen oder Röhren nur mit Benutzung einer entsprechenden Korrektion richtig zeigen. Benutzt man nun ein Anemometer im Rohre, so wird der Einfluß der Rohrwandung um so größer werden, je enger das Rohr ist. *Dr. Rosenmüller* fand, daß der Fehler bei engen Rohren im Höchstfall 11 Proz. beträgt, bei Rohren von 300 mm ⌀ aber nur noch + 3 Proz. gegen die wahre Geschwindigkeit war. Die verschiedenen Angaben der Anemometer, wenn sie frei in einen Luftstrom gehalten werden, oder wenn sie bündig in ein Rohr eingesetzt sind, erklären sich dadurch, daß im ersteren Falle der Widerstand des Instrumentes gegen die Luftbewegung gering, im letzteren Falle bedeutend ist, da nunmehr **alle** Luft durch das Instrument hindurch muß und nicht zu den Seiten frei abfließen kann. Will man ein Instrument für den letzteren Fall gebrauchen, so muß es für diese Verhältnisse besonders geeicht werden. Die vom Verfertiger den Instrumenten beigegebenen Eichungsergebnisse beziehen sich, weil mit Rundlaufapparat gewonnen, immer auf „freie Bewegung der Luft“, man hat also bei Benutzung der Instrumente in Röhren darauf zu achten, daß ihr Querschnitt durch das Instrument nicht wesentlich verengt wird, da andernfalls die Eichresultate nicht stimmen.

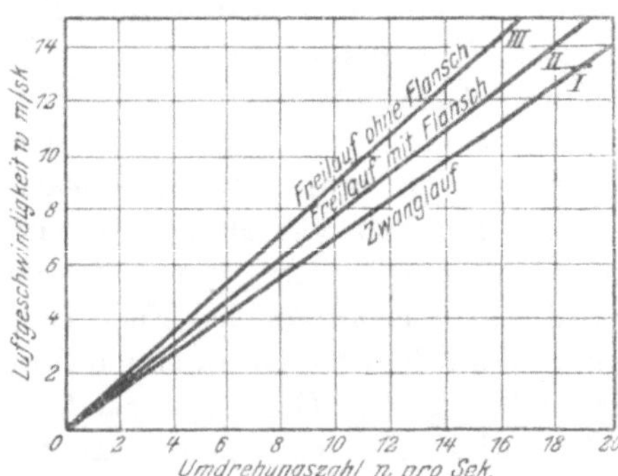

Fig. 66. Abweichungen in der Eichung der Anemometer nach verschiedenen Methoden.

Marx[1] hat gefunden, daß, wenn der Durchmesser der Rohrleitung das 4,35fache desjenigen des Anemometerringes betrug, das Anemometer immerhin einen Fehler von nicht weniger als 5 Proz. zeigte.

Es ist selbstverständlich, daß die Anemometer ganz anders zeigen, wenn die Richtung der bewegten Luft um 180° wechselt. So ergab z. B. die Eichung eines Flügelradanemometers in einem Rohr etwa 160 mm Weite für $n = 1$,

wenn der Luftstrom von vorn auf das Instrument traf $w = 0{,}20 + 0{,}78 \cdot n$,
wenn der Luftstrom von hinten auf das Instrument traf $w = 0{,}24 + 0{,}83 \cdot n$.

Für $n = 5$ ergeben die beiden Gleichungen 4,10 bzw. 4,39, die beiden Geschwindigkeiten unterscheiden sich demnach um 6,7 Proz., bezogen auf die

[1] Gesundheitsingenieur 1904.

letztere. Vorbedingung für die zweite Benutzungsweise ist selbstverständlich, daß das Instrument auch von vornherein hierfür konstruiert worden ist, was jedoch in den seltensten Fällen zutrifft.

Alle diese Betrachtungen liefern noch kein abschließendes Urteil, wohl aber lehren sie, daß Anemometer, die mittels Rundlaufapparates für freie Bewegung der Luft geeicht worden sind, nicht benutzt werden dürfen, wenn man sie bündig in ein Luftleitungsrohr einsetzt, ja, daß diese Instrumente nicht einmal benutzt werden können, wenn das betreffende Rohr erheblich größere Querschnitte besitzt, als der gesamte Querschnitt des Anemometers beträgt, daß sie vielmehr bei Benutzung für einen derartigen Fall erst besonders geeicht werden müssen, und daß schließlich die bei der Eichung mittels Rundlaufapparates bestehenden Verhältnisse wahrscheinlich wieder eintreten, wenn das Rohr den 5- bis 6fachen Durchmesser des Anemometers besitzt.

Hieraus folgt der wichtige, in der Praxis oftmals nicht beachtete Grundsatz: „Die Anemometer sind genau in der Weise zu verwenden, in der sie geeicht worden sind.“

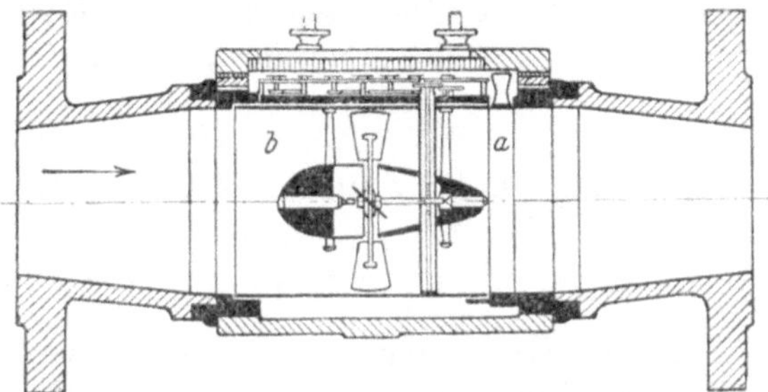

Fig. 67. Zwangläufig eingebautes Anemometer.

Besondere zwangläufig eingebaute Anemometer zur Volumenmessung von Gasmengen in Rohrleitungen fertigt *G. Rosenmüller* in Dresden an. Fig. 67 zeigt uns ein solches Anemometer im Schnitt.

Durch schlanke konische Düsen wird die Leitung zunächst auf den lichten Durchmesser des Anemometers gebracht. Die Anemometermeßkammer selbst ist in einem besonderen Gehäuse untergebracht und kann nach Abheben des Deckels bequem nach oben herausgenommen werden. Das Meßgehäuse bleibt mit der Leitung fest verschraubt. Während der Reinigung oder Reparatur der auswechselbaren Meßtrommel kann in Fällen, wo eine Unterbrechung der Gasmessung nicht angängig ist, eine Reservetrommel eingesetzt werden. Durch eine geeignete, stromlinienförmige Gestaltung des Mittelteils der Anemometermeßkammer ist für einen möglichst geordneten Gasdurchgang und geringste Druckdifferenz vor und hinter der Meßkammer gesorgt. Eine Kombination einer anemometrischen Volumenmessung mit einer Volumenmessung stellt der „Rotary“-Messer dar; siehe darüber näheres im Abschnitt K III.

Die Messung mit den Anemometern, die nicht zwangläufig eingebaut sind, erfolgt nun in der Weise, daß das Instrument so aufgestellt wird, daß die zu messende Strömung (bei Flügelradanemometern) rechtwinklig auf die dem Zifferblatt abgewendete Seite des Windrades trifft. Mit dem Augenblick, wo die Messung beginnen soll, schaltet man das Zählwerk ein und läßt das Instrument unter gleichzeitiger Messung der Zeit funktionieren, um es, wenn die Messung beendet werden soll, wieder auszuschalten. Von dem erhaltenen Zeigerstande zieht man den vor Beginn der Messung notierten ab und zählt zu dem erhaltenen Resultat für jede Minute der Messung einmal die dem Instrument beigegebene Korrektionsziffer hinzu oder ab, je nachdem die Korrektionszahl + oder — ist.

Beispiel 11.

Der Zeigerstand sei vor Beginn der Messung 2769,
die Korrektionsziffer des betreffenden Instrumentes sei + 10,
nach einer Messung von 3 Minuten ist der Zeigerstand 3279,
so hatte die von 3 Minuten gemessene Strömung eine Länge bzw. Geschwindigkeit (Gleichung 1) von $3279 - 2769 = 510 + (3 \times 10) = 540$ m in 3, oder 180 m in 1 Minute.

Bei Anemometern, bei welchen $k = 1$ ist, kommen die Korrektionszahlen, wie im obigen Beispiel, in Anwendung. Für $k \lesseqgtr 1$ treten Korrektionskurven ein. Diese enthalten die Korrektionen pro Minute in ihrer Abhängigkeit von der Ablesung pro Minute.

Beispiel 12.

Ablesung sei 425 m in 2,5 Minuten. Dann ist:

$$n = \frac{425}{2{,}5} = 170 \text{ m pro Minute.}$$

Aus der Kurve folgt die Korrektion für 170 m pro Minute beispielsweise zu + 5,8 m/Minuten.

Demnach ist die wirkliche Geschwindigkeit

$$w = 170 + 5{,}8 = 175{,}8 \text{ m pro Minute.}$$

Mitunter ist es angebracht, für die Kurve einen analytischen Ausdruck aufzustellen. Es genügt dann meistens, ihr die Form einer geraden Linie zu geben, wobei die Konstanten nach der Methode der kleinsten Quadrate zu ermitteln sind (vgl. S. 106). Hierbei ist die „Empfindlichkeitsgrenze“ diejenige kleinste Geschwindigkeit, bei welcher das Instrument eben anfängt, sich zu drehen; sie wird bei der graphischen Auswertung durch den Schnittpunkt der Kurve mit der Ordinatenachse gegeben. Die Empfindlichkeitsgrenze geht nach früherem für Flügelradanemometer jetzt bis zu 0,03 m/s. herab.

Die gerade Linie ist indessen nur eine erste Annäherung an den wirklichen Charakter der Kurve, bei genauerem Arbeiten muß man noch das quadratische Glied hinzunehmen, wodurch der Gebrauch der Formel recht unbequem wird. Es wird sich dann meistens schon aus diesem Grunde empfehlen, die graphische Auswertung anzuwenden.

Von erheblichem Einfluß auf die Angabe der Anemometer, sowohl bei Messungen in Rohren als auch in weiten Kanälen, ist der Gehalt der zu messenden Luft oder Gase an Staub oder Wasser. Durch solche fremde Bestandteile des Gases wird eine Verzögerung des Anemometermeßrades herbeigeführt, die bei Flügelradanemometern größer sein wird als bei Schalenkreuzen, da diese größere Massenträgheit besitzen und auch den Staub oder das Wasser leichter wieder abschleudern. Die Höhe der genannten Einflüsse ist nicht im voraus bestimmbar und muß in jedem Falle entsprechend bewertet werden, wobei ein Gegenversuch mit einem Meßgerät eines anderen Systems (Staugerät usw.) zweckmäßig ist.

Bekanntlich werden Anemometer auch bei Untersuchungen von Ventilatoren (vgl. Zeitschr. d. Ver. deutsch. Ing. 1910, S. 1661) angewandt. Jedoch ist eine einigermaßen zuverlässige Bestimmung der Luftleistung bzw. der effektiven Leistung von Ventilatoren mit Wassereinspritzung, wie sie auf Hüttenwerken so viel Anwendung finden, mit großen Schwierigkeiten verbunden. Anemometer, die möglichst träge sind, also solche mit großen Schalenkreuzen, eignen sich für derartige Untersuchungen besser, obgleich auch durch diese das Übel nicht ganz beseitigt wird.

Durch grubenfeuchte Luft sind die Stahlachsen und Flügelarme der Anemometer dem Rosten stark ausgesetzt; eine sorgfältige Lackierung dieser Teile bei jeder Reparatur ist daher Vorbedingung für lange Lebensdauer.

Die Instrumente und vor allem die Flügelringe dürfen nur mit einem weichen Pinsel gereinigt werden. Die Instrumente können in Temperaturen bis zu höchstens 90° C benutzt werden. Stark staubhaltige oder mit Säuredampf angereicherte Luft verdirbt die Anemometer.

Die Anemometer müssen von Fall zu Fall geeicht werden. Auch bei gleichbleibenden Verhältnissen muß die Eichung des Anemometers von Zeit zu Zeit vorgenommen werden. Wenn auch die Verstaubung der Lager bei den besseren Instrumenten nur einen unmerklichen Einfluß hat, so üben dagegen mechanische Verletzungen des Instrumentes auf die Genauigkeit seiner Angaben einen größeren Einfluß aus. Das Ölen der Instrumente ist unter allen Umständen zu vermeiden. Eine Einölung wird seitens des Verfertigers bei der Herstellung vorgenommen, darf aber später nicht mehr wiederholt werden, es sei denn, daß von neuem geeicht wird. Solange jedoch der Apparat nicht neu geölt wird, braucht eine neue Eichung im allgemeinen nicht vorgenommen zu werden. Es muß aber der Apparat des Öles wegen an einem mäßig temperierten Orte aufbewahrt werden.

Werden die Instrumente einem Luftstrom ständig ausgesetzt, so ändern sich die Eichungsresultate verhältnismäßig schnell. Nach etwa 2,7 Millionen Meter Luftweg zeigten verschiedene Anemometer 6 Proz. niedriger an, als am Anfang der Versuche, was wohl auf Abnutzung und Lockerung der Spitze und Lager der Achsen zurückzuführen ist. Im allgemeinen empfiehlt sich, mindestens nach 2 bis 3 Millionen Meter Luftweg die Anemometer von neuem zu eichen.

Wie man aus den obigen Betrachtungen ersieht, weist die anemometrische Methode der Messung der Luft- und Gasgeschwindigkeit viele Nachteile auf. Sie bedarf für Instrumente gleicher Gattung einer Eichung, bei längerer Benutzung sogar wiederholter Eichung; die Eichung bedarf besonderer kostspieliger Einrichtungen; die Anwendung der Apparate muß immer im Sinne der Eichung erfolgen. Die Eichmethoden selbst sind nicht einwandfrei. Feuchtigkeit, Staub und Ruß im Gase beeinträchtigen die Genauigkeit der Messung und verderben die Apparate selbst; heiße und saure Dämpfe schließen die Anwendung der Anemometer aus, usw.

Aber auch manche Vorteile hat die anemometrische Methode zu verzeichnen. Die Messung ist einfach in der Handhabung, braucht keine besondere Nebenapparate, kann von einfachen Arbeitern ausgeführt werden, bedarf keiner besonderen Berechnungen, weil direkt als Zähler anwendbar, liefert bei mittleren Geschwindigkeiten brauchbare Resultate und ist schließlich mit verhältnismäßig kleinem Geldaufwand ausführbar.

III. Staugeräte.

1. Pitotrohr.

Das Pitotrohr wurde vom Ingenieur *Pitot* im Jahre 1732 zur Messung der Wassergeschwindigkeiten konstruiert und von *Darcy* im Jahre 1856 mit einem geraden Rohr in Verbindung gebracht.

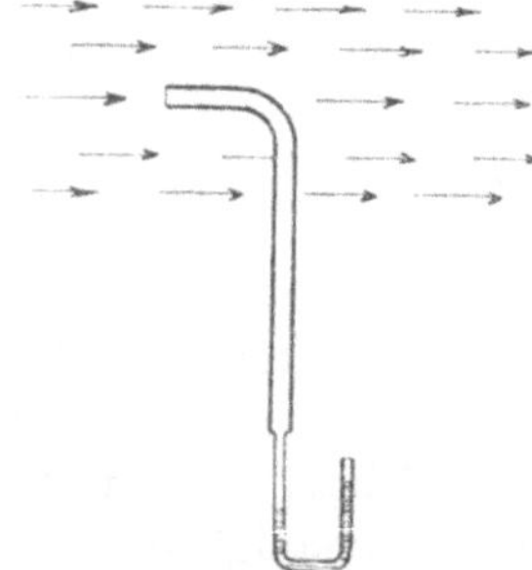

Fig. 68. Pitotrohr.

Das Pitotrohr besteht aus einem rechtwinkelig gebogenen Rohre (vgl. Fig. 68), welches in den Gas- oder Luftstrom derart eingesetzt wird, daß der kurze Schenkel parallel zur Wand der Leitung liegt, und dessen Mündung gegen den Strom gerichtet ist. Verbindet man das aus der Leitung hervorragende Ende des Pitotrohres mit einem empfindlichen Manometer, so wird man mit letzterem eine bestimmte Flüssigkeitshöhe wahrnehmen, welche größer (oder kleiner) ist als jene, welche man ablesen würde, wenn keine Bewegung in der Leitung vorhanden wäre. Die abgelesene Flüssigkeitshöhe wird in diesem Falle als Unterschied gegenüber der Atmosphäre (+ im Falle des Überdruckes, — im Falle des Vakuums) gemessen, und sie ist um so größer, je größer die Geschwindigkeit des Gasstromes ist. Die Flüssigkeitshöhe bildet somit ein Maß für die Geschwindigkeit des Gasstromes. Zwischen der Höhe der Flüssigkeit im Manometer h in mm H_2O-Säule und der Geschwindigkeit w herrscht die folgende Beziehung:

$$h = \frac{w^2}{2g}; \tag{5}$$

g ist hier die Erdbeschleunigung $= 9{,}81$ m/sek.^{2}

In technischen Betrieben werden die Gase in geschlossenen Rohrleitungen immer unter einem bestimmten Druck oder einer bestimmten Saugung befördert. Hält man nun ein Pitotrohr in eine solche Leitung, so wird, wie es leicht ersichtlich ist, nicht allein der Geschwindigkeitsdruck (sog. dynamischer Druck) angezeigt, sondern der Geschwindigkeitsdruck vermehrt um den statischen Druck. Der statische Druck ist der Über- oder Unterdruck, welcher den Grad der Verdichtung oder Verdünnung des Gases in einer Leitung oder in einem geschlossenen Raume anzeigt.

Will man mit Hilfe des Pitotrohres den dynamischen Druck ermitteln, so muß gleichzeitig auch der statische Druck festgestellt und von dem vom Pitotrohr angezeigten Gesamtdruck (statischer Druck + Geschwindigkeitsdruck) in Abzug gebracht werden (vgl. auch den Abschnitt D I).

Die getrennte Messung vom Gesamtdruck und statischen Druck weist manche Nachteile auf. Da die Messungen nicht gleichzeitig, sondern nacheinander vorgenommen werden, und da ferner der statische Druck in vielen Fällen bedeutend, der dynamische Druck aber immer verhältnismäßig klein ist, so werden die unvermeidlichen Schwankungen des statischen Druckes die Genauigkeit der Messung beeinträchtigen. Aus diesem Grunde empfiehlt es sich, den statischen Druck schon bei der Messung des gesamten Druckes zu eliminieren. Dazu ist es notwendig, gleichzeitig mit zwei Rohren zu messen. Für diesen Zweck sind eine ganze Masse von Rohrkombinationen vorgeschlagen worden.

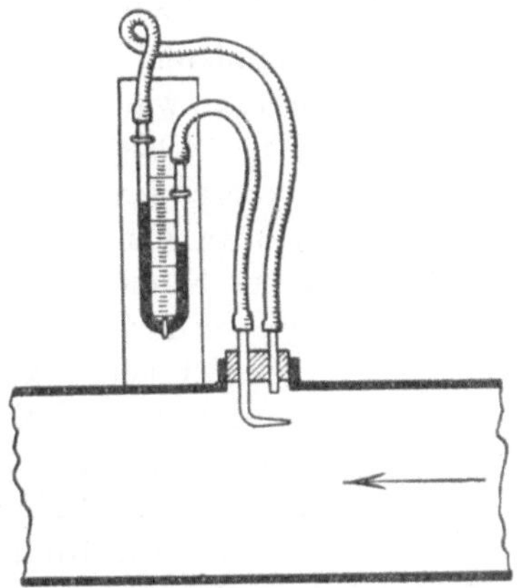

Fig. 69. Pitotrohr in der Kombination von *Peclet.*

Peclet beschreibt in der 3. Auflage seines Werkes: „Traité de la chaleur" eine Einrichtung, die in der Fig. 69 dargestellt ist. In den angeschlossenen Manometern wird die Differenz der beiden Drücke abgelesen. Der Fehler dieser Einrichtung besteht darin, daß der statische Druck an einer anderen Stelle entnommen wird als der dynamische.

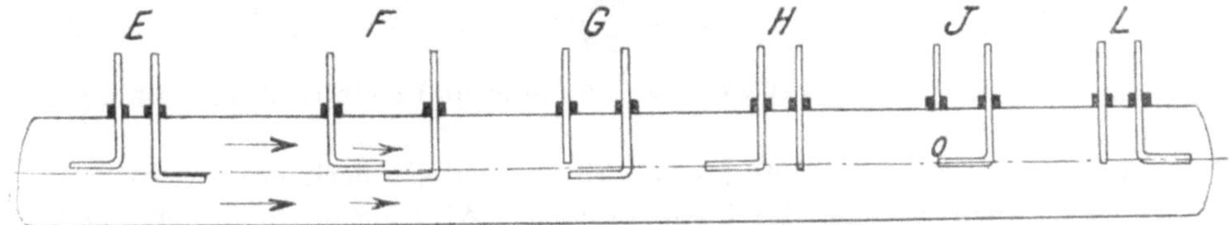

Fig. 70. Verschiedene Kombinationen von Pitotrohren.

Vambera und *Schramml* haben verschiedene Kombinationen von Pitotrohren in verschiedenen Stellungen untersucht.

Bei der Rohrstellung *E* (Fig. 70) beeinflussen sich die Mündungen des Saug- und Druckrohres nur wenig, liegen jedoch in verschiedenen Querschnitten der Leitung und erhalten daher etwas verschiedene statische Drucke, deren Differenz die Geschwindigkeitshöhe beeinflußt. Die Rohrstellung *F* (Fig. 70) ist ebenfalls zu verwerfen, weil sich die Mündungen beider Rohre gegenseitig beeinflussen, indem die an das vorstehende Saugrohr anprallenden Luftfäden von der Mündung des Druckrohres abgelenkt werden.

Rohrstellung G (Fig. 70) ist fehlerhaft, weil hier ein gerades Meßrohr angewendet wird, welches aus oben besprochenen Gründen zu verwerfen ist. Die Rohrstellung J (Fig. 70) ist ebenfalls zu verwerfen, weil die beiden Rohre nicht nebeneinander liegen. Ferner ist noch zu berücksichtigen, daß an der Leitungswand infolge der Reibung Wirbel auftreten können, so daß selbst ein richtig in die Wand eingeführtes Meßrohr einigen Störungen ausgesetzt ist. Die Rohrstellungen H und L (Fig. 70) sind ebenfalls nicht anzuwenden.

Andere Formen und Kombinationen der Pitotrohre sind von *Blasius* im „Zentralblatt der Bauverwaltung“ 1909, S. 549 beschrieben.

Zum Eliminieren (Ausschalten) des statischen Druckes wurden ferner andere Apparate, wie die *Ser*sche Scheibe, *Nipher*scher Kollektor usw. (Fig. 16 bis 19) vorgeschlagen, welche jedoch den gestellten Anforderungen nicht ganz entsprachen.

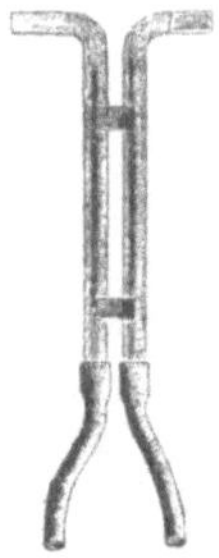

Fig. 71. Pitot-Röhrenpaar.

In der letzten Zeit werden Pitotrohre fast ausschließlich in einer Kombination von einem Druck- und Saugrohr angewandt, wie es in der Fig. 71 gezeigt ist.

Bei den eigentlichen Pitotrohren (zwei einzelne entgegengesetzte Rohre) ist folgendes zu beachten. Die möglichst scharfkantigen, sorgfältig bearbeiteten und von Grat befreiten Ränder der Öffnung müssen genau senkrecht zum Gasstrom stehen. Die Rohre werden zweckmäßig nicht von oben, sondern von der Seite oder sogar von unten eingeführt, damit das sich etwa in dem Pitotrohr ansammelnde Kondensat in ein vor dem Mikromanometer eingeschaltetes Vorlagegefäß hineinfließen kann und die Meßgenauigkeit nicht beeinträchtigt.

Die Beziehung zwischen dem Staudruck p_d (wird allgemein in mm W.-S. ausgedrückt) und der Geschwindigkeit w ist ganz allgemein die folgende:

$$p_d = \frac{\gamma w^2}{2g}; \tag{6}$$

hier ist γ das spez. Gewicht des Gases in kg/cbm und g die Erdbeschleunigung $= 9{,}81$ m/sek².

Bei dem Staugerät nach Fig. 71 kommt jedoch noch ein Erfahrungskoeffizient hinzu, welcher durch die saugende Wirkung des dem Strom abgekehrten Rohres hervorgerufen und bestimmt wird, wodurch am Saugrohr nicht der statische Druck, sondern ein Druck gemessen wird, welcher um $\frac{0{,}37\,\gamma w^2}{2g}$ kleiner ist. Dann erhält die in Frage kommende Beziehung für Pitotrohre nach Fig. 71 das folgende Aussehen:

$$p_d = \frac{1{,}37\,\gamma w^2}{2g}. \tag{7}$$

Daraus ist die Geschwindigkeit in m/sek.:

$$w = \sqrt{\frac{p_d \cdot 2g}{1{,}37 \cdot \gamma}}. \tag{8}$$

Nach neueren Forschungen scheint jedoch dieser Koeffizient (0,37) nicht ganz beständig zu sein.

Meßsonde nach *François*. *François* modifizierte die Pitotrohre, wie es aus der Fig. 72 zu ersehen ist. Die Mündungen befinden sich in schiffchenförmigen Stahlhülsen, welche mit Kupferröhrchen A und B verlötet sind. Diese Form der Hülse soll die Reibungswiderstände und die Wirbelbildung möglichst verringern, und gleichzeitig wird infolge Aufhebung des toten Raumes für die Saugmündung die Saugwirkung gleich der zweifachen Geschwindigkeitshöhe.

Nähere Angaben darüber, inwiefern sich die *François*schen Meßrohre in der Praxis bewährt haben, fehlen in der einschlägigen Literatur. Ich erwähne diesen Apparat hier nur vollständigkeitshalber.

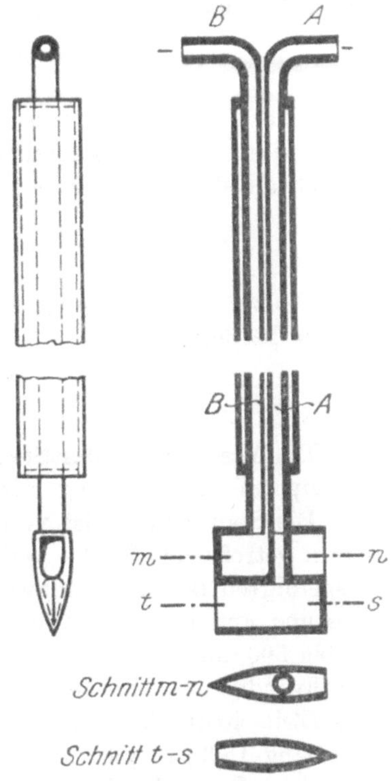

Fig. 72. Meßsonde nach *François*.

2. Stauscheibe.

Recknagel hat durch Versuche den Widerstand bestimmt, welchen die Luft auf Platten ausübt, die mit verschiedenen Geschwindigkeiten im Kreise herumgeführt wurden. Nimmt man an, daß der Widerstand der gleiche bleibt, wenn die Platte ruht und die Luft mit der gleichen Geschwindigkeit ausströmt, so lassen sich die von *Recknagel*[1] aufgestellten Beziehungen für die hydrostatische Ermittelung der Geschwindigkeiten anwenden. Man benutzt dafür ein Gerät, welches jetzt allgemein unter dem Namen Stauscheibe bekannt ist.

Bei dieser Methode erfolgt die Messung aus der Ermittelung des Luftdruckes, welcher beim Auftreffen auf ebene Flächen entsteht. Die Gesamtwirkung desselben setzt sich zusammen aus der Entstehung eines Überdruckes, der sog. Stauüberpressung, welche an der Seite des Windanfalles vorhanden ist, und sodann aus der Entstehung des Unterdruckes oder Stauunterpressung, welche auf der Rückseite der getroffenen Fläche erzeugt wird.

Die Größe dieser Staupressungen hängt von der Geschwindigkeit und der Dichtigkeit der bewegten Gasmassen ab, und zwar herrschen folgende Beziehungen:

a) Stauüberpressung p_1, ausgedrückt in mm/W.-S., welche das Gas

[1] *Recknagel*, Über Luftwiderstand. Wiedem. Ann. d. Physik u. Chemie 1880, **10**, 677; Zeitschr. d. Ver. deutsch. Ing. **30**, Nr. 24, S. 512; Zeitschr. f. d. Berg-, Hütten- u. Salinenwesen 1899, S. 228.

auf der Vorderseite im Mittelpunkt einer ebenen Fläche erfährt, wenn es senkrecht mit der Geschwindigkeit w auf dieselbe trifft, beträgt

$$p_1 = \frac{w^2 \gamma}{2g}. \tag{9}$$

In der Formel bedeutet g die Zahl der Beschleunigung der Schwere $= 9{,}81$ und γ das spez. Gewicht des bewegten Gases.

b) Die Stauunterpressung p_2 auf der Rückseite der ebenen Fläche unter Voraussetzung der gleichen Bedingungen wie bei a)

$$p_2 = 0{,}372 \frac{w^2 \gamma}{2g} \tag{10}$$

(nach der Ermittelung von *Recknagel*).

Zwischen der Gasstromfallseite und der Rückseite der Fläche beträgt sonach die durch die Gasgeschwindigkeit erzeugte Pressungsdifferenz p

$$p = p_1 + p_2 = 1{,}372 \frac{w^2 \gamma}{2g}. \tag{11}$$

Die zu dieser Pressungsdifferenz zugehörige Wind- oder Gasgeschwindigkeit w beträgt mithin

$$w = \sqrt{\frac{2g \cdot p}{1{,}372 \cdot \gamma}}. \tag{12}$$

Die Messung mit der Stauscheibe beruht in ihrem Wesen auf demselben Prinzip, wie die Messung mit den Pitotröhren.

Die Staupressung ist von der Größe der vom bewegten Luft- oder Gasstrom getroffenen Fläche vollkommen unabhängig. Die Gültigkeit der hier ausgeführten Beziehungen zwischen Windgeschwindigkeit einerseits und Staupressung andererseits ist von *Recknagel* durch Versuche mit Flächen von 10 bis 500 mm Durchmesser, Entfernung 1 bis 5 m von der Drehachse und Geschwindigkeiten bis zu 10 m in der Sekunde bestätigt worden. *Paul Fuchs* soll (Zeitschrift für das Berg-, Hütten- und Salinenwesen, Band XLVII, Jahrgang 1899, S. 228) bei seinen Versuchen mit Geschwindigkeiten bis zu 40 m pro Sekunde eine für technische Messungen vollkommen genügende Übereinstimmung mit anderen Methoden gefunden haben.

Die praktische Ausführung solcher Stauscheiben zeigt die Abb. 73. Die Stauscheibe (von *Krell* auch als Pneumometerkopf bezeichnet) besteht im wesentlichen aus der sog. Stauscheibe S (vgl. Fig. 73), den beiden Druckröhrchen d und d_1, dem Halterohr und den beiden Schlauchtüllen g. — Die Stauscheibe S ist eine in den Durchmessern von 11, 22 und 50 mm (letztere für Rohrquerschnitte von über 200 mm im ⌀) hergestellte dünne, kreisrunde Metallscheibe, welche innen zwei voneinander getrennte kleine Kammern b und b_1 hat. Diese haben nach außen Verbindung durch zwei kleine, in der Mitte und auf beiden Seiten der Scheibe liegende gebohrte Löcher a und a_1. In die beiden Kammern münden am Scheibenrand die dünnen, nebeneinander liegenden Druckröhrchen d und d_1, die in der unmittelbaren Nähe der Stauscheibe einen äußeren Durchmesser von nur wenigen Millimetern haben;

sie gehen dann über in die weiteren Röhrchen, welche durch das sie umschließende Halterohr gegen Verbiegen geschützt werden. Die Druckröhrchen und das Halterohr werden, entsprechend den verschiedenen Rohr- oder Kanalweiten, verschieden lang ausgeführt.

Das Halterohr trägt an seinem der Stauscheibe entgegengesetzten Ende ein rechteckiges flaches Metallstück, die sog. Richtfläche, welche parallel zur Stauscheibenfläche liegt. Zum Verschluß der Pneumometer-Einführungs-Öffnung in der Wand der zu untersuchenden Rohrleitungen dient ein aus zwei Hälften bestehendes Einführungsrohr, welches zugleich das Halterohr festhält.

Bei sehr staubigen Gasen ist es nicht ausgeschlossen, daß sich die Öffnung und die Kanäle in der Stauscheibe mehr oder weniger zusetzen, wodurch

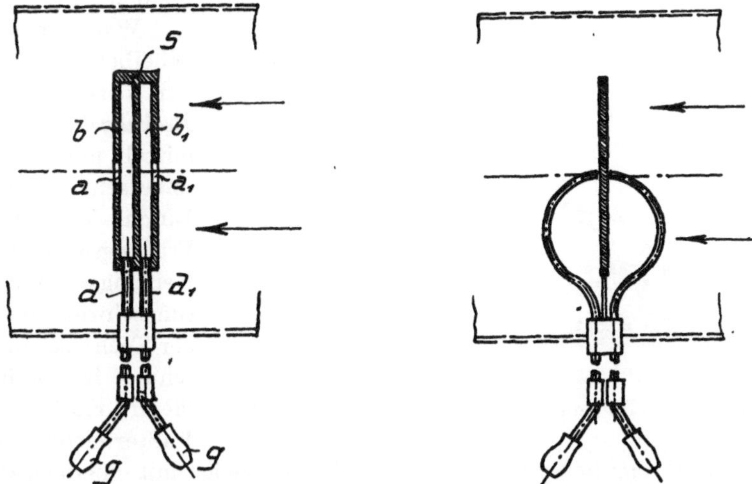

Fig. 73. Stauscheibe nach *Krell*. Fig. 74. Stauscheibe nach *Prandtl*.

die Messungen beeinträchtigt werden. Für solche Fälle werden mit Vorteil Stauscheiben nach *Prandtl* verwendet.

Die in vorstehendem beschriebene *Krell*sche Stauscheibe hat durch *Prandtl* eine kleine Abänderung erfahren, welche aus der Fig. 74 zu ersehen ist. Sie besteht hier aus einer dünnen Messingplatte ohne Bohrungen, und die offenen Druckröhrchen werden in kurzen Bogen ganz dicht gegen die Mitten der beiden Scheibenseiten geführt, wodurch das Eindringen von Staub verhindert wird. Im übrigen weicht das *Prandtl*sche Instrument von der *Krell*schen Ausführung in keiner Weise ab. Beide Arten der Staugeräte bauten *G. A. Schultze & Co.*, Berlin-Charlottenburg.

Stauscheiben in Verbindung mit einem empfindlichen Mikromanometer, an welchem direkt Geschwindigkeiten abgelesen werden können, sind unter dem Namen *Krell*sches Pneumometer bekannt. Fig. 75 zeigt ein solches Pneumometer, welches zwecks Messung von Luftgeschwindigkeit in einer Lutte eingebaut ist.

Die Stauscheibe ist in der Rohrleitung derart anzusetzen, daß das strömende Gas **senkrecht** auf die Fläche der Stauscheibe trifft. Um dieses auch von außen beurteilen und die Stauscheibe richtig einstellen zu können, ist auf dem Ankerrohr eine Richtfläche angebracht, die zur Stauscheibenfläche parallel steht.

Was die **Form** der Scheibe betrifft, so ist nach den Untersuchungen von *Marx* am zweckmäßigsten die Dosenform, welche sich möglichst der Scheibenform nähert, und zwar dadurch, daß die Höhe des die Düse bildenden Zylinders im Verhältnis zum Zylinderdurchmesser möglichst klein gehalten wird.

Je nach dem zur Herstellung der Stauscheibe verwandten Material und Lötmittel kann man sie zum Messen **heißer** Gasströme auch für Temperaturen bis 500° C verwenden.

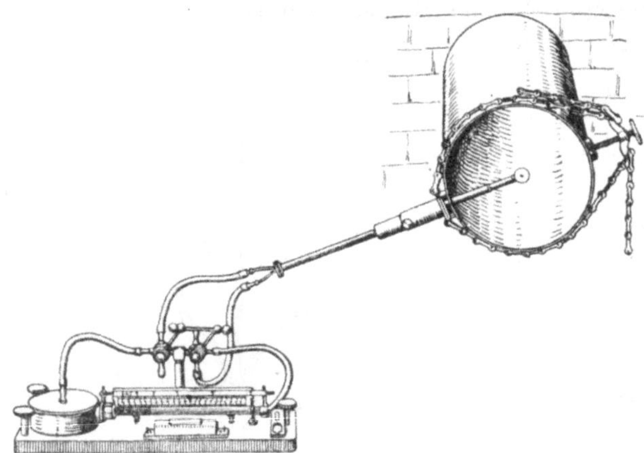

Fig. 75. *Krell*sches Pneumometer, eingebaut in einer Lutte.

Was den Stauscheiben**koeffizienten** betrifft, welchen *Recknagel* zu 1,37 ermittelt hat, so ist derselbe sehr verschieden. Durch Versuche der Prüfungsanstalt für Heizungs- und Lüftungseinrichtungen an der Technischen Hochschule in Berlin ist dieser Koeffizient zu 1,48 ermittelt worden. Dipl.-Ing. *Berlowitz* hat durch einen direkten Vergleich mit einem Gasometer von 5000 cbm Inhalt in Oberhausen diesen Koeffizienten zu 1,50 festgestellt. Die neueren Versuche von *Rietschel* haben ergeben, daß bei Wirbel- und Wellenbewegungen des strömenden Gases der Koeffizient der Stauscheibe zwischen 1,3 bis 1,5 schwankt, also nicht konstant ist. *Dubuat* fand 1,2 bis 1,86, *Dines* 1,25 bis 1,45, *Lössl* 2,0 usw. als Werte für diesen Koeffizienten.

Auch bei der Anwendung der Stauscheibe für Wassermessungen ist ein anderer als der von *Recknagel* ermittelte Koeffizient gefunden worden (vgl. Zentralbl. für Bauverw. 1909, S. 549).

Wie aus all diesen Erörterungen hervorgeht, sind von verschiedenen Beobachtern ganz verschiedene Größen des Stauscheibenkoeffizienten angegeben worden. Es sind außer den Strömungsverhältnissen die Größe, Dicke, Umfang und Form der Platten, Größe des Stromquerschnittes usw. auf die Veränderlichkeit des Koeffizienten von Einfluß. Durch besondere Versuche wurde weiter festgestellt, daß die verschiedenen Koeffizienten auf einen Fehler nicht an der Vorderseite des Staugerätes, sondern auf der Rückseite desselben zurückzuführen sind.

Bei künstlich erzeugten Luftströmen handelt es sich in den allermeisten Fällen darum, die Luft durch Kanäle oder Rohre fortzuleiten. Bei der Feststellung der Gasgeschwindigkeit oder der Gasmengen mögen also die diesbezüglichen Instrumente in die Kanäle oder Rohre eingesenkt werden. Es tritt aber dabei eine Frage auf, ob beim Einsenken der Stauscheibe in Rohre, die von Luftströmen durchflossen werden, andere Verhältnisse als die von *Recknagel* gefundenen eintreten.

Daß der von *Recknagel* zu 1,37 festgestellte Wert etwas niedrig ausfällt, ist in erster Linie auf die Eichmethode selbst zurückzuführen. Bekanntlich benutzte er für diesen Zweck den Rundlaufapparat (vgl. S 102); er führte die untersuchten Platten frei im Kreise herum. Die Strömungsverhältnisse der Luft beim Kreislauf des Apparates („Mitwind") sind dabei zweifellos andere als die im Rohr. Untersuchungen haben ergeben, daß die Stauscheibe von diesen Strömungsverhältnissen beeinflußt wird. Es gilt auch hier der Grundsatz: „Meßinstrumente dürfen nur im Sinne ihrer Verwendung geeicht werden."

Nach Untersuchungen von *Marx*, welcher die Stauscheiben mittels eines Kubizierapparates eichte, ergab sich, daß in Rohren von 300 mm die Richtigkeit der *Recknagel*schen Beziehung sich nicht bestätigt hat. Stauscheiben können evtl. nur dann brauchbar werden, wenn das zu untersuchende Rohr mindestens zehnmal so großen Durchmesser besitzt wie die Stauscheibe.

Nach den Versuchsergebnissen der Prüfungsanstalt für Heizungs- und Lüftungseinrichtungen (siehe Mitteilungen der Prüfungsanstalt 1910, Heft 1. R. Oldenbourg, München) scheint es nicht ausgeschlossen, daß für Rohrleitungen mit guten Strömungsverhältnissen bei der Stauscheibe mit einigen nahezu konstanten Koeffizienten von 1,5 gerechnet werden kann.

Da jedoch, wie wir oben gesehen haben, der Koeffizient der Stauscheibe nicht genügend unveränderlich ist, sondern um so größere Werte annimmt, je mehr Wirbel der Strömung beigemischt sind, so muß die Anwendung der Stauscheibe für Gasmengenermittelungen, die Anspruch auf eine ungefähre Genauigkeit haben, in Frage gestellt werden.

3. Staudoppelrohre nach *Brabbée* und *Prandtl*.

Bei Pitotröhren wird nicht der eigentliche statische Druck, sondern nur eine Funktion desselben eliminiert. Die Stauscheibenmessung beruht auf der Messung des Druckunterschiedes auf beiden Seiten der Scheibe. Mit den neueren Staugeräten, von denen weiter unten die Rede sein wird, ist es aber dagegen gelungen, tatsächlich die Differenz zwischen dem Gesamtdruck und dem statischen, somit den wirklichen dynamischen (Geschwindigkeits-) Druck zu messen.

Es mögen die Grundlagen der Staurohrmessung, welche bereits oben erwähnt wurden, hier noch einmal etwas ausführlicher besprochen werden.

Grundlagen der Staurohrmessung. Wir haben schon gesehen, daß der Druck, welcher vom strömenden Gas auf irgendeine ihm entgegengehaltene Fläche ausgeübt wird, den **Gesamtdruck**, die algebraische Summe des **dynamischen und statischen** Druckes darstellt.

Statischer Druck (p_{st}) ist der innere Druck eines gradlinig strömenden Gases, also der Druck, den ein im Gasstrom mit gleicher Geschwindigkeit mitbewegtes Druckmeßgerät anzeigen würde. Der statische Druck ist auch der Druck, den ein parallel zur Kanalwand strömendes Gas auf diese ausübt.

Dynamischer Druck (Geschwindigkeitsdruck p_d) ist die größte Drucksteigerung, die in einem bewegten Gasstrom vor einem Hindernis auftritt; er ergibt sich aus der Formel:

$$p_d = \frac{\gamma w^2}{2g}, \tag{6}$$

wobei w die Stromgeschwindigkeit des Gases, γ das Raumgewicht des Gases in kg/cbm bedeutet.

Ein der Strömung einer Flüssigkeit, sei dieselbe gasförmig oder tropfbar flüssig im engeren Sinne, entgegengestellter stromlinienförmiger Körper (Staurohr) erfährt an den verschiedenen Stellen seiner Oberfläche einen bestimmten Druck, welcher sich aus dem statischen Druck des Gases, sowie einer Komponente des durch die Strömung erzeugten dynamischen zusammen setzt. Während der statische Druck des bewegten Gases an allen Punkten der Oberfläche stromlinienförmiger Körper den gleichen Wert hat, variiert die Komponente des dynamischen von Punkt zu Punkt der Oberfläche und ist von ihrer geometrischen Gestaltung abhängig. Fig. 76 veranschaulicht für einen kleinen Rotationskörper diese Druckverteilung in einem Meridianschnitt.

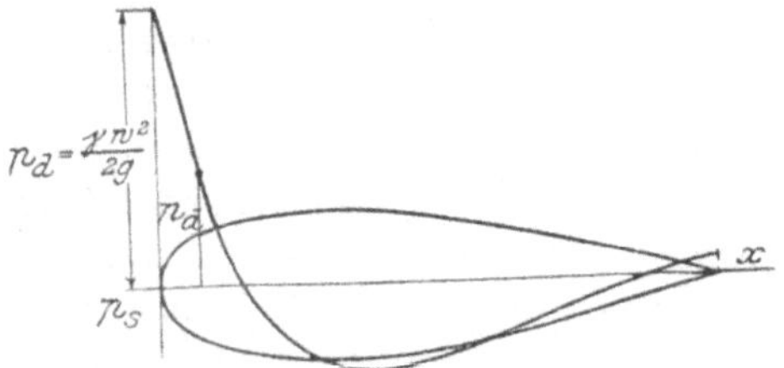

Fig. 76. Druckverhältnisse auf der Oberfläche eines Staugerätes im Meridianschnitt (*Rosenmüller*).

Die Größe des gesamten Druckes p_x, gemessen an einer beliebigen Stelle der Oberfläche mit der Abszisse x, läßt sich in die Form bringen:

$$p_x = p_{st} + p_{dx} = p_{st} + \zeta_x \cdot \frac{\gamma \cdot w^2}{2g}. \tag{12}$$

Die Konstante ζ_x berücksichtigt die Lage der Meßstelle an der Oberfläche und ihre geometrische Gestaltung. Sie variiert von Punkt zu Punkt innerhalb des Meridianabschnittes. Verbindet man zwei Stellen des kleinen Staukörpers mit den Schenkeln eines Mikromanometers, so zeigt dasselbe die Druckdifferenz

$$p_1 - p_2 = p_{st} + \zeta_1 \frac{\gamma w^2}{2g} - \left(p_{st} + \zeta_2 \frac{\gamma w^2}{2g}\right) = (\zeta_1 - \zeta_2) \cdot \frac{\gamma w^2}{2g} = \zeta \frac{\gamma w^2}{2g} \tag{13}$$

an, worin ζ den Beiwert des Staurohrs darstellt.

Wählt man nun an dem kleinen stromlinienförmigen Staukörper die zwei Stellen 1 und 2 derart, daß die eine (1) den Gesamtdruck $p_g = p_{st} + p_d$, die andere (2) nur statischen Druck p_{st} erfährt, so zeigt ein Mikromanometer bei Anschluß von Stelle 1 den Gesamtdruck, bei Anschluß von 2 den statischen und bei Verbindung **beider** Stellen mit den Schenkeln eines Manometers die Druckdifferenz

$$p_g - p_{st} = p_{st} + p_d - p_{st} = p_d = \frac{\gamma w^2}{2g}, \tag{6}$$

also den dynamischen Druck der Strömung an, aus welcher sich die Strömungsgeschwindigkeit zu

$$w = \sqrt{\frac{2g p_d}{\gamma}} \tag{14}$$

ergibt ($\zeta = 1$).

Fig. 77 veranschaulicht die Messung aller drei Drücke p_g, p_{st} und p_d für ein Staurohr mit dem Beiwert $\zeta = 1$.

Der **Beiwert** (wird zuweilen mit β bezeichnet) muß durch **Eichung** ermittelt werden und kann für geometrisch ähnliche Geräte genügend genau als gleich erachtet werden; deshalb genügt theoretisch für jede Gestalt eines solchen Gerätes **eine** Eichung. Die Eichung kann zweckmäßig an einer Rundlaufeinrichtung ausgeführt werden, wobei der Mitwind mit berücksichtigt wird, oder aber in einem Rohr, dessen Liefermenge durch eine geeichte Düse, Gasuhr, Gasometer usw. bestimmt wird. In letzterem Falle treten dieselben Fehlerquellen auf wie bei der Mengenmessung mit Hilfe der Geschwindigkeiten; benutzt man hernach die so geeichten Geschwindigkeitsmesser zur Mengenbestimmung, so heben sich die Fehler zum großen Teil heraus; man erhält demnach wesentlich weniger fehlerhafte Liefermengen.

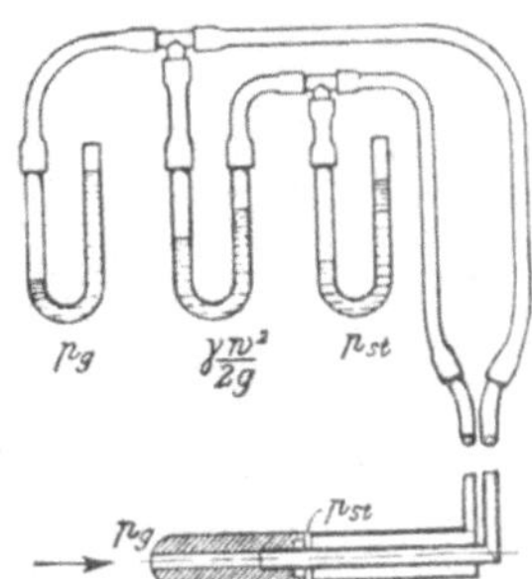

Fig. 77. Messung von p_g, p_{st} und p_d.

Nach den obigen Gleichungen (6) und (14) ist der dynamische Druck $p_d = p_g - p_{st} = \frac{\gamma w^2}{2g}$ und die Geschwindigkeit $w = \sqrt{\frac{2g \cdot p_d}{\gamma}}$.

Die genaue Formel ergibt sich mit Berücksichtigung der Veränderlichkeit von γ aus der Beziehung

$$\int_{p_{st}}^{p_g} \frac{p_d}{\gamma} = \frac{w^2}{2g}, \tag{15}$$

die für den jeweiligen Zusammenhang zwischen p und γ integriert werden muß.

Bei der Benutzung der Näherungsformel begeht man einen Fehler von **höchstens** $^3/_4$ Proz.

Neuere Staugeräte. Es sind in der neueren Zeit verschiedenste Konstruktionen von Stauröhren bekannt geworden. Bei vielen dieser Konstruktionen wird jedoch der Strömungsdruck nur dann erhalten, wenn der gemessene Wert erst mit einem bestimmten, für das betreffende Instrument gültigen Koeffizienten multipliziert wird. Dieser Koeffizient muß durch

Eichung ermittelt werden und ist infolge der unkontrollierbaren Einflüsse geringer Abweichungen von der Normalform immer mehr oder weniger unsicher. Bei einigen Instrumenten ist durch besondere Konstruktion erreicht worden, daß der Koeffizient unabhängig von den Zufälligkeiten der Fabrikation für jedes Instrument mit praktisch vollkommener Genauigkeit gleich 1 ist. Ein vollkommenes Staugerät soll eine leicht zu reproduzierende Form aufweisen, es soll einen Beiwert $\zeta = 1$ haben, damit es auch zur Messung des statischen Druckes geeignet ist; ferner soll es möglichst wenig empfindlich gegen Durchwirbelung der Strömung („Turbulenz") sein. Wünschenswert ist noch, daß die Druckanzeige bei mäßigen Verdrehungen der Gerätachse gegen die Stromrichtung unveränderlich bleibt. Diese Bedingungen haben sich — abgesehen von dem Turbulenzeinfluß, über den die Untersuchungen noch nicht abgeschlossen sind — in befriedigender Weise durch zwei neuere brauchbare Geräte: Staurohr nach *Brabbée* und nach *Prandtl* erfüllen lassen.

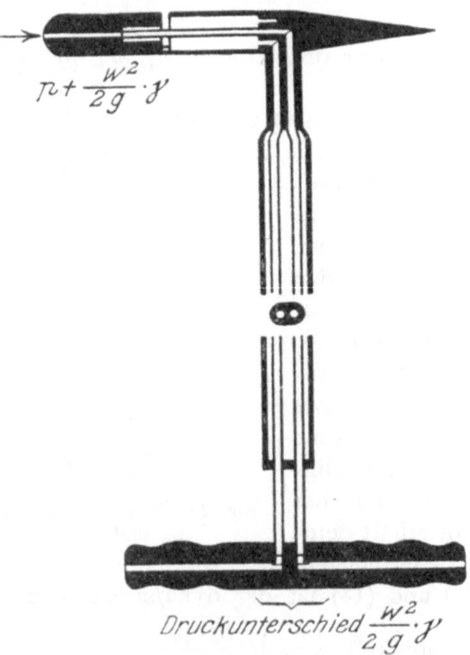

Fig. 78. Normalstaugerät, *Prandtl-Rosenmüller.*

Für die Entnahme des statischen Druckes p_{st} des zu untersuchenden Gases sind bei diesen Geräten Öffnungen auf dem Mantel eines zylindrischen Teiles angeordnet in solchem Abstande vom Kopfe, daß man in jener Gegend bereits auf gut parallelen Verlauf der Stromfäden rechnen kann. Es sind Öffnungen über den Umfang verteilt (*Brabbée*rohr), oder es ist ein um den Umfang herumgehender Schlitz angeordnet (*Prandtl*sches Gerät), damit nicht durch geringe Neigung des Rohres gegen die Strömungsrichtung wesentliche Fehler in die Messung kommen. Während diese seitlichen Entnahmeöffnungen den statischen Druck aufnehmen, entnimmt eine dem Strom entgegengekehrte Öffnung einen Druck, der um den Staudruck

$$\frac{w^2 \gamma}{g}$$

größer ist als der statische Druck, und den man, wie bereits erwähnt, als Gesamtdruck p_g bezeichnet.

Mit den Geräten dieser Art (ein Pitotrohr, das von einem Hackenrohr umschlossen wird) hat man wesentlich bessere Erfahrungen gemacht.

Außer dem Beiwert $\zeta = 1$ zeigen diese neueren Staugeräte wesentlich geringere Veränderlichkeit mit der Durchwirbelung der Strömung als die Stauscheibe.

Das Staurohr nach *Prandtl*. Das *Prandtl*sche Rohr ist in der Fig. 78 schematisch dargestellt.

Die zur Messung des Gesamtdruckes p_g dienende Stauöffnung liegt in einem kugelförmig gewölbten Kopf. Der statische Druck wird durch einen ringförmig umlaufenden Spalt des zylindrischen Teiles abgenommen, welcher bei dieser Konstruktion nur durch einen kleinen schmalen Steg unterbrochen wird. Dieser fördert die Stabilität des kleinen Staukörpers außerordentlich und bewirkt, daß schädliche Verschiebungen des vorderen und hinteren Staukörperteiles und hiermit Fehler beim Messen des statischen Druckes nicht eintreten können. Der Beiwert des Staurohres ist $= 1$ gefunden worden, wodurch das Gerät befähigt ist, alle drei Druckgrößen p_g, p_{st} und p_d exakt zu messen.

Nach Untersuchungen von *Prandtl* ist das Staugerät beim Messen von Geschwindigkeiten unabhängig von der genauen Einstellung in die Strömungsrichtung; es ist eine Neigung des Rohres bis zu 15° zulässig.

Der Ausschuß zum Aufstellen von „Regeln für Leistungsversuche an Kompressoren und Ventilatoren" empfiehlt daher dieses Staugerät vor allen anderen.

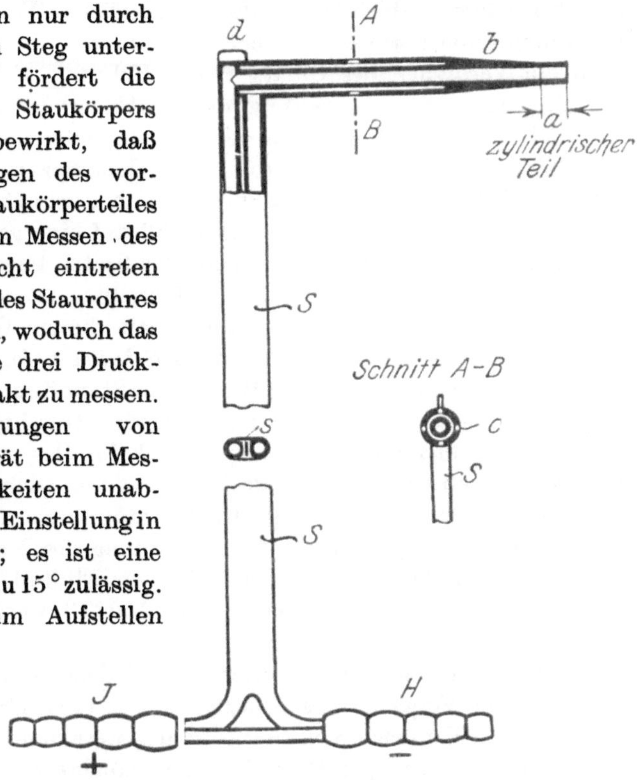

Fig. 79. *Brabbée*sches Staurohr.

Die *Prandtl*schen Staurohre wurden von *G. Rosenmüller*-Dresden mit einem Durchmesser der Stauöffnung von 3, 5 und 8 mm angefertigt.

Die Wahl der Stauöffnung hat mit Rücksicht auf die Länge der Leitung vom Staurohr zum Manometer und auf die Möglichkeit einer Verstopfung durch Staub zu erfolgen. Staub- und wasserdampfführende Gase erfordern größere Stauöffnungen.

Das Staurohr nach *Brabbée*. Die Konstruktion des *Brabbée*schen Staurohres ist folgende (Fig. 79). Das zylindrische Meßrohr *a*, dessen Mündung der Strömung entgegengerichtet ist, wird von einem etwas weiteren Mantel derart umgeben, daß das zylindrische Rohr *a* über den den Übergang bildenden Kegel *b* hervorschaut. Auf dem Umfange des Mantels befinden sich mehrere Öffnungen *c*, durch die sich der statische Druck des Gases in den Innenraum der von Mantel und Meßrohr gebildeten Ringkammer fortpflanzt. Von dieser Ringkammer sowohl, wie von dem Meßrohr, führen voneinander getrennt zwei Röhrchen nach außen, die an ihren Enden mit Schlauchtüllen *H*, *J* Verschraubungen zum Anschluß des Druckunterschiedsmessers ausgerüstet sind. Die beiden Röhrchen liegen in der Strömungsrichtung hintereinander und bilden einen Schaft *S* von ovalem Querschnitt, der durch eine besondere Stahleinlage *e* die erforderliche Widerstandsfähigkeit erhält und durch seine Form dem strömenden Gas kein merkliches Hindernis bietet, auch ein Verdrehen des Geräts in der Führung wirksam verhindert.

Die eigenartige Gestaltung des *Brabbée*schen Staurohres bedingt, daß sein Beiwert[1] unabhängig von den Zufälligkeiten der Fabrikation für jedes Exemplar mit praktisch vollkommener Genauigkeit gleich 1 ist. Dieses ist hauptsächlich darauf zurückzuführen, daß bei dem *Brabbée*schen Staurohr der der Strömung zugekehrte Teil *a* (Fig. 79) auf eine gewisse Länge zylindrisch ausgeführt wird und nicht gleich an der Spitze kegelförmig beginnt. Diese auf den ersten Blick unscheinbare Maßnahme ist von größter Wichtigkeit für die Zuverlässigkeit der Messungen mit diesem Gerät.

Die *Brabbée*schen Rohre werden von *Schultze & Co.*, Charlottenburg, normal in denselben drei verschiedenen Weiten der Stauöffnung, wie das *Prandtl*sche, ausgeführt: mit 3, 5 und 8 mm innerem Durchmesser des Röhrchens *a* (Fig. 79). Die kleinere Öffnung eignet sich für Gas oder Luft ohne bedeutenden Staubgehalt, während die größeren Weiten auch für stark verunreinigte Gase benutzbar sind. Die Weite des Staurohres und seines Verteilungsrohres zum Meßgerät (ebenso die Entfernung des Meßgerätes von der Meßstelle) sind auf das Meßergebnis nicht von Einfluß.

Für hohe Temperaturen (über 150° C) werden die Staurohre hart gelötet.

*Brabbée*rohre wurden auf vier verschiedene Weisen geeicht:

1. Durch Vergleich des Staurohres mit dem *Prandtl*schen Instrument;
2. durch Vergleich von Staurohren untereinander;
3. durch Eichung mittels eines Anemometers;
4. durch Eichung mittels des Kubizierapparates.

Es hat sich aus diesen Eichversuchen ergeben, daß man mit diesem Staurohr eine Genauigkeit von ± 2 Proz. erzielt.

Vom *Prandtl*schen Gerät unterscheidet sich das Staurohr nach *Brabbée* durch die zylindrische Ausbildung des der Strömung zugekehrten Teiles, welches bei *Prandtl* der leichten Reproduzierbarkeit wegen eine Halbkugelform erhält. Die feine Stauöffnung liegt bei den letzteren in dem halbkugelförmigen Kopf des kleinen Staukörpers, wodurch Beschädigungen derselben wie beim *Brabbée*rohr ausgeschlossen sind. Diese Anordnung bringt gleichzeitig den weiteren Vorteil, daß das Staugerät unempfindlicher ist gegen un-

[1] Nach den Versuchen in Göttingen 0,99 bis 0,995.

genaue Einstellung in die Strömungsrichtung. Der statische Druck wird bei der *Prandtl*schen Ausführung durch einen Schlitz, beim *Brabbeé*gerät durch feine Öffnungen, die sich leicht verstopfen können, auf das Mikromanometer übertragen.

Für teerhaltige Gase eignet sich daher das Staurohr von *Prandtl* besser als dasjenige von *Brabbée.*

Die Eigenschaften dieser beiden Staugeräte sind ziemlich stark von der genaueren Formgebung abhängig; es ist deshalb nötig, bei Anfertigung von Kopien von geeichten Geräten alle Maßverhältnisse so genau als möglich einzuhalten.

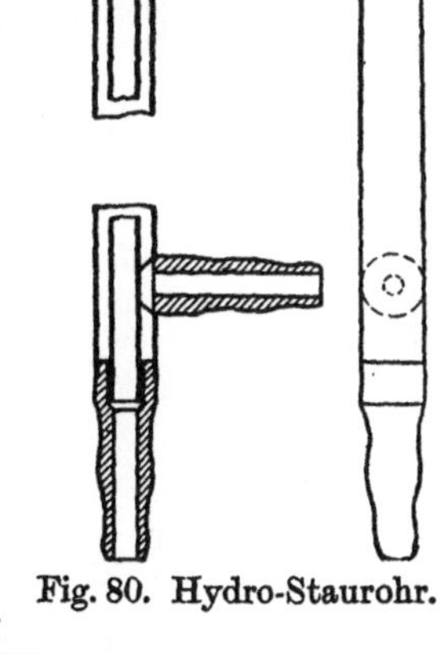

Fig. 80. Hydro-Staurohr.

Das Hydro - Staurohr. Die Konstruktion ist im großen und ganzen dieselbe, wie beim *Prandtl*schen Staurohr. Die von der *Hydro-Apparatebauanstalt* in Düsseldorf herbeigeführte Verbesserung (vgl. Fig. 80) besteht in folgendem: Erstens können wasserhaltige Gase gemessen werden, indem dem Kondensat Gelegenheit geboten wird, sich in der Einkerbung des Kugelkopfes anzusammeln, und zweitens kann das Rohr infolge der Abrundung leichter in enge Öffnungen eingeführt werden.

4. Ausführung der Messung.

Wahl der Meßstelle; Einbau der Apparate. Die Messung mittels der Staugeräte trifft genau genommen natürlich nur für diejenige Stelle im Rohrquerschnitt zu, an welcher sich das Staugerät gerade befindet. Nun ist in einer Rohrleitung durchaus nicht an jeder beliebigen Stelle eine gleichmäßige Strömung vorhanden. Hinter und vor Ventilen, Schiebern, Krümmungen, Abzweigungen, Querschnittsverengerungen, Einmündung eines Seitenrohres usw. findet eine mehr oder minder starke Störung der gleichmäßigen Strömung statt, die sich in Wirbeln oder bestenfalls in einer ungleichmäßigen Verteilung der Geschwindigkeit über den Rohrquerschnitt äußert (vgl. Abschnitt F 1). Auf eine gesetzmäßige Geschwindigkeitsverteilung kann man nur in einer glatten, möglichst langen und geraden Rohrleitung rechnen. Hier gibt das vorschriftsmäßig eingebaute Staugerät durchaus zuverlässige Resultate. Als erster Grundsatz bei der Auswahl der Stelle, an der das Gas gemessen werden soll, hat daher zu gelten, daß die Meßstelle in der Mitte eines mindestens zehn Durchmesser langen geraden Rohrstückes liegen soll, wobei Rücksichten etwa auf unbequeme Führung oder größere Länge der Verbindungsleitungen zum Apparate in den Hintergrund treten müssen. Es ist bei ausgeführten Anlagen oft schwer, eine genügend lange gerade Strecke zu finden. Dringend erwünscht wäre es, wenn schon bei der Projektierung von Rohrleitungsanlagen eine geeignete Meßstelle vorgesehen würde Unmittelbar hinter einem Ventilator und dergleichen sollte überhaupt nicht gemessen werden. Läßt sich eine solche Messung durchaus nicht umgehen, oder ist eine genügend lange gerade Strecke durchaus nicht vorhanden, so kann man dennoch zuverlässige Messungen ausführen, wenn man durch eine Reihe von Versuchen eine Meßstelle ermittelt, an der eine zwar ungleichmäßige, aber unveränderliche Geschwindigkeitsverteilung über den Rohrquerschnitt besteht. Natürlich kann eine solche Stelle nicht in der Nähe an sich veränderlicher Störungsquellen liegen, also nicht in der Nähe von Abzweigungen, Ventilen, Schiebern, wohl aber hinter Krümmungen, Querschnittsveränderungen usw.

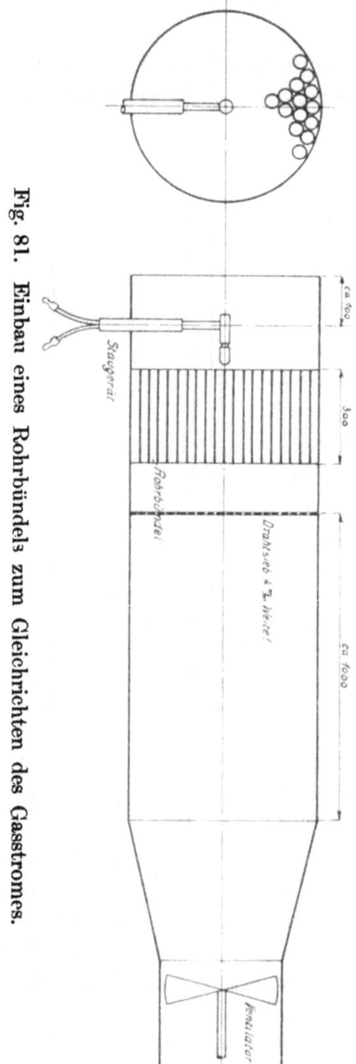

Fig. 81. Einbau eines Rohrbündels zum Gleichrichten des Gasstromes.

Zum Zurückhalten von Teer und Staubpartikelchen können Siebe eingebaut werden, wenn sie den ganzen Querschnitt der Rohrleitung ausfüllen. Entfernung vom Staurohr ungefähr fünf Durchmesserlängen der Rohrleitungen. Wie schon oben erwähnt, ist die Geschwindigkeit in der Nähe der Wandung infolge der größeren Reibungsverluste an dieser geringer als in der Mitte. Außerdem treten besonders in runden Leitungen infolge von Pulsationen Abströmungen von der Rohrmitte nach der Wandung ein, wodurch natürlich die Geschwindigkeitsverteilung gleichfalls beeinflußt wird. Eine Einrichtung, um eine gleichmäßige Geschwindigkeitsverteilung über den ganzen Querschnitt zu erzielen, ist in Abb. 81 schematisch dargestellt. Der z. B. von einem Ventilator erzeugte Luftstrom passiert ein Drahtnetz und hierauf ein Rohrbündel, welches den ganzen Querschnitt ausfüllt und aus dünnwandigen Metallröhren von ca. 20 mm l. W. und ca. 30 cm Länge besteht. Hinter dem Rohrbündel (Gleichrichter) kann noch ein Drahtnetz eingesetzt werden, hinter welchem dann das Staudoppelrohr eingesetzt wird. Durch die Drahtnetze werden die einzelnen Luftfäden durcheinander gewirbelt und durch das Rohrbündel gezwungen, ihren Weg gradlinig fortzusetzen.

Durch den Einbau eines Gleichrichtungsbündels kann in den allermeisten

Fällen jedoch nur teilweise abgeholfen werden. Da die Gasgeschwindigkeit von der Mitte des Rohres gegen seine Wandungen allmählich abnimmt (vgl. Abschnitt F 1), so ist in den allermeisten Fällen eine sog. „Netzmessung" über den ganzen Rohrquerschnitt unerläßlich. Es muß daher die Messung der Geschwindigkeit an einem Punkt des Leitungsquerschnittes vorgenommen werden, wo die mittlere Geschwindigkeit herrscht. In der Mitte des Rohres resultiert gewöhnlich die maximale Geschwindigkeit. Man ermittelt entweder den Punkt, wo die mittlere Geschwindigkeit herrscht, und bringt das Staurohr in diesen Punkt, oder man mißt die maximale Geschwindigkeit, indem das Staurohr genau in der Mitte des Rohres befestigt wird. Im letzteren Falle wird noch durch einen besonderen Versuch die prozentuale Differenz zwischen der maximalen und mittleren Geschwindigkeit ermittelt und dieselbe von der maximalen Geschwindigkeit in Abzug gebracht. Die genauesten Resultate erhält man, wenn das runde Rohr in mehrere konzentrische Ringe von gleichem Flächeninhalt geteilt und die Geschwindigkeit in den einzelnen Ringen gemessen wird (vgl. Fig. 82). Beträgt der Querschnitt des Rohres $\frac{\pi d^2}{4}$, so ist der Flächeninhalt jedes einzelnen Ringes $= \frac{\pi d^2}{4n}$, wobei n die Anzahl der Ringe bedeutet. Je kleiner der Rohrquerschnitt ist, um so mehr (verhältnismäßig) Ringe bekommt derselbe, da bei engen Röhren das Verhältnis der Reibungsfläche zum Querschnitt größer ist und daher der statische Druck im Vergleich zum Gesamtdruck steigt und somit den Geschwindigkeitsdruck verringert. Die mittlere Geschwindigkeit beträgt etwa 85 bis 93 Proz. der maximalen Geschwindigkeit (also der Geschwindigkeit in der Mitte des Rohres).

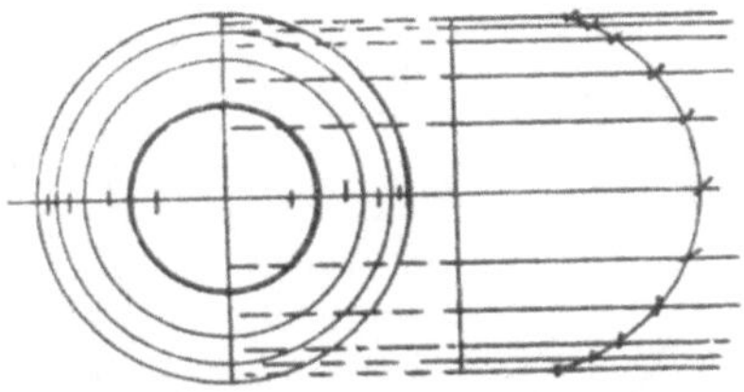

Fig. 82. Feststellung der Meßpunkte in einem kreisrunden Rohr.

Beträgt der Rohrdurchmesser 500 mm, so ist seine Fläche = 0,1963 qm. Wenn das Rohr beispielsweise in sechs Ringe zerteilt ist, so ist der Flächeninhalt jeden Ringes = 0,1963 : 6 = 0,0327. Daraus läßt sich leicht die Entfernung jeden einzelnen Ringes von der Rohrmitte zu der Peripherie ausrechnen.

Bei genauen Messungen ist es erforderlich, die Geschwindigkeit in mindestens zwei zueinander senkrechten Diametern zu messen, und zwar bis dicht an die Rohrwand, insbesondere dann, wenn durch die Gleichrichtungsbündel eine gleichförmige Strömung nicht erzielt worden ist. Bei der Messung über einen rechteckigen Kanal kann der Querschnitt in eine Anzahl kleinerer Rechtecke zerlegt werden und je eine Ablesung in dem Mittelpunkt jedes kleinen Rechtecks gemacht werden.

Es möge hier noch erwähnt werden, daß bei der Anwendung von Durchflußwiderständen (Düse, Staurand usw.) der Einfluß ungleichmäßiger Geschwindigkeitsverteilung viel leichter ausgeschaltet werden kann.

Was die Wahl des Staugeräts anbetrifft, so sind die Eigenschaften verschiedener Staugeräte bereits gegeneinander abgewogen. Am besten ist natürlich ein Staurohr mit einem Beiwert $\zeta = 1$ geeignet (Fig. 78, 79, 80).

Die Weite des Staurohres, sowie seine Entfernung von dem Mikromanometer hat auf das Meßergebnis keinen Einfluß.

Verengungen der Öffnung des Staurohres sind nur insofern von Bedeutung, als sie Schwankungen der Geschwindigkeit dämpfen. Der freie Durchgang der Gase darf natürlich nicht durch derartige Verstopfungen gehindert werden. Bei staubhaltigem oder feuchtem Gas bzw. Luft werden die Bohrungen der Staugeräte so weit gewählt, daß durch Verschmutzung der Rohre und der Meßstelle die Messung möglichst nicht behindert wird.

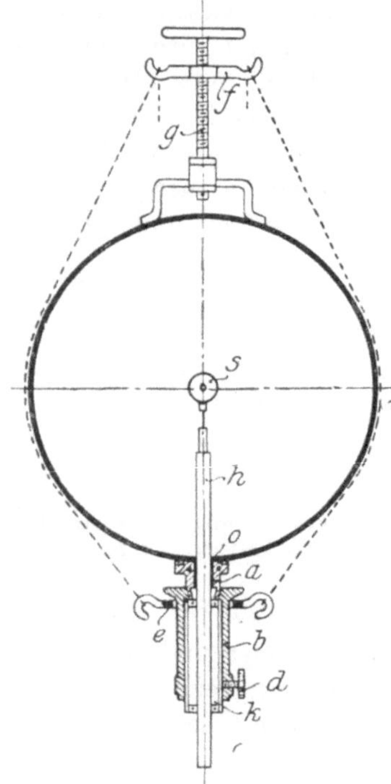

Fig. 83. Einrichtung zum Anbringen eines Staugerätes an Röhren von verschiedener Weite.

Je weiter die Stauöffnung ist, um so leichter wird ein schnelleres Arbeiten mit dem Gerät ermöglicht.

Das Staudoppelrohr wird in der Windleitung so mit einem Kork-, Holz- oder Gummistopfen befestigt, daß es genügend fest sitzt, sich aber noch in der Längsrichtung hin- und herschieben und auch drehen läßt. Die Stauöffnung muß dem zu messenden Luftstrom entgegengerichtet und möglichst der Stromrichtung parallel sein. Das mit + bezeichnete Schlauchstück des Staudoppelrohres wird mit der + -Leitung, das mit — bezeichnete mit der — -Leitung des Mikromanometers verbunden.

In der Fig. 83 ist eine Einrichtung von *Schultze* zur bequemen Anbringung eines und desselben Staugeräts an Rohrleitungen von verschiedenen Durchmessern dargestellt. Eine solche ist namentlich da von Wert, wo man rasch hintereinander eine Reihe von Messungen vornehmen will.

In der Rohrwandung wird eine Öffnung *o* vorgesehen, durch welche das Staugerät eingebracht wird. Die Abdichtung der Öffnung und des Halterohres *h* bewirkt das mit Leder od. dgl. ausgefütterte zweiteilige Stück *a*, das sich andererseits mittels eines Konus gegen die einteilige Hülse *b* legt. In ihr befindet sich noch die zweiteilige Hülse *k*, die mit Hilfe der Schraube *d* ein Feststellen des Staugerätes nach erfolgter Einstellung gestattet. Eine um das Luftrohr geschlungene Gliederkette bewirkt mit Hilfe der beiden Traversen *e* und *f* und der mit Handrädchen versehenen Schraubenspindel *g* ein Anpressen der Hülse *b* an die Rohrleitung. Das Staurohr ist verschiebbar. Abgesehen davon, daß die Ermittelung der Geschwindigkeit infolge der Reibungserscheinungen an der Rohrwand Messungen an verschiedenen Stellen des Rohrquerschnittes erfordert, tritt häufig der Fall ein, daß Untersuchungen, weniger aber bei ständiger Betriebskontrolle, an verschiedenen Stellen der Rohrleitung oder überhaupt an verschiedenen Rohrleitungen ausgeführt werden sollen. In solchen Fällen bewährt sich die erwähnte Einrichtung ganz gut.

Verbindung des Staurohrs mit dem Mikromanometer. Der Anschluß eines Mikromanometers an eine Rohrleitung ist aus der Fig. 84 zu ersehen. Mit A ist das Staurohr bezeichnet, welches in das Leitungsrohr L mit einem Korkstopfen eingesetzt ist; mit M ist das Mikromanometer bezeichnet, das am besten auf einen Tisch gestellt wird.

Zur Verbindung des Staugeräts mit dem Mikromanometer eignen sich am besten nahtlose, dickwandige Gummischläuche von ca. 5 mm (keineswegs weniger) innerem und ca. 13 mm äußerem Durchmesser; dünnwandige Schläuche weisen häufig feine Löcher auf und knicken leicht ein oder bilden Schlingen; innere Nahtfalten oder Wülste verursachen Undichtigkeit der Anschlüsse. Je länger die Leitung ist, um so weiter möchte der Durchmesser derselben sein; für Entfernungen bis 20 m reicht jedoch die Weite des Schlauches von 5 mm vollständig aus.

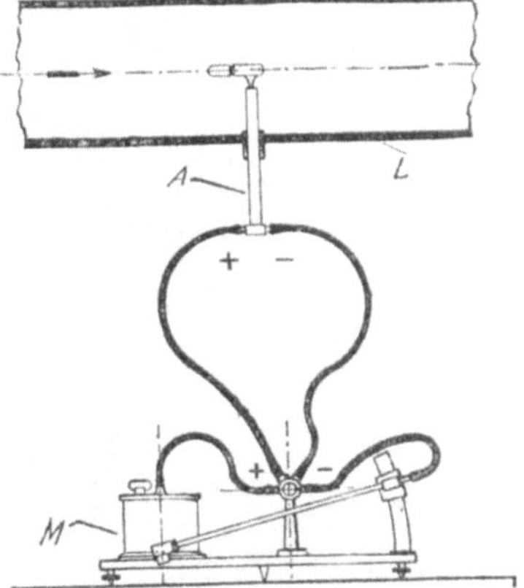

Fig. 84. Anschluß eines Staurohres an ein Mikromanometer.

Die Verwendung gebrauchter Gasschläuche ist wegen der darin stattfindenden Gasentwicklung zu vermeiden.

Zur Ersparnis von Gummischlauch können Glasrohre, welche durch kurze Schlauchstücke miteinander verbunden sind, mit gutem Vorteil verwendet werden. Nur müssen die Verbindungsstellen vollkommen dicht sein. Metallrohre (Stahl oder Magnalium) sind ebenfalls zu empfehlen.

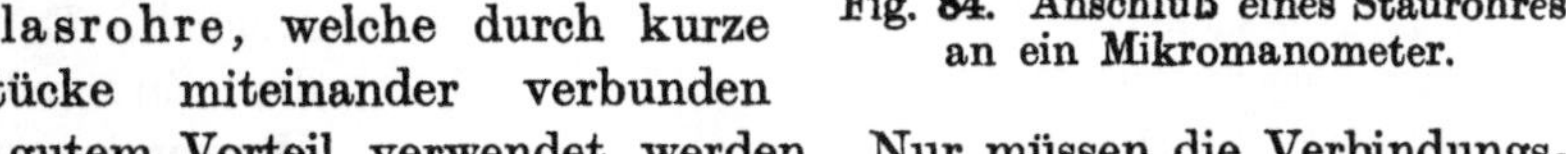

Bei zeitweiligen Messungen genügt eine Gummischlauchverbindung zwischen dem Staugerät und dem Manometer, bei dauernder Anbringung des Staugeräts empfiehlt sich dagegen eine Bleirohr- oder Gasrohrleitung von 6 bis 12 mm lichter Weite, je nach der Entfernung.

Im Vergleich zum Staugerät sind die Mikromanometer verhältnismäßig sehr teuer. Für mehrere, an verschiedenen Stellen befindliche Staugeräte kann man aber mit einem Mikromanometer auskommen. Man bedient sich dazu besonderer Apparate, Linienwähler von *Fueß* oder *Rosenmüller*, Umschalthähne von *Schultze* usw.

In der Fig. 85 ist ein solcher Linienwähler von *Fueß* für mehrere Meßstellen mit einem gemeinschaftlichen Mikromanometer dargestellt. Auf der Scheibe b werden Bezeichnungen für die verschiedenen Meßstellen eingraviert. Die Umschaltung geschieht durch den Griff a. Besonders eignet sich dieses

Instrumentchen für Schalttafeln, wobei die Anschlußröhrchen 1, 2, 3 und 4 hinter der Tafel liegen und nur die Scheibe und der Griff vorn sichtbar sind.

Die Manometer brauchen nicht unbedingt in der unmittelbaren Nähe der Meßstelle aufgestellt zu sein. Als Aufstellungsort kann eine geeignete, bis zu 30 m und mehr entfernte Stelle verwandt werden. Voraussetzung ist aber hierbei, daß die Geschwindigkeit nicht stark schwankt, d. h. die Schwankungen nicht schnell hintereinander eintreten. Denn in diesem Falle werden die Schwankungen in gewisser Weise gedämpft und gemildert.

In den Leitungen, welche das Staurohr mit dem Mikromanometer verbinden, befindet sich das Gas nicht in beständiger Strömung, sondern es pendelt entsprechend den Geschwindigkeitsschwankungen hin und her. Erstes Erfordernis für diese Verbindungsleitungen ist daher die Vermeidung von Stellen, an welchen sich Wasser ansammeln kann, das sich fast stets aus dem Gase niederschlägt. Wenn keine kräftige Strömung vorhanden ist, versperren solche Ansammlungen den Rohrquerschnitt und machen eine genaue Messung unmöglich. Es ist darum die Einschaltung von Wasserabscheidungsflaschen, und zwar unmittelbar hinter dem Staurohr, zu empfehlen. Die Flaschen dämpfen die Schwankungen der Geschwindigkeit, falls solche vorhanden sind. Treten keine Geschwindigkeitsschwankungen oder nur sehr langsam auf, so sind sie völlig ohne Einfluß auf die Messungen.

Fig. 85. Linienwähler von *Fueß*.

Aus obenerwähnten Gründen sind das Meßgerät und die Leitungen vor dem Gebrauch darauf zu untersuchen, ob sie nicht durch Wassertropfen oder durch Eindringen der Sperrflüssigkeit des Manometers in die Schläuche zufällig entstandene Verengerungen aufweisen.

Sehr große Sorgfalt ist auf die vollständige Sicherheit der Verbindungen zwischen dem Staurohr und dem Mikromanometer (und in diesen Apparaten selbst) besonders auf der Seite des statischen Druckes zu verwenden. Ein geringer Druckverlust an dieser Stelle wird Veranlassung zu zu hohen Ablesungen für den Geschwindigkeitsdruck geben.

Zum Prüfen auf Dichtheit kann man eine Wasserabschlußflasche (Aufsteigen von Luftblasen bei Undichtigkeit) oder eine *Hempel*sche Meßbürette (Konstanz des Wasserspiegels bei Dichtheit) verwenden.

Bei Dichtigkeitsprüfung der Rohrleitungen durch Wasser ist aber zu berücksichtigen, daß es außerordentlich schwer ist, die Feuchtigkeit aus langen, engen Rohrleitungen zu entfernen. Um den Einfluß etwaiger Undichtigkeiten zu vermindern, kann man nach Möglichkeit mit weiten Meßöffnungen und kurzen Leitungen arbeiten. Das Durchblasen der Manometerleitungen mit dem Munde ist wegen des höheren spez. Gewichtes der Atemluft (CO_2-Gehalt) zu vermeiden. Die Leitungen sollen nach Bedarf mit Luftpumpen durchgepumpt werden. Bei langen Leitungen zwischen Meßgerät und Manometer und bei größeren Niveauunterschieden zwischen ihnen müssen die Leitungen nahe aneinander, womöglich in einer gemeinsamen Umhüllung geführt werden, um Fehler infolge ungleicher Temperaturen zu vermeiden. Bei Messung von Druckunterschieden eines Gases, dessen Raumgewicht sich wesentlich von dem der Atemluft unterscheidet, sind die Meßanschlüsse und das Manometer möglichst in derselben Höhe anzuordnen und die Meßleitungen wagerecht zu führen. Wo dies nicht möglich ist, sind die durch den Unterschied der Raumgewichte hervorgerufenen Druckunterschiede besonders zu berücksichtigen.

Bei einer Höhendifferenz zwischen Instrument und Meßstelle von 1 m entsteht ein Meßfehler von 0,012 mm W.-S., wenn die Luft in der einen Zuleitung um 1 Proz. schwerer ist, was durch einen Temperaturunterschied von 3° (etwa infolge einseitiger Sonnenbestrahlung oder der Nähe einer Dampfleitung) oder durch einen Gehalt an CO_2 von 2 Proz. (etwa durch den Mund behufs Reinigung der Leitung hineingeblasen) oder durch einen Mehrgehalt an Wasserdampf von rund 5 Proz., oder an einer anderen leicht siedenden Flüssigkeit (von der Sperrflüssigkeit kann leicht etwas in die Leitung hineinlaufen und verdunsten) verursacht werden kann.

Eine Reihe von Fehlerquellen können durch Umschalten der Schläuche am Instrument selbst vermindert oder beseitigt werden.

Die Messung. Speziell am Mikromanometer ist folgendes zu berücksichtigen: Das Meßgerät und die Leitungen sind vor dem Gebrauch darauf zu untersuchen, ob der Nullpunkt des Manometers bei einer Geschwindigkeit gleich Null bei der Verbindung mit der Rohrleitung mit der Nullpunktanzeige übereinstimmt, wenn beide Manometerschenkel mit dem Meßraum in Verbindung stehen. Ist ein Unterschied zwischen diesen beiden Einstellungen des Nullpunktes vorhanden, der nicht ausgeglichen werden kann, so ist für die Messung die Nullstellung des Manometers bei der Verbindung mit den beiden Manometerleitungen und bei der Geschwindigkeit gleich Null anzunehmen.

Die Temperatur der Sperrflüssigkeit ändert sich bei längerer Versuchsdauer und muß daher fortlaufend kontrolliert werden.

Das Eindringen von Alkohol in die Hahnkörper des Mikromanometers kann insoweit von Einfluß sein, als die Bohrungen dadurch vollgesetzt werden und in ihnen sich Blasen bilden. Die Anzeige wird dann völlig unregelmäßig. Namentlich geht dann das Instrument beim Einstellen auf Null nicht voll auf den Nullpunkt der Skala zurück. Es muß daher darauf geachtet werden, daß die Sperrflüssigkeit frei von Luftblasen ist. Die Luftblasen in den Glasröhren des Mikromanometers vergrößern die Trägheit des Instrumentes und verringern das spez. Gewicht des Flüssigkeitsfadens.

Da die Geschwindigkeit in Leitungen fast nie eine ganz gleichmäßige ist, wird der Flüssigkeitsfaden in der Steigeröhre des Mikromanometers fast immer kleine auf- und absteigende Bewegungen ausführen, die unter Umständen die Ablesung erschweren können. Besonders störend aber tritt diese Bewegung bei Untersuchung von Gasleitungen zum Speisen von Gasmaschinen auf. Bei Beginn der Saugperiode wird dem Gasstrom eine große Beschleunigung erteilt, die Geschwindigkeit wird bis zu einem Maximum steigen, um dann am Ende des Ansaugaktes plötzlich auf Null herabzusinken, oder es tritt sogar, wie wiederholt beobachtet, infolge partieller Verdichtung ein Zurückfluten des Gasstromes ein. Auch bei Kolbengebläsen ist die Geschwindigkeit in den Leitungen stetem Wechsel unterworfen. In beiden Fällen wird also die kleine Flüssigkeitssäule fortwährend hin- und herspringen, und man ist deshalb gezwungen, aus dem Maximum und Minimum des Ausschlages die Mittel nach der Formel

$$h = \frac{\sqrt{h_{\max}} + \sqrt{h_{\min}}}{2} \tag{16}$$

zu bilden und den gefundenen Wert in die Gleichung (14) einzusetzen. Man hat wohl versucht, durch zwischen Staudoppelrohr und Mikromanometer eingeschaltete Luftpuffer die Bewegungen des Flüssigkeitsfadens zu dämpfen, aber dieses Verfahren ist nur bedingungsweise zulässig und überall da zu verwerfen, wo die Periode der Geschwindigkeitszunahme zeitlich kürzer oder länger ist als die Periode der Geschwindigkeitsabnahme. Dieser Fall wird besonders bei Saugleitung für Gasmaschinen die Regel sein.

Bei heißen Gasen ist auch der folgende Umstand zu berücksichtigen: Bei der Einführung des kalten Staurohres in das heiße, wasserhaltige Gas schlägt sich im Innern des Rohres sofort Wasserdampf nieder, wodurch die Messung ungenau werden kann. Es empfiehlt sich aus diesem Grunde, entweder das Rohr einige Minuten nach der Einführung in die Rohrleitung zwecks Entfernung des darin kondensierten Wassers kräftig auszublasen, oder das Rohr überhaupt in angewärmtem Zustande in die Leitung einzuführen.

5. Auswertung der Meßergebnisse, Beispiele.

Abgesehen von den obenerwähnten Maßregeln, von der richtigen Einführung des Staugerätes in die Gasleitung, von dem sachgemäßen Einstellen des Mikromanometers usw., ist für genaue Feststellung der Gasgeschwindigkeit und somit auch der Gasmenge in der Zeiteinheit die richtige Ermittlung des spez. Gewichtes des zu messenden Gases unter Berücksichtigung der an der Meßstelle obwaltenden Druck-, Temperatur- und Wassersättigungsverhältnisse von Wichtigkeit. Ein kleiner Fehler in der Bestimmung des spez. Gewichtes verursacht einen ganz bedeutenden Meßfehler. Näheres darüber im Abschnitt F.

An einigen Beispielen möge die Auswertung der gewonnenen Meßergebnisse gezeigt werden.

Beispiel 13.

Staugerät = Pitotröhre. Konstante 1,37. Luftmessung.
Übersetzung am Mikromanometer 1 : 2.
Spez. Gewicht der Sperrflüssigkeit = 0,80.
Am geneigten Rohr abgelesene Differenz = 80 Teilstriche.

Geschwindigkeitsdruck $p_d = \frac{80 \cdot 0{,}80}{2} = 32$ mm W.-S.

Gewicht der Luft unter Berücksichtigung von Druck und Temperatur = 1,3 kg/cbm.

Beschleunigung durch die Erdschwere $g = 9{,}81$.

$$\text{Geschwindigkeit } w = \sqrt{\frac{p_d \cdot 2 \cdot g}{1{,}37 \cdot \gamma}} = \sqrt{\frac{32{,}2 \cdot 2 \cdot 9{,}81}{1{,}37 \cdot 1{,}3}}$$
$$= \sqrt{353} = 18{,}79 \text{ m/sek.}$$

Beispiel 14.

Staugerät = Doppelrohr von *Prandtl.* Luftmessung.
Sein Beiwert = 1.
Das Mikromanometer ist auf ein Übersetzungsverhältnis 1 : 10 eingestellt und mit Alkohol von 0,8 spez. Gewicht gefüllt.
Stand der Flüssigkeit im Steigerohr vor der Messung = 40 mm.
Während der Messung 140 mm.
h = (Differenz) 100 mm.

h = auf Wassersäule bezogen $\frac{100 \cdot 0{,}8}{10} = 8$ mm.

b = Barometerstand 750 mm.
p = Überdruck in der Leitung 136 mm W.-S. = 10 mm Q.-S.
$p + b$ = absoluter Druck = 10 mm + 750 = 760 mm Q.-S.
Temperatur in der Leitung 20° C.
Mithin Raumgewicht eines m^3 Luft = 1,2049 kg.

$$w = \sqrt{\frac{p_d \cdot 2 \cdot g}{\gamma}} = \sqrt{\frac{8 \cdot 2 \cdot 9{,}81}{1{,}2049}} = 11{,}4 \text{ m/sek.}$$

Beispiel 15.

Leuchtgasmessung.
Spez. Gewicht des Gases, mit dem Apparat von *Schilling* bestimmt.
γ bei 20° C und 750 mm Ba = 0,42.
Das Gas ist mit Wasser gesättigt.
An der Meßstelle (in der Gasrohrleitung) herrscht eine Temperatur t von 40° C und ein Überdruck p von 400 mm W.-S.

Raumgewicht des Gases an der Meßstelle, umgerechnet entsprechend S. 27, 0,493 kg/cbm.

Mittlerer Ausschlag des Mikromanometers = 125 Teilstriche Alkoholsäule.

Die Übersetzung = 1 : 25.

Somit ist der Ausschlag = 125 : 25 = 5 mm Alkoholsäule.

Spez. Gewicht des Alkohols = 0,8.

Dann ist die Höhe des Ausschlages $h = 5 \cdot 0{,}8 = 4$ mm H_2O-Säule.

$$w = \sqrt{\frac{4 \cdot 2 \cdot 9{,}81}{0{,}493}} = 12{,}61 \text{ m/sek.}$$

Der Querschnitt der Gasleitung mit einem Durchmesser von 350 mm beträgt 0,096 qm.

Die sekundlich gelieferte Gasmenge ist somit = 12,61 · 0,096 = 1,21 cbm.

In der Stunde beträgt die Gasmenge 1,21 · 3600 = 4356 cbm Gas (gesättigt) von 40° C + 400 mm W.-S. Überdruck bei einem Barometerstand von 750 mm Q.-S. (10200 mm W.-S.).

Aus der Tabelle 7 (bzw. 10) im Anhang entnimmt man die Umrechnungsfaktoren.

Sie sind:

Für 40° C und 10200 + 400 mm = 10600 W.-S. = 0,830.

Für 15° C und 10330 mm W.-S. (760 mm Q.-S.) = 0,928.

Somit ist die Gasmenge $= \frac{4356 \cdot 0{,}830}{0{,}928} = 3895$ cbm bei 15° C und 760 mm Ba oder $\frac{4356 \cdot 0{,}830}{0{,}988} = 3659$ cbm bei 0° C und 760 mm Ba.

Bei der Ermittlung des Querschnittes der Gasleitung muß man sich immer vergegenwärtigen, ob das Rohr an der Meßstelle tatsächlich eine Kreisform aufweist. Nicht selten kommt es vor, daß an der Meßstelle sich etwas Staub oder Wasser oder Teer ansammelt (vgl. Fig. 86). In diesem Falle ist die Fläche dieses Sektors von der Kreisfläche abzuziehen.

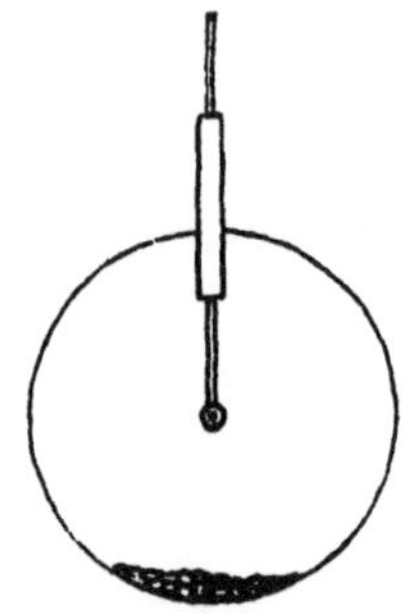

Fig. 86. Verunreinigung im unteren Segment des Rohres, die den Querschnitt verringern.

Im Falle eines statischen Unterdruckes, weil dieser als negativer Druck zu rechnen ist, muß der dynamische Druck abgezogen werden, um den Gesamtunterdruck zu erhalten. Da der dynamische Druck immer positiv ist, so ist der absolute Gesamtdruck immer größer als der absolute statische Druck; ebenso bei Überdrücken; dagegen ist der Gesamtunterdruck kleiner als der statische Unterdruck.

Bei manchen Mikromanometern findet man die Einteilung des Bogens nicht in bestimmten Übersetzungsverhältnissen, wie z. B. 1 : 2, 1 : 10 usw., sondern in Graden des Kreises angegeben. In diesem Falle muß der entsprechende Neigungswinkel gefunden werden. Ist h_n der Druckunterschied bei der Neigung, so ist dann

$$h = h_n \cdot \sin\alpha . \tag{17}$$

IV. Vergleich zwischen Staugeräten und Anemometern.

Die Staugeräte weisen manche Vorteile gegenüber den Anemometern auf. Sie können bei richtiger Wahl der Öffnungen mit Vorteil dort angewandt werden, wo die Anwendung der Anemometer ausgeschlossen ist, so z. B. für die Messung von Gasen von höherer Temperatur und mit starkem Gehalt an Staub und Wasserdampf, sowie bei Gasen, welche die feinen, beweglichen Teile anderer Gasmesser chemisch angreifen und dem Verschleiß aussetzen. Ein weiterer nicht zu unterschätzender Vorzug des Staugerätes vor dem Anemometer besteht darin, daß das Staugerät und das Druckmeßinstrument durch weite Zwischenräume (30 mm und mehr) getrennt sein können. Die im Meßstrom liegenden Teile sind keiner Bewegung ausgesetzt und weisen infolgedessen bei gleichbleibenden Stromverhältnissen unveränderliche Konstanten auf, was bei Anemometern nicht der Fall ist.

Die schlanke Form der Staugeräte erlaubt, in verhältnismäßig engen Röhren und an jeder Stelle des Querschnittes bis dicht an die Wand heran Messungen vorzunehmen und einen großen Querschnitt in kurzer Zeit abzutasten, was für einwandfreie Messungen der insgesamt durch den Querschnitt gehenden Luftmenge unerläßlich ist. Die Genauigkeit der Messung wird durch eine Abweichung aus der genauen Lage um einige Grade nicht fühlbar beeinflußt.

Die gleichzeitige Beobachtung der Uhr fällt bei Staugeräten, im Gegensatz zu den Anemometern, fort. Ebenso fällt bei Staugeräten die bei Anemometern so lästige Nachprüfung fort, da geometrisch ähnliche Geräte gleiche Konstanten haben.

Man kann mit Staugeräten die jeweilig vorhandene Geschwindigkeit an dem Manometer ohne weiteres ablesen, während das Anemometer nur Durchschnittswerte erkennen läßt; auch sind die hydrostatischen (also solche mit Staugeräten) Messungen, wie aus angestellten Vergleichsversuchen hervorgeht, viel zuverlässiger, da hier das Ansteigen der Meßflüssigkeit in dem Manometerrohr der einzige Bewegungsvorgang ist, während man es bei den Anemometern mit Zapfenreibungen und Gleichgewichtsänderungen des Flügelapparates zu tun hat.

Ein weiterer Vorzug der hydrostatischen Messungen ist der, daß die Staugeräte noch in Röhren von geringer Weite verwendet werden können, wo Messungen mit dem Anemometer überhaupt nicht mehr ausgeführt werden können.

Ferner sind die Staugeräte verwendbar bei Messungen großer Luftgeschwindigkeiten, wie solche in Gebläserohren vorkommen. Auch die Geschwindigkeit hoch erhitzter Luft oder heißer Gase kann mit Staugeräten gemessen werden, sofern nur das Material, aus welchem dieselben hergestellt werden, den Temperaturen noch standhält.

Über die Vorteile der Anemometer siehe in Abschnitt F II 7.

G. Registrierende Gasmeßapparate.

Vorhin wurden Methoden besprochen, bei welchen es sich um vorübergehende Beobachtungen handelte. Will man die Meßresultate dauernd aufzeichnen, so bedient man sich hierzu der registrierenden Apparate, die im großen und ganzen registrierende Druckmesser darstellen.

Die ziemlich übereinstimmende Bauart schreibender Druckmesser beruht auf dem Schwimmersystem. Zwei kommunizierende senkrechte Rohre nehmen die Sperrflüssigkeit auf, der eine der beiden Flüssigkeitsspiegel trägt den Schwimmer, dessen Bewegung mittels Stange oder Hebel auf einen Schreibstift übertragen wird, der auf einer durch Uhrwerk getriebenen papierbespannten Trommel die Druckaufzeichnungen bewirkt. Um einen gleichmäßigen Anschlag zu erzielen, werden die Flüssigkeitsbehälter zylindrisch ausgebohrt. Bei gleichen Durchmessern der Rohre ist die Verschiebung der Menisken in jedem Schenkel $= \frac{h}{2}$. Die lineare Aufzeichnung würde deshalb nur in halber Größe erfolgen ($h = h_1 + h_2$).

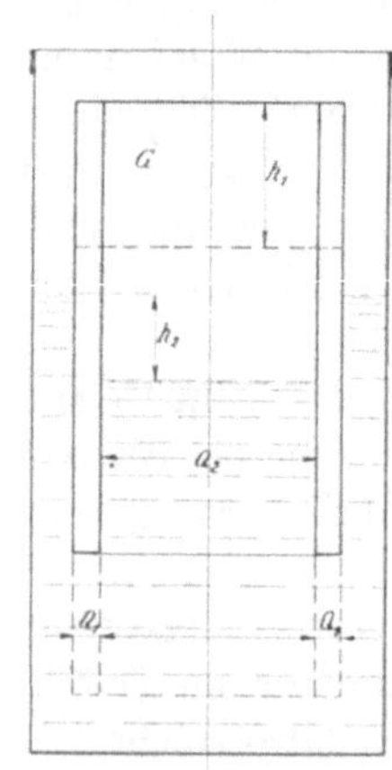
Fig. 87. Prinzip eines Druckschreibers.

Die Gleichgewichtsbedingung verlangt (Fig. 87):

$$Q_2 \cdot h_2 = Q_1 \cdot h_1 \tag{1}$$

$$h_1 = \frac{Q_2}{Q_1} \cdot h_2 . \tag{2}$$

Soll die Druckanzeige des Schwimmers in natürlicher Größe erfolgen, wo $h_1 = h_2$ werden muß, so müssen die beiden Querschnitte Q_1 und Q_2 gleich gemacht werden. Man ersieht aber aus der Gleichung 2, daß man hier ein Mittel an der Hand hat, den Druck in beliebiger Vergrößerung oder Verkleinerung wiederzugeben. Soll der Druck z. B. in zehnfacher Größe aufgezeichnet werden, so folgt aus der Gleichung 2

$$\frac{Q_2}{Q_1} = \frac{h_1}{h_2} = \frac{10}{1} . \tag{2a}$$

Der Innenquerschnitt Q_2 muß also zehnmal so groß werden, wie der Ringquerschnitt Q_1.

Als Sperrflüssigkeit wählt man zweckmäßig solche Flüssigkeiten, welche möglichst Adhäsionen an den Meßröhren zeigen und geringe Neigung zum Verdampfen haben. Für Dauermessungen wird man daher in erster Linie Quecksilber, Glyzerin (bei trockenen Gasen, da Glyzerin wasseraufnehmend ist) und Paraffinöl anwenden. (Vgl. Tabelle 2 auf S. 61.)

Bezüglich der Anforderungen, die an einen guten Registrierapparat gestellt werden, vgl. Abschnitt C III.

I. Apparate ohne Zählwerk.

Es ist in der letzten Zeit eine Reihe sinnreicher Konstruktionen bekannt geworden, mit welchen es ermöglicht wird, die kleinsten Drücke bzw. Druckdifferenzen (und somit auch Geschwindigkeiten oder Volumina) auf einem entsprechenden Diagrammstreifen dauernd zu registrieren. Die Verbindung solcher Instrumente mit Pitotrohren, Staugeräten, Durchflußwiderständen usw. führte zu den bekannten Volumen- und Geschwindigkeitsmessern, von welchen die Konstruktionen von *Hydro-Apparate-Bauanstalt* und *Paul de Bruyn G. m. b. H.*, beide in Düsseldorf, sowie von *R. Fueß* in Berlin-Steglitz am meisten verbreitet sind.

Im folgenden mögen einige solcher Konstruktionen beschrieben werden.

1. Apparat der *Hydro-Apparate-Bauanstalt.*

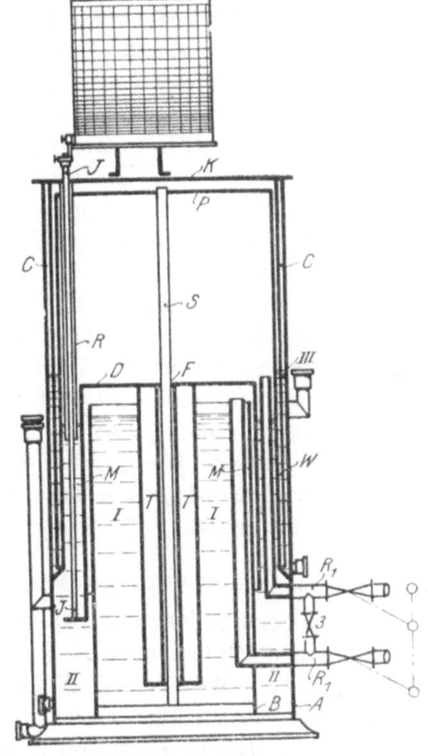

Fig. 88. Geschwindigkeits- bzw. Volumenmesser der *Hydro-Apparate-Bauanstalt,* Düsseldorf.

In der Fig. 88 ist ein registrierender Geschwindigkeits- bzw. Volumenmesser von der *Hydro-Apparate-Bauanstalt,* Düsseldorf dargestellt. Die Konstruktion des Apparates ist die folgende: Der zylindrische Behälter *A* (Fig. 88) ist durch ein eingesetztes Rohr *B* in zwei Räume getrennt, einen inneren zylindrischen mit der sog. Tragflüssigkeit *I* und einen äußeren ringförmigen mit der sog. Sperrflüssigkeit *II*. In *I* taucht der Tragschwimmer *T* der Druckglocke *D*, in *II* der Mantel *M* derselben. Die Druckglocke wird mittels der Führungsnasen *F* an der Stange *S* geführt, die am Boden verschraubt und oben in der Abdeckplatte *P* gelagert ist. Die Schreibstange greift am Druckmantel an, mit dem sie durch ein Gelenk verbunden ist. Da mittels des Apparates eine Druckdifferenz unabhängig vom Barometerstande gemessen werden soll, müssen die Innenräume luftdicht gegen die Atmosphäre abgeschlossen sein. Der Abschluß des Raumes unterhalb der Druckglocke geschieht durch die Flüssigkeit *I*, den Glockendeckel, den Glockenmantel und die Flüssigkeit *II*, der des Raumes oberhalb der Druckglocke durch den Deckel *K* und den Wasserverschluß *W*; letzterer wird gebildet durch den mit der Flüssigkeit *III* gefüllten ringförmigen Raum, in den ein am Deckel befestigtes Rohr *C* eintaucht. Die luftdichte Herausführung der Schreibstange *J* an die Atmosphäre geschieht durch das Rohr *R*, das oben in den Deckel *K* eingelötet ist und mit dem unteren Ende in die Flüssigkeit *II* taucht. *R* ist oben und unten mit Führungsnasen für die Schreibstange versehen. Die Druckzuführungsrohre R_1 und R_2 sind außerhalb des Apparates mit gekuppelten Hähnen versehen, um die Räume unterhalb und oberhalb der Glocke gleichzeitig unter Druck setzen zu können. Ferner sind R_1 und R_2 durch einen Zwischenhahn 3 miteinander verbunden. Die Bohrung im Küken desselben steht durch einen Kanal mit der Atmosphäre in Verbindung, so daß bei geschlossenen Kuppelhähnen und geöffnetem Zwischenhahn die Räume unterhalb und oberhalb des Schwimmers sowohl miteinander als auch mit der Atmosphäre verbunden sind. Zum Füllen des Apparates sind Auffüllstutzen, zum Entleeren Ablaßstutzen vorgesehen.

Der Vorteil des Apparates besteht darin, daß die Hebelübersetzungen ganz vermieden sind. Der Hub der Meßglocke wird direkt ohne Zwischenglieder auf die Registriertrommel übertragen. Die Vergrößerung der Anzeige, d. h. die Übersetzung, wird durch entsprechende Dimensionierung der Druckglocke erreicht. Diese besitzt große Angriffsflächen, so daß auch bei kleineren zu messenden Werten eine große Verstellkraft erreicht wird. Für Geschwindigkeiten von 1 bis 5 m/sek. können Apparate mit voller Ausnutzung der Diagrammhöhe von 200 mm gebaut werden. Eine größere Empfindlichkeit in der Wiedergabe der geringen Druckunterschiede wird bei den von der *Hydro-Apparate-Bauanstalt* neuerdings gebauten Relais - Volumenmessern erzielt.

2. Geschwindigkeits- und Volumenmesser von *R. Fueß*.

In der Fig. 89 ist der Apparat im Schnitt dargestellt, welcher auch gleichzeitig den Einbau an eine Gasleitung erkennen läßt. In einem allseitig geschlossenen Metallkessel *K* ist ein Schwimmer *A* untergebracht, der eine Tauchglocke *g* trägt. Durch die Tauchglocke wird der von der Sperrflüssigkeit freigelassene Luftraum in zwei Teile geteilt, welche durch die Hähne *s* und *d* mit dem Staugerät in Verbindung stehen. Auch hier wird die hohe Empfindlichkeit schon bei geringen Geschwindigkeitsdrucken durch die sehr große Oberfläche der Tauchglocke erreicht. Als Gegenkraft dient der veränderliche Gegenauftrieb des Schwimmers *A*. Dieser Teil des Instrumentes entspricht in seiner Wirkungsweise einem *Recknagel*schen Mikromanometer, nur wird bei diesem die Empfindlichkeitssteigerung durch Änderung des Neigungswinkels des Steigerohres bewirkt, während bei dem Registrierapparat derselbe Effekt durch Vergrößerung der Tauchglockenfläche erreicht wird. Die Übertragung der Tauchglockenbewegung nach außen an das Registrierwerk erfolgt durch magnetische Kuppelung, in der Weise, daß das auf dem Stengel *i* sitzende Eisenstückchen *o* dem am Ende des Wagebalkens *w* befestigten permanenten Magneten *m* als Anker dient und diesen zwingt, an den auf- und abgehenden Bewegungen teilzunehmen. Der Magnet, der auch die Schreibfeder *p* trägt, folgt den geringsten Bewegungen der Tauchglocke, und die auf der Registriertrommel aufgezeichnete Kurve entspricht genau den wechselnden Drucken an der Tauchglocke.

Von den beiden Hähnen *s* und *d* führen Leitungen *R* an das in der Rohrleitung *B* durch einen Flansch *F* befestigte Staugerät *S*; auf den Apparat und folglich auf den Registrierstreifen wird sonst nur die Differenz der beiden Drucke (dynamischer Druck, Pressungsdruck usw.) übertragen.

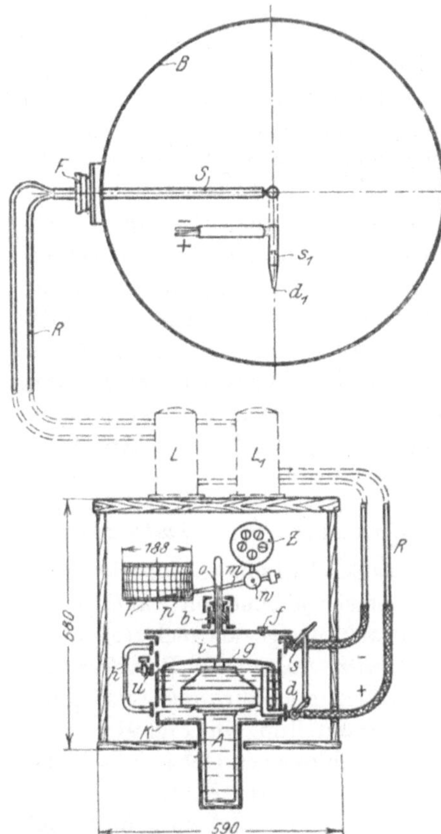

Fig. 89. Geschwindigkeit- und Volumenmesser von *R. Fueß*-Steglitz.

Fig. 90. Phönix-Volumenmesser von *P. de Bruyn*-Düsseldorf.

3. Phönix-Volumen- und Geschwindigkeitsmesser.

Das Kennzeichnende der Konstruktion liegt darin, daß die beiden aus dem Gas- oder Luftstrom abgeleiteten Drücke auf einen Flüssigkeitsverteiler *C* (vgl. Fig. 90) wirken. Der Verteiler *C* wird sich in der Sperrflüssigkeit — bei dem Apparat ist Glyzerin gewählt — proportional der Druckdifferenz einstellen.

Um die Verstellkraft des Verteilers *C* zu vergrößern, ist durch das mit drei Röhrchen besetzte schmale Kästchen *E* eine Verbindung der Räume *B* und *D* hergestellt.

Die Bewegung des Verteilers wird durch eine Vertikalstange *S* auf das Hebelsystem und von diesem durch die Schreibstange *L* auf die Diagrammtrommel *M* übertragen. Da die Stange *S* aus einem Raum mit Unter- oder Überdruck in die Atmosphäre geführt werden muß, war die reibungslose Abdichtung eine wichtige Aufgabe, welche in folgender Weise gelöst wurde.

Auf der Stange *S* ist eine Glocke *T* befestigt, welche in den mit Quecksilber gefüllten ringzylindrischen Raum *G* taucht und so die Abdichtung bewirkt.

Da nun der im Raum *A*, also auch unter der Glocke *T* herrschende Depressionsdruck stark veränderlich ist und damit auch der Differenzdruck, welcher die Glocke *T* nach unten oder oben zu bewegen sucht, so würde hierdurch der Weg des Verteilers *C* durch mehr oder weniger Belastung fehlerhaft beeinflußt.

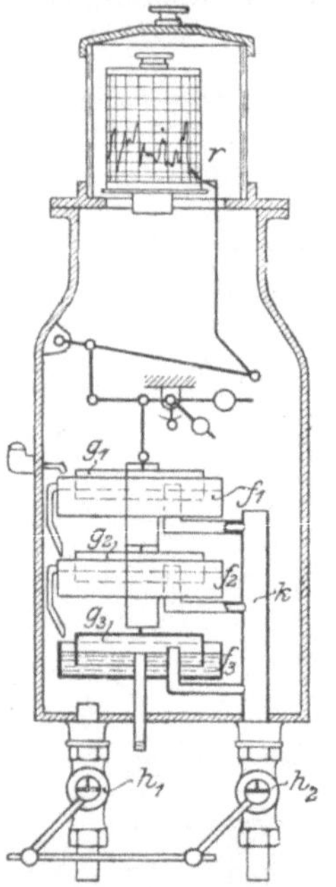

Um diesen Fehler auszugleichen, ist eine gleichartige, unter denselben Bedingungen stehende Glocke *H* an einem gleicharmigen Hebelarm angebracht, so daß um den Drehpunkt *V* ein vollkommener Ausgleich stattfindet. Die Angaben des Apparates auf dem Diagramm entsprechen somit den tatsächlichen Geschwindigkeiten.

Dieser Apparat wird normalerweise in Verbindung mit einem sog. „Zweidüsenapparat" (eine Abart der Pitotröhre) gebaut.

Fig. 91. Minimaldruckmesser von *Schultze-Dosch*.

4. Minimaldruckmesser von *Schultze-Dosch*.

Zur Registrierung des Geschwindigkeitsdruckes kann auch der Minimaldruckmesser (gebaut von *Schulze & Co.*, Charlottenburg) sowohl als Anzeige- als auch Registrierinstrument), System *Schultze-Dosch* D. R. P., verwendet werden. Seine Konstruktion und Wirkungsweise gehen aus der schematischen Darstellung in Fig. 91 hervor. In dem allseitig dicht verschlossenen Gehäuse befinden sich übereinander mehrere Behälter f_1, f_2, f_3 . . ., die mit einer nicht verdunstenden Flüssigkeit gefüllt sind. Dünnwandige Meßglocken g_1, g_2, g_3 . . . bilden mit dieser Flüssigkeit Hohlräume, in die der Druck oder Unterdruck von der Meßstelle her mittels des Hahnes h_2 und der Abzweige des Sammelrohres *k* geleitet wird. Die Glocken sind miteinander starr verbunden, hängen jedoch im übrigen frei beweglich in der Sperrflüssigkeit. Sie sind durch Gegengewichte ausbalanciert und übertragen ihre Bewegung in einfachster Weise auf den Zeiger und die Registrierung *r*. Hahn h_1 — und somit der Innenraum des die Glocke umschließenden Gehäuses — mündet ins Freie oder ist, wenn es sich um die Messung von Druckdifferenzen handelt, an die Meßstelle angeschlossen.

Durch die Anordnung mehrerer Glocken wird die Fläche, auf die der Druck bzw. die Druckdifferenz wirkt, vervielfacht, und es ist einleuchtend, daß auf diese Weise noch ganz geringe Drücke eine für die Betätigung des einfachen Zeiger- und Registrierwerks vollkommen ausreichende Kraft liefern.

Die oben besprochenen Apparate („Volumenmesser") werden sowohl als registrierende als auch als anzeigende Apparate hergestellt. Ferner kann man dieselben nach Wunsch für die Druckdifferenz, die Geschwindigkeit oder die Gasmenge selbst einrichten.

II. Auswertung der Diagramme.

Aus der mittleren Geschwindigkeit (m/sek.) folgt durch Multiplikation mit dem lichten Querschnitt der Rohrleitung die in der Zeiteinheit durchfließende Gas-, Luft- oder Windmenge (cbm pro Stunde oder pro Minute). Bleibt der Apparat an ein und derselben Stelle dauernd angeschlossen, so ist der Querschnitt natürlich ein konstanter Faktor, und der Apparat wird zweckmäßig direkt das Volumen (und nicht die Geschwindigkeit) aufzeichnen, d. h. die Einteilung des Diagrammvordrucks wird von vornherein mit der den betreffenden Geschwindigkeiten entsprechenden Volumenzahl bezeichnet.

Bei gewöhnlichen Registrierapparaten, wie etwa bei dem in der Fig. 88 dargestellten, ist im Diagramm die Ordinate dem Quadrat der Geschwindigkeit proportional. Infolgedessen ergibt sich hier keine äquidistante (gleichmäßige) Einteilung, sondern die Zwischenräume für den gleichen Geschwindigkeitszuwachs werden nach oben immer größer. Diese Diagrammeinteilung ergibt sich aus der Beziehung in der Formel (6) im Abschnitt F, Seite 120, wonach der Geschwindigkeitsdruck dem Quadrat der Geschwindigkeiten proportional ist. Das Diagramm (im stark verkleinerten Zustand) sieht in diesem Falle etwa wie in Fig. 92 aus.

Aus einem solchen Diagramm ersieht man mit Deutlichkeit, wie die Gasmenge im Verlaufe der Zeit wechselt bzw. welchen Wert dieselbe in den einzelnen verschiedenen Zeitpunkten erlangt. Kommt es darauf an, die insgesamt durch die Leitung während einer bestimmten Periode (24 Stunden usw.) gegangene Gasmenge aus dem Diagramm zu ermitteln, so hat man, da die Anwendung der Planimeter bei einer solchen ungleichmäßigen Einteilung ausgeschlossen ist, folgendermaßen zu verfahren:

Man zerlege das Diagramm in soviel Abschnitte, als Zeiträume mit annähernd gleichbleibender, wenig schwankender oder gleichförmig veränderlicher Geschwindigkeit vorhanden sind. Für jeden solchen Abschnitt ermittelt man durch Schätzung die mittlere Geschwindigkeit bzw. das mittlere Volumen, indem man eine horizontale Linie durch die Kurve zieht. Starke Ausschläge nach unten sind hierbei höher zu bewerten als solche nach oben, weil ja die Ordinate das Quadrat der Geschwindigkeit darstellt. Multipliziert man die so erhaltene mittlere Geschwindigkeit jedes Abschnitts mit der zugehörigen Länge des Abschnitts (in mm oder Stundenlänge gemessen), addiert diese Produkte und teilt die Summe durch die ganze Länge des betrachteten Diagramms, so erhält man die mittlere Geschwindigkeit bzw. das mittlere Volumen (bezogen auf die Zeiteinheit). Die gesamte Gasmenge ist dann gleich: Mittlere Geschwindigkeit $\times$ Rohrquerschnitt (in qm) $\times$ Zeit.

Die Ausrechnung der gesamten Gaslieferung ist bei solchen Diagrammen mit ungleichmäßiger Einteilung nicht ganz genau und etwas umständlich. Handelt es sich um die allgemeine Betriebsüberwachung, z. B. die Kontrolle der Geschwindigkeitskurve, so erfüllt das Diagramm Fig. 92 vollkommen seinen Zweck. Für die Ermittlung der Gesamtgasmengen sind jedoch Diagramme mit gleichmäßiger Einteilung (vgl. Fig. 93) ganz entschieden vorzuziehen, schon allein aus dem Grunde, weil sie planimetrierbar sind. Abgesehen davon, daß dadurch eine leichte und genaue Berechnung der Gesamtgaslieferung ermöglicht wird, ist die Aufzeichnung geringer Gasgeschwindigkeiten bzw. mengen ebenfalls viel genauer.

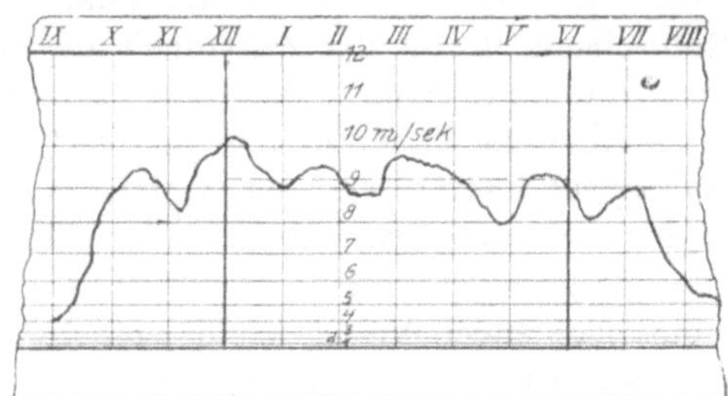

Fig. 92. Diagramm eines Volumenmessers, unplanimetrierbar.

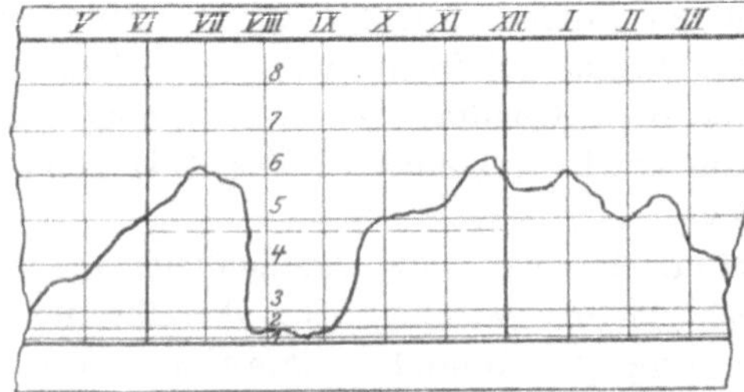

Fig. 93. Diagrammblatt eines Volumenmesser, planimetrierbar.

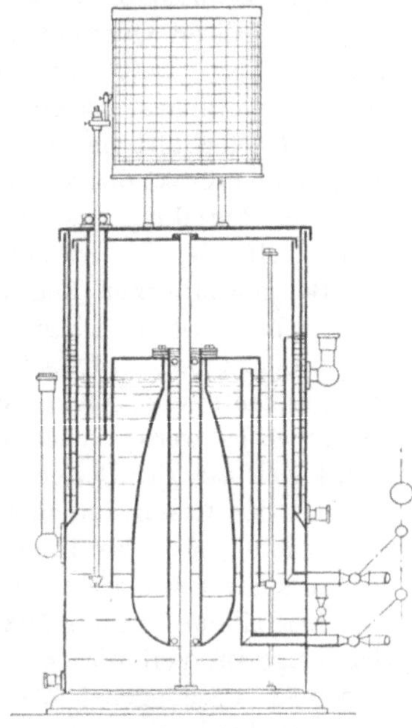

Fig. 94. Hydro-Volumenmesser mit kurvischem Meßglied.

Die Möglichkeit der Übertragung der quadratischen Beziehung auf den gleichmäßig eingeteilten Diagrammstreifen (Schreibblatteinteilung) wird dadurch geboten, daß das Meßglied (Tauchglockentragkörper), welches in der Fig. 88 zylindrisch ausgestaltet ist, für solche Fälle eine kurvische (parabolische) Gestalt erhält[1] (vgl. Fig. 94).

III. Planimeter.

Zur Bestimmung des Flächeninhaltes beliebig begrenzter ebener Figuren bedient man sich der Planimeter, deren einfachste Form die Polarplanimeter sind.

[1] Vgl. die Berechnungen im „Polytechnikum", Cöthener Akadem. Blätter 1917, Nr. 2.

Bei allen Polarplanimetern, gleichgültig welcher Konstruktion sie sind, finden sich folgende Hauptteile (Fig. 95) vor.

Ein längerer Arm, der Fahrarm[1], welcher an einem Ende einen Metallstift, den Fahrstift *F*, trägt. Auf dem Fahrarme verschiebbar angeordnet ist eine Metallhülse *K* (Fig. 96), die zwischen zwei kurzen, nach unten gehenden Armen die Achse einer Rolle *D* (Fig. 96) trägt. Der Umfang dieser Rolle

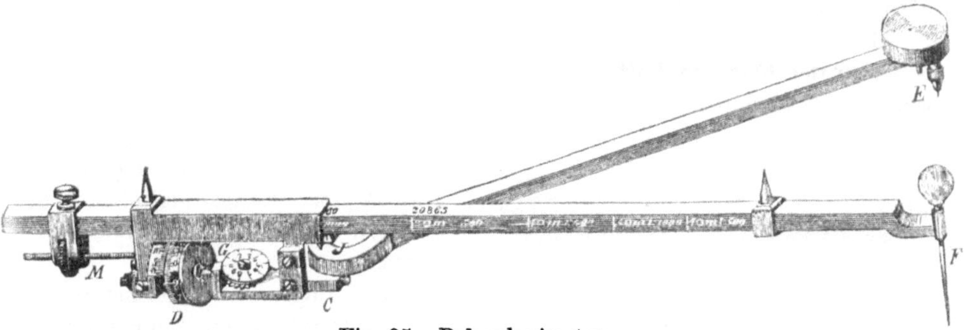

Fig. 95. Polarplanimeter.

(Limbus) ist in 100 gleiche Teile geteilt; links von ihr, auf einem Kreissegmente, ist ein rückläufiger Nonius angebracht, der eine Skala von 10 gleichen Teilen trägt, die also in ihrer Summe ebenso groß sind wie 9 Teile der Rolle *D*. Die Achse dieser Rolle ist in der Mitte auf einer kurzen Strecke zur Schnecke ausgebildet, die in ein kleines Schneckenrad eingreift. Auf der Achse des

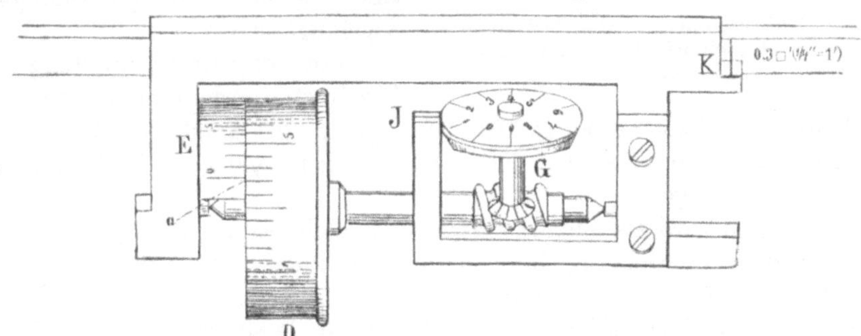

Fig. 96. Rolle zum Polarplanimeter.

letzteren sitzt die horizontale Zählscheibe *G* (Fig. 95, 96), welche in 10 gleiche Teile geteilt ist.

Hat sich die Rolle *D* um 100 ihrer Teilstriche weitergedreht, also eine Umdrehung ausgeführt, so ist die Zählscheibe *G* um einen Teilstrich weitergegangen. Zur Fixierung der Stellungen der Zählscheibe *G* ist an dem links von ihr hervorragenden Arme ein Index eingebracht, während für die Rolle *D* der Nullpunkt des Nonius als Index gilt.

Die Stellung der Hülse am geteilten Fahrarme wird ebenfalls durch einen Index bestimmt, der sich an der Hülse bei *K* (Fig. 96) befindet.

[1] *Brand,* Technische Untersuchungsmethoden zur Betriebskontrolle. Berlin. Julius Springer.

Eine Mikrometerschraube M (Fig. 95) ermöglicht eine ganz scharfe Einstellung der Hülse K am Fahrarme.

Der kürzere Arm J (Fig. 95) des Instrumentes ist am einen Ende mit einer vertikalen Achse einerseits in der Hülse, anderseits in dem Lappen C drehbar angeordnet, während das andere Ende eine feine Nadelspitze E trägt, die den Pol des Planimeters repräsentiert. Dieser Pol kann durch ein kleines rundes Gewicht beschwert werden.

Der Arm J wird der Polarm genannt.

Soll der Flächeninhalt einer beliebig begrenzten ebenen Figur bestimmt werden, so wird der Pol E, nachdem die Hülse auf einen bestimmten, von dem Maßstabe, in welchem die fragliche Figur gezeichnet ist, abhängigen Teilstrich des Fahrarms genau eingestellt ist, durch gelindes Eindrücken in das Zeichenpapier festgelegt.

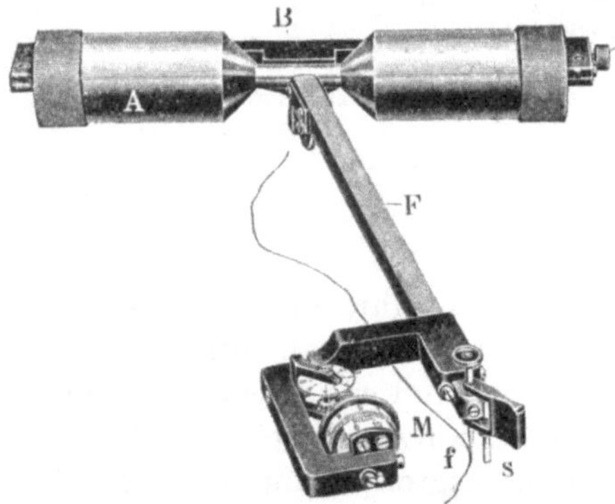

Fig. 97. Rollplanimeter (*Hydro-Apparate-Bauanstalt*, Düsseldorf) für langgestreckte Diagramme.

Die Lage des Planimeters zu der zu umfahrenden Figur muß so gewählt werden, daß sich die Figur mit dem Fahrstifte F bequem umkreisen läßt; dabei soll der Fahrarm, wenn er seine extremen Stellungen einnimmt, noch nicht am Ende seiner Bewegungsfähigkeit angelangt sein.

Die günstigste Stellung des Planimeters erhält man, wenn man den Fahrstift F annähernd in den Mittelpunkt der fraglichen Figur setzt und den Pol E so einstellt, daß die verlängert gedachte Rollenebene D durch den Pol E geht.

Im übrigen wird auf die sehr eingehende Behandlung des Stoffes in dem Werk: *Brand*, Technische Untersuchungsmethoden zur Betriebskontrolle. Julius Springer-Berlin, verwiesen.

Wo man ein Planimeter nicht zur Hand hat, berechnet man die Flächen nach der *Simpson*schen Regel.

Beim Auswerten von Diagrammen will man meistens nicht den Flächeninhalt, sondern die mittlere Höhe wissen. Die mittlere Höhe eines Diagrammes ist gleich: Flächeninhalt geteilt durch die Basislänge.

Für langgestreckte Diagramme empfiehlt sich der Gebrauch der Führungswalze, wie sie in dem Universalplanimeter der *Hydro-Apparate-Bauanstalt* zum Ausdruck kommt. Diese Walze (Rollplanimeter) ist in Fig. 97 abgebildet; ihr Gebrauch ist ohne weiteres verständlich. Die Umfahrung ist ebenso vorzunehmen, wie beim Gebrauch des Polarplanimeters.

Bei der Anwendung des Planimeters zur Auswertung der Diagramme nach Fig. 94 ist jedoch folgendes zu beachten, wenn die Kurve öfter oder längere Zeit nahe unter der Nullinie verläuft. Aus gewissen konstruktiven

Gründen und im Interesse der Genauigkeit der Messung ist z. B. bei den Hydroapparaten nicht die ganze Höhe des Diagramms proportional geteilt. Bei einem gesamten Meßbereich von z. B. 10 m/sek. ist nur die Strecke zwischen 3 und 10 m/sek. proportional geteilt, während von 0 bis 3 m/sek. die Teilung wie beim gewöhnlichen Geschwindigkeitsmesser proportional dem Quadrat der Geschwindigkeit ist. Beim Planimetrieren darf also nur der oberhalb der ersten Linie der gleichmäßigen Teilung, der Planimeternullinie, befindliche Teil des Diagramms umfahren werden. Die erhaltene mittlere Höhe ist dann von derselben Linie ab aufzutragen. Die sich ergebende mittlere Geschwindigkeit ist offenbar zu groß, wenn, wie gesagt, die Kurve zeitweilig unterhalb der Planimeternullinie verläuft. Man ermittle also für den unter der Planimeternullinie liegenden Teil des Diagramms die mittlere Geschwindigkeit, gerade so, als wenn der oberhalb dieser Linie liegende Teil nicht vorhanden wäre. Diese letztere mittlere Geschwindigkeit ziehe man von der der Planimeternullinie entsprechenden Geschwindigkeit ab. Den Rest subtrahiere man von der zuerst im planimetrierbaren Teil erhaltenen mittleren Geschwindigkeit, um die für das ganze Diagramm geltende mittlere Geschwindigkeit zu erhalten. — Wenn die Teile des Diagramms unterhalb der Planimeternullinie nicht beträchtlich sind und nicht zu nahe auf Null heruntergehen, kann man einfach die unter der Planimeternullinie liegende Fläche von der darüberliegenden subtrahieren, die gefundene mittlere Höhe von der Planimeternullinie aus auftragen und als mittlere Geschwindigkeit annehmen. Mit anderen Worten, man umfährt mit der Planimeternullinie als Basis die darunter- und darüberliegenden Teile in einem Zuge.

IV. Volumenmesser mit Zählwerk.

Diese Messer machen das Auswerten des Diagramms (und somit auch das Planimetrieren) überflüssig.

1. Registrierender Gasmesser mit automatischem Zähler, System *Contzen*.

Wie der bekannte normale Hydro-Volumenmesser besteht auch dieser Apparat (vgl. Fig. 98, 1 bis 5) aus einer Druckglocke *a* mit Tragschwimmer, die in die Flüssigkeit eines bis zu einer bestimmten Marke gefüllten Gefäßes eintaucht. Die Druckglocke *a* verstellt sich dem der Geschwindigkeit entsprechenden Druckunterschied gemäß, und ihre Bewegung wird durch eine Schreibstange *b* auf eine Registriertrommel übertragen, die von einem Uhrwerk um ihre Achse gedreht wird. Mit der Schreibstange *b* ist durch *c* und andere Zwischenglieder die Kurvenscheibe *f* verbunden, die den Bewegungen der Druckglocke *a* folgt. Gegen die Kurvenscheibe *f* wird in bestimmten Zeiträumen der Taster *o* geführt, der mit dem Schaltrand *v* eines Zählers *g* verbunden ist. Die Kurvenscheibe *f* ist so geformt, daß der Weg des Tasters *o* und damit die Verstellung des Zählers *g* proportional der Gasmenge in der Zeiteinheit ist. Wie oben gesagt, erfolgt die Bewegung des Tasters *o* in bestimmten Zeiträumen, etwa alle 30 Sekunden. Die Ablesung am Zähler *g* ergibt also Gasmenge in der Zeiteinheit. Dies ist in kurzen Umrissen die Wirkungsweise des Zählwerkes. Bezeichnet:

A die Anzeige des Diagramms in der höchsten Schreibstiftstellung, also den Meßbereich des Apparates in cbm/sek;

B die Anzahl Einheiten, um welche das Einheitenzählwerk bei der höchsten Schreibstiftstellung pro 1 Hub fortgeschaltet wird;

Z die Dauer der Messung in Sekunden;

H die am Hubzähler abgelesene Anzahl Hübe während der Zeit Z Sekunden;

E die am Einheitenzähler abgelesene Anzahl Einheiten während der Zeit Z Sekunden;

Q_G die während der Zeit Z Sekunden gemessene Gasmenge in cbm;

so ist

$$Q_G = \frac{A}{B} \cdot \frac{Z}{H} \cdot E. \tag{3}$$

Im fortlaufenden Betriebe sind A, B und $\frac{Z}{H}$ konstante Größen. Man setzt

$$\frac{A}{B} \cdot \frac{Z}{H} = K, \tag{3a}$$

und hat dann einfach aus der am Einheitenzähler abgelesenen Zahl E die Gesamtgasmenge:

$$Q_G = K \cdot E. \tag{3b}$$

Zum Antrieb des Tasters kann entweder, wie in der Fig. 98,5 ein, Uhrwerk b_1 Verwendung finden, oder irgendein Motor, z. B. ein Wassermotor, wie in Bild 1 der Fig. 98. Um unabhängig von dem mehr oder weniger regelmäßigen Antrieb zu sein, wird bei Verwendung eines Motors durch Hubzähler g_1 die Hubzahl des Tasters in 24 Stunden festgestellt. Das Anbringen des Hubzählers gestattet auch bei unregelmäßigem Arbeiten des Antriebes die Richtigstellung der Anzeige. Ist z. B. der Wert einer Einheit des Zählers 100 cbm bei 1000 Hüben in 24 Stunden, so ist bei 2000 Hüben in 24 Stunden der Wert einer Einheit $\frac{100 \cdot 1000}{2000} = 50$ cbm. Zur Richtigstellung ist also nur mit dem Verhältnis der Hubzahlen zu multiplizieren. Der in Fig. 98, 1 dargestellte Wassermotor — der sich übrigens in der Praxis bewährt hat — arbeitet in folgender Weise: Dem Gefäß w fließt aus einem Wasserkasten fortwährend Wasser durch eine Düse zu. Ist w gefüllt, so enthebert es in Gefäß z. Das Gefäß z ist an Schnüren c_3 aufgehängt, die um Rollen d_3 geschlungen sind. Die Rollen d_3 sitzen fest auf der Achse k_1; ebenfalls fest sitzt auf der Achse k_1 die Schnurrolle d_2, um die eine Schnur c_2 geschlungen ist, welche das Gewicht m_1 trägt. m_1 zieht das nicht gefüllte Gefäß z hoch, bis sich Anschlag s_1 an Rolle d_3 gegen Anschlag i_1 legt. Ist nun — wie oben gesagt — der Inhalt von w in z entleert, so wird das Gewicht von z größer als m_1; z sinkt bis zum unteren Anschlag i_2, entleert sich in den Abwasserkasten z_1 und wird von m_1 wieder hochgezogen; dann wiederholt sich derselbe Vorgang. Beim Heben und Senken von z wird die Achse k_1 gedreht. Auf der Achse k_1 sitzt der Mitnehmer v_1, gegen den sich der Anschlag h_1 der

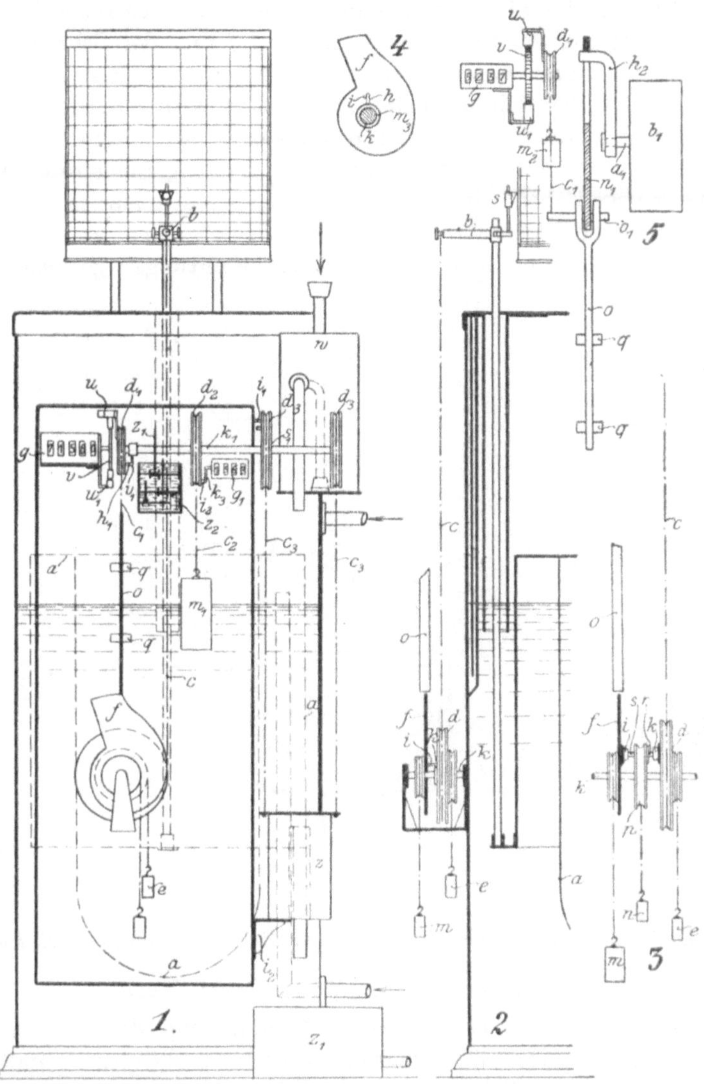

Fig. 98. Registrierender Gasmesser mit automatischem Zähler, System *Contzen*. (Fig. 1 bis 5.)

Schnurrolle d_1 legt. Der Taster o ist mittels Schnur c_1 an d_1 befestigt; d_1 trägt die Schaltklinke u, die in das Schaltrad v des Zählers g eingreift. Beim Abwärtsgehen des Gefäßes z folgt der Taster o, bis er auf die Kurvenbahn f aufstößt; k_1 kann sich ruhig weiterdrehen, bis z in die unterste Stellung gelangt ist. Beim Zurückgehen nimmt der Mitnehmer v_1 die Schnurscheibe d_1

und damit den Taster *o* bis zur Anfangsstellung wieder mit. Um einen gleichmäßigen Gang des Getriebes herbeizuführen und Stöße zu vermeiden, ist die Achse k_1 noch mit einem in Öl laufenden Hemmwerk z_2 verbunden. Damit sich die Druckglocke *a* frei bewegen kann, wenn der Taster *o* auf der Kurvenbahn *f* aufruht, ist die Verbindung zwischen *f* und der Schnurscheibe *d* so hergestellt, daß durch Gewicht *m* der Anschlag *i* der Kurvenbahn *f* gegen den Anschlag *h* der Schnurscheibe *d* gedrückt wird. Beim Arretieren der Kurbenscheibe *f* durch den Taster *o* kann sich die Schnurscheibe *d* in der einen Richtung unabhängig von *f* bewegen; nach Aufheben der Arretierung kehrt die Kurvenscheibe in ihre normale Lage zu *d* zurück. In Fig. 98, 3 ist noch eine Einrichtung dargestellt, die freie Bewegung der Schnurscheibe *d* gegenüber der Kurvenscheibe *f* nach beiden Richtungen gestattet.

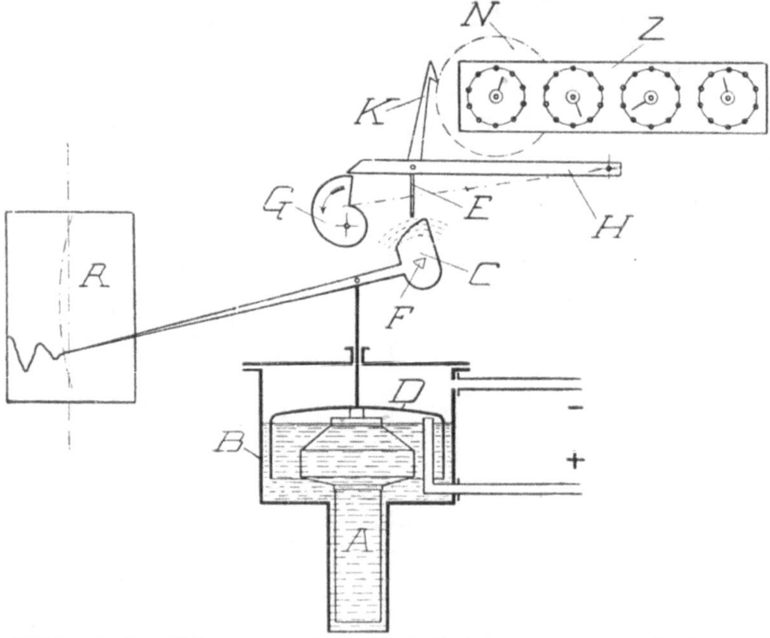

Fig. 99. Zählwerk des Volumen- und Geschwindigkeitsmessers von *R. Fueß*-Steglitz.

2. Apparat mit Zähler von *Fueß*.

Bei dem auf S. 138 beschriebenen Apparat (vgl. Fig. 89) läßt sich eine selbsttätige Integration des Diagramms dadurch bewirken, daß dort ein Zählwerk angebracht wird, welches in der Fig. 99 dargestellt ist. Von einem kleinen Uhrwerk (Gangwerk) wird minutlich ein zweites Uhrwerk ausgelöst, welches durch die Daumenscheibe *G* einen Hebel *H* freigibt, der während seines Falles durch die Sperrklinke *K* ein Zählwerk *NZ* betätigt. Während der obere Anschlag des Fallhebels begrenzt ist, ist der untere Anschlag durch eine auf dem Wagebalken sitzende und an dessen Bewegung teilnehmende Metallkurve *C*, deren Form der Geschwindigkeit des Gases und dem Querschnitt der Leitung angepaßt ist, abhängig. Bei großer Geschwindigkeit sind die auf- und abgehenden Bewegungen von *E* groß, entsprechend einem großen Vorschub des Zählwerkes; bei geringer Geschwindigkeit tritt eine entsprechende geringere Weiterdrehung der Zählräder ein. Man ist also in der Lage, ähnlich wie bei einem Gasmesser, die Gasmenge in Kubikmeter abzulesen[1].

Photographische Registrierung. Auch photographische Registrierung mit Hilfe von Momentaufnahmen (es entstehen also nicht ununterbrochen Kurven, sondern die Aufzeichnung geschieht in bestimmten Intervallen, etwa alle drei Minuten) sind versucht worden. Vgl. Zeitschrift für Berg-, Hütten- und Salinenwesen, Band 48, Jahrgang 1900, S. 12. Diesbezügliche Apparate bauten *Schultze & Co.*, Charlottenburg.

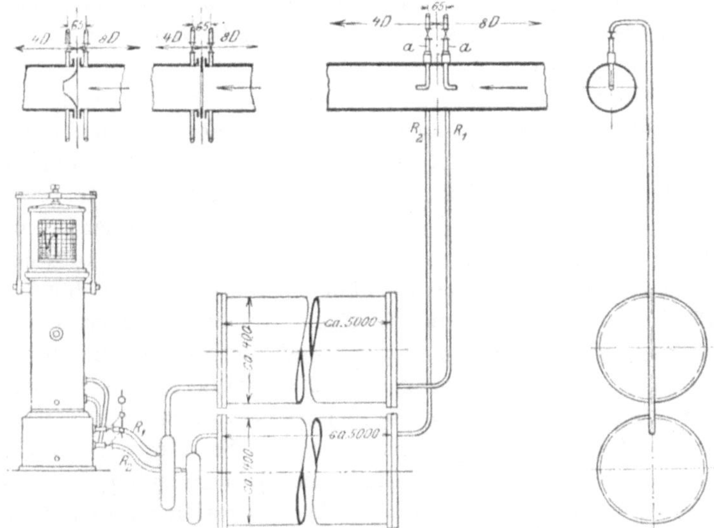

Fig. 100. Anschluß eines Hochdruckvolumenmessers.

V. Über den Gebrauch der Registrierapparate.

In der Fig. 89 ist schematisch der Anschluß eines Volumenmessers an eine Rohrleitung angegeben. Führt das zu messende Gas Feuchtigkeit mit, so muß vor dem Volumenmesser für eine Abflußmöglichkeit des sich niederschlagenden Kondenswassers gesorgt werden. Vgl. Fig. 113. Am besten ist dafür ein Syphon geeignet, weil dann der Wasserabfluß sich selbsttätig einstellt; Wasserablaßhähne sind etwas umständlicher. Die Fig. 100 zeigt eine schematische Verbindung eines Volumenmessers mit verschiedenen Meßeinrichtungen (Düse, Staurand, Pitotrohre). Gleichzeitig dient diese Figur als

[1] Von den sonstigen Konstruktionen zur Registrierung von Gasmengen, deren Besprechung wegen Platzmangel leider nicht mehr möglich ist, möge noch auf die Apparate der Firmen: *C. Bamberg*, Berlin-Friedenau; *Gehre-Dampfmesser-Gesellschaft*, Berlin und *J. C. Eckardt*, Stuttgart-Cannstatt verwiesen werden. Allerdings finden diese Konstruktionen meistens Verwendung speziell als Dampfmesser.

Schema zum Anschließen des Volumenmessers an Rohrleitungen, in welchen, wie man es besonders bei Kolbenkompressoren und -gebläsen hat, die mit geringer Tourenzahl laufen, Druckschwingungen auftreten. Letztere werden durch die großen 5000 mm langen Druckausgleichsgefäße unschädlich gemacht.

Beim Legen der Zuleitungsrohre ist vor allem darauf zu achten, daß dieselben absolut dicht sind, und daß sich keine Wassersäcke bilden können. Die Zuleitung besteht im allgemeinen aus $^3/_4''$ Gasrohr; ist der Aufstellungsort des Apparates (im Betriebsführerzimmer) weit von der Meßstelle entfernt, so sind weitere Rohre zu verwenden.

Zum Füllen der Apparate wird Wasser, Glyzerin, Paraffinöl usw. verwendet. Die Wartung der Apparate beschränkt sich auf das Auswechseln des Diagrammstreifens (alle 24 Stunden oder jede Woche) und Nachfüllen der Tinte für den Schreibstift.

Die oben beschriebenen Volumenmesser lassen sich für Geschwindigkeitshöhen bis 4 mm W.-S. herab bauen. Aus betriebstechnischen Gründen erscheinen Geschwindigkeiten von weniger als 10 mm W.-S. weniger zweckmäßig. Ist bei der Anwendung eines Staudoppelrohres nach *Prandtl* oder *Brabbée* der dynamische Druck zu gering, so sind Düsen oder Stauflanschen zu empfehlen. Bei den letzteren lassen sich beliebige Druckdifferenzen erzielen. Pitot-Rohre ergeben etwas höhere Geschwindigkeitshöhen als die Staudoppelrohre von *Prandtl* und *Brabbée*; ihr Koeffizient ist aber, wie bereits oben ausgeführt wurde, nicht genügend unveränderlich und schwankt je nach den Strömungsverhältnissen von 1,37 bis 1,6. Aus demselben Grunde sind auch Stauscheiben nicht zu empfehlen; bei staubhaltigem Gas müssen letztere für die Dauermessungen, ebenso wie Staudoppelrohre (außerdem auch wegen leicht eintretender Verschmutzung) ausscheiden, falls nicht Einrichtungen zum häufigen Reinigen derselben getroffen worden sind.

Viele Volumenmesser von der Art, wie es oben beschrieben wurde, sind für nur eine spezielle Meßart eingerichtet; so z. B. der „Phönix"- Geschwindigkeitsmesser für „Doppeldüsen" usw. Bei Anschaffungen ist daher darauf zu achten.

Die Geschwindigkeits- oder Volumenangabe im Diagramm oder am Zählwerk bezieht sich stets auf ein bestimmtes, durchschnittliches spez. Gewicht des zu messenden Gases, d. h. auf einen bestimmten Temperatur-, Druck- und Beschaffenheitszustand desselben. Beträgt z. B. das spez. Gewicht des Gases 0,88 statt 0,85, so entsteht allein dadurch bei Geschwindigkeiten von 15 m/sek. ein Fehler von 1,5 Proz. Ganz abgesehen davon, daß schon allein infolge der Änderung der Temperatur, des Druckes usw. das Raumgewicht des Gases ganz bedeutenden Schwankungen unterliegt, ändert sich dasselbe in vielen Fällen auch aus betriebstechnischen Ursachen. Aus diesen Gründen (vgl. Seite 152) erscheint es zweckmäßiger, die Registrierapparate zum Aufzeichnen der Druckdifferenz allein, bzw. des Produktes aus der Druckdifferenz und Leitungsquerschnitt zu verwenden und gleichzeitig auch das spez. Gewicht, Temperatur, Barometerstand und womöglich auch Wassersättigung, falls das Gas nicht ganz gesättigt ist, zu registrieren. Es wäre keine große Mühe, die erhaltenen Durchschnittsresultate einmal in 24 Stunden in die betreffende Formel einzusetzen und sonst auszuwerten.

Besitzt man aber einen Volumenmesser, dessen Zählwerk bereits für ein bestimmtes Raumgewicht des Gases eingerichtet ist, und ist der Zustand des Gases bei der Messung hinsichtlich Temperatur, Druck oder Feuchtigkeitsgehalt ein wesentlich anderer, als dem Diagramm zugrunde liegt, so ist dies bei der Ausrechnung („Hydro") zu berücksichtigen. Bezeichnet:

V_n Volumen nach Angabe des Diagramms;
w_n Geschwindigkeit nach Angabe des Diagramms;
γ_n Raumgewicht, das dem Diagramm zugrunde liegt;
V, w und γ Volumen, Geschwindigkeit und Raumgewicht bei dem Gaszustande während der Messung;

so ist

$$V = V_n \sqrt{\frac{\gamma_n}{\gamma}} \tag{4}$$

bzw.

$$w = w_n \sqrt{\frac{\gamma_n}{\gamma}}\,. \tag{4a}$$

Es genügt also, das Raumgewicht im Betriebszustand zu kennen, um die Gasmenge stets genau zu berechnen. Hierzu dienen die folgenden Formeln.

Bezeichnet man mit

t_n die dem Diagramm zugrunde liegende Temperatur in °C;
p_n den dem Diagramm zugrunde liegenden Gasdruck in mm Q.-S. absolut, und mit
t und p die entsprechenden Werte bei der Messung,

dann bedeutet das Raumgewicht

$$\gamma = \gamma_n \cdot \frac{273 + t_n}{273 + t} \cdot \frac{p}{p_n}\,. \tag{5}$$

Der Wert des Korrektionsfaktors ist mithin

$$\sqrt{\frac{\gamma_n}{\gamma}} = \sqrt{\frac{273 + t}{273 + t_n} \cdot \frac{p_n}{p}}\,. \tag{6}$$

Bezieht sich das Diagramm auf trockenes Gas, und ist das Gas bei der Messung mit Wasserdampf gesättigt, so berechnet sich das Raumgewicht aus:

$$\gamma = f + \gamma_n \cdot \frac{273 + t_n}{273 + t} \cdot \frac{p - \tau}{p_n}\,, \tag{7}$$

und man erhält

$$\sqrt{\frac{\gamma_n}{\gamma}} = \sqrt{\frac{\gamma_n}{f + \gamma_n \cdot \frac{273 + t_n}{273 + t} \cdot \frac{p - \tau}{p_n}}}\,. \tag{8}$$

Hierin bedeutet:

> f das Gewicht von 1 cbm Wasserdampf bei $t°$ C in kg/cbm;
> τ die Spannung des Dampfes bei $t°$ C in mm W.-S.

Die Werte f und τ kann man der Dampftabelle entnehmen.

Es ist noch zu bemerken, daß der Druck p_n bzw. p in den vorstehenden Formeln absoluter Druck ist, d. h. Unterdruck ist vom Barometerstand abzuziehen, Überdruck demselben zuzuzählen. Zur Umrechnung des in anderer Einheit angegebenen Druckes auf mm Q.-S. hat man:

1 kg/qm = 1 mm W.-S. = 0,073551 mm Q.-S.
1 Atm = 1 kg/qcm = 735,51 „ „
1 alte Atmosphäre = 760 „ „

zu setzen.

Auf dem Diagramm des Volumenmessers wird die Menge des Gases aufgezeichnet. Diese Menge ist ein Produkt aus dem Leitungsquerschnitt, der Druckdifferenz und einem Koeffizienten. Wird nicht Luft gemessen, sondern irgendein anderes Gas, so muß sein spez. Gewicht berücksichtigt werden. Wenn auch für das spez. Gewicht des Gases unter anderem auch seine Temperatur, Druck und Wassersättigung von Einfluß ist, so treten doch keine besonderen Schwierigkeiten ein, solange das spez. Gewicht des Gases im großen ganzen unveränderlich ist. Es kommen aber in der Praxis Fälle vor, wo das spez. Gewicht des Gases starken Schwankungen unterworfen ist. So z. B. im Kokereibetriebe.

Wird die Kohle in eine Verkokungskammer hineingefüllt, so beginnt sie unter dem Einfluß der Hitze in den Heizwänden zu destillieren. Im Verlauf des Verkokungsprozesses, welcher etwa 25 bis 30 Stunden dauert, entsteht das Kohlendestillationsgas, dessen Zusammensetzung sich mit fortschreitender Destillation ändert. Schwere Gasbestandteile nehmen allmählich gegen Ende der Destillation ab und leichtere dagegen zu, so daß das spez. Gewicht des Gases in den Grenzen von 0,4 bis 0,6 schwanken kann. Dieses Übel wird jedoch in gewissem Maße dadurch behoben, daß bei einer Batterie, welche aus 40 bis 80 Öfen besteht, die Kohle nicht in sämtlichen Öfen gleichzeitig eingefüllt wird, sondern in jeden Ofen nacheinander, so daß man praktisch dadurch gewissermaßen ein gleichmäßiges Gas erhalten kann. Es kommen aber noch andere Momente hinzu.

Gegen das Ende der Destillation nimmt die Gasentwicklung ab, so daß der Gasdruck im Innern der Kammer sinkt, wodurch den in den Heizwänden befindlichen Rauchgasen Gelegenheit geboten wird, durch die Poren und Nähte des feuerfesten Mauerwerks der Wand in die Kammer hineinzudringen. Die Rauchgase, welche zu 80 bis 85 Proz. aus Stickstoff bestehen, sind sehr schwer und wirken somit auf das spez. Gewicht des Destillationsgases ein. Berücksichtigt man noch, daß die Koksofengase mit Exhaustoren abgesaugt werden, und daß die Saugung nicht immer gleichmäßig ist, so muß man einsehen, daß das spez. Gewicht eines Kokereigases tatsächlich in weiteren

Grenzen veränderlich ist. Ähnliche Fälle können unter Umständen auch in anderen Betrieben eintreten, wo die Gase ebenfalls mittels Exhaustoren abgesaugt werden. In Generatoranlagen ändert sich das Gas je nach der Beschickung und dem Gang des Generators. Es lassen sich noch viele andere ähnliche Beispiele bringen.

In solchen Fällen wäre es zu empfehlen, die Registrierapparate so zu konstruieren, daß auf dem Diagramm meinetwegen nur das Produkt aus der Druckdifferenz mal Querschnitt mal Koeffizient aufgetragen wird, während das spez. Gewicht, welches, wie oben ausgeführt, starken Schwankungen unterworfen ist, mittels eines selbstschreibenden Gasdichtebestimmungsapparates dauernd ermittelt wird. In diesem Falle wird das Diagramm ebenfalls planimetrierbar, und es braucht nur einmal im Tage das durchschnittliche spez. Gewicht berücksichtigt und eingesetzt zu werden.

H. Gasmengenermittelung mittels Durchflußwiderständen.

I. Die theoretischen Grundlagen[1]).

Im allgemeinen kann jede Querschnittsänderung in einem Kanal zur Bestimmung der durchfließenden Gasmenge benutzt werden. Eine Verengung des Rohrquerschnittes verursacht eine Geschwindigkeitszunahme an der be-

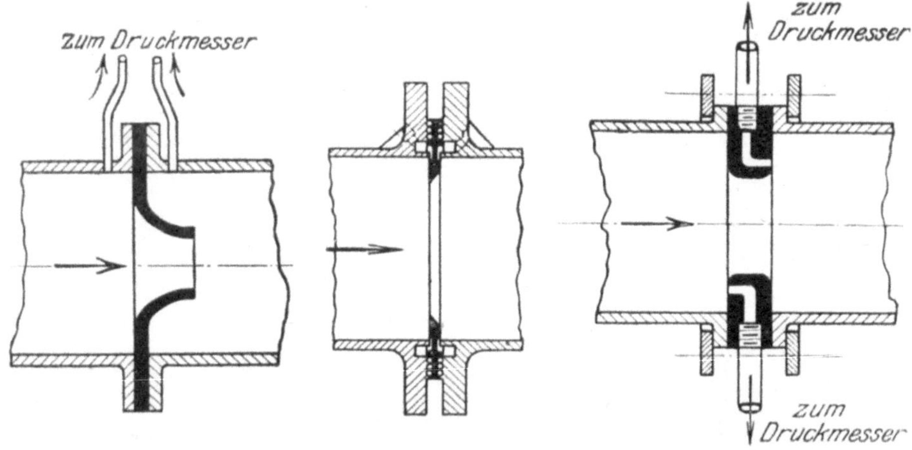

Fig. 101. Düse. Fig. 102. Staurand. Fig. 103. Stauflansch.

treffenden Stelle, die mit einer Druckabnahme verbunden ist. Die Bestimmung der Durchflußmenge ist damit auf die Messung des durch dynamische Erscheinungen hervorgerufenen Druckunterschiedes zurückgeführt. In der Hydraulik benutzt man die dynamische Mengenmessung schon seit langem. Bei der Wassermengenermittlung sind aber die Verhältnisse weniger verwickelt, als bei strömenden Gasen; trotzdem lassen sich Gasmengenermittlungen nach denselben Prinzipien durchführen, wie Wassermessungen; es müssen jedoch entsprechende, den Eigenschaften der Gase Rechnung tragende Korrektive berücksichtigt werden.

Die Ausbildung der Querschnittsverengerung kann in verschiedener Weise erfolgen; immerhin lassen sich drei Hauptformen unterscheiden:

1. Die Düse, ein trompetenförmiger Trichter (Fig. 101).

---

[1] Die theoretischen Grundlagen dieses Verfahrens behandeln ausführlich: 1. *Zeuner*, Thermodynamik (1900); 2. *Schüle*, Technische Thermodynamik; 3. *Ostertag*, Theorie und Konstruktion der Kolben- und Turbokompressoren (1911); 4. *Gramberg*, Technische Messungen (1920); 5. *Hinz*, Thermodynamische Grundlagen der Kolben- und Turbokompressoren (Berlin 1914) und andere.

2. Der Staurand, eine Öffnung in ebener Wand von sehr geringer Stärke oder mit scharfer Kante (auch Drosselscheibe, Stauflansch, Mündung, Diaphragma genannt). Vgl. Fig. 102 (Staurand) und 103 (Stauflansch).

3. Das Venturirohr (Doppeldüse), Verengung mit langen, konischen, dem Gasstrom sich anschmiegenden Übergängen (Fig. 104).

Strömt ein Gas innerhalb eines Rohres durch eine Querschnittsverengung, so entsteht eine Druckdifferenz vor und hinter der Verengung, welche zur Beschleunigung des Gases in der Verengung dient. Fig. 105, 106 und 107 zeigen den ungefähren Stromlinienverlauf bei einem Staurand innerhalb, einer Düse am Ende (Ausströmung) und ebenfalls an einer Düse am Ende, jedoch bei einströmendem Gas.

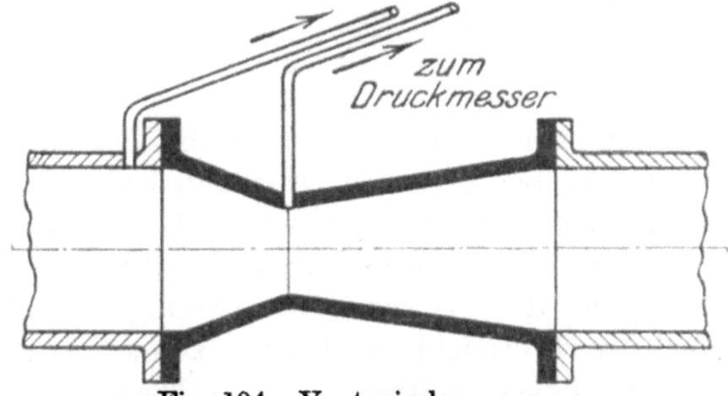

Fig. 104. Venturirohr.

Die Druckdifferenz ist abhängig von der geometrischen Abmessung der Querschnittsverengerung und eventuell der Rohrleitung, von der Strömungsgeschwindigkeit und dem spez. Gewicht des strömenden Gases. Sie bildet demnach ein Maß der Strömungsgeschwindigkeit und der sekundlich durch den Querschnitt geflossenen Gasmenge.

Die theoretischen Grundlagen der Ermittlung von Gasmengen mittels Querschnittsverengungen können auf Grund der Arbeiten von *Weißbach*, *Zeuner*, sowie neueren Veröffentlichungen von *Ostertag*, *Bendemann*, *Jahn* und anderer folgendermaßen kurz dargestellt werden.

Strömt Gas durch eine Verengung (Düse, Staurand, Venturirohr) aus einem Raum ins Freie oder in einen anderen Raum genügender Weite, so wird sein Verlust an Energie theoretisch restlos in Geschwindigkeitsenergie umgesetzt. Beträgt bei dem Durchströmen durch die Verengung der Druckunterschied vor und hinter der Verengung h oder $p_1 - p_2$ kg/qm (oder, was dasselbe ist, mm W.-S.), und ist das spezifische Volumen v (reziproker Wert des spez. Gewichtes γ) vor der Verengung gleich $\frac{1}{\gamma}$, so beträgt die Expansionsarbeit L in mkg/kg (das ist die durch Druckabnahme in Strömungsenergie umgesetzte Arbeit) unter Vernachlässigung der Zustromgeschwindigkeit

$$L = \frac{w^2}{2g} = \frac{p_1 - p_2}{\gamma} = (p_1 - p_2)\, v = h \cdot v. \tag{1}$$

Die theoretische Ausflußgeschwindigkeit w in m/sek. ($\sqrt{\text{m/sek}^2 \cdot \text{mkg/kg}}$ = m/sek.) ist gleich:

$$w = \sqrt{2g\,L} = \sqrt{2g \cdot v \cdot (p_1 - p_2)} = \sqrt{2g \cdot v \cdot p_1\left(1 - \frac{p_2}{p_1}\right)}. \tag{2}$$

Nach der Zustandsgleichung für vollkommene Gase ist $p \cdot v = RT$; hier ist R die Gaskonstante (vgl. Tabelle 6 im Anhang), die für Luft z. B. 29,27; für Kohlensäure 19,27 usw. beträgt. T ist die absolute $(273 + t)$ Temperatur, p ist in kg/qm, v in cbm/kg angegeben. Wir bezeichnen mit T die absolute Temperatur vor der Verengung. Dann läßt sich die Gleichung (2) folgendermaßen schreiben:

$$w = \sqrt{2gRT\left(1 - \frac{p_1}{p_2}\right)}. \tag{3}$$

Bei einem Querschnitt f der Verengung (d ist der Durchmesser der Verengung) beträgt V (die theoretische Durchflußmenge in der Sekunde)

$$V = \frac{\pi d^2}{4} \cdot w = f \cdot w = f \cdot \sqrt{2gRT\left(1 - \frac{p_2}{p_1}\right)}. \tag{4}$$

Der Ausfluß der Gase vollzieht sich aber nicht immer rein mechanisch, sondern ist bei größerem Druckabfall als ein thermodynamischer Vorgang zu betrachten. Infolgedessen gelten die Gleichungen nicht allgemein.

Wie erwähnt wurde, bewirkt der Druckabfall in der Verengung eine Steigerung der Strömungsgeschwindigkeit, die an der engsten Stelle ihren Höchstwert erreicht, und zwar können Geschwindigkeiten bis zur Schallgeschwindigkeit auftreten. Bei größerem Druckgefälle wird der Überschuß an Druckunterschied durch Stoß- und Wellenbildung in Wärme umgesetzt. Dieser Betrag ist aber der Messung nicht zugänglich. Für die Formgebung der Verengung muß dieser Tatsache entsprochen werden.

Damit gerade die Schallgeschwindigkeit erreicht wird, muß der Druckunterschied einem bestimmten Verhältnis gleich sein, dessen Wert durch den Exponenten $\varkappa$ festgelegt ist; $\varkappa = \frac{c_p}{c_v}$ = das Verhältnis der spez. Wärme des Gases bei konstantem Druck zu demjenigen bei konstantem Volumen. $\varkappa$ (dessen Werte für verschiedene Gase in der Tabelle 6 im Anhang enthalten sind) hat für die einatomigen Gase den Wert 5/3 und für zweiatomige (Luft) bei gewöhnlicher Temperatur 1,4. Das sog. kritische Druckverhältnis β ist bestimmt durch die Beziehung

$$\frac{p_2}{p_1} = \beta = \left(\frac{2}{\varkappa + 1}\right)^{\frac{\varkappa}{\varkappa - 1}}. \tag{5}$$

Für Luft ($\varkappa = 1{,}40$) würde dann das kritische Druckverhältnis $\beta = 0{,}528$ betragen; für Ammoniak ($\varkappa = 1{,}29$) $= 0{,}54$ usw.

Kehren wir nun zu den Fig. 105 bis 107 zurück, so sehen wir, daß je nach der Formgebung der Querschnittsverengerung eine verschiedene Strahleinschnürung entsteht; auch tritt infolge der Reibung an der Wandung der Durchflußöffnung eine Verminderung der Durchflußgeschwindigkeit ein.

Auch unter Beachtung der thermodynamischen Vorgänge, die beispielsweise in der Gleichung (5) teilweise präzisiert sind (für größere Druckunterschiede gilt eine andere Gleichung), sind die Angaben den tatsächlich durchflossenen Luftmengen noch nicht entsprechend. Je nach der Formgebung der Durchflußöffnung sind die Angaben mehr oder weniger falsch. Es ist deshalb für jede Form der Querschnittsverengung die Ausflußziffer festzustellen. Soweit solche Ausflußziffern für verschiedene Formen der Durchflußöffnungen (Düse, Staurand, Venturirohr) bei verschiedenen Verhältnissen (Gasart, Geschwindigkeit, Druck bzw. Saugung, Temperatur usw.) nicht vorliegen, müssen dieselben durch Eichung ermittelt werden. Die Eichung muß bei denselben Verhältnissen geschehen, wie sie bei der späteren Verwendung auftreten. Mit diesen Ausflußziffern, die je nach der Form der Verengung und dem Verhältnis derselben zum Rohrquerschnitt von 0,6 bis

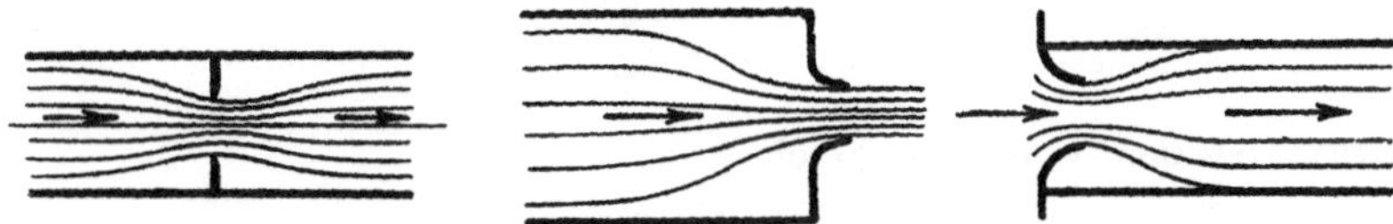

Fig. 105 bis 107. Strahleinschnürung bei Gasströmung.

1,0 schwanken kann, ist die aus der Gleichung gefundene Durchflußmenge zu verbessern.

Für die Gasmengenermittlung mittels Querschnittsverengung ist, wie wir gesehen haben, das Verhältnis der Drücke vor und hinter der Verengung maßgebend. Man kann hierbei drei Fälle unterscheiden.

I. Das Verhältnis der Drücke vor und hinter der Verengung ist groß, die Druckdifferenz beträgt nicht über 10 Proz. des Druckes vor der Verengung $\left(\frac{p_2}{p_1} \text{ für Luft} > 0{,}9\right)$.

II. Das Druckverhältnis $\frac{p_2}{p_1}$ liegt oberhalb des kritischen Druckverhältnisses β $\left(\text{für Luft sind die Grenzen } \frac{p_2}{p_1} = 0{,}90 \text{ bis } 0{,}528;\right.$ bei anderen Gasen unterscheiden sich diese Grenzen nur um ein weniges$\Big)$.

III. Das Druckverhältnis liegt unterhalb des kritischen Druckverhältnisses $\left(\text{für Luft } \frac{p_2}{p_1} < 0{,}528\right)$.

Fall I. Die erzeugte Druckdifferenz ist klein. Da die Druckabnahme klein ist (nicht über 10 Proz. des Druckes vor der Verengung), so kann die Änderung des spez. Volumens v während des Durchflusses unberücksichtigt bleiben. Es kann angenommen werden, daß die Strömungsgeschwindigkeit nur durch Druckabnahme erzeugt wird. In diesem Falle kann die Gleichung (4) für die Ermittlung der Durchflußmenge in Volumeneinheiten Anwendung finden. Unter der Berücksichtigung der Kontraktionszahl μ[1] (d. i. das Verhältnis der gemessenen Gasmenge zu dem wirklichen Volumen) beträgt die stündliche Gasdurchflußmenge

$$V_{st} = \mu \cdot 3600 \cdot f \cdot \sqrt{2gRT\left(1 - \frac{p_2}{p_1}\right)}. \tag{6}$$

[1] $\mu = \alpha \cdot \varphi$; α = eigentliche Kontraktionszahl, φ = Reibungszahl; μ nicht zu verwechseln mit der Ausflußzahl k (Seite 133).

Die Gleichung (6) gilt unter der Voraussetzung, daß die Geschwindigkeit des Gases im Zuleitungskanal vor der Verengung verschwindend klein sei gegenüber der Geschwindigkeit in der Durchflußöffnung. Diese Annahme ist meistens zutreffend; im übrigen wird der Einfluß der Geschwindigkeit vor der Verengung durch die Eichung (also in dem Exponenten μ mit enthalten) oder durch eine abweichende Art der Druckmessung (wie etwa in Fig. 15 A[1]) berücksichtigt.

Will man die Gasmenge in Gewichtseinheiten angeben, so entwickelt sich die Gleichung (6) zu

$$G_{st} = \mu \cdot f \cdot \frac{w}{v}. \tag{6a}$$

Daraus ist das Volumen gleich

$$V = G \cdot v. \tag{6b}$$

Die praktische Anwendung der Gleichung (6), ohne Rücksicht auf die Form des Durchflußwiderstandes, möge am folgenden Beispiel (nach *Ostertag*) gezeigt werden.

Beispiel 16.

Versuch an einem Luftkompressor.

d = Durchmesser der Verengung 222,5 mm,
b = Barometerstand = 758,2 mm Q.-S. (vgl. weiter unter p_2),
$p_1 - p_2$ = Druckdifferenz = 95 mm W.-S.
T = Temperatur des Gases unmittelbar vor der Verengung = 50 (t) + 273 = 323° C,
t_0 = Temperatur der angesaugten Luft = 20,1° C,
μ = Kontraktionszahl = 0,97,
R = Gaskonstante; für Luft = 29,27.

Daraus folgt:

$p_2 = 758{,}2 \cdot 13{,}596$ (spez. Gewicht des Quecksilbers) $= 10\,310$ kg/qm (= mm W.-S.),

$$p_1 = 10\,310 + 95 = 10\,405 \text{ kg/qm},$$

$$f = \frac{\pi d^2}{4} = 0{,}03992 \text{ qm},$$

$$\frac{p_2}{p_1} = \frac{10\,310}{10\,405} = 0{,}99087.$$

Das stündliche Volumen in cbm nach Gleichung (6) gleich

$$V_{st} = 0{,}97 \cdot 3600 \cdot 0{,}03992 \sqrt{2 \cdot 9{,}81 \cdot 29{,}27 \cdot 323 (1 - 0{,}99087)} = 5743 \text{ cbm/st}$$

oder bezogen auf Ansaugeverhältnisse ($t_a = 20{,}1$° C, $b = 758{,}2$ mm Q.-S.)

$$5743 \cdot \frac{(273 + 23{,}1) \cdot 10\,405}{10\,310 \cdot (273 + 50)} = \sim 5270 \text{ cbm/st}.$$

[1] Eine solche Art der Messung des Druckes, wobei die Vorgeschwindigkeit gemessen wird, verursacht besondere Umrechnungen.

Die Gleichung (2) lautet:

$$W = \sqrt{2g \cdot v \cdot (p_1 - p_2)}\,.$$

v = das spez. Volumen vor der Verengung ist gleich

$$\frac{RT}{p_1} = \frac{29{,}27 \cdot 323}{10\,405} = 0{,}91 \text{ cbm/kg}.$$

Dann ist

$$W = \sqrt{2 \cdot 9{,}81 \cdot 0{,}91 \cdot 95} = 41{,}2 \text{ m/sek}.$$

Die Menge V_{st} ist wie oben gleich

$$0{,}97 \cdot 3600 \cdot 0{,}03992 \cdot 41{,}2 = 5743 \text{ cbm/st}$$

oder [Gleichung (6b)]

$$\frac{5743}{0{,}91} = 6324 \text{ kg/st}.$$

Die Umrechnung auf Volumen, bezogen auf Ansaugeverhältnisse, kann auch auf folgende Weise geschehen [Gleichung (6b)];

$$v = \frac{RT_a}{p_2} = \frac{29{,}27\,(273 + 20{,}1)}{10\,310} = 0{,}833 \text{ cbm/kg}.$$

Dann ist

$$V_{st} = G \cdot v = 6324 \cdot 0{,}833 = \sim 5270 \text{ cbm/st},$$

bezogen auf Ansaugeverhältnisse.

Fall II. Das Druckverhältnis ist kleiner als im Falle I, aber oberhalb des kritischen Druckverhältnisses $\left(\text{für Luft } \frac{p_2}{p_1} = 0{,}90 - 0{,}528\right)$. Geht der Druckabfall zwischen diesen Werten vor sich, so wird Strömungsgeschwindigkeit nicht allein durch Druckabfall erzeugt. Innerhalb dieser Grenzen der Druckverhältnisse wird die durch Expansion in der Querschnittsverengerung erzeugte Arbeit ebenfalls in Strömungsenergie umgesetzt. Bei reibungsfreier Strömung kann adiabatische Expansion angenommen werden.

Es besteht dann die Gleichung

$$L = 427 \cdot c_p \cdot T_\Delta = \frac{w^2}{2g} \tag{7}$$

oder

$$w = \sqrt{2g \cdot 427 \cdot c_p \cdot T_\Delta}\,. \tag{8}$$

Hier ist:

427 = das mechanische Wärmeäquivalent,

T_Δ = Differenz zwischen der Anfangs- und Endtemperatur der Expansion.

Für die adiabatische Expansion gilt:

$$L = \frac{\varkappa}{\varkappa - 1} \cdot p_1 \cdot v_1 \left[1 - \left(\frac{p_2}{p_1}\right)^{\frac{\varkappa - 1}{\varkappa}}\right]. \tag{9}$$

Diesen Wert setzt man in die Gleichung 2; es ergibt sich dann:

$$w = \sqrt{2g \cdot \frac{\varkappa}{\varkappa - 1} \cdot p_1 \cdot v_1 \left[1 - \left(\frac{p_2}{p_1}\right)^{\frac{\varkappa-1}{\varkappa}}\right]} \text{ m/sek.} \tag{10}$$

Nach der Zustandsgleichung für vollkommene Gase ist

$$p \cdot v = RT.$$

Dann ist

$$w = \sqrt{2g\,RT \frac{\varkappa}{\varkappa - 1} \left[1 - \left(\frac{p_2}{p_1}\right)^{\frac{\varkappa-1}{\varkappa}}\right]}. \tag{11}$$

Hierin ist

T = die absolute Temperatur des Gases beim Eintritt in die Verengung,

p_1 = der absolute Druck des Gases beim Eintritt in die Verengung in kg/qm,

p_2 = der absolute Druck des Gases beim Austritt aus der Verengung in kg/qm,

$\varkappa = \frac{c_p}{c_v}$ = der Exponent für die Kompression des Gases (für Luft = 1,40, für andere Gase siehe Zahlentafel 6 im Anhang),

R = die Gaskonstante,

g = die Erdbeschleunigung = 9,81.

Daraus ergibt sich unter Einsatz der obigen Werte w für Luft gleich

$$w = 44{,}83 \sqrt{T\left[1 - \left(\frac{p_2}{p_1}\right)^{0{,}286}\right]} \text{ m/sek.} \tag{11a}$$

Die Menge pro Stunde ist dann, wie früher, gleich

$$V = \mu \cdot f \cdot w \cdot 3600. \tag{12}$$

Jetzt kann die Gasmenge von dem hinter der Verengung herrschenden Zustand ermittelt werden. Sie ist aber wertlos[1], da sich die Temperatur im Gas- bzw. Luftstrom infolge Reibung am Thermometer nicht genau messen läßt. Die Temperaturabnahme T_Δ ist aber rechnerisch (oder aus den Entropietafeln) aus der Gleichung der Adiabate zu ermitteln und damit auch die stündliche Luftmenge vom geringeren Druck p_2 hinter der Verengung, umgerechnet auf die genaue meßbare Temperatur T vor der Verengung.

Es wird

$$V_{st} = \mu \cdot f \cdot 3600 \cdot \sqrt{2g\,RT \frac{\varkappa}{\varkappa - 1} \left(\frac{p_1}{p_2}\right)^{\frac{\varkappa-1}{\varkappa}} \left[\left(\frac{p_1}{p_2}\right)^{\frac{\varkappa-1}{\varkappa}} - 1\right]}. \tag{13}$$

Für Luft ergibt sich dann entsprechend

$$V_{st} = \mu \cdot f \cdot 3600 \sqrt{T \left(\frac{p_1}{p_2}\right)^{0{,}286} \left[\left(\frac{p_1}{p_2}\right)^{0{,}286} - 1\right]}. \tag{13a}$$

Die Anwendung der Gleichung (13) möge an folgendem Beispiel gezeigt werden.

[1] Glückauf 1920, S. 88.

Beispiel 17.

μ = Kontraktionszahl = 0,99,

$f = \frac{\pi d^2}{4} = \frac{\pi \cdot 0{,}2^2}{4} = 0{,}0314$ qm,

T = absolute Temperatur unmittelbar vor der Verengung
$273 + 10{,}6 = 283{,}6°$ C,

p_1 = der Druck vor der Verengung = 9950 mm W.-S.,

p_2 = der Druck außerhalb der Verengung = 9680 mm W.-S.,

R = Gaskonstante, für Luft = 29,27 (Tabelle 6 im Anhang),

$g = 9{,}81$,

$\varkappa = \frac{c_p}{c_v}$ = für Luft 1,40 (Tabelle 6 im Anhang).

Dann ist

$$V_{st} = 0{,}99 \cdot 0{,}0314 \cdot 3600 \cdot \sqrt{2 \cdot 9{,}81 \cdot 29{,}27 \cdot 283{,}6 \cdot 3{,}5 \cdot 1{,}02789^{0{,}286}(1{,}02789^{0{,}286} - 1)}$$
$$= 7531 \text{ cbm/st.}$$

Diese Gleichung ist zu umständlich, um für die unmittelbare Bestimmung der Gas- bzw. Luftmengen zu dienen. Sie ist daher mehr für Eichungszwecke im Gebrauch. Dasselbe gilt auch für einige bereits entwickelte bzw. noch zu erwähnende Gleichungen. Dieselben werden aber hier gebracht, um, wie bereits am Anfang dieses Abschnittes erwähnt wurde, die theoretischen Grundlagen dieses Meßverfahrens zu erläutern. Da die Methode der Gasmengenermittlung mittels Durchflußwiderständen bzw. Querschnittsveränderung zu den gebräuchlicheren und genaueren Methoden gehört, so wurde den theoretischen Erörterungen hier etwas mehr Aufmerksamkeit geschenkt, als bei den anderen besprochenen Meßverfahren.

Für den praktischen Gebrauch werden später in den entsprechenden Abschnitten einfachere Gleichungen für jede Art der Querschnittsverengung angegeben.

Eine elegante von *Ostertag* angegebene Gleichung möge aber hier noch erwähnt werden. Es werden dabei die rechnerisch äußerst unbequem zu handhabenden und deshalb für den praktischen Gebrauch weniger geeigneten Exponentialgleichungen vermieden und durch Anwendung von Entropietafeln ersetzt.

Kehren wir zu der Gleichung (8) zurück und setzen $T_\Delta = T_a - T_e$, entsprechend Anfangs- und Endtemperatur der Expansion. T_e ist hier die Endtemperatur der adiabatischen Expansion, die durch Ausdehnung von p_1 auf p_2 entsteht. T_e ist nicht zu verwechseln mit der für die Messung in diesem Falle belanglosen Gastemperatur hinter der Verengung. Für die Feststellung dieser Temperaturen läßt sich die Entropietafel verwenden.

Für Luft ist $c_p = 0{,}24$ (Tabelle 6 im Anhang), dann ist

$$w = 44{,}83 \sqrt{T_a - T_e}\,. \tag{8}$$

Das Ausflußgewicht ist dann wie früher

$$G = \mu \cdot f \cdot \frac{w}{v},$$

wo v das spez. Volumen des zu messenden Gases im Verengerungsquerschnitt darstellt. Diese Größe ist für den Endpunkt der adiabatischen Expansion ebenfalls auf der Entropietafel abzugreifen.

Die Anwendung dieses Verfahrens soll im Rechenbeispiel 18 gezeigt werden.

Beispiel 18.

$d = 130$ mm,

$\mu = 0{,}98$ (empirisch ermittelt),

Querschnittsverengung = Düse,

Meßeinrichtung befindet sich am Ende des Druckrohres einer Kompressoranlage,

$p_2 =$ Druck außerhalb der Querschnittsverengung (Barometerstand) $= 10\,120$ kg/qm,

$p_1 =$ Druck unmittelbar vor der Düse $= 10\,120 + 1990 = 12\,110$ kg/qm,

$\frac{p_2}{p_1} = \frac{10\,120}{12\,110} = 0{,}836$,

$T_a =$ Temperatur unmittelbar vor der Düse $= 48°$ C,

$T_e =$ Endtemperatur der Adiabate beim Druck p aus der Entropietafel (vgl. *Ostertag*) entnommen $= 30{,}5°$ C,

$v =$ zugehöriges spez. Volumen $= 0{,}876$.

Dann ist

$$w = 44{,}83\sqrt{48 - 30{,}5} \text{ m/sek.}$$

und

$$G = 0{,}98 \cdot \frac{0{,}0133 \cdot 176}{0{,}876} = 2{,}6167 \text{ kg/sek.} = 157 \text{ kg/min.}$$

bei den an der Meßstelle herrschenden Verhältnissen.

Ist aber: $t_a = 15°$, $p_a = 9700$ kg/qm und das daraus errechnete spez. Volumen $v = 0{,}87$, so ist

$$V_a = 157 \cdot 0{,}87 = 136{,}5 \text{ cbm/min.}$$

Fall III. $\frac{p_2}{p_1}$ unterhalb des kritischen Verhältnisses (β). Dieser Fall erweckt nur theoretisches Interesse und soll hier nicht weiter besprochen werden. In dem Werk: *Ostertag*, Theorie und Konstruktion von Kolben- und Turbokompressoren, S. 168, Berlin 1911, Julius Springer, kann über diesen Fall das Wissenswerte nachgelesen werden.

Die oben entwickelten Gleichungen gelten, besonders bei Anwendung von Düsen und Staurändern, strenggenommen nur für Ausflußöffnungen aus Rohren. Wenn sich an eine Querschnittsverengung eine Rohrleitung anschließt, so werden grundsätzlich verschiedene Verhältnisse nicht eintreten, insofern, als dann jedes der Medien in einen vom gleichen Medium erfüllten Raum strömt. Unsicher bleibt aber diesmal, wieweit sich die im kontrahierten Strahl herrschende Geschwindigkeit hinter demselben wieder in Druck umsetzt, so daß es bei der Messung nicht gleichgültig wäre, ob man den

Druck p_2 im Strahlquerschnitt entnimmt, wo der größte Druckabfall $p_1 - p_2$ gemessen wurde, oder ob man ihn hinter dem kontrahierten Strahl mißt.

Die Frage ist allerdings lediglich eine Frage der Vorzahlen, da das quadratische Gesetz theoretisch auch im zweiten Falle gilt.

Wir wollen uns nun mit diesen Vorzahlen ein wenig befassen.

Bei strömenden Gasen können u. a. folgende Fälle eintreten:

Fall I. Ausströmung aus einem genügend großen Gefäß ins Freie (Fig. 108a).

Fall II. Ausströmung aus einem Rohr ins Freie (Fig. 108b).

Fall III. Einströmung aus einem genügend großen Gefäß in ein Rohr (Fig. 108c).

Fall IV. Einströmung aus dem Freien in ein Rohr (Fig. 108d).

Fall V. Strömung durch eine Wand (Durchfluß) zwischen zwei großen Räumen (Fig. 108e).

Fall VI. Strömung durch eine Querschnittsverengung in einer geraden Leitung von gleichbleibendem Querschnitt (Fig. 108f).

Fall VII. Strömung durch eine Leitung, die hinter der Stauöffnung (Düse, Rand usw.) eine plötzliche Erweiterung oder Verengung erhält (Anschluß einer Leitung mit einem anderen Rohrdurchmesser)

und andere ähnliche Fälle.

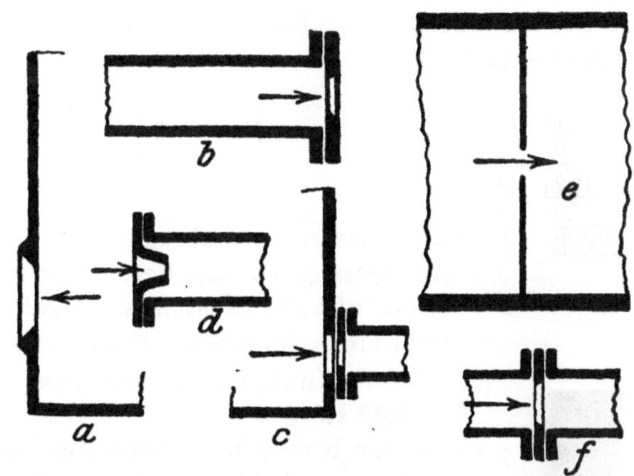

Fig. 108a bis f. Verschiedene Fälle der Gasströmung (Ein-, Aus- und Durchfluß von Gasen).

Je nach der angewandten Form der zur Gasmengenermittlung bestimmten Querschnittsverengung (Düse, Staurand, Venturirohr), sowie je nach Art der Entnahme des Differenzdruckes (Anschlußstellen für die Meßröhrchen unmittelbar in oder an der Stauvorrichtung oder in einer bestimmten Entfernung von der Stauvorrichtung) werden verschiedene Kombinationen eintreten, und in jeder solcher Kombination muß den Reibungs-, Kontraktions- und Stoßverlustverhältnissen entsprechende Rechnung getragen werden.

Abgesehen davon, daß nicht für alle solche Fälle Versuchsunterlagen vorliegen, daß nicht alle Versuche einwandfrei und umfassend sind, daß einige Versuchsergebnisse infolgedessen nicht ganz zuverlässig sind, muß vor Augen gehalten werden, daß der Fall VI — Strömung (Durchfluß) durch eine Stauvorrichtung in einer glatten Rohrleitung — betriebstechnisch der interessanteste ist und in der Praxis am allerhäufigsten eintreten wird; auch lassen sich die anderen Fälle durch den Anschluß oder Einbau eines genügend langen Rohres zu den für den Fall VI geltenden Bedingungen bringen.

Es würde uns zu weit führen, wenn wir an dieser Stelle die Entwicklung der für verschiedene Verhältnisse maßgebenden Koeffizienten, Korrektionszahlen und Umrechnungsfaktoren bringen würden. Es muß dieserhalb auf die entsprechende Literatur[1] verwiesen werden, wo der Gegenstand zum Teil ganz eingehend behandelt wird. Wir wollen nur, auf die in der Fußnote S. 154 angeführten Arbeiten gestützt, die Endergebnisse für einige Fälle bringen, und zwar diejenigen, welchen einerseits eine praktische Bedeutung zukommt, und andererseits solche, die zuverlässig sind und ihre Brauchbarkeit in der Praxis bestätigt gefunden haben.

Zunächst aber ein paar Worte über die neuen Begriffe, die uns hier begegnen werden.

Die Grundgleichung für die Gasmengenermittlung mittels Durchflußwiderständen läßt sich von der Gleichung (2) folgendermaßen ableiten:

$$V = f \cdot k \sqrt{\frac{2gh}{\gamma}}. \tag{14}$$

Hier ist

V = die Gasmenge in cbm/sek,

f = der Querschnitt der Verengung in qm,

k = Ausflußzahl, Berichtigungszahl, welche bereits die Kontraktion, Vorgeschwindigkeit vor der Verengung und Stoßverlust hinter derselben berücksichtigt ($k' = k\sqrt{2g} = 4{,}43\,k$),

g, h, γ = die uns bereits bekannten Ausdrücke für Erdbeschleunigung (9,81), Druckdifferenz in mm W.-S. und Raumgewicht des Gases in kg/cbm.

Was nun k anbetrifft, so wird damit, einfach ausgedrückt, das Verhältnis des gemessenen zu dem wirklichen Volumen angegeben. Wie bereits erwähnt, berücksichtigt k auch die Kontraktion.

Eine Kontraktion (Einschnürung des ausfließenden Strahles — vgl. Fig. 105 bis 107) tritt hinter dem Öffnungsquerschnitt, besonders bei der Anwendung von scharfkantigen Stauvorrichtungen, wie in Fig. 102 ein. Das Verhältnis des kontrahierten Querschnittes zu dem der Stauöffnung heißt die Kontraktionsziffer μ und ist < 1; der kontrahierte Querschnitt hat also die Größe $\mu \cdot f$. Für Düsen und Venturirohre kann man μ = rund 1 rechnen ($\mu = 0{,}97 - 0{,}995$); für Stauränder schwankt diese Zahl, je nach der Meßweise, von 0,59 bis 1,0 und ist auch von dem Verhältnis Öffnungs-

[1] 1. Hütte, 22. Aufl., Bd. II, S. 316 bis 318; 2. *Gramberg*, Technische Messungen (1920), § 59 bis 63, S. 158 bis 185; 3. Mitteilungen über Forschungsarbeiten auf dem Gebiete des Ingenieurwesens Heft 49 (*Müller*); 4. Wärmestelle Düsseldorf, Mitteilung Nr. 12 (Ausgabe 2).

durchmesser : Rohrdurchmesser abhängig. In der Fig. 109 ist der Wert μ für **Luft** für verschiedene Verhältnisse $\frac{d}{D}$ bzw. $\frac{f}{F}$ $(= m)$ aufgetragen.

Beim Übergang von einer höheren zu einer geringeren Geschwindigkeit tritt ein **Stoßverlust** ein (der sog. *Carnot*sche Stoßverlust). Derselbe ist in der Ausflußzahl k ebenfalls mit berücksichtigt.

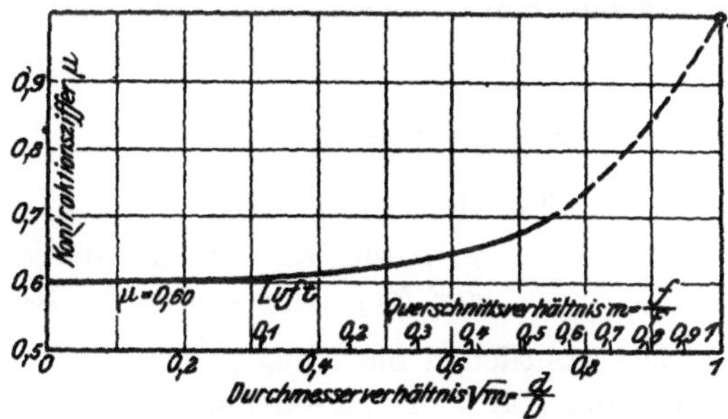

Fig. 109. Graphische Darstellung des Wertes μ für Luft.

Was nun die **Reibungsverluste** betrifft, so üben auch sie, ebenso wie die Kontraktion, auf die Veränderung der Geschwindigkeit in der Meßöffnung einen gewissen Einfluß aus; bei der gewöhnlichen praktischen Geschwindigkeit ist aber ihr Einfluß belanglos, so daß nur die Kontraktion zu berücksichtigen wäre.

Im folgenden werden einige Werte für k in der Gleichung (14) gebracht.

a) Düsen ($\mu = 1$ gesetzt).

$$k = \frac{1}{\sqrt{1 - m^2}} \tag{14a}$$

für Durchfluß (Fall VI) und Ausströmung aus einer Leitung (Fall II)

$$k = 1 \tag{14b}$$

für Einströmung (Fall IV).

b) Stauränder.

$$k = 0{,}6 \text{ (praktisch)} \tag{14c}$$

für Strömung, wie im Falle V,

$$k = \frac{\mu}{1 - m \cdot \mu} \tag{14d}$$

für Strömung des Falles VI, wenn die Druckentnahme entsprechend den *Müller*schen Angaben in der Wandung in einer Entfernung von mindestens 2,5fachem Rohrdurchmesser **vor** und 8fachem Rohrdurchmesser **hinter** der Stauöffnung geschieht, oder

$$k = \frac{\mu}{\sqrt{1 - m^2 \cdot \mu^2}} \tag{14e}$$

für denselben Fall wie (14d), jedoch bei einer Druckentnahme direkt **an** der Stauöffnung.

Die Werte k der Gleichung (14e) sind von *Brandis* in sorgfältigen Versuchen ermittelt worden und in Form von besonderen empirischen Gleichungen (S. 183) und Tabellen (Zahlentafel 11 im Anhange, sowie Fig. 110 auf S. 167) angegeben. Die *Brandis*schen Angaben beziehen sich auf den Fall VI.

c) Venturirohr.

$$k = \frac{C}{\sqrt{1 - m^2}} \tag{14f}$$

für den Fall VI.

In den obigen Gleichungen (14a) bis (14f) bedeutet

μ = die aus der Fig. 109 zu entnehmende Kontraktionszahl,

$m = \left(\frac{d}{D}\right)^2 = \frac{f}{F}$;

C = eine unbekannte, durch Eichung festzustellende, von m und γ, sowie von den Einflüssen des dynamischen Druckes an der Meßstelle abhängige Konstante.

Die sämtlichen oben angegebenen Werte für k beziehen sich, mit Ausnahme von (14d), auf Verhältnisse, bei denen die Druckdifferenz unmittelbar an der Stauvorrichtung gemessen wird.

In der Fig. 110 sind einige Werte für k für verschiedene oben besprochene Fälle graphisch zusammengetragen.

Beispiel 19.

Unter Benutzung der im Beispiel 23, S. 110 angegebenen Zahlenwerte, jedoch unter Anwendung der Gleichung (14) und des Ausdrucks für k aus der Gleichung (14a) (auch Fig. 110), soll die stündliche, mit einer Düse gemessene Gasmenge ermittelt werden.

$$V_{\text{cbm/sek}} = k \cdot f \cdot \sqrt{\frac{2g \cdot h}{\gamma}}, \tag{14}$$

$$V_{\text{cbm/st}} = k \cdot f \cdot 3600 \cdot \sqrt{\frac{2g \cdot h}{\gamma}}, \tag{14g}$$

$$f = \frac{\pi \cdot 0{,}45^2}{4} = 0{,}1590 \text{ qm},$$

$$F = \frac{\pi \cdot 0{,}80^2}{4} = 0{,}5026 \text{ qm},$$

$$\frac{f}{F} = m = \frac{0{,}1590}{0{,}5026} = 0{,}316,$$

$$k = \frac{1}{\sqrt{1 - m^2}}, \tag{14a}$$

$$k = \frac{1}{\sqrt{1 - 0{,}316^2}} = 1{,}01,$$

k = aus der Fig. 110 = ebenfalls 1,01,

h = 55 mm W.-S.,

γ = 0,484 kg/cbm,

$\sqrt{2g} = 4{,}43$,

$$V_{st} = 1{,}01 \cdot 0{,}159 \cdot 3600 \cdot 4{,}43 \sqrt{\frac{55}{0{,}484}} = 27203 \text{ cbm/st},$$

somit eine ziemliche Übereinstimmung mit den nach Schaubild 8 im Anhang erhaltenen Werten (S. 180).

Nachdem wir den Begriff der Berichtigungszahl k kennengelernt haben, wollen wir zu der Besprechung der einzelnen Methoden der Messung mittels Durchflußwiderständen übergehen.

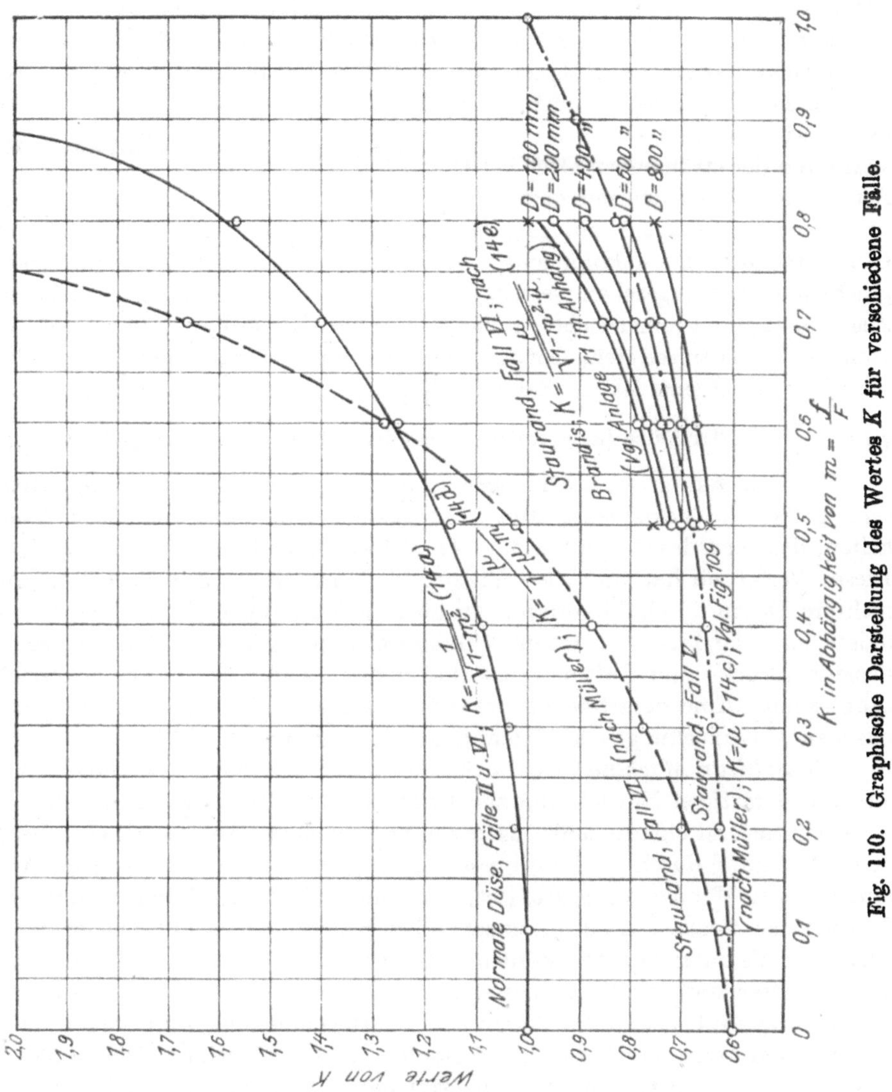

Fig. 110. Graphische Darstellung des Wertes K für verschiedene Fälle.

II. Düsen.

Die Anwendung von Düsen zur Ermittlung von Gas- bzw. Luftmengen ist durchaus nicht neu. Schon *Rateau* bediente sich zur Messung von Luftmengen der Düsen, weil die mittels des Indikatordiagramms gefundenen Werte die Erwärmung der Luft und evtl. Undichtigkeiten der Saugventile unberücksichtigt lassen und infolgedessen (S. 83) bis zu 10 Proz. zu hoch zeigten. Auch die *Gutehoffnungshütte* (vgl. den Vortrag von *C. Regenbogen*-Sterkrade in „Stahl und Eisen“ 1908, Nr. 48) bedient sich dieses Verfahrens und benutzt dafür konvergente Düsen. Seit mehreren Jahren benutzt dieselben auch das Maschinenlaboratorium der technischen Hochschule zu Charlottenburg.

Zur Mengenbestimmung mittels Düsen sind dem Grundgedanken nach alle Druckunterschiede geeignet, die an Querschnittsänderungen eines Kanales oder eines Rohres auftreten. Man muß jedoch, um den Zusammenhang zwischen dem Druckunterschied und der Liefermenge zu kennen, das Verhalten der strömenden Gase bei Querschnittsänderungen der angewandten Art aus Eichversuchen mit geometrisch ähnlichen Kanalformen kennen. Dabei verdienen die Zuströmungsverhältnisse sorgfältige Beachtung. Wenn die Geschwindigkeit des ankommenden Gases nicht als sehr klein gegen die Düsengeschwindigkeit angesehen werden kann, so muß im allgemeinen auch für die Zuströmung die geometrische Ähnlichkeit gefordert werden. Für geometrisch ähnliche Verhältnisse steht der an der Düse irgendwie gemessene Druckunterschied h in einem festen Zahlenverhältnis zu dem dynamischen Druck $p_d = \frac{\gamma w^2}{2g}$ in der Düse (w = mittlere Geschwindigkeit in der Düsenöffnung).

Hat man sehr große Luftmengen zu messen, wodurch es sich nötig macht, sehr große und kostspielige Düsen herzustellen, so kann man sich damit helfen, daß man das Gas durch eine Anzahl kleinerer Düsen ausströmen läßt. Dieses Verfahren hat noch den Vorzug, daß man je nach Bedarf eine oder mehrere Düsen durch Blindflanschen abschließen kann und auf diese Weise, indem man die Düsen an einem Windkessel anbringt, eine für die verschiedensten Druck- und Luftmengenverhältnisse brauchbare Düsenmeßvorrichtung erhält. Eine derartige Einrichtung hat schon *Richter*[1] bei seinen thermischen Untersuchungen an Kompressoren angewendet.

Die *Sullivan Machinery Co.* in Clermont U. S. A. bedient sich einer etwas anderen derartigen Einrichtung zur Untersuchung ihrer Kompressoren[2]. In ein Rohrstück ist eine Anzahl Düsen von verschiedener Abmessung eingesetzt. Jede Düse kann durch ein Ventil geschlossen werden. Diese Einrichtung wird hinter einen Windkessel geschaltet, die andere Seite ist blind verflanscht. Je nach der Größe des zu untersuchenden Kompressors kann eine passende Düse zur Messung benutzt werden. An der Einrichtung befindet sich ein Thermometer und ein Druckmesser[3].

Wie erwähnt, gelten die Ergebnisse der Düsenmessung unter der Voraussetzung, daß eine möglichst gleichmäßige, nicht wirbelnde und stoßende Strömung stattfindet. Um dies zu erreichen, ist es nötig, hinter oder vor

[1] Mitteilungen über Forschungsarbeiten auf dem Gebiete des Ingenieurwesens Heft 32, S. 43.

[2] The Engin. and Min. Journ. 1912, S. 1296.

[3] Es mögen noch die Multiplikatoren (Hilfsrohre) nicht unerwähnt bleiben, die für große Leitungsdurchmesser Anwendung finden.

die Düse größere Ausgleichbehälter einzubauen. Arbeitet man in der Saugleitung, so schließt man vor den Saugstutzen einen möglichst großen, luftdichten Behälter als Erweiterung der Rohrleitung an und setzt gegenüber dem Stutzen in die Behälterwand die Düse ein. Dann ist die im Behälter auftretende Geschwindigkeit zu klein, um Einfluß auf die Ablesung des Unterdruckes ausüben zu können. Hier ist zu erwähnen, daß auch unter Anwendung eines Druckausgleichbehälters die Düsenmessung in der Saugleitung beim Kolbenkompressor wegen des hubweisen Aussaugens kaum anwendbar ist. Ebenso wird meist bei Messungen in der Druckleitung ein Windkessel eingeschaltet, bei Kolbenkompressoren ist dies unumgänglich nötig. Der Windkessel kann vor oder hinter das Drosselventil gelegt werden.

Zur Vermeidung von Wirbel- und Drehbewegungen in der Strömung baut man in einiger Entfernung vor bzw. hinter der Düse eine längere gerade Rohrstrecke ein, die mit Gleichrichtungsflächen (sternförmige Leitbleche, Siebe u. dgl.) versehen ist, so daß sich die Luft geradlinig gegen die Düse bewegt. Das Rohr kann, mit großem Durchmesser ausgeführt, auch zugleich als Windkessel dienen.

1. Düsenform.

Was die geeigneten Düsenformen anbetrifft, so könnte bereits ein zylindrischer Ansaugestutzen mit oder ohne trompetenförmiger Abrundung hierfür dienen; im ersteren Falle wäre der Abfall des statischen Druckes von außen nach innen sehr genau gleich dem dynamischen Druck der mittleren Kanalgeschwindigkeit. Doch wird es bei dieser Form häufig schwierig sein, die Zuströmungsverhältnisse denen bei der Eichung möglichst ähnlich zu machen. (Beim Ansaugen aus dem Freien wird seitlicher Wind stark stören, desgleichen treten beim Arbeiten im geschlossenen Raum Störungen durch den aus der Druckseite der Maschine wieder austretenden Luftstrom ein.) Diese Schwierigkeiten können vermieden werden, wenn in eine längere gerade Rohrstrecke oder an das freie Austrittsende der Druckleitung, ebenfalls unter Zwischenschaltung einer geraden Rohrstrecke und der oben erwähnten Gleichrichtungsfläche, eine Düse, wie in Fig. 111, eingebaut wird. Bei der Form der Düse ist besonders zu berücksichtigen, daß die Abrundung der Fläche eine gleichmäßige sein muß, so daß an keiner Stelle eine sog. Ablösung des Gasstromes von der Wandfläche der Düse stattfindet. Der Auslauf der Düse soll möglichst allmählich in den zylindrischen Teil übergehen, damit eine Kontraktion des Gasstrahles an dieser Stelle unbedingt vermieden wird. Man soll Düsen verwenden, die eine fast unveränderliche Ausflußziffer haben. Für solche gut abgerundete Düsen, die sauber ausgeführt sind, wurden bei Eichversuchen Kontraktionsziffern $\mu = 0{,}97$ bis $0{,}995$ gefunden.

Die vorgenannten Zahlen haben sich bei Düseneichungsversuchen[1] mit einem 5000-cbm-Gasbehälter der *Gutehoffnungshütte* in Oberhausen ergeben. Da die Ergebnisse hinsichtlich der Genauigkeit nicht völlig befriedigten,

[1] Regeln für Leistungsversuche an Ventilatoren und Kompressoren (Berlin 1912), S. 48.

sind von der Kommission des Vereins Deutscher Ingenieure neue Düseneichversuche geplant, bei denen eine Anzahl Normaldüsen, die später als Eichgeräte für andere Gasmesser dienen sollen, möglichst genau geeicht

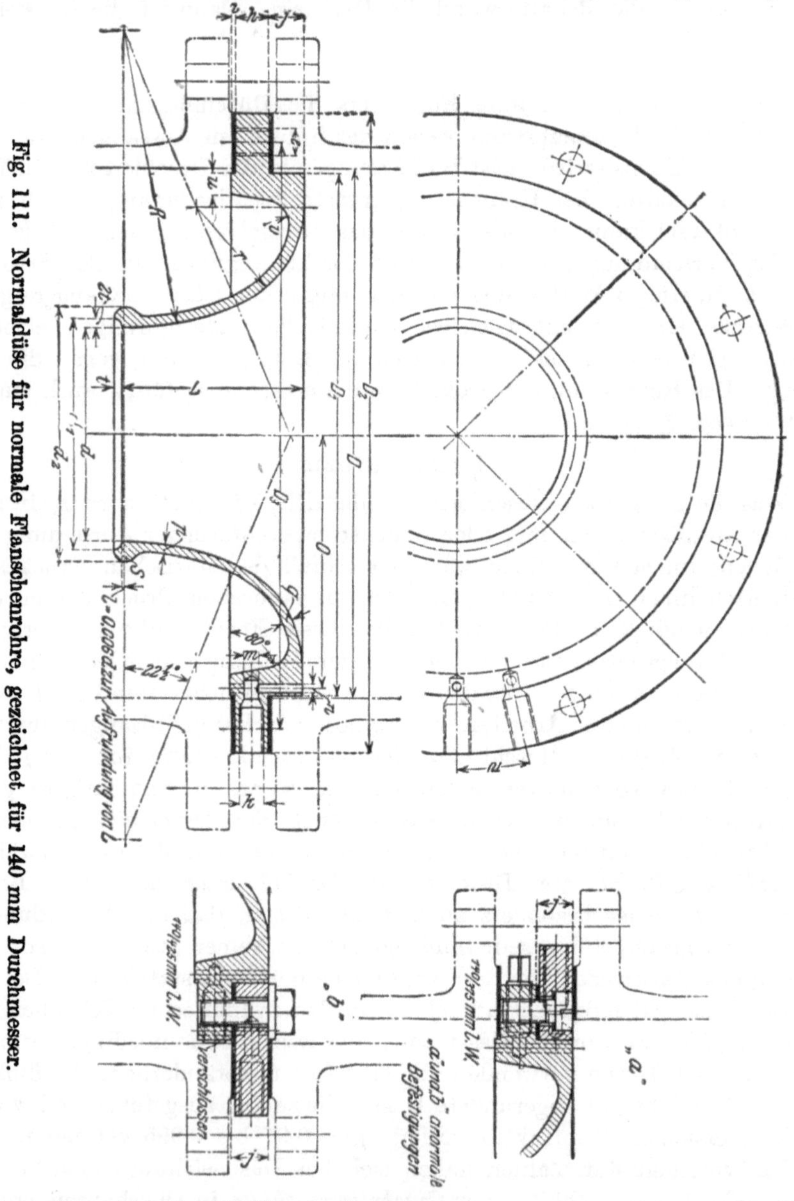

Fig. 111. Normaldüse für normale Flanschenrohre, gezeichnet für 140 mm Durchmesser.

werden sollen. Damit die Zu- und Abströmungsverhältnisse möglichst unverändert bleiben, sollen sie immer in Rohren von derselben Weite zur Verwendung kommen, wie es bei der Eichung war. Die Bestrebungen des Vereins Deutscher Ingenieure gehen dahin, die einfache abgerundete Mündung durch

Einführung einer Normaldüsenform allgemein zu ersetzen. Die Abmessungen solcher Normaldüsen gehen aus Fig. 111 und der Zahlentafel 5 hervor, die von *Regenbogen* gemeinsam mit *Prandtl* ausgearbeitet worden sind. Die Rohrdurchmesser sind aus einer Reihe der normalen Flanschenrohre so ausgewählt, daß jeder folgende Querschnitt ungefähr das Doppelte des vorhergehenden ist. Die für die Gasführung in Betracht kommenden Flächen sind bei sämtlichen Düsen geometrisch ähnlich gewählt, was für die etwaigen Unterschiede der Kontraktionsziffern μ besonders einfache Gesetzmäßigkeiten erwarten läßt. Der Düsendurchmesser d ist überall gleich $^2/_5$ des Rohrdurchmessers D gewählt; die Abrundung der Düse besteht aus einem Korbbogen mit einem Halbmesser von 1,4 d auf $22^1/_2{}^\circ$ und einem Halbmesser von 0.5 d von $22^1/_2{}^\circ$ bis 90°.

Zahlentafel 5.

Hauptabmessungen der Normaldüsen nach Fig. 111 für verschiedenes Verhältnis $\frac{d}{D}$.

$\frac{d}{D}$	d_1	d_2	D_1	D_2	k	i	j	k	L einschl. l	m	n	O	p	q	R	r	S	t	u	v	w	e	Anzahl der Löcher	D_3
$\frac{50}{125}$	60	72	120	190	22	3	22	$^3/_8$″	42,5	9	4	57	5	—	70	25	5	2,5	10	8	50	$^1/_2$″e	4	155
$\frac{70}{175}$	80	94	170	244	22	3	22	„	59,5	9	5	81	5	6	98	35	6	2,5	10	10	50	$^1/_2$″e	6	205
$\frac{100}{250}$	112	126	244	319	22	3	22	„	85	9	5	118	6	8	140	50	6	3	12	12	50	$^5/_8$″e	6	285
$\frac{140}{350}$	152	168	344	418	22	3	22	„	119	9	6	167	6	8	196	70	7	3	12	12	50	$^5/_8$″e	8	385
$\frac{200}{500}$	216	232	493	592	22	3	22	„	170	9	6	241	7	9	280	100	7	4	13	15	50	$^3/_4$″e	12	540
$\frac{280}{700}$	296	315	692	790	22	3	22	„	238	9	6	340	7	10	392	140	8	4	13	15	50	$^3/_4$″e	16	745
$\frac{400}{1000}$	416	440	990	1090	22	3	22	„	340	9	6	488	8	12	560	200	10	4	15	20	50	$^7/_8$″e	20	1045

Die Fig. 112 zeigt das Schema einer praktischen Durchführung einer Düsenmessung, welche bei der Untersuchung eines Kolbendampfkompressors von *Pokorny & Wittekind*[1] für die Steinkohlenzeche Rheinpreußen in Homberg angewandt wurde. Der Kompressor drückt die Luft in einen Windkessel a von rund 21 cbm Inhalt, bei dem bei normalem Betrieb die Leitung zum Schacht angeschlossen ist. Es ist nun möglich, die Schachtleitung mit Blindflansch zu verschließen und die zu messende Luftmenge durch ein

[1] Glückauf 1911, S. 69. Wiedergabe nach Zeitschr. f. komprim. u. flüss. Gase 1915, S. 69.

Drosselventil *b* einem Druckausgleichkessel *c* zuzuführen, dem sie durch die Meßdüse *e* entströmt. Im zweiten Luftkessel von 1200 mm Durchmesser und 6200 mm Länge waren drei gelochte Bleche *d* als Gleichrichtungsflächen angebracht. Durch drei Wassersäulendruckmesser f_1, f_2, f_3 wurde der Druck vor der Düse, durch ein Thermometer *g*, dessen Quecksilberkugel vor der Mitte der Düse eingestellt war, die Temperatur vor ihr gemessen. Mit der Düsenmessung zugleich wurden Diagramme am Kompressor und an der Antriebsmaschine genommen.

Die Fig. 113 zeigt die von der *Gutehoffnungshütte*-Oberhausen bei der Untersuchung von Turbogassaugern geübte Düsenmeßanordnung.

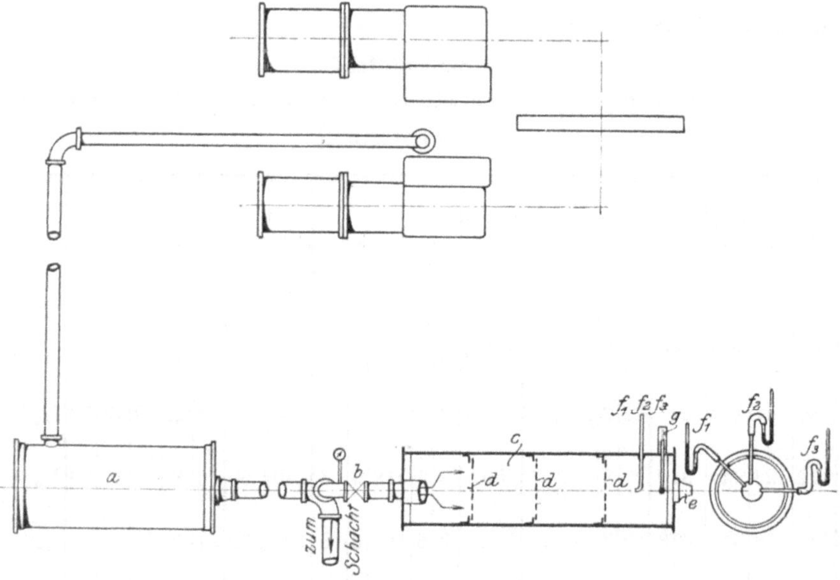

Fig. 112. Düsenversuchsanordnung von *Pokorny & Wittekind* für die Untersuchung eines Kolbenkompressors.

Die Auswertung der Ergebnisse geschieht nach einer der bekannten Gleichungen.

Die Genauigkeit und Zuverlässigkeit der Düsenmessung wird bei sachgemäßer Anordnung der Versuchseinrichtung und bei Beachtung der theoretischen Grundlagen besonders in bezug auf die Formgebung der Düsen eine für die Zwecke des praktischen Bedarfs vorzügliche sein. Sie wird auf jeden Fall in dieser Hinsicht an die sorgfältige Gasbehältermessung heranreichen oder diese noch übertreffen. *Gramberg* teilt darüber in der letzten Auflage seines sehr empfehlenswerten Werkes[1] folgendes mit: „Für die Zuverlässigkeit der Düsenmessung spricht auch das Ergebnis noch unveröffentlichter Versuche der Kommission für die Regeln für Leistungsversuche an Ventilatoren, die im Prüffeld der *Siemens-Schuckert-Werke* ausgeführt wurden, und die ich

[1] Technische Messungen (1920), S. 178.

durch freundliches Entgegenkommen zu benutzen in der Lage bin. Die Versuche führten die gleiche Luftmenge durch jedesmal mehrere Meßvorrichtungen, so daß ein Vergleich möglich war, wenn auch keine derselben — Düsen, Stauränder, *Thomas*-Messer, Anemometer, Staurohre — als absolut gültig angesehen werden konnte. Alle Angaben wurden aber mit denen einer bestimmten Kontrolldüse verglichen. Es zeigte sich, daß alle Düsenmessungen so zuverlässig waren, wie es die Versuchsart nur irgend erwarten ließ. Beispielsweise ergaben sich gegen die mit einem *Thomas*-Messer abzulesenden Mengen Unterschiede von 2,5 Proz. im Mittel. Welcher von beiden Meßeinrichtungen dieser Unterschied zur Last zu legen ist, bleibt an sich unentschieden, doch ist durch die immerhin gute Übereinstimmung wahrscheinlich gemacht, daß für viele Zwecke jede der beiden Einrichtungen genügt. Man wird daher die Düse ohne besondere Eichung anwenden dürfen, wo 2,5 Proz. Genauigkeit ausreicht, und wo man nicht einen Staurand genau nach den Angaben von *Brandis* benutzen kann."

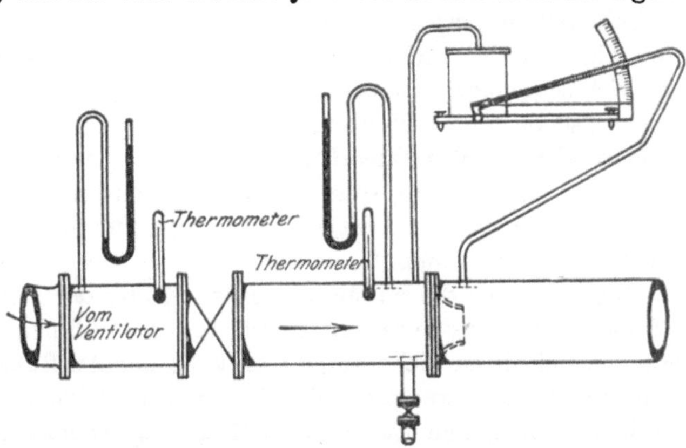

Fig. 113. Düsenmeßanordnung der *Gutehoffnungshütte* zur Bestimmung der angesaugten Gasmengen von Turbogassaugern.

2. Düseneichung.

Die Eichung der Düsen geschieht mittels Gasbehälter oder unter Benutzung des Auffüllverfahrens (S. 78). Die Bestimmung der Ausflußphase einer jeden Düse muß bei denselben oder ähnlichen Verhältnissen (Druck, Geschwindigkeit, Abmessungen) geschehen, für die die Düse Verwendung finden soll. Besitzt man eine geeichte Düse (für gut abgerundete Düsen ist die Ziffer $\mu = 0{,}97$ bis $0{,}995$), so lassen sich andere Düsen dadurch eichen, daß man sie mit der geeichten in nicht zu kurzen Abständen hintereinander in dieselbe Rohrleitung einbaut, wenn nötig, unter Zwischenschaltung von Beruhigungseinrichtungen.

Die Herstellung der in Fig. 111 und Zahlentafel 5 (S. 171) beschriebenen Meßdüsen ist einfach und genau festgelegt, so daß sich bei Neuausführungen eine Eichung erübrigt, sofern für vorhandene Düsen mit annähernd gleichem Durchmesser Eichungsergebnisse vorliegen. Es muß nur Sorge getragen werden, daß die Kontraktion unbehindert ist, was dadurch gewährleistet wird, daß der Durchmesser D gegenüber dem der Düse d genügend groß ist. *Gramberg*[1] schreibt: „Man sollte eine Eichung der Öffnung bei den Druck- und

[1] Technische Messungen (1920), S. 163.

Temperaturverhältnissen wie bei der Messung vornehmen, wenn man dazu Versuchseinrichtungen hat, die eine größere Genauigkeit erwarten lassen, als sie die vorliegenden Zahlenangaben haben. Dann ermittelt man also für die besonderen Verhältnisse empirisch die Beziehung zwischen Druck und Ausflußmenge und braucht sich nicht auf die Angabe der Ausflußzahlen zu verlassen, deren Wert im Einzelfall von manchen Umständen abhängt. Die Messung der Durchmesser ist nicht immer genügend genau zu machen und geht doch im Quadrat ins Ergebnis ein. — Eine besondere Eichung scheint auf den ersten Blick umständlich zu sein: warum benutzt man nicht direkt die Wage (bei Gewichtsermittlung) oder die anderen unmittelbaren Methoden, wenn man ihrer doch nicht entraten kann? Doch bedarf eine Düse nur einmal für eine Reihe von Durchgangsmengen der Eichung, und man kann dann Zwischenwerte graphisch interpolieren; eine einmalige Eichung genügt dann für zahlreiche Versuche, deren jeder nur eine Momentanablesung erfordert, die viel bequemer zu machen ist als eine Wägung od. dgl. Auch kann man eine Düse nach der Eichung leicht an andere Orte verbringen, leichter als Wagen oder gar Windkessel und Gasuhren. Endlich ist noch die Möglichkeit zu erwähnen, mehrere Düsen einzeln zu eichen und durch Parallelschalten derselben Mengen von Luft zu bewältigen, für die die verfügbaren Meßmittel sonst nicht ausreichen."

Es ist daher die empirische Feststellung der für besondere Verhältnisse gültigen Beziehung zwischen Druck und Ausflußmenge empfehlenswert. Man braucht sich dann nicht auf die Angabe der Ausflußziffern zu verlassen, um so mehr, als recht wenig darüber bekannt ist, wieweit die für Luft und Wasser vorliegenden Zahlen auf andere Gase angewendet werden können, wieviel Einfluß Unreinigkeiten, Feuchtigkeit, Abweichungen der Temperatur und des Druckes auf das Meßergebnis haben.

3. Ausführung der Messung.

Wahl der Meßstelle. Für genaue Düsenmessungen ist eine sorgfältige Auswahl der Meßstelle zu treffen. Dieselbe soll von Krümmern, Schiebern und sonstigen den Gasstrom hemmenden Apparaten, sowie von plötzlichen Erweiterungen möglichst entfernt liegen. Zum mindesten ist zu fordern, daß die Rohrleitung vor und hinter der Düse auf ungefähr sechs Durchmesserlängen des lichten Rohres geradlinig ist. Tritt in der Leitung eine Querschnittsänderung ein, so muß die Entfernung der Meßstelle von der Querschnittsänderung mindestens dem achtfachen Rohrdurchmesser entsprechen. Evtl. schraubenförmige Bewegung der Luft ist durch Gleichrichtungsflächen, welche vor der Düse einzubauen sind, auszugleichen, Siebe vor den Düsen leisten ebenfalls gute Dienste.

Wahl der Düse Die Düse muß so in ihren Größenabmessungen gewählt werden, daß die an ihr erzeugte Druckdifferenz ohne wesentlichen Einfluß auf die Liefermenge bleibt. Sie muß kleiner sein als die zur Bewegung des Gases durch die Rohrleitungen notwendige Druckdifferenz einschließlich

Druckverlust in der Düse. Die Größenabmessungen lassen sich aus der Düsengleichung leicht bestimmen. Vgl. dazu auch das Beispiel 22b auf S. 178.

Druckdifferenzmessung. Die Düse wird zwischen die Flansche der Rohrleitung luftdicht eingebaut. Vor und hinter der Meßstelle werden die Druckabnahmestellen in die Rohrleitung eingebohrt, und zwar nimmt man am besten an drei bis vier Stellen des Rohrumfanges den Druck mit Rohren ab, welche man je zu einem Druckausgleichbehälter führt, an welche nun erst das Manometer zur Druckdifferenzmessung angeschlossen wird. Die Anbohrungen am Rohr sind innen vom Grat zu befreien.

Die Anschlüsse für die Druckdifferenzmessung an der Düse erfolgen derart, daß das eingeführte Anschlußrohr mit der inneren Rohrwand glatt abschneidet, und zwar an Stellen, wo nach Möglichkeit keine Flüssigkeit aus dem Gas in die Leitung zum Manometer gelangen kann, also möglichst oben an einem wagerechten Rohrstück.

Von wesentlicher Bedeutung ist die Stelle der Druckentnahme, weil sie hinter der Düse an einer Stelle geschieht, wo sich das Gas in vollem Wirbel befindet. Die Versuche von *Brandis* haben ergeben, daß die Druckentnahme am besten auf der Fläche der Stauvorrichtung unmittelbar im Winkel gegen die Rohrwand erfolgt, auch auf der dem Gasstrom entgegenliegenden Seite hat sich diese Stelle für die Druckentnahme am geeignetsten erwiesen.

Zum Ablesen der Druckdifferenz bis etwa 50 mm W.-S. dienen am besten Mikromanometer (mit Alkohol oder anderer Füllung), für höhere Drücke kann man gewöhnliche Wassermanometer verwenden.

Bei Messung von Druckunterschieden eines Gases, dessen Raumgewicht sich wesentlich von dem der Außenluft unterscheidet, sind die Meßanschlüsse und das Manometer möglichst in derselben Höhe anzuordnen und die Meßleitungen wagerecht zu führen. Wo dies nicht möglich ist, sind die durch den Unterschied der Raumgewichte hervorgerufenen Druckunterschiede besonders zu berücksichtigen. (Vgl. auch die Abschnitte D I und F III 4).

Die Ermittlung von Temperaturen, Über-, Unterdruck in der Leitung, Manometerstand, spez. Gewicht geschieht ebenso wie bei anderen Messungen. (Vgl. entsprechende Abschnitte.)

4. Die Auswertung der Meßergebnisse.

Für die Auswertung der Meßergebnisse wird eine von den im Abschnitt H I entwickelten Gleichungen angewandt. Am einfachsten sind die Gleichungen (6) oder (14) bzw. (14g). Auch mit Hilfe der folgenden Gleichung, die später noch entwickelt wird, kommt man sehr gut zum Ziele:

$$V_{st} = k \cdot f \cdot \sqrt{\frac{h}{\gamma}} \cdot \frac{3600\sqrt{2g} \cdot F}{\sqrt{F^2 - f^2}} . \tag{20}$$

Zweckmäßig wählt man dabei Druckunterschiede, die klein sind im Verhältnis zum absoluten Druck und etwa nicht über 10 Proz. des letzteren ausmachen. Anderenfalls wäre der Ausfluß der Gase nicht mehr als ein mechanischer, sondern als ein thermodynamischer Vorgang zu betrachten, da mit der

Druckabnahme eine Zunahme des Volumens und eine geringe Abnahme der Temperatur stattfindet, so daß γ keinen bestimmbaren Wert mehr hat. Dann wäre die Exponentialgleichung (13) anzuwenden, deren Auswertung schon etwas umständlicher ist. Man wird aber für Meßzwecke ohnehin nur einen kleinen Druckverlust zulassen, schon allein, um die Arbeitsverluste tunlichst einzuschränken.

Hinz veröffentlichte in „Glückauf“ 1920, S. 89 eine Figur, welche gestattet, in gewissen Fällen die umständlichen Rechnungen zu ersparen. Zur Erklärung dieser Figur, die von mir im Anhang als Schaubild 9 wiedergegeben ist, kehren wir zu der Gleichung (13a) zurück, die wohlbemerkt nur für Luft gilt.

$$V_{st} = \mu \cdot f \cdot 3600 \sqrt{T \left(\frac{p_1}{p_2}\right)^{0,286} \left[\left(\frac{p_1}{p_2}\right)^{0,286} - 1\right]}. \qquad (13\,a)$$

In den weitaus meisten Fällen ist der Druckabfall in der Meßöffnung nur sehr gering, so daß die Fläche der adiabatischen Expansion im $p\,v$-Diagramm mit großer Annäherung durch ein Rechteck ersetzt werden kann, dessen Länge das mittlere spez. Volumen v_m und dessen Höhe der Druckunterschied $p_1 - p_2$ in kg/qm $= h$ mm W.-S. ist. Dann ist

$$w = \sqrt{2 g v_m \cdot h}\ \text{m/sek.}^1 \qquad (15)$$

Setzt man nach der Zustandsgleichung angenähert

$$v_m = \frac{R\,T}{p_2},$$

so wird

$$w = \sqrt{2g \frac{R\,T}{p_2} \cdot h} = 23{,}96 \sqrt{\frac{T}{p_2} \cdot h}\ \text{m/sek.} \qquad (16)$$

Dann ist (einstweilen unter Vernachlässigung von k)

$$V_{st} = 3600 \cdot \frac{\pi d^2}{4} \sqrt{2g \frac{R\,T}{p_2} \cdot h} = 8{,}627 \frac{\pi d^2}{4} \cdot \sqrt{\frac{R}{p} h}\ \text{cbm/st} \qquad (17)$$

und

$$G_{st} = 3600 \cdot \frac{\pi d^2}{4} \sqrt{\frac{2 g p_2}{R\,T} h} = 29{,}47 \frac{\pi d^2}{4} \cdot \sqrt{\frac{p_2}{T} h}\ \text{kg/st.} \qquad (17\,a)$$

Diese Näherungsgleichungen lassen sich ohne weiteres mit dem Rechenschieber auswerten, und ihre Abweichung vom genauen Wert ist so gering, daß der Fehler fast immer vernachlässigt werden kann. Die sich ergebenden etwa zu großen Werte enthalten nämlich für je 280 mm W.-S. Druckunterschied nur Fehler von 0,1 Proz., wenn, wie vorstehend, die Temperatur T $(= t + 273)$ vor der Öffnung und als Druck der geringere p_2 hinter der Meßstelle in die Rechnung eingeführt werden.

---

[1] $\sqrt{\frac{\text{m}}{\text{sek}^2} \cdot \frac{\text{m}^3}{\text{kg}} \cdot \frac{\text{kg}}{\text{m}^2}} = \text{m/sek.}$

Im Betriebe handelt es sich in den meisten Fällen darum, Luftmengen zu bestimmen; Luftgewichte dienen meist nur als Rechnungswerte, aus denen man dann nach der Zustandsgleichung die Luftmenge $V = \frac{GRT}{p}$ für einen bestimmten Zustand berechnet. Für das Schaubild 9 im Anhang sind daher die ausströmenden Luftmengen in cbm/st unter Annahme einer Temperatur von $t = 15°$ C vor, und eines Druckes von $p_2 = 1$ Atm hinter der Meßöffnung bestimmt worden. Mit diesen Werten ist

$$V_{st} = 8{,}627 \frac{\pi d^2}{4} \sqrt{\frac{273+15}{10000} \cdot h} = 1{,}464 \frac{\pi d^2}{4} \sqrt{h} \text{ cbm/st} \qquad (17\,\text{b})$$

(d in cm, h in mm gemessen).

Die Luftmenge ist proportional der Wurzel aus der absoluten Temperatur, die fast immer in der Nähe von 300° C absolut liegt ($\pm$ 6° C $= \pm \sim 1$ Proz.), und umgekehrt proportional der Wurzel aus dem absoluten Druck ($\pm$ 15 mm Barometerstand $= \pm \sim 1$ Proz.). Schließlich ändert sich noch h umgekehrt wie die vierte Potenz des Durchmessers.

In ein rechtwinkliges Achsenkreuz (vgl. Schaubild Fig. 9 im Anhang) sind auf den Durchmessern von Düsen oder Drosselscheiben als Abszissen die theoretisch ausströmenden Luftmengen als Ordinaten aufgetragen. Sie bilden für gleiche Ausflußhöhen, die von 50 bis 1000 mm W.-S. eingezeichnet sind, gerade Linien. Die zusammengehörigen Maßstäbe unten und rechts sind 10- bzw. 100mal so groß wie oben und links. In den Beispielen 20 bis 22 ist die Anwendung des Schaubildes Fig. 9 (im Anhang) gezeigt.

Beispiel 20[1].

a) $d = 300$ mm, $h = 200$ mm W.-S., $V = ?$
$V = \sim 15\,000$ cbm/st.

b) $d = 60$ mm, $h = 400$ mm W.-S., $V = ?$
$V = \sim 850$ cbm/st.

c) $V = 20\,000$ cbm/st, $h = 150$ mm W.-S., $d = ?$
$d = \sim 370$ mm.

d) $V = 9000$ cbm/st, $d = 275$ mm, $h = ?$
$h = 110$ mm W.-S.

Bei verschiedenen Durchmessern ist für genauere Rechnungen der Wert $1{,}464 \frac{\pi d^2}{4}$ über dem unteren Maßstab eingetragen, um für die Stellenzahl einen Anhalt zu gewähren.

Beispiel 21.

a) $d = 400$ mm, $h = 125$ mm W.-S., $V = ?$
$V = 1840 \sqrt{125} = 20\,600$ cbm/st.

[1] Die Beispiele 20 bis 22, sowie die Ableitung der Gleichungen (15) bis (18) mit den dazugehörigen Ausführungen, sind nach *Hinz*, Glückauf 1920, S. 90 wiedergegeben.

b) $d = 240$ mm, $p_2 = 1{,}025$ Atm abs., $t = 22°$ C, $h = 245$ mm W.-S., $V = ?$

$$V = 8{,}63 \frac{\pi 24^2}{4} \sqrt{\frac{273 + 22}{10250} \cdot 245}.$$

Vor der Wurzel muß sich eine dreistellige Zahl ergeben.

$$V = 662 \sqrt{245} = 10360 \text{ cbm/st}.$$

Höheren Druckdifferenzen, die z. B. bei der Messung von Preßluft eintreten können, wobei man die Druckdifferenz dann zweckmäßig in mm Q.-S. mißt, trägt das Schaubild 9 (im Anhang) ebenfalls Rechnung. Es ist ein Ansaugezustand der Luft von $p_a = 1$ Atm abs. und $t_a = 15°$ C, sowie in der Leitung ein Druck von $p_2 = 7$ Atm abs. und eine Temperatur von 50° C angenommen worden. Mit diesen Werten wird:

$$V_a = 3600 \cdot \frac{\pi d^2}{4} \sqrt{2g \frac{R(273 + 50)}{70000} \cdot 13{,}6 \cdot h \cdot \frac{7}{1} \cdot \frac{273 + 15}{273 + 50}}$$

$$V_a = 31{,}8 \frac{\pi d^2}{4} \sqrt{\frac{323}{70000} h \cdot \frac{7}{1} \cdot \frac{288}{323}}$$

$$V_a = 2{,}16 \frac{\pi d^2}{4} \sqrt{h} \cdot 6{,}24 = 13{,}48 \frac{\pi d^2}{4} \sqrt{h} \text{ cbm/st}, \qquad (18)$$

wobei d in cm, h in mm Q.-S. gemessen wird.

Für die als Abszissen aufgetragenen Durchmesser sind die so errechneten Ansaugmengen für 50 bis 100 mm Q.-S. als Ordinaten in das gleiche Schaubild eingetragen, um auch für diese Art der Messung einen Anhalt für das Meßergebnis bzw. für den Durchmesser der Meßöffnung und die Drosselhöhe zu haben.

Beispiel 22.

a) $d = 150$ mm, $h = 120$ mm Q.-S., $V_a = ?$
$V_a = \backsim 26000$ cbm/st.

b) $V_a = 3000$ cbm/st, $h = 100$ mm Q.-S., $d = ?$
$d = \backsim 53$ mm.

c) $V_a = 15000$ cbm/st, $d = 100$ mm, $h = ?$
$h = \backsim 200$ mm Q.-S.

Die Korrektionszahlen k bzw. μ wurden in den Gleichungen (15) bis (18) einstweilen fortgelassen. Genauere Werte erhält man, wenn man die theoretischen Tafelwerte mit den Korrektionszahlen multipliziert. Sofern die Zustromgeschwindigkeit nicht unmittelbar dadurch berücksichtigt wird, daß das Meßröhrchen dem Luftstrahl entgegengerichtet ist, muß dieselbe ebenfalls berücksichtigt werden.

Die auf Seite 165 angegebenen Werte für k berücksichtigen alle diese Korrektive (Kontraktion, Reibung, Zustromgeschwindigkeit).

Die Umrechnung der Luftmengen auf Normalzustand geschieht wie sonst (vgl. Abschnitt B. III.); es muß aber dabei berücksichtigt werden, von welchen Temperatur- und Druckverhältnissen bei der Aufstellung des Schaubildes 9 (Anhang) ausgegangen wurde.

Das Schaubild gilt, ebenso wie die Gleichungen, nur für den Fall, daß das kritische Druckverhältnis nicht erreicht wird.

Das Schaubild ist ferner nur für Luft gültig; bei Messung von anderen Gasen kann man annähernde Resultate erhalten, wenn die aus der Tafel abgestochene Menge mit der $\sqrt{\gamma}$ des Gases dividiert wird.

Es ist jedoch für solche Fälle das Schaubild 8 im Anhange besser geeignet.

Zum besseren Verständnis der in dem Schaubild 8 des Anhanges angewandten Beziehungen möge die folgende Entwicklung erlaubt werden.

Sieht man zunächst von den Reibungsverlusten ab, so ist nach dem Lehrsatz von *Bernoulli* die Summe von dynamischer Druckhöhe plus Geschwindigkeitshöhe konstant (vgl. Fig. 114). Es ergibt sich dann für jede Querschnittsverengung (Düse, Venturirohr) die Beziehung:

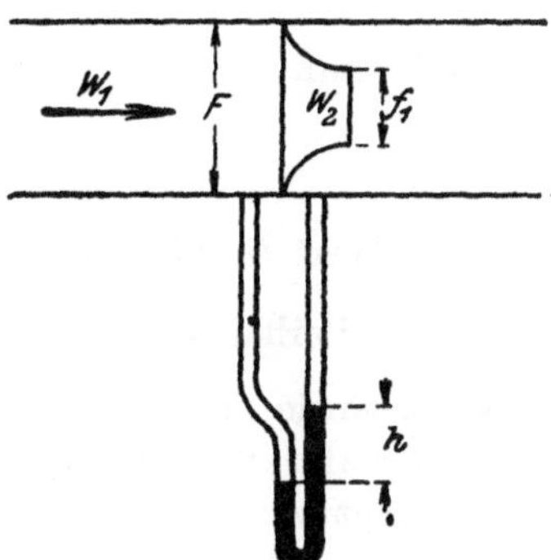

Fig. 114. Zur Ableitung der Gleichung (20).

$$p_1 + \frac{w_1^2}{2g} = p_2 + \frac{w_2^2}{2g}$$

oder

$$p_1 - p_2 = h = \frac{w_2^2 - w_1^2}{2g}. \qquad (19)$$

Daraus

$$2gh = w_2^2 - w_1^2$$

(ein Gasgewicht = 1 vorausgesetzt) oder

$$\frac{2gh}{\gamma} = w_2^2 - w_1^2$$

(bei einem anderen spez. Gewicht des jeweiligen Gases).

Es bedeuten:

p_1 und p_2 = die dynamischen Drücke unmittelbar vor und hinter der Querschnittsverengung in mm W.-S.,

h = die Differenz dieser beiden Drücke in mm W.-S.

w_1 und w_2 = die entsprechenden Geschwindigkeiten in den Querschnitten F und f,

F und f = Querschnitte des Rohres und der Verengung in qm (Durchmesser D und d in m),

γ = Raumgehalt des Gases in kg/cbm,

k = Korrektionsziffer,

V = die Gasmenge in cbm; V_{st} = dasselbe pro Stunde,

C = einen konstanten Wert (siehe weiter unten).

Dann ist

$$V = F \cdot w_1 = f \cdot w_2,$$

daraus

$$w_1 = \frac{V}{F}; \qquad w_2 = \frac{V}{f}; \qquad \frac{2gh}{\gamma} = \frac{V^2}{f^2} - \frac{V^2}{F^2};$$

$$\frac{2gh}{\gamma} \cdot F^2 \cdot f^2 = V^2 \cdot (F^2 - f^2).$$

Daraus ist

$$V = \sqrt{2gh} \cdot \frac{F \cdot f}{\sqrt{F^2 - f^2}} \cdot \sqrt{\frac{1}{\gamma}}$$

in der Sekunde, oder in einer anderen Schreibweise, pro Stunde und unter Berücksichtigung von k

$$V_{st} = \frac{3600 \sqrt{2g} \cdot F}{\sqrt{F^2 - f^2}} \cdot k \cdot f \cdot \sqrt{\frac{h}{\gamma}} \text{ pro Stunde.}$$

Setzt man den Ausdruck

$$\frac{3600 \sqrt{2g} \cdot F}{\sqrt{F^2 - f^2}} \cdot k = C \text{ (konstant),}$$

so erhält man

$$V_{st} = C \cdot f \cdot \sqrt{\frac{h}{\gamma}}. \tag{20}$$

Den Wert C entnimmt man dem Schaubild 8 im Anhang, welches verschiedenen Verhältnissen $\frac{D}{d}$ (Rohrdurchmesser : Durchmesser der Durchflußöffnung), sowie verschiedenen Werten von k Rechnung trägt.

Die praktische Anwendung dieses Schaubildes möge an folgendem Beispiel gezeigt werden.

Beispiel 23.

Verengung: Düse.

k = angenommen 0,98,

f = Düsenquerschnitt 0,159 qm,

h = 55 mm W.-S.,

γ = 0,484,

$$\frac{D}{d} = \frac{\text{Rohrdurchmesser}}{\text{Düsendurchmesser}} = \frac{0{,}8}{0{,}45} = 1{,}78.$$

Bei $k = 0{,}98$ und $\frac{D}{d} = 1{,}78$ beträgt C, entnommen dem Schaubild 8 im Anhang = 16 260.

Dann ist

$$V_{st} = 16\,260 \cdot 0{,}159 \sqrt{\frac{55}{0{,}484}} = \text{rd. } 27\,500 \text{ cbm}$$

(vgl. Beispiel 19), welche entsprechend auf Normalzustand umzurechnen sind (vgl. Abschnitt B. III.).

III. Staurand.

Staurand, auch Mündung, Drosselscheibe, Stauflansch, Diaphragma usw. genannt, beginnt in der Reihe von Verfahren zur Gasmengenermittlung sich einen Platz erst in der späteren Zeit zu erobern. Grundlegend für die

Staurandmessung waren zwei mit großem Fleiß und Verständnis durchgeführte Arbeiten von *Müller* (Mitteilungen über Forschungsarbeiten auf dem Gebiete des Ingenieurwesens, Heft 49) und *Brandis* (Messung von Gasmengen mit der Drosselmeßscheibe, M. Krayn, Berlin 1913).

Die theoretischen Grundlagen dieses Meßverfahrens sind im allgemeinen dieselben, wie für jede andere Querschnittsverengung (Venturirohr, Düse); nur sind dabei einige von *Brandis* angegebene Korrektive einzuführen, von denen die Rede weiter unten sein wird.

1. Die Formgebung.

Die zweckmäßigste Form des Staurandes wäre die in der Fig. 102 angegebene (scharfkantige), schon allein aus dem Grunde, weil die vorhandenen Versuchsunterlagen von *Brandis* und teilweise von *Müller* eben mit Stauründern dieser Form erhalten worden sind. Die Randdicke δ soll nicht über 0,01 d gehen, weil sonst die Kontraktion unvollkommen wird. In den Fig. 103 und 115 sind weitere Formen von Staurändern dargestellt, die den Vorteil der Druckentnahme direkt in der Stauvorrichtung aufweisen, jedoch nicht scharfkantig sind, so daß die hier angegebenen Korrektionszahlen sich auf solche Stauränder nicht beziehen. Ihre Verwendung setzt für jede Messung entsprechend den verschiedenen Verhältnissen jeder Messung eine besondere Eichung voraus. Stehen nicht Stauränder mit Vorrichtungen zur Druckentnahme an der Stauvorrichtung selbst, wie in der Fig. 103, zur Verfügung, so könnte die Druckentnahme nötigenfalls stattfinden, wie es in der Fig. 116 angegeben ist, d. h. an beiden Seiten des Staurandes in einiger bestimmter Entfernung vom Staurand. Es soll aber in solchen Fällen entsprechend dem Abstand der Meßröhrchen eine Korrektion eingesetzt werden. Die zitierte Arbeit von *Brandis* enthält Unterlagen für solche Korrektionen auf S. 46, worauf ich hiermit verweise. Für eine Entfernung des Meßröhrchens von etwa 5 mm von der Stauvorrichtung beträgt die Korrektionszahl $\sqrt{1,1}$, womit die Meßresultate zu multiplizieren sind.

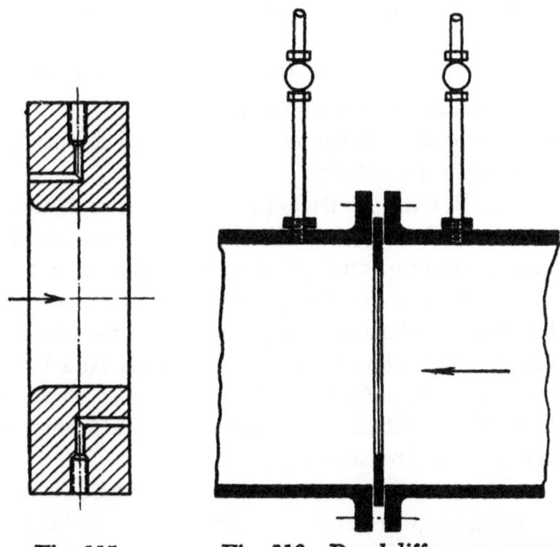

Fig. 115. Stauflansch.

Fig. 116. Druckdifferenzmessung am Staurand.

2. Die Messung der Druckdifferenz.

Das am zuverlässigsten zu bestimmende Maß für das Druckgefälle bildet die Differenz zwischen den auf der Drosselscheibe selbst in der Nähe der Rohrwandung auftretenden Stau- und Saugdrücken. Die Druckmeßöffnungen sind daher die Rohrwand tangierend auf beiden Seiten der Scheibe selbst (im Winkel gegen die Rohrwand) anzuordnen[1]. Die Zuverlässigkeit der Druckdifferenzmessung wird erhöht und insbesondere der hinter Richtungsänderungen einzuhaltende Abstand verkürzt, wenn die Drücke nicht nur an einem Punktpaare, sondern an mehreren auf den ganzen Umfang des Rohres verteilten, durch einen Ringkanal (Sammelraum) verbundenen Meßpunkten gleichzeitig gemessen werden. Für diese Art der Druckentnahme (*Brandis*) gilt k nach Gleichung (14e); wird dagegen die Druckentnahme bewirkt, wie es *Müller* in seiner Arbeit durchführt, nämlich 2,5 D vor und 8 D hinter dem Staurand, so gilt für k entsprechend die Gleichung (14d).

3. Die Ausführung der Messung.

Brandis, der die Versuche auf Rohrdurchmesser $D = 100$ bis 800 mm erstreckte und dabei $m = 0{,}5$ bis 0,8 anwandte, empfiehlt die folgenden Bedingungen zu erfüllen:

a) Vor der Meßscheibe hinter einer Querschnittsveränderung eine Rohrlänge mit konstantem Querschnitt von mindestens 8 D, hinter einer Richtungsänderung eine gerade Rohrlänge von mindestens 4 D.

b) Hinter der Meßscheibe bis zu einer Querschnittsverengung oder einer Richtungsänderung ein gerades Rohrstück von mindestens 3 D Länge, bis zu einer Querschnittserweiterung eine Rohrlänge mit konstantem Querschnitt von mindestens 6 D. Einhaltung dieser Bedingungen ist erforderlich, weil der Durchflußkoeffizient k von der Beschaffenheit der Rohrleitung vor und hinter der Meßscheibe abhängig ist.

Es ist zu beachten, daß die Durchflußöffnung dem Strom scharfkantig entgegengerichtet ist. Die *Brandis*sche Berichtigungszahl c (nicht zu verwechseln mit k), über die weiter unten noch mitgeteilt wird, kann vernachlässigt werden, wenn die Öffnung scharfrandig ist, d. h. wenn die Randdicke δ zu Öffnungsdurchmesser d kleiner als 0,01, das Öffnungsverhältnis $m \leqq 0{,}6$, sowie die Stromgeschwindigkeit größer als 5 m/sek. ist. Kleinere Geschwindigkeiten sind nicht zweckmäßig, weil sich dabei ein starkes Streuen der Werte für Kontraktion ergibt.

Die Eichung der Stauränder geschieht unter denselben Gesichtspunkten, wie die der Düse.

4. Die Auswertung der Meßergebnisse.

Die *Brandis*schen Angaben beziehen sich auf eine scharfkantige Drosselmeßscheibe (Staurand), die in der Fig. 102 dargestellt ist. Die Versuche erstreckten sich nur auf einen Fall — Durchfluß in einer glatten Rohrleitung

[1] Jedoch mit Rücksicht auf Verschmutzung nicht im tiefsten Punkt.

(vgl. S. 163). Dieser Fall kommt im praktischen Betriebe auch am häufigsten vor; auch lassen sich bei anderen Fällen (Ausströmung aus einem Gefäß ins Freie, aus einem Rohr ins Freie, aus einem Gefäß in ein Rohr, Einströmung aus dem Freien in ein Rohr usw.) durch Anbringen eines langen Rohrstückes meistens Verhältnisse erreichen, unter welchen *Brandis* seine Versuche ausführte. Die Versuche wurden nur mit Luft durchgeführt, können jedoch sinngemäß auch auf andere technische Gasarten übertragen werden.

Die Menge V ist nach *Brandis* nicht genau proportional der Quadratwurzel aus der gemessenen Druckdifferenz $\frac{h}{\gamma}$, sondern annähernd proportional $\left(\frac{h}{\gamma}\right)^n$, wo $n = 0{,}47$ bis nahezu 0,5 abhängig von der Wandstärke der Drosselscheibe, dem Druckgefälle $\frac{h}{\gamma}$, dem Scheibendurchmesser d und dem Öffnungsverhältnis m gefunden wurde. Um das Rechnen mit gebrochenen Exponenten zu vermeiden, wurde eine Beziehung $V = c + k\sqrt{\frac{h}{\gamma}}$ näherungsweise substituiert, wo c eine Berichtigungszahl ist, die unter gewissen Verhältnissen (vgl. Beispiele 25 u. 25a) vernachlässigt werden kann.

Unter Berücksichtigung des obigen kommt *Brandis* zu einer folgenden rein empirischen Gleichung:

$$w = m\left(c + k'\sqrt{\frac{h}{\gamma}}\right). \tag{21}$$

Hier ist:

$$m = \left(\frac{d}{D}\right)^2,$$

$$c = \frac{k'\sqrt[3]{m}\cdot D}{28D - 0{,}2},$$

$$k' = \sqrt{2g}\cdot k = 4{,}43\cdot k,$$

$$k' = e^{1{,}02\,(1-m^{\varepsilon})^{-0{,}25}}$$

oder in einer anderen Schreibweise

$$k' = e^{\frac{1{,}02}{(1-m^{\varepsilon})^{0{,}25}}},$$

$$e = 2{,}71828,$$

$$\varepsilon = 1{,}17 + \frac{D^2}{0{,}36},$$

$h = p_1 - p_2 =$ die an beiden Seiten des Staurandes erzeugte Druckdifferenz in mm W.-S.,

$\gamma =$ Raumgewicht des Gases in kg/cbm,

$d =$ Durchmesser der Staurandöffnung,

$D =$ Durchmesser des freien Rohrquerschnittes an der Meßstelle,

$w =$ die Geschwindigkeit im freien Rohrquerschnitt in m/sek.

Erfolgt die Druckentnahme nicht direkt im Staurand, sondern in einer bestimmten Entfernung beiderseits desselben, so muß dieses entsprechend berücksichtigt werden. Bei etwa 5 mm Entfernung von der Meßscheibe wird die Korrektion durch den Faktor $\sqrt{1,1}$ ausgedrückt (vgl. oben Abschnitt H. III. 1.).

In diesem Falle würde die Gleichung (21) lauten:

$$w = c \cdot m + m k' \sqrt{\frac{h}{\gamma}} \cdot \sqrt{1,1}. \tag{21a}$$

Das Durchflußvolumen V ist gleich

$$V = w \cdot F, \tag{21b}$$

wo F = der Querschnitt der Rohrleitung in qm.

Hierzu ein Rechenbeispiel.

Beispiel 24.

$$d = 0{,}11 \text{ m},$$
$$D = 0{,}15 \text{ m},$$
$$\left(\frac{d}{D}\right)^2 = \left(\frac{0{,}11}{0{,}15}\right)^2 = 0{,}5378,$$
$$k' = 2{,}71828^{1,02(1-0,5378^{1,2325})-0,25} = 3{,}192,$$
$$c = \frac{3{,}192 \sqrt[3]{0{,}5378 \cdot 0{,}15}}{28 \cdot 0{,}15 - 0{,}2} = 0{,}0974.$$

Dann ist w unter Anwendung der Gleichung (21a) gleich:

$$w = 0{,}0974 \cdot 0{,}5378 + 0{,}5378 \cdot 3{,}192 \cdot \sqrt{1{,}1} \cdot \sqrt{\frac{h}{\gamma}};$$
$$w = 0{,}052 + 1{,}773 \text{ (in Metern pro Sekunde).}$$

Das Durchflußvolumen $V = w \cdot F$;

$$F = \frac{\pi D^2}{4} = \frac{\pi \cdot 0{,}15^2}{4} = 0{,}0177 \text{ qm}.$$

Dann ist V gleich:

$$V = 0{,}052 \cdot 0{,}0177 + 1{,}773 \cdot 0{,}0177 \sqrt{\frac{h}{\gamma}} = 0{,}00092 + 0{,}0314 \sqrt{\frac{h}{\gamma}} \text{ cbm/sek.}$$

Kennt man nun andererseits h, γ und V bzw. w, so läßt sich aus der Gleichung (21) der zweckmäßige Durchmesser (und somit m) der Staurandöffnung ermitteln. Für Überschlagsrechnungen setze man dann $k' = \sim 3{,}0$ und $C = 0$. Bequemer ist es, diese Ermittlung mit Hilfe des *Hinz*schen Schaubildes (Anlage 9 im Anhange) durchzuführen. Beispiele dafür wurden bereits früher (Beispiel 22b und andere) angegeben; man merke aber, daß bei der oben erwähnten graphischen Ermittlung von d aus dem Schaubild auch k berücksichtigt werden muß, welches jedoch nicht mit k' ($= 4{,}43 \cdot k$) zu verwechseln ist.

Die Auswertung der Meßergebnisse nach dem Beispiel 24 ist umständlich und zeitraubend; durch Benutzung der Zahlentafel 11 im Anhang läßt sich die Auswertung bedeutend vereinfachen. Die Tabelle ist von *Brandis* im Dezimeter-Kilogramm-Sekunde-System zusammengestellt, von *Gramberg* etwas berichtigt und in Meter und Kubikmeter umgerechnet. Ich habe diese Tabelle durch entsprechende aus der „Hütte" entnommene Zahlenreihen vervollständigt, und in dieser kombinierten Form wird die Zahlentafel 11 im Anhang gebracht.

Für die Benutzung der Zahlentafel gilt die folgende vereinfachte Gleichung:

$$V = c + k \cdot f \cdot \sqrt{2g\frac{h}{\gamma}} = c + K \cdot F\sqrt{2g\frac{h}{\gamma}}. \qquad (21\text{c})$$

c, k und K = Berichtigungsziffern bzw. Ausflußzahlen und sind der Zahlentafel zu entnehmen,

f und F = Querschnitte des Staurandes und des Rohres,

$K = k \cdot m.$

Unter Einbeziehung von $\sqrt{2g}$ in die Vorzahl erhält man

$$V = c + k' \cdot f\sqrt{\frac{h}{\gamma}} = c + K' \cdot F\sqrt{2g} \qquad (21\text{d})$$

$$k' = 4{,}43\,k; \quad K' = 4{,}43\,K.$$

In der Zahlentafel befindet sich noch eine Zahlenreihe unter K'';

$$K'' = 4{,}43 \cdot K \cdot F.$$

Das folgende Beispiel möge den Gebrauch dieser Zahlentafel erläutern.

Beispiel 25.

d = Durchmesser des Staurandes 0,2325 m,

D = Durchmesser der Leitung 0,300 m,

$$\left(\frac{d}{D}\right)^2 = \frac{f}{F} = m = 0{,}6\,.$$

Bei $D = 0{,}3$ und $m = 0{,}6$ entspricht laut Zahlentafel 11 des Anhanges

$c = 0{,}0038,$

$K = 0{,}454.$

Dann ist

$$V_{\text{sek}} = 0{,}0038 + 0{,}454 \cdot 0{,}0706 \cdot 4{,}43\sqrt{\frac{h}{\gamma}}\,.$$

Bei anderen Werten von m wird entsprechend interpoliert. So z. B. (Zahlen aus dem Beispiel 24)

Beispiel 25a.

$$\left(\frac{d}{D}\right)^2 = m = 0{,}5378\,,$$

$$F = \frac{\pi D^2}{4} = 0{,}0177 \text{ qm},$$

$K' = 4{,}43\,K,$

c = aus der Zahlentafel 11 (interpolierend) 0,00094,

K = aus der Zahlentafel 11 (interpolierend) zwischen 0,365 und 0,466 = 0,402.

Dann ist

$$V_{sek} = 0,00094 + 4,43 \cdot 0,402 \cdot 0,0177 \sqrt{\frac{h}{\gamma}}.$$

Eine weitere Vereinfachung wird noch durch die Benutzung des Koeffizienten K'' in der Tafel geboten. Derselbe ist gleich dem Werte

$$K'' = 4,43 \cdot K \cdot F.$$

In diesem Falle ist $K'' = 0,315$ (interpolierend).

Dann ist $V_{sek} = 0,00094 + 0,315 \sqrt{\frac{h}{\gamma}}$, was mit dem obigen Resultat des Beispieles 24 übereinstimmt.

Das in dem Abschnitt H. II. 4. besprochene Schaubild 9 (Anhang) läßt sich auch bei Staurandmessungen verwenden. Es muß hierbei aber die Ausflußziffer k (Gleichungen (14c) und (14e), sowie die Fig. 110) entsprechend berücksichtigt werden. Auf dieselbe Weise, wie im Beispiel 22b, jedoch unter Heranziehung von k, läßt sich auch der zweckmäßige Durchmesser der Staurandöffnung ermitteln.

IV. Venturirohr.

Die Wirkung des Rohres beruht auf der 1791 bei Versuchen in Morena von dem italienischen Philosophen *Venturi* festgestellten Tatsache, daß in nach außen erweiterten konischen Ausflußstutzen beim Durchfluß von Gasen eine saugende Wirkung am kleinsten Querschnitt auftritt. Praktisch verwertet wurde das Venturirohr zum ersten Male von dem amerikanischen Ingenieur *Herschel*, und zwar zum Zwecke der Wassermessung.

Bei der Benutzung einfacher Öffnungen (Düse, Staurand) geht die auf die Beschleunigung verwendete, dem gemessenen Druckabfall entsprechende Energie verloren — auch dann, wenn ein Rohr sich hinter der Mündung anschließt. Will man nicht die großen Energieverluste in Kauf nehmen, so muß man sich mit kleinen Spannungsabfällen begnügen, die unbequem zu messen und namentlich nicht gut zu registrieren oder zu integrieren sind.

Beim Venturirohr wird hinter die Einschnürung eine schlank-konische Erweiterung gelegt, in der der Spannungsabfall wieder eingebracht wird, bis auf einen den Reibungsverlusten entsprechenden Bruchteil.

In der Fig. 117 ist ein Venturirohr dargestellt. Das Venturirohr ist ein sich konisch verengendes Rohr, welches durch ein Halsstück mit einem längeren, allmählich sich erweiternden konischen Rohre verbunden ist. An der Verengung des Rohres entsteht durch die hier erhaltene höhere Gasgeschwindigkeit ein Druckabfall, der als Maß der durchgeströmten Gasmengen dient. Das Auslaufrohr hat eine allmähliche Querschnittserweiterung, wodurch der entstehende Druckabfall zum größten Teil wieder in die anfängliche Druckhöhe umgesetzt wird. Der von dem Venturirohr in der Rohrleitung hervorgerufene Druckverlust ist daher verhältnismäßig äußerst gering.

Das durch ein Venturirohr gehende Volumen ist pro Sekunde gleich

$$V_{\text{sek}} = \frac{c}{\sqrt{1 - m^2}} \cdot f \cdot \sqrt{\frac{2 g h}{\gamma}}. \tag{22}$$

Über den Wert c, der aus Eichversuchen zu ermitteln ist, wurde bereits auf Seite 166 berichtet.

Die Druckentnahme geschieht in zuverlässiger Weise durch Ringkanäle an zwei genau bearbeiteten und gegen Rost geschützten Stellen, die am Halse und am Einlauf des Rohres angeordnet sind. Diese Ringkanäle stehen mit dem Innern des Rohres durch Öffnungen in Verbindung, welche über den ganzen Umfang verteilt sind. Der Druck in diesen Kammern ist daher derselbe wie im Rohre selbst.

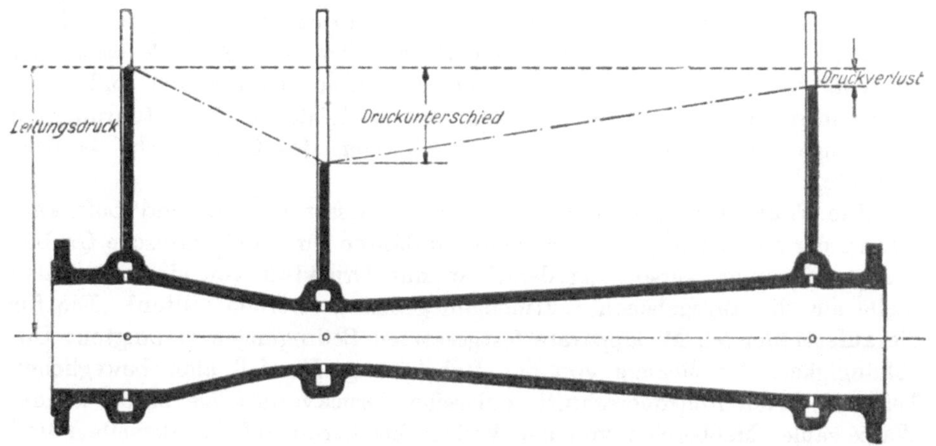

Fig. 117. Venturirohr.

Über die theoretischen Grundlagen der Venturirohrmessung, die wohl im großen und ganzen dieselben sind, wie bei den Düsen, berichtet *Baurichter* in seinen Aufsätzen[1], und es soll hiermit darauf verwiesen werden.

Das Venturirohr muß eigentlich horizontal eingebaut werden. Sollte es schräg oder senkrecht eingebaut werden, so ändern sich nach *Baurichter* die Resultate nur wenig. Für den Einbau des Venturirohres spielen, ebenso wie bei anderen Querschnittverengungen, die örtlichen Verhältnisse eine Rolle, sei es, daß Krümmer vor oder hinter der Einbaustelle vorhanden sind, sei es, daß verschiedenes Material (Guß- oder Schmiedeeisen) zur Rohrleitung benutzt wurde, wodurch eine Turbulenz des Gasstromes hervorgerufen werden kann, welche auch durch Einschnürung des Rohrstranges nicht ganz behoben wird.

Die Einschnürung des Venturirohres ist maßgebend für die Größe des zu erzeugenden Druckunterschiedes. Das Verhältnis des Einschnürungs- zum Rohrleitungsquerschnitt hängt von dem zwischen der kleinsten und

[1] Journ. f. Gasbel. 1917, Heft 33; Stahl u. Eisen 1917, Nr. 40; Kohle u. Erz 1917, Nr. 27/28.

größten zu messenden Gasmenge liegenden Meßbereich ab. Es ist daher möglich, den Venturimesser den verschiedensten Betriebsverhältnissen anzupassen, was als wertvolle Eigenart angesprochen werden kann. Die Möglichkeit einer Beschädigung irgendwelcher mechanischer Teile durch Teer, Wasser, Staub oder sonstige Gasverunreinigungen ist hier ausgeschlossen.

Der durch Venturirohre hervorgerufene Druckverlust beträgt 15 bis 60 mm W.-S.

Automatische Anzeige- und Registriervorrichtungen. Als *Herschel* 1887 mit seinen in der *Holyoke Water Power Co.* durchgeführten Versuchen mit Venturiwassermessern an die Öffentlichkeit trat, da erwähnte er auch die Möglichkeit der Verwendung des Venturimessers für die Messung von Gas. Dabei blieb es allerdings auch, Versuche damit sind jedenfalls, soweit bekannt, nicht vorgenommen worden, und wenn es doch der Fall war, dann mußten diese an der für niedrige Differenzdrucke nicht geeigneten Konstruktion der Registrierapparate scheitern. Der in dem *Lutonwerke* der *G. Kents Lmtd.* erzeugte Venturigasmesser wurde ursprünglich außer zur Wassermessung nur zur Luftmessung verwandt, da seine Ausführung die die Menge beeinflussenden Dichteschwankungen des Gases nicht berücksichtigte.

Die Frage der Verwendung der Venturimesser für Gas und Luft kam erst wieder zur Geltung, als vor mehreren Jahren für südafrikanische Gruben zur gemeinsamen Versorgung derselben mit Druckluft von einer zentralen Stelle aus die abgegebenen Luftmengen gemessen werden sollten[1]. Die für die aufzustellenden Meßapparate festgesetzten Bedingungen verlangten: Unabhängigkeit des Messers von der Rohrleitung, Fortfall aller beweglichen Teile im freien Rohrquerschnitt, zulässiger Druckverlust bis zu ca. 40 mm Wassersäule, Meßbereich von der Vollast bis herab auf $^1/_{30}$ derselben und Meßgenauigkeit bis $^1/_{12}$ der maximalen Luftmengen, automatische Korrektur von Druck- und Temperaturschwankungen und schließlich geringe Anschaffungskosten.

Nach umfangreichen Versuchen wurden nach den Patenten von *J.H.Hodgson* in London Venturimesser mit den zugehörigen Registrierapparaten hergestellt. Letztere wurden gebaut mit automatischer Korrektur von Druck und Temperatur, nur mit Druckkorrektur und, wie die gewöhnlichen Stationsgasmesser, ohne solche Einrichtungen. Die Übertragung des Druckunterschiedes auf das Zählerwerk erfolgt durch eine schwebende Glocke, deren durch den wechselnden Druckunterschied bewirkte Bewegung durch entsprechende Übersetzungen auf das Zählerwerk übertragen wird. Der Querschnitt der Glocke ist konisch, so daß ihre Bewegung ungefähr proportional der Strömungsgeschwindigkeit des Gases ist. Der Meßbereich des Venturigasmessers reicht von der Volleistung bis $^1/_{30}$ dieser.

Das Zählwerk kann in beliebiger Entfernung vom Meßrohr untergebracht werden. Der Venturigasmesser ist für jeden Gasdruck verwendbar.

---

[1] Journ. of Gaslight. **31**, 5, 10.

Die Meßgenauigkeit des Venturigasmessers ohne Einriehtung zur Ausschaltung der Dichteschwankung liegt innerhalb einer Fehlergrenze von 4 bis 5 Proz. und darüber, je nach den Gasverhältnissen. Diese Ausführung wäre daher für die Gasmessung, bei der auf Genauigkeit Anspruch erhoben werden muß, nicht geeignet.

Bei der von *Hodgson* durchgeführten Verbesserung, durch die der Einfluß der wechselnden Gasdichte auf die Meßgenauigkeit der Venturigasmesser ausgeschaltet wird, sinkt die Fehlergrenze auf 1 Proz., also auf ein Maß, das für die Praxis vollkommen befriedigend wäre.

Nach den in „The Gas Age“ vom 15. 1. 1915 enthaltenen Angaben zeigte ein von der *Providence Gas Co.* benützter Venturigasmesser für 850 m³ Stundenleistung, dem ein nasser Stationsgasmesser vorgeschaltet war, innerhalb vier Betriebsmonaten einen Unterschied von — 0,14 Proz. gegenüber dem nassen Gasmesser.

Aus einer Abhandlung im „American Gas Light Journal“ vom 25. November 1912, S. 339 ist zu entnehmen, daß die Bethlehem Steel Co. zur Messung des Gasbedarfes einer Kraftmaschinenanlage einen Venturigasmesser der *Builder's Iron Foundry*, Providence R. I. verwendet, der bei einem Rohrdurchmesser von 1500 mm für eine Stundenleistung von 85 000 m³ reicht. In diesem Falle dürfte es sich um die Messung von Generator- oder Hochofengas handeln.

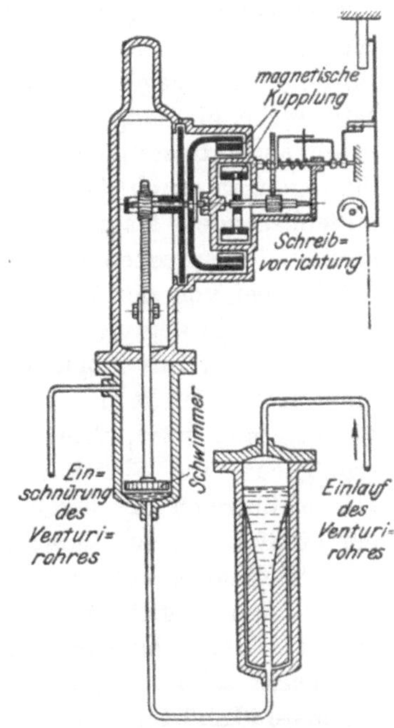

Fig. 118. Anzeigeapparat zum Venturimesser von *Siemens & Halske*, Berlin.

In Deutschland bauen *Siemens & Halske*, Berlin, sowie *Bopp & Reuther*, Mannheim-Waldhof, Venturimesser mit Registrier- bzw. Anzeigevorrichtungen.

In der Fig. 118 ist eine Ausführung von *Siemens & Halske*, und zwar ohne automatische Druck- und Temperaturkorrektion, dargestellt. Diese Anzeigevorrichtung besteht aus zwei eine Flüssigkeit enthaltenden, miteinander verbundenen geschlossenen Gefäßen und einer Schreibvorrichtung. Der Ringkanal am Einlauf des Venturirohres steht mit dem unteren, derjenige an der Einschnürungsstelle mit dem oberen Gefäß in Verbindung. Beim Strömen des Gases drückt der entstehende Druckunterschied die Flüssigkeit durch das Verbindungsrohr in das obere Gefäß. Der Schwimmer steigt entsprechend und mit ihm eine Zahnstange, die in das Antriebsrad der Übertragungswelle eingreift. Die Drehbewegung wird auf eine Zeigerwelle übertragen und betätigt einen Schreibhebel. Dieser schreibt die den Druckunterschieden entsprechende Durchflußmenge auf einem mittels Uhrwerk bewegten Papierstreifen fortlaufend auf. Bei zylindrischer Ausbildung beider Druckgefäße würde eine quadratische, also unproportionale Papiereinteilung entstehen, denn der Druck wächst mit dem Quadrat der Geschwindigkeit. Eine solche Einteilung ist recht unübersichtlich. Um diesen Nachteil zu vermeiden, ist das untere Druckgefäß mit nach unten abnehmendem Querschnitt derart ausgeführt, daß der Schreibstift bis auf einen kleinen Teil zu Anfang des Schreibblattes einen proportionalen Ausschlag zu der durchströmenden Gasmenge erhält (vgl. auch S. 142). Die auf- und abwärts gerichteten Bewegungen des Schwimmers werden in eine drehende Bewegung umgesetzt, die von der Schreibvorrichtung aufgenommen wird. Die Drehbewegung wird hierbei nicht, wie vielfach üblich, durch eine unmittelbar zur Schreibvorrichtung führende und gegen den Druckraum mit Hilfe einer Stopfbüchse abgedichtete Welle übertragen, sondern durch einen auf der Zahnradwelle im Druckraum angeordneten nahezu ringförmigen Magneten. Dieser überträgt seine Bewegungen durch die Trennungswand des Druckraumes hindurch auf einen außenliegenden Magnetanker. Der einer gegebenen Breite des Registrierstreifens entsprechende Weg des Schreibstiftes ist um die Hälfte kürzer als der hierbei von der magnetischen Kupplung zurückzulegende Weg. Durch diese lange Bewegungsstrecke des Magneten kann die zur Übertragung nötige magnetische Kraft möglichst klein gehalten werden. Außerdem sind dadurch diese Kräfte leicht derart zu bemessen, daß eine stets sichere Arbeitsweise gewährleistet wird. Die bei dieser Ausführung erzielte Meßempfindlichkeit ermöglicht eine Sichtbarmachung auch der kleinsten Druckunterschiede. Der Meßbereich der beschriebenen Venturimesser geht im allgemeinen von der größten Durchflußmenge bis zu $^1/_{20}$ derselben herab. Die Einteilung des Registrierblattes ist für den praktisch vorkommenden Meßbereich proportional.

Andere Registriereinrichtungen zum Venturimesser sind in der Zeitschrift „Chemische Apparatur“ 1918, S. 129 beschrieben.

Diese selbsttätigen Apparate, sowie die meisten in dem Abschnitt G, S 136—140 und 145—149 beschriebenen lassen sich mit Erfolg auch zur Messung von Gasmengen in Verbindung mit Düsen und Staurändern anwenden.

V. Vergleich zwischen Düse, Staurand und Venturirohr.

Die Methode der Durchflußöffnungen dient der unmittelbaren Volumenmessung strömender Luft, Gase und Dämpfe. Sie ist für die dauernden Verbrauchsmessungen der Praxis, für alle Gase und Dämpfe, für alle Temperaturen und Drücke besonders geeignet und gibt meistens zuverlässige Resultate.

Der Verlust an Energie ist bei gleichem Öffnungsverhältnis (Verhältnis des gedrosselten zum vollen Querschnitt) beim Venturirohr am geringsten, bei der Drosselscheibe (Staurand) am größten. Ferner besitzt das Venturirohr den Vorteil, wegen der schlanken Übergänge einer Verschmutzung am wenigsten ausgesetzt zu sein. Diesen Vorteilen steht der Nachteil gegenüber, daß der Einbau des Venturirohres in vorhandene Leitungen wegen der großen Baulänge sich nur schwierig durchführen läßt.

Im Gegensatz hierzu bietet die Drosselscheibe die Vorteile, daß die Druckdifferenzmessung direkt am Staurand möglich ist und dadurch zuverlässiger wird, daß der Einbau äußerst einfach ist, und daß für die Festlegung der maßgebenden Form nur die Angabe der beiden Durchmesser benötigt wird. Von der Anwendung einer Drosselscheibe (Stauflansch) wird fast bei allen Dampfmesserkonstruktionen Gebrauch gemacht. Der einfache, ebene Staurand wird dort Verwendung finden, wo ein kleinerer Energieverlust, der durch den Druckabfall bedingt ist, verschmerzt werden kann, das Venturirohr dort, wo solche Verluste unbedingt zu vermeiden sind und höchste Meßgenauigkeit gefordert wird.

Die Düse, besonders die „Normaldüse", hat den Vorteil einer fast unveränderlichen Ausflußziffer.

Das Venturirohr, welches auf der gleichen Rechnungsbasis beruht wie die Düse, hat vor der Düse noch den Vorzug, daß der größte Teil des durch die Drosselung erzeugten Druckabfalls am Auslauf des Venturirohres wiedergewonnen wird, indem die Geschwindigkeitsenergie des Gases dort wieder in Druck umgesetzt wird.

Ein Nachteil der Staurandmessung besteht darin, daß die Durchflußziffer sich mit dem Verhältnis Öffnungsdurchmesser : Rohrdurchmesser ändert. Zwar sind dafür in den Versuchsresultaten von *Müller* und *Brandis* Angaben vorhanden, die Arbeiten sind jedoch nur mit Luft durchgeführt. Auch weichen die von diesen beiden Autoren angegebenen Werte für k etwas voneinander ab. Sowohl der Düse als auch dem Staurand haftet derselbe Nachteil an, daß Wasser-, Teer- und Staubablagerungen die dauernde (in Verbindung mit selbstschreibenden Apparaten) Messung beeinträchtigen, sofern für Kondensatabläufe und überhaupt für Reinigungsvorrichtungen (Ausblasen) nicht gesorgt wird.

Die Anwendung von Staurändern ist mit geringen Mitteln durchzuführen, jedoch bedarf es der Kenntnis des zweckmäßigsten Verhältnisses von $d : D$, um den geringsten Druckverlust zu erzielen. Dieses Verhältnis bzw. der Durchmesser der Öffnung läßt sich übrigens leicht feststellen. (Vgl. die Beispiele 22a und b, S. 178.)

Düsen und Stauflansche sind kostspieliger als Stauränder und werden daher zweckmäßig nur bei festliegenden Rohrleitungen Anwendung finden. Die Herstellung der Venturirohre erfordert noch höhere Unkosten.

An scharfkantigen Mündungen haben auch geringe Verletzungen der scharfen Kante großen Einfluß. Die Frage, ob eine Düse oder Staurand verwendet werden soll, entscheidet sich übrigens oft schon dadurch, daß Düsen nicht für sehr große Düsendurchmesserverhältnisse hergestellt werden können. Die Normaldüse (Fig. 111) hat das Verhältnis $d : D = 0{,}4$, also $m = 0{,}16$, während die *Brandis*schen Angaben erst bei $m = 0{,}5$ beginnen. Wo also größere Spannverluste unzulässig sind, muß man Düse oder Venturirohr verwenden.

Die Verwendung von Düsen hat den Vorteil größerer Meßsicherheit durch Vermeidung der Kontraktion ($= \sim 1$), aber den Nachteil schwieriger

Herstellung. Oft wird man aber die Düse deshalb vorziehen, weil ihre Empfindlichkeit[1] gegen mechanische Einflüsse geringer ist. Das zeigen die diesbezüglichen, noch unveröffentlichten Versuche einer speziellen Kommission[1].

Sowohl Düsen als auch Stauränder und Venturirohre sind nur für Messungen von Gasmengen in kreisrunden Rohren anwendbar. Ist jedoch das Rohr oder der Kanal, durch welche das Gas strömt, polygonal, oval oder hat es überhaupt eine vom Kreis abweichende Form, so ist hier mit Düsen und Staurändern nichts anzufangen. Es werden dann wohl entsprechende andere Methoden angewandt werden müssen.

Ferner ist allen Methoden der Durchflußwiderstandmessung die Schwierigkeit der Druckentnahme gemeinsam, und es wäre eine weitere Klärung dieser Frage erwünscht.

[1] *Gramberg*, Technische Messungen (1920), S. 179.

J. Chemisch-kalorische Gasmengenermittelung.

I. Kalorimetrische Methoden.

Wie der Name sagt, wird bei diesen Methoden die Wärme als Meßfaktor zur Ermittlung von strömenden Luft- und Gasmengen benutzt. Die Messung beruht auf dem Gedanken, daß die einer Luftmenge auf irgendeine Weise zu- oder abgeführte Wärmemenge dem Luftgewicht proportional ist.

Bezeichnet G das zu messende Gas- oder Luftgewicht, c_p die spez. Wärme der Luft oder des Gases bei konstantem Druck, Δ_t den durch das wärmezu- bzw. abführende Mittel hervorgerufenen Temperaturunterschied, Q die entzogene bzw. die zugeführte Wärmemenge, so gilt die Gleichung

$$G = \frac{Q}{c_p \cdot \Delta_t}. \tag{1}$$

In der Praxis begegnet man zwei auf diesem Prinzip beruhenden Verfahren. Das eine gründet sich auf der Wärmeentziehung des zu messenden Gases durch eine gemessene Wassermenge (Wärmeaustauscher, Kalorimeter usw.), bei dem anderen wird auf elektrischem Wege dem zu messenden Gase Wärme zugeführt und aus dem Stromverbrauch auf die Gasmenge geschlossen (Thomasmesser).

1. Thomasmesser (Wärmezufuhr).

Der Thomasmesser wurde von Prof. *Carl Thomas* an der Wisconsin-Universität erfunden und wurde zuerst von *Gutler, Hammer Manufacturing Co.* in Milwaukee Wisc. ausgeführt.

Das dem Thomasmesser zugrunde liegende und geschützte Verfahren beruht auf dem Zusammenhang zwischen der Menge eines Gases und der Temperaturerhöhung, die das Gas durch Zufuhr einer bestimmten Wärmemenge erfährt. Bei ein und derselben Gasart ist die Menge des Gases umgekehrt proportional der eintretenden Temperaturerhöhung. Wird dagegen eine bestimmte Temperaturdifferenz festgehalten, so ist die Menge des Gases direkt proportional der erforderlichen Wärmemenge. Diese Beziehung ergibt sich aus nachstehenden Gleichungen: Bezeichnen wir, wie oben, mit c_p die spez. Wärme, so ist die Wärmemenge Q, welche nötig ist, um m kg von $t_1°$ auf $t_2°$ zu erwärmen:

$$Q = m \cdot c_p (t_2 - t_1). \tag{2}$$

Da nach obiger Ausführung c_p und $(t_2 - t_1)$ konstant ist, berechnet sich die für die Gasmasse m_1 kg erforderliche Wärmemenge Q_1

$$Q_1 = m_1 \cdot c_p (t_2 - t_1), \tag{3}$$

somit

$$Q : Q_1 = m : m_1. \tag{4}$$

In der Fig. 119 ist die schematische Darstellung eines Thomasmessers gegeben. In dem Gehäuse des Messers befinden sich der Heizkörper H und die Temperaturmesser T_1 und T_2. Der Pfeil zeigt die Richtung des Gasstromes an. Die Wärmezufuhr erfolgt in diesem Apparat ebenso wie die Temperaturregelung auf elektrischem Wege.

Schickt man nun einen gleichbleibenden elektrischen Strom durch die Heizspule H und läßt man gleichzeitig einen Gas- oder Luftstrom mit gleichbleibender Geschwindigkeit durch den Messer gehen, so werden die beiden Thermometer T_1 und T_2 dauernd einen gewissen Temperaturunterschied anzeigen. Beschleunigt man die Geschwindigkeit der Luft, ohne den Heizstrom zu vergrößern, so wird die Heizwirkung nicht mehr genügen, um die durchfließende Luft auf die gleiche Temperatur zu erwärmen; das zweite Thermometer zeigt weniger an, der Temperaturunterschied ist geringer. Die Größe des Temperaturunterschiedes könnte also ein Maß für die durchfließende Luftmenge bilden, und zwar steht sie zu ihr, wie eben bereits erwähnt wurde, in umgekehrtem Verhältnis. Es ist aber schwer, die Spannung des Heizstromes dauernd so gleichmäßig zu halten, wie dies nötig wäre, um eine gleichmäßige Heizwirkung zu erzielen. Es wird daher, anstatt die veränderliche Temperaturdifferenz zu messen, die letztere konstant gehalten und die elektrische Energie gemessen, die zur Erhaltung der konstanten Differenz zwischen Einlaß und Auslaß nötig ist. Diese Energie ist direkt proportional der durchfließenden Gasmenge und ist deshalb ein direktes Maß derselben. Ist der Apparat für eine Gasart und eine bestimmte Temperaturdifferenz geeicht, so läßt sich aus der Wärmemenge, die erforderlich ist, um die gleiche Temperaturerhöhung hervorzurufen, die durchströmende Gasmenge bestimmen. Man schaltet dazu die Thermometer als zwei Zweige einer *Wheatstone*schen Brücke. Der Strom wird dabei durch einen Regler so gesteuert, daß der durch die beiden elektrischen Widerstandsthermometer T_1 und T_2 angezeigte Temperaturunterschied vor und hinter dem Heizkörper konstant gehalten wird. Jede geringe Temperaturveränderung und damit

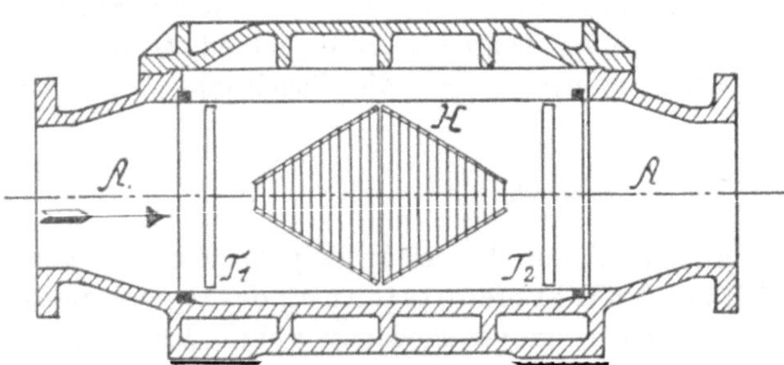

Fig. 119. Thomas-Gasmesser (Bauart *Pintsch*).

Veränderung des Widerstandes äußert sich durch Ausschlag eines Galvanometers. Das Galvanometer beeinflußt seinerseits den Heizstrom und verändert die Stärke des zugeführten Stromes, bis der frühere Temperaturunterschied wieder hergestellt ist. Man ist dann von den Spannungsschwankungen des Heizstromes unabhängig, und die vom eingeschalteten Leistungsmesser aufgezeichnete Schaulinie gibt bei entsprechender Eichung unmittelbar auch die durchgeflossene Luftmenge ohne jegliche Rechnung an.

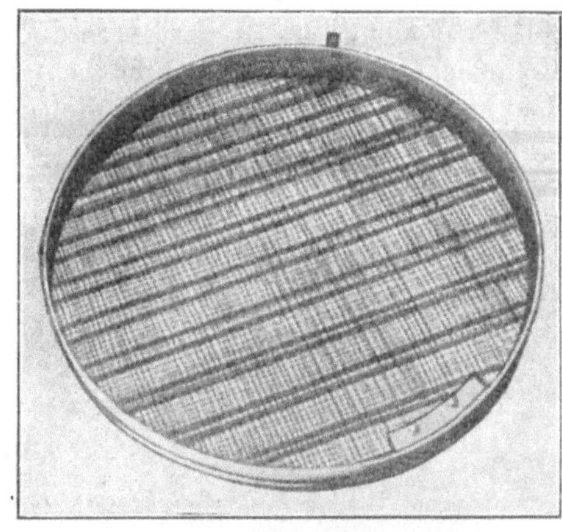

Fig. 120. Widerstandsthermometer zum Thomasmesser.

Es sei

G = Gasmenge pro Stunde,
E = Energie in KW,
$T = t_2 - t_1$ = Temperaturerhöhung in ° C,
c_p = spez. Wärme pro cbm.

Dann ist

$G \cdot c_p \cdot T$ = Wärmemenge äquivalent E oder

$G \cdot c_p \cdot T = 859{,}12$ WE.

$$\frac{G \cdot T}{E} = \frac{859 \cdot 12}{c_p} = K. \qquad (5)$$

K ist eine Konstante, die von der spez. Wärme des Gases abhängt. Da die Temperaturdifferenz T konstant gehalten wird, folgt, daß $\frac{K}{T}$ konstant ist. Es sei $\frac{K}{T} = C$.

Dann ist

$$G = \frac{K \cdot E}{T} = C \cdot E. \qquad (6)$$

Somit bildet der Verbrauch an elektrischem Strom das einzige Maß der durchlaufenden Menge des Gases.

Die Thermometer[1] bestehen aus kräftigen, siebförmig angeordneten Widerstandsdrähten (aus Nickeldraht), die so angebracht sind, daß sie mit der gesamten Gasmenge, welche durch die Rohre strömt, in Kontakt kommen (vgl. Fig. 120). Die Widerstandsthermometer machen die außerordentlich kleinen Wärmeänderungen möglich, und der Umstand, daß das Gas nur um ca. 2° F. erwärmt wird und daß es mit verhältnismäßig größerer Geschwindigkeit durch den Apparat strömt, verursacht so geringe Wärmeverluste, daß dieselben vollständig vernachlässigt werden können.

Da die Wirkungsweise des Thomasgasmessers auf der Messung elektrischer Widerstände beruht, die mit größerer Genauigkeit ausgeführt werden kann, als die Messung jeder anderen bekannten Größe, so liegt gerade darin der Vorteil des Apparates.

[1] Fig. 120 und 121 nach Zeitschr. d. Vereins deutsch. Ing. 1911, Bd. 55, S. 1135.

Die elektrische Heizvorrichtung (*H* in der Fig. 119) ist in der Fig. 121 gesondert dargestellt. Der Heizkörper ist derartig im Gaswege angeordnet, daß kein Teil des durch die Leitung fließenden Gases, von welcher der Messer einen Leitungsabschnitt bildet, unerwärmt bleiben kann[1].

Grundsätzlich ist noch anzuführen, daß der Thomasmesser das Gewicht des durchgegangenen Gases mißt. Die Messung des Gewichtes aber ist erwünscht in allen Fällen, wo der Druck schwanken kann, und wo daher die gelieferte Menge (z. B. der insgesamt gelieferte Heizwert) nicht durch das Volumen genau gekennzeichnet ist. Das ist beispielsweise in hohem Maße der Fall in Gasfernleitungen, die mit beträchtlichen Druckverlusten und daher Druckschwankungen betrieben werden.

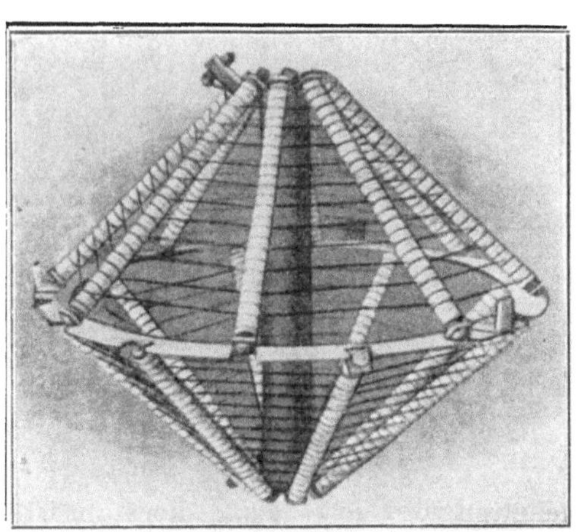

Fig. 121. Heizvorrichtung des Thomasmessers.

Da beim Thomasmesser im Gegensatz zu allen Volumen- und Geschwindigkeitsmessern, wie oben angeführt, das Gewicht (und nicht das Volumen) der durchströmenden Gasmasse festgestellt wird, so werden seine Angaben von den Veränderungen des Gasdruckes nicht beeinflußt, weil die Maßeinheit ein Gewicht und nicht das spez. Gewicht oder die Menge Materie in einem gegebenen Volumen von Gas ist. Bleibt aber das spez. Gewicht eines Gases oder Gasgemisches nahezu gleich, wie meist im Betriebe von Gasanstalten oder bei der Messung reiner Gase, wie z. B. Wasserstoff, Chlor usw., im Gegensatz zu Koksofen-, Hochofengasen und einigen anderen, so kann der Thomasmesser auch zur direkten Messung des durchgehenden Gasvolumens in Kubikmeter eingerichtet werden. Auch Schwankungen in der Eintrittstemperatur des Gases haben nahezu keinen Einfluß[2] auf die Genauigkeit, weil die Messung auf einem Temperaturunterschied und nicht auf einer absoluten Temperatur beruht. Der Messer ist deshalb zum Messen von Gas oder Luft von höherem oder niedrigerem Druck und hoher oder niedriger Temperatur geeignet, vorausgesetzt, daß die Konstruktionsmaterialien für die Bedingungen geeignet sind.

Zur kontinuierlichen Integrierung gelangt man beim Thomasmesser mit Hilfe einer nicht gerade einfachen Einrichtung (Bauart *Pintsch*), die in der Fig. 122 schematisch gezeigt ist.

[1] Über einen anderen Heizkörper siehe Chem. Apparatur 1918, S. 84.

[2] Nur bei großen Temperaturunterschieden ist die Veränderlichkeit der spezifischen Wärme des Gases mit steigender Temperatur zu berücksichtigen. (Vgl. weiter unten.)

Der zu messende Gas- oder Luftstrom tritt in der Pfeilrichtung in das Gehäuse des Thomasmessers ein, und der bei T_1 befindliche Temperaturmeßwiderstand nimmt seine Eintrittstemperatur an. Darauf wird das Gas durch den Heizkörper H ein wenig erwärmt und teilt dem Temperaturmeßwiderstand T_2 seine Austrittstemperatur mit. Die selbsttätige Regelung der Meßeinrichtung erfolgt derart, daß dem Heizkörper H eine dem jeweiligen Gasstrome entsprechende elektrische Energiemenge zugeführt wird, die in jedem Falle gerade so groß ist, daß der Temperaturunterschied des Gases zwischen T_1 und T_2 sich auf einen bestimmten Wert einstellt. Die Temperaturmeßwiderstände T_1 und T_2 sind als Zweige der *Wheatstone*-Brücke X angeordnet und unter Einschaltung eines dem Temperaturunterschied zwischen T_1 und T_2 entsprechenden Zusatzwiderstandes t_1 in den Zweig T_1 mit den anderen Widerständen der Brücke so abgeglichen, daß die Galvanometernadel N sich in ihrer Mittelstellung befindet.

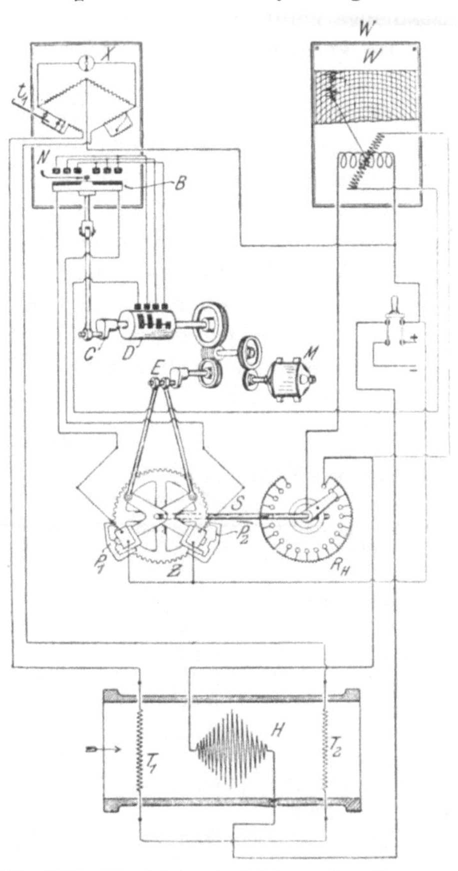

Fig. 122. Registriereinrichtung des Thomasmessers (*Pintsch*).

Bei jeder eintretenden Änderung der Stärke des Gas- oder Luftstromes ändert sich auch die Austrittstemperatur und damit der elektrische Widerstand von T_2, wodurch ein Ausschlag der Galvanometernadel N verursacht wird.

Der bisher auf gleicher Höhe gehaltene Temperaturunterschied wird jetzt durch eine dem bekannten graphischen Schreibapparat mit Widerstandsthermometer ähnliche Vorrichtung auf folgende einfache Weise wieder hergestellt. Durch den Elektromotor M erhalten die Kontaktwalze D, die Kurbel C, die Platte B, der Exzenter E und die Sperrklinken P_1 und P_2 eine dauernde umlaufende bzw. hin und her gehende Bewegung. Je nachdem während des Betriebes die Galvanometernadel nach links oder rechts ausschlägt, wird der jeweilige Stromkreis eines zu den Sperrklinken P_1 oder P_2 gehörigen Elektromagneten geschlossen und die betreffende Sperrklinke zum Eingriff in das Zahnrad Z gebracht. Hierdurch wird das Zahnrad Z und die Kupplungsstange S in dem einen oder anderen Sinne gedreht und mit der auf diese Weise hervorgerufenen Änderung des Regulierwiderstandes

R_H eine Regelung des durch den Heizkörper H fließenden Stromes bewirkt, bis die Galvanometernadel wieder in ihre Nullstellung zurückgeht, die Sperrklinken außer Eingriff kommen und so der normale Zustand wieder eingetreten ist. Das Wattmeter W zeigt die in jedem Augenblick durchströmende Gasmenge an, während ein außerdem noch vorhandener, in dem Schema (Fig. 122) nicht ersichtlicher Elektrizitätszähler die insgesamt durchgeflossene Gasmenge zählt.

Im Vergleich mit den anderen bis jetzt besprochenen Methoden zur Ermittlung strömender Gasmengen erscheint im vorliegenden Fall als neuer Meßfaktor die spezifische Wärme. Es soll daher auf die Erläuterung dieses Begriffes im Abschnitt B. VI verwiesen werden.

Im allgemeinen gilt, daß die spez. Wärme, welche für das Meßverfahren ausschlaggebend ist, bei ein und demselben Gas und einem bestimmten Temperaturbereich eine Eichkonstante ist; sie muß jedoch bei einem Wechsel der zu messenden Gasarten berücksichtigt werden, wie auch bei sehr großen Temperaturschwankungen, doch zeigen sich im letzteren Falle, solange es sich um niedrige Temperaturen handelt, nur unerhebliche Unterschiede, wie aus nachstehender Zahlentafel 6 ersichtlich ist.

Zahlentafel 6.

Mittlere spezifische Wärme C_p bei konstantem Druck, bezogen auf 1 kg Gas, zwischen 0° und 200° C.

Gas	bei 0° C	bei 50° C	bei 100° C	bei 150° C	bei 200° C
Atmosphärische Luft	0,241	0,242	0,2426	0,243	0,244
Stickstoff	0,249	0,250	0,251	0,2515	0,252
Wasserstoff	3,445	3,456	3,467	3,478	3,490
Kohlenoxyd (CO)	0,249	0,250	0,251	0,2515	0,252
Sauerstoff	0,218	0,2185	0,219	0,220	0,221
Wasserdampf	0,462	0,463	0,464	0,465	0,466
Kohlensäure (CO_2)	0,202	0,205	0,201	0,213	0,217
Schweflige Säure (SO_2)	0,202	0,206	0,209	0,213	0,217

Bei nicht einheitlichen technischen Gasen, wie z. B. Leuchtgas, Generatorgas, Hochofengas usw., wird die spez. Wärme des Gases am zweckmäßigsten aus ihrer chemischen Zusammensetzung errechnet.

Die spez. Wärme von Leuchtgas ist ungefähr 0,335 WE pro cbm bei niedrigem atmosphärischen Druck und bei 15° C, wie das folgende Beispiel 26, welches auf einer Durchschnittsanalyse des Gases beruht, zeigt.

Die regelmäßige chemische Analyse sollte von Zeit zu Zeit berücksichtigt werden, um Änderungen in der spez. Wärme festzustellen. Jedoch ändern diejenigen Bestandteile der Kraftgase, welche während des Betriebes einer Gasanlage stark verändert sind, nur wenig an der spez. Wärme des Gases.

Beispiel 26.

Gas	Vol. cbm	Gewicht in kg pro cbm	Gesamtgewicht pro cbm/kg	Spez. Wärme Cal/kg	Spez. Wärme pro cbm
CO_2	0,02	1,9632	0,0393	0,21626	0,00850
C_2H_4	0,04	1,2507	0,0500	0,40446	0,02022
CO	0,08	1,2493	0,0994	0,24534	0,02438
CH_4	0,34	0,7153	0,2432	0,59382	0,14342
H_2	0,50	0,0899	0,0450	3,40902	0,15340
N_2	0,02	1,2502	0,0250	0,2443	0,00610
					0,35602

Die spez. Wärme von Hochofengas ist praktisch dieselbe wie die der Atmosphäre, und das gleiche gilt allgemein von Generatorgas.

Die Veränderlichkeit der spez. Wärme bei Gasgemischen, wie sie im Leuchtgas enthalten sind, ist verhältnismäßig gering. Die folgende Zahlentafel 7 (nach *Pintsch*), die die spez. Wärme für verschiedene Mischungsverhältnisse zwischen karburiertem Wassergas und Steinkohlengas, und zwar in Zwischenstufen von 10 zu 10 Proz. enthält, zeigt, daß hierbei die größte auftretende Veränderung der spez. Wärme noch unter 1 Proz. bleibt, d. h., daß die Abweichung von dem bei der Rechnung benutzten Mittelwerte sich auf weniger als $^1/_2$ Proz. stellt.

Zahlentafel 7.

Spezifische Wärme bei verschiedenem Mischungsverhältnis von Wassergas und Steinkohlengas.

Wassergas Proz.	Steinkohlengas Proz.	Spez. Wärme[1]) Cal/cbm
100	0	0,3356
90	10	0,3359
80	20	0,3362
70	30	0,3366
60	40	0,3369
50	50	0,3372
40	60	0,3375
30	70	0,3378
20	80	0,3381
10	90	0,3385
0	100	0,3389

Was die Genauigkeit des Thomasmessers anbetrifft, so findet man in der Literatur nur wenig Material darüber. Die *Milwaukee Gas Co.* führte mit einem Thomasmesser für 85000 m³ Stundenleistung, der in einer Hochdruckleitung eingeschaltet wurde, Versuche aus. Zur Überprüfung der Meßgenauigkeit dienten die Ablesungen an zwei Gasbehältern, in die das Gas durch den Förderstrang, in dem der Thomasgasmesser eingeschaltet war,

[1] Bezogen auf 1,033 at abs. und 15° C.

gepreßt wurde. Der Thomasgasmesser zeigte während einer achtstündigen Vergleichsdauer etwa 0,1 Proz. weniger, als die Behälterablesungen angaben.

Weitere Vergleichsversuche wurden mit Naturgas unter Verwendung geeichter Pitotröhren bei stark verschiedenem Druck und Temperatur des Gases, sowie bei sehr wechselnder Durchgangsmenge durchgeführt. Während des 45 Tage dauernden Versuches wurden etwa über 9 Millionen m³ Naturgas durch den Thomasgasmesser geführt. Die Angaben des Thomasgasmessers wichen nur um etwa 0,2 Proz. von den sorgfältig genau beobachteten und errechneten Ergebnissen der Pitotröhren ab.

Immerhin kann gesagt werden, daß der Thomasmesser hinsichtlich der Genauigkeit kaum hinter anderen technischen Meßarten stehen wird, und er weist dabei auch noch sehr viele nicht zu unterschätzende Vorteile auf. Diese mögen im folgenden kurz zusammengefaßt werden:

1. Bewegliche Teile im Innern des Messers sind vermieden und kommen mit dem Gase nicht in Berührung.

2. Die Meßgenauigkeit des Apparates und seine Empfindlichkeit sind unabhängig von der hindurchströmenden Menge, sowie von Druck- und Temperaturschwankungen.

3. Er arbeitet bei stoßweisem Gasstrom, wie in der Druckleitung von Kompressoren oder im Ansaugerohr von Gasmaschinen mit gleicher Genauigkeit.

4. Der Messer kann ebensogut zum Messen von Gas oder Luft von hohem (bis zu 20 Atm), wie von niedrigem Drucke benutzt werden.

5. Der Messer liefert eine fortlaufende selbsttätige Aufzeichnung der Durchflußmenge und ihrer Schwankungen, und zwar auch in cbm, bezogen auf einen beliebigen Normaldruck und auf jede beliebige Normaltemperatur des Gases, so z. B. 15° C und 760 mm Q.-S.

6. Der Messer hat bei verhältnismäßig kleinen Abmessungen (also geringem Platzbedarf) einen sehr großen Durchlaß.

7. Die Aufzeichnung der Durchflußmenge kann in beliebiger Entfernung von dem Messer und an einer Stelle erfolgen, wo das Schaltbrett und die Schreibvorrichtung am bequemsten aufgestellt werden können, z. B. im Bureau des Betriebsleiters.

Ferner soll der Meßbereich des Thomasmessers von der Volleistung bis zu $^1/_{30}$ bis $^1/_{50}$ dieser reichen. (The Gas Age vom 15. Januar 1915.)

Aber auch manche Nachteile weist der Thomasmesser auf. Das sind die hohen Stromkosten, der Einfluß des Wassergehaltes im Gas und bei unreinen Gasen nicht zuletzt die Schmutzablagerungen auf dem Heizkörper oder dem Thermometer, wodurch der Wärmeverbrauch und die Wärmeübertragung beeinträchtigt werden. Was den Stromverbrauch anbetrifft, so soll derselbe für eine stündliche Gasmenge von 1000 cbm bis zu 4,0 KW steigen. Nach anderer Quelle soll derselbe allerdings nur 1 KW pro 1000 cbm/st betragen. Hierzu kommt noch der Verbrauch des Schalttafelmotors von etwa 0,1 KW/st, so daß der gesamte Stromverbrauch E in

KW/st, wenn Q die stündliche Gasmenge in cbm ausdrückt, E ist $= \frac{Q \cdot 0{,}4}{1000} + 0{,}1$. Der Stromverbrauch soll bei Leistungen über 2000 cbm/st durch eine Unterteilung des Gasstromes in mehrere Teilströme mit Hilfe eines besonders ausgebildeten Rohransatzstückes herabgedrückt werden können. Bei den Versuchen auf Berliner Gaswerken (Journal of Gaslighting vom 24. Januar 1913) wurde der Stromverbrauch durchschnittlich zu 0,657 KW für je 1000 cbm stündlich festgestellt. Dieser Verbrauch ist wesentlich höher als der von *Thomas* angegebene.

Der Einfluß des Wassers kann aus der folgenden Überlegung ersehen werden. Bei 15° C, 760 mm Ba und 100 Proz. Feuchtigkeit wiegt 1 cbm Luft und Dampf 1,22 kg. Unter denselben Bedingungen enthält 1 cbm Luft 0,0128 kg Wasserdampf, somit beträgt der Wasserdampf 1,04 Proz. des Gewichtes der Luft und, da die spez. Wärme des Wasserdampfes ungefähr das doppelte (pro Gewichtseinheit gerechnet) derjenigen der Luft ist, beträgt die Korrektion für vollständig gesättigten Wasserdampf ungefähr 1 Proz. Handelt es sich aber um Gase, welche bei höherer Temperatur (40 bis 50° C und mehr) gesättigt sind, wie Koksofengas usw., so kann der Fehler ganz bedeutende Werte erreichen, weil die Wassersättigung mit steigender Temperatur ganz erheblich zunimmt. (Vgl. Anlage 2 im Anhang.)

Der Thomasmesser ist hauptsächlich zum Messen trockener, gesättigter oder überhitzter Gase und Luft anwendbar. Wird Wasser in Form von Nebel (von den Reinigungsapparaten, der Kondensation usw.) mechanisch mitgeführt, so beeinflußt dessen Verdampfung durch den Messer natürlich die Meßgenauigkeit; aber solcher Nebel kann leicht in trockenen Dampf umgewandelt werden.

Zu diesem Zweck wird in die Einlaßöffnung des Messers ein Abscheider und eine kleine Dampfschlange oder ein Heizkörper eingebaut, durch die das Gas von Wasser befreit und vollkommen getrocknet wird, bevor es in den Messer gelangt. Eine geringe Dampfmenge genügt für diesen Zweck.

Die Schmutzablagerungen müssen von Zeit zu Zeit entfernt werden.

Der Apparat kann leicht geöffnet werden, um das Innere nachzusehen, mit Benzin auszuwaschen, oder angesammelten Staub mit einem Blasebalg auszublasen.

Eine praktische Anwendung fand der Thomasmesser u. a. in der Stadt Milwaukee. Es werden dort mit diesem Messer ca. 75 000 cbm pro Stunde, das ist alles Gas, welches zu Leucht- und Gebrauchszwecken abgegeben wird, gemessen. Es wäre vollständig ausgeschlossen, solche gewaltige Gasmengen bei niedrigem Druck mit irgendeinem anderen Gasmesser zu bestimmen, es sei denn, daß man den Gasstrom unterteilen würde.

Die Anschaffungskosten des Thomasmessers sind im Vergleich zu anderen in diesem Buche besprochenen Meßarten und Methoden ziemlich hoch.

2. Wärmeaustauscher (Wärmeentziehung).

Als Meßfaktor erscheint hier die vom Kühlwasser im Wärmeaustauscher aus dem durchströmenden Gas (Luft) aufgenommene Wärmemenge. Man läßt die zu messende Luftmenge (bei Kompressoren vor oder hinter denselben, bei Verbundkompressoren zwischen den Stufen) durch einen Wärmeaustauscher (Kalorimeter, Zwischenkühler) strömen, in dem der Luft durch das Kühlwasser eine bestimmte Wärmemenge entzogen wird.

Es mögen folgende Bezeichnungen gelten:

G = die zu messende Luft-(Gas-)menge (kg/sek.),

t_1, t_2 = die Lufttemperatur vor bzw. hinter dem Zwischenkühler (° C),

w_1, w_2 = die Luftgeschwindigkeit vor bzw. hinter dem Zwischenkühler (m/sek.),

W = das in der Zeiteinheit durchströmende Wasser (kg/sek),

ϑ_1, ϑ_2 = Temperatur des Wassers vor bzw. hinter dem Zwischenkühler (° C),

$A = \frac{1}{427}$ des Wärmeäquivalenten,

c_p = die spez. Wärme der Luft bei konstantem Druck,

so kann die folgende Gleichung aufgestellt werden:

$$G \cdot c_p \cdot t_1 + \frac{A \cdot G}{2g} \cdot w_1^2 + W \cdot \vartheta_1 = G \cdot c_p \cdot t_2 + \frac{A \cdot G}{2g} \cdot w_2^2 + W \cdot \vartheta_2 . \qquad (7)$$

Infolge der Strömungs- und Reibungswiderstände der Luft im Zwischenkühler wird ferner noch die Wärmemenge $A \cdot L$ zugeführt und die Wärmemenge S durch Strahlung und Leitung entzogen, so daß die Gleichung lautet:

$$G \cdot c_p \cdot t_1 + \frac{A \cdot G}{2g} \cdot w_1^2 + W \cdot \vartheta_1 + AL = G \cdot c_p \cdot t_2 + \frac{A \cdot G}{2g} \cdot w_2^2 + W \cdot \vartheta_2 + S$$

oder umgeformt

$$G \cdot \left[c_p \cdot (t_1 - t_2) + \frac{A}{2g} \cdot (w_1^2 - w_2^2) \right] = W \cdot (\vartheta_2 - \vartheta_1) - AL + S . \qquad (8)$$

Die Temperaturunterschiede $t_1 - t_2$ und $\vartheta_2 - \vartheta_1$ lassen sich bestimmen, ebenso läßt sich die das Kalorimeter durchströmende Wassermenge W ermitteln. Gelingt es weiter, die zugeführte Arbeit $A\,L$ und den Verlust S zu messen oder letzteren hinreichend klein zu halten, so ließe sich aus Gleichung (8) bei bekannter spez. Wärme c_p das gesuchte Gas-(Luft-)Gewicht G berechnen.

Die im Zwischenkühler der Luft zugeführte Wärmemenge errechnet sich nach der Gleichung:

$$AL = \frac{N_i \cdot 75}{427} \text{ WE/sek.} \cdot 3600 = \text{WE/st} . \qquad (9)$$

Die Verluste unter S setzen sich zusammen aus dem Verlust durch Leitung S_1 und dem Verlust durch Strahlung S_2. (Darüber siehe weiter unten.)

Wir wollen nun die folgenden drei Fälle betrachten[1].

[1] Glückauf 1910, Nr. 48.

Fall I. Es wird ein besonderes Kalorimeter für die Ermittlung der Luftmenge verwandt, wie dasselbe in der Fig. 123 dargestellt ist. Ein solches Kalorimeter, wo die zu messende Luftmenge durch die Rohre, die vom Kühlwasser umspült werden, geht, wäre als Röhrenkühler zu bauen und die Wasserzufuhr dann derart zu regeln, daß die Austrittstemperatur ϑ_2 ebenso hoch über der Temperatur der Umgebung, wie die Eintrittstemperatur darunter liegt. Läßt sich dies erreichen, so können die Strahlungsverluste als verschwindend klein vernachlässigt werden, und da in diesem Falle auch AL verschwindet und annäherungsweise $w_1 = w_2$ gesetzt werden kann, so wird

$$G = W \frac{\vartheta_2 - \vartheta_1}{c_p \cdot (t_1 - t_2)}. \quad (10)$$

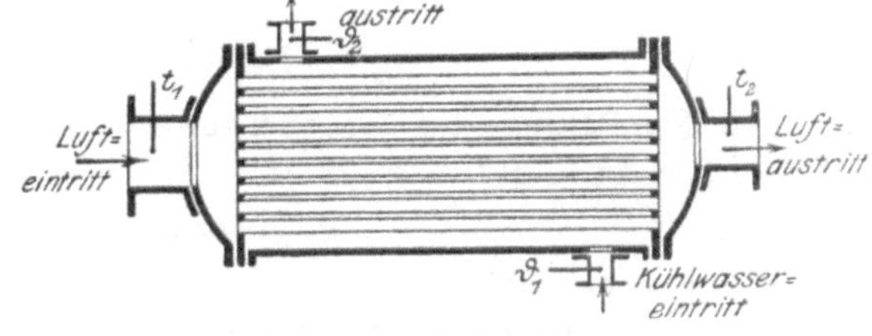

Fig. 123. Kalorimeter (Zwischenkühler) ohne Strahlungsverluste.

Es lassen sich nun sowohl die Temperaturen als auch die Wassermenge W messen. Auch c_p ist genau bekannt, und daher wird eine Bestimmung der Luftmenge nach Gleichung (10) mit einer gewissen Genauigkeit durchzuführen sein.

Fall II. Bei Kompressorenanlagen bietet sich häufig die Gelegenheit, Teile der Kompressoranlage selbst als Kalorimeter zu benutzen. Hierzu eignet sich in erster Linie der Zwischenkühler, dann aber auch jeder Arbeitszylinder, der in hinreichender Weise gekühlt ist.

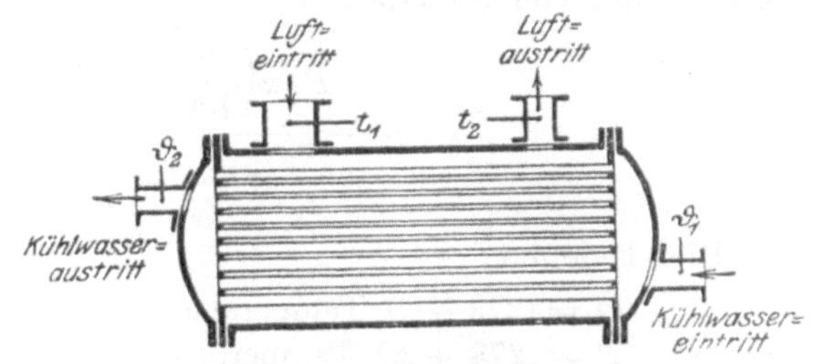

Fig. 124. Zwischenkühler, normale Bauart, mit Strahlungsverlusten.

Die Zwischenkühler werden nur selten nach dem Schema der Fig. 123 gebaut, nämlich derart, daß die Luft durch die Rohre strömt und diese vom Kühlwasser umspült werden. Meist findet man Konstruktionen nach Fig. 124, bei denen das Wasser durch die Rohre, die Luft aber außen herum fließt. Dies hat zur Folge, daß der Mantel des Zwischenkühlers ungefähr die mittlere Lufttemperatur $t_m = \frac{t_1 + t_2}{2}$ (abs. T_m) annimmt und durch Leitung und Strahlung eine gewisse Anzahl WE abgibt.

Wäre $S = S_1 + S_2$ bekannt, so würde sich aus der kalorimetrischen Messung an einem Zwischenkühler mit $A\,L = O$ nach Gleichung (8) die Luftmenge

$$G = \frac{W \cdot (\vartheta_2 - \vartheta_1) + S}{c_p \cdot (t_1 - t_2)} \text{ kg} \quad (11)$$

ergeben. Der Strahlungs- und Leitungsverlust ist aber einer unmittelbaren Messung kaum zugänglich, er muß vielmehr aus den Gleichungen (12) und (13) (siehe weiter unten) berechnet werden. Dabei wird sich selbstverständlich, namentlich bei Ermittlung der mittleren Wandtemperatur T_m, eine gewisse Willkür nicht vermeiden lassen, nur fragt es sich, ob ein auch beträchtlicher Fehler in der Bestimmung von S auf die aus Gleichung (10) zu bestimmende Luftmenge von erheblichem Einfluß ist.

An folgendem Beispiel möge diese Frage geprüft werden.

Beispiel 27.

Die Ermittlung der Leitungsverluste geschieht nach der Formel (Hütte, 22. Aufl., Bd. I, S. 381):

$$S_1 = \alpha F z (t - \vartheta). \tag{12}$$

Hierin bedeutet:

F = die Größe der Fläche in qm,
ϑ = die Temperatur der Fläche in ° C,
t = die Temperatur der Flüssigkeit in ° C,
z = die Zeitdauer des Wärmeüberganges in Stunden,
S_1 = die übergehende Wärmemenge in WE,
α = die Wärmeübergangszahl.

Für die Strahlungsverluste gilt das *Lamberts*sche Gesetz in der Modifikation von *Nusselt*[1]:

$$S_2 = \frac{F \cdot z\left(\frac{\Theta}{100}\right)^4 - \left(\frac{T}{100}\right)^4}{\frac{1}{c_1} + \frac{1}{c_2} - \frac{1}{c}}. \tag{13}$$

Hier bedeutet:

$\Theta = (273 + t)$ Temperatur der umgebenden Luft,
$T = (273 + t_1)$ Temperatur des wärmeabgebenden Körpers,
c_1 = Strahlungszahl des wärmeabgebenden Körpers,
c_2 = Strahlungszahl der umgebenden Luft,
c = Strahlungszahl der absolut schwarzen Körper.

Es sei nun in diesem Beispiel:

$\alpha = 4$,
$F = 14{,}7$ qm,
$z = 1$ St,
$t = 75°$,
$\vartheta = 22°$,
$\Theta = 348 = (273 + 75)$,
$T = 295 = (273 + 22)$,
$c_1, c_2, c = 4$.

[1] Hütte (22. Aufl.), Bd. I, S. 390.

Dann ist

$$S_1 = 4 \cdot 14{,}7 \cdot 1\,(75 - 22) = 3116 \text{ WE/St.}$$

$$S_2 = \frac{14{,}7\,(3{,}48^4 - 2{,}95^4)}{\frac{1}{4} + \frac{1}{4} - \frac{1}{4}} = 4 \cdot 14{,}7\,(3{,}48^4 - 2{,}95^4) = 4160 \text{ WE/St.}$$

Somit ist

$$S = S_1 + S_2 = 3116 + 4160 = 7276 \text{ WE/St.}$$

Der Zwischenkühler nach der Fig. 124 besitzt bei einer Mantelfläche von 14,7 qm eine wirksame Kühlfläche zwischen Wasser und Luft von 114 qm und ist imstande, stündlich rund 9250 kg Luft von 118° C auf 32° C abzukühlen, also eine Wärmemenge von

$$G \cdot c_1 \cdot (t_1 - t_2) = 9250 \cdot 0{,}238 \cdot (118 - 32) = 189\,500 \text{ WE/St}$$

abzuführen. Somit beträgt die durch Strahlung und Leitung verlorengehende Wärmemenge S nur etwa $\frac{7276 \cdot 100}{189\,500} = 3{,}8$ Proz. der gesamten im Zwischenkühler der Luft entzogenen Wärmemenge, und ein in der Berechnung von S vorgenommener Fehler von selbst 50 Proz. wird daher die berechnete Luftmenge G erst um 2,0 Proz. falsch angeben. Die Bestimmung der geförderten Luftmenge eines Kompressors aus den im Zwischenkühler abgeführten Wärmemengen läßt sich, wenn auch nicht so gut wie mit dem Kalorimeter nach Fig. 123, so doch hinreichend genau ausführen.

Fall III. Bei Kompressoranlagen, die ohne Zwischenkühler arbeiten, oder deren Zwischenkühler sich nicht als Kalorimeter verwenden läßt, z. B. weil keine Vorrichtungen vorhanden sind, um die bedeutende durch den Zwischenkühler gehende Wassermenge zu messen, kann einer der Zylinder als Kalorimeter benutzt werden, unter der Voraussetzung, daß er sowohl Mantel- als auch Deckelkühlung besitzt. Kann wieder $w_1 = w_2$ gesetzt werden, so ergibt sich aus Gleichung (8) die Luftmenge zu

$$G = \frac{W \cdot (\vartheta_2 - \vartheta_1) - AL + S}{c_p \cdot (t_1 - t_2)}, \tag{14}$$

wobei AL die der Luft im Zylinder zugeführte Arbeit für die Zeiteinheit im Wärmemaß bedeutet. Auf Grund von Versuchen kommt *Lorenz* zu dem Resultat, daß, wenn hier bei der Bestimmung der Strahlungsverluste ein Irrtum selbst von ± 100 Proz. unterlaufen würde, der Fehler nur $+1{,}03$ Proz. ausmachen würde. Infolge des viel geringeren Kühlwasserverbrauchs wird die Messung der Kühlwassermenge erleichtert, das Verfahren ist deshalb bequemer durchzuführen. Allerdings ist die Bestimmung der zugeführten Wärmemenge infolge der Reibung des Kolbens usw. (AL) sehr unsicher. Auch die Verluste durch Leitung sind schwer zu fassen, während beim Zwischenkühler durch Abdichten der Stutzen mit einem schlechten Wärmeleiter (Asbest od. dgl.) dieser Betrag verschwindend klein gemacht werden kann. Es erscheint daher sicherer, die Kalorimetrierung am Zwischenkühler, am besten freilich an Zylindern und Zwischenkühlern getrennt und gleichzeitig, vorzunehmen.

Im allgemeinen läßt sich diese kalorimetrische Methode in technischen Betrieben gut anwenden.

Die praktische Einrichtung dieses Meßverfahrens hat den Vorzug größerer Einfachheit. Außer einem Thermometer und einer Einrichtung zur Messung der Wassermenge sind keinerlei Meßgeräte erforderlich. Der weitere, nicht zu unterschätzende Vorzug dieses Meßverfahrens besteht darin, daß die Messung ohne Störung des Betriebes jederzeit vorgenommen werden kann. Ferner läßt sich das Verfahren bequem dort anwenden, wo die Gasleitungen auf einer genügend langen Strecke nicht gerade verlaufen bzw. viele Ventile und Abzweigungen haben, so daß eine Geschwindigkeitsmessung mittels eines Staugerätes oder Durchflußwiderstandes unmöglich erscheint.

In bezug auf die Genauigkeit wird wohl dieses Verfahren nicht hinter den anderen zurückbleiben, wenn die Messungen selbst genau ausgeführt werden. Zuverlässige Vergleichsversuche sind jedoch in der Literatur noch nicht bekannt. *Lorenz*, welcher darüber in Glückauf 1910, Nr. 48 berichtet, hat Vergleiche nur mit den aus dem Indikatiordagramm gefundenen Zahlen angestellt; allerdings hat sich dabei eine Übereinstimmung zwischen beiden Meßverfahren von ± 3 Proz. ergeben.

Es erübrigt sich noch zu erwähnen, daß das etwa bei solcher Messung aus dem Gase infolge der Kühlung ausgeschiedene Wasser und die darin enthaltene Wärmemenge ebenfalls berücksichtigt werden muß.

II. Stöchiometrische Methoden.

Eine direkte Messung von Gasmengen kann in vielen Fällen durch die Berechnung der entstandenen Gasmengen auf Grund der Bilanz irgendeines, beim Verbrennungs- oder Verhütungsvorganges ganz oder zum Teil in die Gase übergehenden Elementes erfolgen. Meistens wird die Bilanz des Kohlenstoffes zugrunde gelegt. Jedoch sind auch andere Elemente, wie Schwefel, Sauerstoff usw. (vgl. weiter unten) vorgeschlagen. Allerdings müssen bei solchen rechnerischen Methoden genaue Verwiegungen des Brennstoffes bzw. des Rohstoffes vorgenommen werden; außerdem kommt es dabei auf eine sehr genaue Ermittlung der chemischen Zusammensetzung des entstehenden Gases an; je mehr solche Analysen ausgeführt werden, um so genauer wird der Durchschnitt und folglich die ermittelte Gasmenge sein.

Es möge die Anwendung dieses Prinzips an einigen Beispielen erläutert werden.

1. Ermittlung der Generatorgasmenge auf Grund der Kohlenstoffbilanz[1].

Eine solche Ermittlung der Gasmenge gründet sich auf dem *Avogadro*schen Gesetz, demzufolge gleiche Volumina aller Gase eine gleiche Anzahl Moleküle enthalten. Die Volumina der kohlenstoffhaltigen Gase (CH_4, CO,

[1] Vgl. meine Arbeit: Wärmebilanz eines Glasschmelzofens. Feuerungstechnik. V. Jahrg., Heft 13, S. 150 bis 151.

CO_2) enthalten also auch gleiche Mengen Kohlenstoff, da jedes ihrer Moleküle die gleiche Menge Kohlenstoff enthält[1]. Ein Kubikmeter jedes dieser Gase enthält folglich 12 : 22,7 = 0,536 kg Kohlenstoff. Diese Methode kann in Fällen angewandt werden, wo die Gasleitungen zu kurz sind, um andere Verfahren anwenden zu können.

An dem folgenden Beispiel möge der Gang einer solchen Berechnung gezeigt werden.

Beispiel 28.

Die durchschnittliche Analyse der Generatorgase möge die folgende sein:

$$\left.\begin{array}{l} CO_2 = \;\;3{,}0 \text{ Proz.} \\ CO = 28{,}6 \;\;\text{,,} \\ CH_4 = \;\;2{,}7 \;\;\text{,,} \end{array}\right\} 34{,}3 \text{ Vol.-Proz. C-haltige Gase.}$$

$$\begin{array}{l} H_2 = 10{,}2 \;\;\text{,,} \\ O_2 = \;\;0{,}1 \;\;\text{,,} \\ N_2 = 55{,}4 \;\;\text{,,} \\ \hline \quad 100{,}0 \text{ Proz.} \end{array}$$

In einem Kubikmeter des Generatorgases sind also enthalten

$$\frac{34{,}3 \cdot 0{,}536}{100} = 0{,}1838 \text{ kg C},$$

vorausgesetzt, daß der gesamte Kohlenstoff im Gase aus der vergasten Kohle stammt (verhältnismäßig geringe Mengen CO_2 werden mit der Gebläseluft dem Generator zugeführt, was man in diesem Falle vernachlässigen darf).

Der Durchsatz an trockener Kohle in 24 Stunden möge 10 078 kg betragen; der C-Gehalt der Trockenkohle sei 65 Proz. Somit werden dem Generator in 24 Stunden $\frac{10\,078 \cdot 65}{100} = 6551$ kg Kohlenstoff zugeführt.

Hiervon sind jedoch abzuziehen[2]:

1. Verlust durch den Flugstaub = 62 kg in 24 Stunden,
2. Verlust durch Unverbranntes in den Schlacken = 212 kg in 24 Stunden (= 3,24 Proz.).

Es werden somit in 24 Stunden 6551 — (62 + 212) = 6277 kg Kohlenstoff vergast.

Diese Menge C muß sich im Gas wiederfinden. Da, wie festgestellt wurde, in 1 cbm Generatorgas 0,1838 kg C enthalten ist, so beträgt die Gasmenge = 6551 : 0,1838 = **35 640 cbm.**

Auf Grund der Generatorgasanalyse läßt sich leicht errechnen, wie die Gesamtgasmenge zusammengesetzt ist.

Die vom Generatorgas mitgeführte Wassermenge muß besonders ermittelt werden.

---

[1] C_2H_4 enthält die doppelte Menge C.

[2] Bildet sich Teer und wird derselbe abgeschieden, so ist seine Menge festzustellen sowie sein Gehalt an C. Diese Kohlenstoffmenge ist auch von dem gesamten Kohlenstoff abzuziehen.

Dies geschieht in folgender Weise: Der Feuchtigkeitsgehalt des Generatorgases stammt aus dem a) Wassergehalt des Brennstoffes, b) Unterdampf und c) Feuchtigkeitsgehalt der Vergasungsluft.

a) Wassergehalt des Brennstoffes $= \frac{10240 \cdot 1,5}{72} = 153,6$ kg.

b) Der Unterdampf beträgt 3072 kg H_2O/24 Stunden; das sind 3072 : 24900 = 124 g H_2O pro Kubikmeter Vergasungsluft, was entsprechend den Versuchen von *Körting* und *Wendt* als normal angesehen werden kann.

Um nun die mit der Vergasungsluft mitgebrachte H_2O-Menge (als Feuchtigkeit) ermitteln zu können, muß man die Menge der Vergasungsluft selbst feststellen.

Die Menge des Stickstoffes im Generatorgas (19 744 cbm in 24 Stunden) setzt sich aus dem N der angesaugten Luft und dem N der Kohle zusammen.

In der Kohle waren 0,89 Proz. N; bei einem Kohlendurchsatz von 10 078 (trocken) kg/24 Stunden ist die Stickstoffmenge aus der Kohle gleich $\frac{10078 \cdot 0,89}{100}$ = rund 90 kg oder 90 : 1,2567 = 72 cbm.

Der Rest 19 744 — 72 = 19 672 cbm N stammt aus der Vergasungsluft. Daraus ist die Vergasungsluftmenge gleich $\frac{19672 \cdot 100}{72} = 24\,900$ cbm (bei 0° und 760 mm), was $\frac{24900}{10078} = 2,37$ cbm Luft pro Kilogramm Trockenkohle entspricht.

c) Die Menge des mit der Vergasungsluft mitgebrachten Wassers berechnet sich wie folgt:

Die Menge der Vergasungsluft = 24 900 cbm; *t* der Luft = 15° C; H_2O-Gehalt/cbm Luft bei 15° C = 12,7 g; max. Sättigungsgrad der Luft = 56 Proz.

In 1 cbm Luft sind also enthalten:

$$\frac{12,7 \cdot 56}{100} = 7,1 \text{ g } H_2O.$$

Mit der Vergasungsluft werden also $\frac{24900 \cdot 7,1}{1000} = 176,8$ kg H_2O zugeführt.

Die gesamte dem Generator zugeführte Wassermenge ist also gleich: 153,6 + 3072 + 176,8 = rund 3403 kg.

Ein Teil dieses Wasserdampfes wird im Generator durch den glühenden Kohlenstoff zersetzt; gewöhnlich sind es etwa 40 bis 50 Proz. des eingeführten Wassers.

Mit Hilfe folgender Rechnung kann man feststellen, wieviel von der gesamten dem Generator zugeführten Wassermenge unzersetzt bleibt, d. h. man kann den Feuchtigkeitsgehalt des Generatorgases ermitteln.

Im Gas gefundener Wasserstoff = 10,2 Proz.

1 cbm H_2 wiegt 0,0899 kg.

Also direkter $H_2 = \frac{35640 \cdot 10,2 \cdot 0,0899}{100} = 327$ kg.

Im Gas gefundenes Methan = 2,7 Proz.
1 cbm CH_4 wiegt 0,7178 kg.
1 H_2 entspricht $^4/_{16}$ CH_4.

Also indirekter $H_2 = \frac{35\,640 \cdot 2{,}7 \cdot 0{,}7178 \cdot 4}{100 \cdot 16} = 173$ kg.

Gesamter Wasserstoff im Gase 327 + 173 = 500 kg.
Durch den Wasserstoff der Kohle wurde eingesetzt:

$$\frac{10078 \cdot 3{,}73}{100} = 376\ \text{kg}.$$

Daher 500 − 376 = 124 kg H_2 stammen aus der Dissoziation des Wasserdampfes.

Es wurde dissoziiert: $\frac{124 \cdot 18}{2} = 1116$ kg H_2O.

Folglich sind unzersetzt geblieben: 3403 (gesamte dem Generator zugeführte H_2O-Menge) − 1116 = 2287 kg oder in Prozenten ausgedrückt.

$$\frac{2287 \cdot 100}{3507} = \text{rund } 68\%.$$

Diese 2287 kg H_2O $\left(\frac{2287}{0{,}8045^{1}} = 2843\ \text{cbm}\right)$ sind als Feuchtigkeit im Generatorgas enthalten; das entspricht $\frac{2287 \cdot 1000}{35\,640} = 76$ g/cbm, was mit den praktischen Resultaten ziemlich übereinstimmt.

2. Ermittlung der Gichtgasmenge.

Auch für die Ermittlung von Hochofengasmengen (Gichtgas) kann man die rechnerische Methode anwenden. Es wird hier dasselbe Prinzip verfolgt wie vorhin, indem dem Berechnungsverfahren zugrunde gelegt wird, daß sich der gesamte dem Hochofen zugeführte Kohlenstoff (inkl. des Kohlenstoffs der Karbonate), bis auf den zur Kohlung des Roheisens benutzten, in den Gichtgasen wiederfindet. Ein Rechenbeispiel folgt nachstehend[2].

Beispiel 29.

Ein Minettehochofen mit einer Erzeugung von 200 t Roheisen in 24 Stunden (129 kg in 1 Minute) braucht für 100 kg Roheisen:

	226 kg Minette I	mit 11	Proz. CO_2	=	25,0 kg CO_2
	97 „ „ II	„ 5,5	„ „	=	5,3 „ „
Zusammen	323 kg Minette	mit 9,4	Proz. CO_2	=	30,3 kg CO_2

Für 100 kg Roheisen sind 126 kg Koks mit 78 Proz. C (bei 12 Proz. Asche, 7,5 Proz. Feuchtigkeit, 2,5 Proz. flüchtigen Bestandteilen) aufgewandt. Das Roheisen (Gießereiroheisen) enthält 4 Proz. Kohlenstoff.

---

[1] Litergewicht des Wasserdampfes.
[2] *Osann*, Lehrbuch der Eisenhüttenkunde (Leipzig 1915), Bd. I, S. 174.

Die Analyse der trockenen Gichtgase hat im Durchschnitt ergeben:

	9,4	Vol.-Proz.	CO_2
	30,6	„	CO
	57,5	„	N
	2,5	„	H
	0,0	„	CH_4
Zusammen:	100,0	Vol.-Proz.	

9,4 cbm	CO_2	$= 9{,}4 \cdot 1{,}97$ kg	$= 15{,}8$ kg CO_2	mit $18{,}5 \cdot 3{,}11$	$= 5{,}0$ kg C
30,6 „	CO_2	$= 30{,}6 \cdot 1{,}25$ „	$= 38{,}3$ „ CO	„ $38{,}3 \cdot 3{,}7$	$= 16{,}5$ „ „
57,5 „	N				
2,5 „	H				
0,0 „	CH_4				
100,0 cbm	trockene Gichtgase enthalten				21,4 kg C

Dieselbe Rechnung konnte auch einfacher ausgeführt werden unter Benutzung der Maßgabe, daß 1 cbm eines beliebigen Gases mit 1 Atom Kohlenstoff 0,536 kg Kohlenstoff enthält (vgl. Beispiel 28). Folglich gilt dies auch für 1 cbm jedes beliebigen Gemisches aus CO_2, CO, CH_4.

Die Berechnung stellt sich dann wie folgt:

$$9{,}4 + 30{,}6 = 40{,}0 \text{ cbm} \cdot 0{,}536 = 21{,}44 \text{ kg Kohlenstoff},$$

was mit dem obigen Ergebnis übereinstimmt.

Andererseits sind in 1 Minute in den Hochofen eingeführt:

a) durch den Koks:

$$\frac{200 \cdot 1000 \cdot 1{,}26}{24 \cdot 60} \cdot \frac{78}{100} = 136{,}5 \text{ kg Kohlenstoff},$$

b) durch die Kohlensäure der Beschickung:

$$\frac{200 \cdot 1000 \cdot 3{,}23}{24 \cdot 60} \cdot \frac{9{,}4}{100} \cdot \frac{3}{11} = 11{,}5 \text{ kg Kohlenstoff}^{1},$$

c) durch die Kohlung des Roheisens sind entzogen:

$$\frac{200 \cdot 1000}{24 \cdot 60} \cdot \frac{4}{100} = 5{,}5 \text{ kg Kohlenstoff}.$$

Demnach gelangen minutlich in die Gichtgase:

$$136{,}5 + 11{,}5 - 5{,}5 = 142{,}5 \text{ kg Kohlenstoff}.$$

Minutliche Menge trockener Gichtgase $= \frac{142{,}5}{21{,}4} \cdot 100 = 666$ cbm bei 0° und 760 mm Q.-S. gemessen[2].

Es muß jedoch hervorgehoben werden, daß ein geringer Anteil des Kohlenstoffs Ansätze im Hochofen bildet, und daß ein anderer Teil desselben in den Gichtstaub gelangt. Diese Kohlenstoffmengen wären naturgemäß in Abzug zu bringen. Die Ermittlung derselben ist jedoch entweder unausführ-

---

[1] 1 kg CO_2 enthält $\frac{12}{44} = \frac{3}{11}$ kg C; 3,23 kg Minette für 1 kg Roheisen.

[2] Andere Rechenverfahren siehe *Osann*, Lehrbuch der Eisenhüttenkunde (Leipzig 1915), Bd. I, S. 373.

bar oder mit großen Schwierigkeiten verbunden, was das Resultat der rechnerischen Ermittlung der Gichtgasmenge etwas beeinflussen kann. Der Kohlenstoff des sich im Hochofen bildenden Zyans kommt dagegen nicht in Frage, weil das Zyan in höheren Ofenzonen wieder zerlegt wird. Bei der Ausführung einer solchen Ermittlung in der Praxis, dürften, bei dem rasch aufeinanderfolgenden Wechsel aller in Betracht kommenden durch Analysen zu ermittelnden Werte, Durchschnittswerte nur durch eine lange Reihe von Analysen zu erhalten sein.

Will man die Gichtgasmenge für überschlägige Rechnung im voraus feststellen, so nehme man an, daß 1 kg des zur Verbrennung verfügbaren Kohlenstoffs 4,9 (bei sehr günstigem Koksverbrauch, also etwa 80 kg für 100 kg Roheisen) bis 5,3 (bei einem sehr hohen Koksverbrauch, etwa 250 kg für 100 kg Roheisen), also im Durchschnitt etwa 5,1 cbm trockener Gichtgase bei 0° und 760 mm Q.-S. liefert.

Die Menge des verfügbaren Kohlenstoffs findet man, wenn man den Kohlenstoffgehalt des Kokses um den Kohlenstoffgehalt des Roheisens vermindert. In dem obigen Falle also 136,5 — 5,5 = 131,0 kg für 1 Minute oder

$$\frac{126 \cdot 78}{126} \cdot \frac{78}{100} - 4{,}0 = 94{,}3 \text{ kg für 100 kg Roheisen.}$$

3. Ermittlung von Gasmengen auf Grund der Schwefelbilanz.

Auch auf andere Öfen, wie z. B. Kupolöfen, Kalk- und Dolomitöfen, Zementbrennöfen usw., lassen sich diese Verfahren übertragen, welche alle in letzter Linie auf der Bilanz des Kohlenstoffs oder eines anderen, ganz oder zum Teil in die Gase übergehenden Elementes beruhen. *Naegell* schlägt z. B. vor, die Gasmenge eines Gaserzeugers (Generator, Hochofen usw.) auf Grund der Bilanz des Schwefels[1] zu ermitteln. Es fällt dabei die Notwendigkeit, den Teer im Gas zu bestimmen, fort. Auch ist die Gasanalyse dabei überflüssig. Vorausgesetzt ist hier nur der Schwefelgehalt des Heizmaterials ($\sum S$) und der Schlacke (S_1), beide bezogen auf 1 t Heizmaterial, und der gesamte Schwefelgehalt der Gase, der natürlich direkt auf dem Gaserzeuger zu bestimmen ist, bevor durch Kondensation von Teer und Ammoniakwasser ein Teil desselben ausgeschieden wird.

Es sei der in 1 cbm Generatorgas enthaltene, in kg ausgedrückte Schwefelgehalt $= S_g$. Dann wissen wir, daß umgekehrt den S_g kg Schwefel 1 cbm Gas entspricht; also entsprechen 1 kg Schwefel $\frac{1}{S_g}$ cbm Gas, und da sich der gesamte vergaste Schwefel der Ofenbeschickung $= (\sum S - S_1)$ im Gase wiederfinden muß, so entsprechen diese $(\sum S - S_1)$ kg Schwefel $\frac{\sum S - S_1}{S_g}$ cbm Gas. Also ist das gesuchte

$$\text{Volumen} = \frac{\sum S - S_1}{S_g} \text{ cbm}. \tag{15}$$

[1] Stahl u. Eisen 1912, S. 619.

4. Die Berechnung der in den Hochofen eingeführten (trockenen) Windmenge[1].

Kennt man die Gichtgasmenge, so läßt sich auch die in den Hochofen eingeführte trockene Windmenge errechnen. Die Gichtgase enthalten ein bestimmtes Quantum Stickstoff, das, abgesehen von einer geringen Menge im Koks, die vernachlässigt werden soll, ausschließlich aus der Gebläseluft stammt. Auf diese Weise ist unter Benutzung der Maßgabe, daß trockene Luft 79 Volumprozente Stickstoff enthält, ein Weg zur Berechnung der Windmenge gegeben. Ein anderer Weg führt über den Sauerstoffgehalt der Gichtgase. Beide Berechnungen müssen übereinstimmende Werte ergeben.

Beispiel 30.

A) Das Stickstoff-Berechnungsverfahren. Im obigen Beispiel 29 wurde die minutliche Gichtgasmenge zu 666 cbm ermittelt. Folglich sind bei 57,5 Vol.-Proz. Stickstoff

$$666 \cdot \frac{57{,}5}{100} \cdot \frac{100}{79} = 485 \text{ cbm trockene Luft,}$$

bei 0° und 760 m Q.-S. gemessen, in den Hochofen eingeführt.

Beispiel 31.

B) Das Sauerstoff-Berechnungsverfahren. Der in den Gichtgasen enthaltene Sauerstoff stammt a) aus der Gebläseluft, b) aus dem Sauerstoffgehalt der Erze, soweit er durch Reduktion entfernt wird, c) aus dem Kohlensäuregehalt des Möllers.

Man muß also die unter b) und c) genannten Mengen von der Gesamtmenge abziehen und den verbleibenden Wert mit $\frac{100}{23} \cdot 0{,}77$ multiplizieren, weil 100 kg Luft 23 kg Sauerstoff enthalten und 1 kg Luft 0,77 cbm beansprucht.

b) Die durch Reduktion in 1 Minute entfernte Sauerstoffmenge.

100 kg Roheisen enthalten:

0,3 kg	Mn,	gebunden als	Mn_2O_3,	entsprechen	0,13 kg	Sauerstoff
2,0 „	Si,	„ „	SiO_2,	„	2,28 „	„
1,7 „	P,	„ „	P_2O_5,	„	2,19 „	„
4,0 „	C,	„ „	—	„	— „	„
92,0 „	Fe,	„ „	Fe_2O_3,	„	39,56 „	„
100,0 kg	Roheisen			entsprechen	44,16 kg	O.

In 1 Minute

$$\frac{200 \cdot 1000}{24 \cdot 60} \cdot \frac{44{,}16}{100} = 61{,}3 \text{ kg O.}$$

[1] *Osann*, Lehrbuch der Eisenhüttenkunde (Leipzig 1915), Bd. I, S. 176. Vgl. auch S. 178.

c) Die in 1 Minute durch die Kohlensäure der Beschickung zugeführte Sauerstoffmenge

$$\frac{200 \cdot 1000 \cdot 3{,}23^{1}}{24 \cdot 60} \cdot \frac{9{,}4}{100} \cdot \frac{8}{11} = 30{,}7 \text{ kg O}.$$

Die gesamte in 1 Minute mit den Gichtgasen entweichende Sauerstoffmenge (vgl. Beispiel 29, S. 209)

9,4 cbm CO_2	mit je $2 \cdot 0{,}715$[2] = 1,43 kg O	13,4 kg O
30,6 „ CO	„ „ $1 \cdot 0{,}715$ = 0,715 „ „	21,9 „ „
100,0 cbm Gichtgase enthalten		35,3 kg O.

Also in 666 cbm Gichtgasen, die, wie oben berechnet (vgl. Beispiel 29, S. 209), in 1 Minute erzeugt werden, 235,1 kg O.

Demnach müssen durch den Gebläsewind minutlich eingeführt werden:

$$235{,}1 - (61{,}3 + 30{,}7) = 143{,}1 \text{ kg O}.$$

Diese entsprechen einer minutlichen Windmenge von $143{,}1 \cdot \frac{100}{23} \cdot 0{,}77$ = 479 cbm Wind (trockene Luftsubstanz).

5. Berechnung von Rauchgasmengen[3].

Dieses Berechnungsverfahren beruht ebenso wie die vorherigen darauf, daß sich der gesamte verbrannte Kohlenstoff in den Rauchgasen wiederfindet.

Die Errechnung der Abgasmenge eines Verbrennungsvorganges möge an Hand folgenden Beispiels gezeigt werden.

Beispiel 32.

Die zum Verbrennen von 100 cbm Generatorgas theoretisch notwendige Luftmenge errechnet sich wie folgt:

Zusammensetzung des Gases		Sauerstoffbedarf		Verbrennungsprodukte	
		für 1 Vol.	zusammen Vol.	Vol. H_2O	Vol. CO_2
CO_2	3,0 Proz.	—	—	—	3,0
CO	28,6 „	0,5	14,3	—	28,6
CH_4	2,7 „	2,0	5,4	5,4	2,7
H_2	10,2 „	0,5	5,1	10,2	—
O_2	0,1 „	—	—	—	—
N_2	55,4 „	—	—	—	—
Zusammen:	100,0 Proz.	—	24,8	15,6	34,3

[1] 3,23 kg Minette mit 9,4 Proz. CO_2 für 1 kg Roheisen.

[2] 1 cbm CO_2 wiegt 1,97 kg und enthält $1{,}97 \cdot \frac{8}{11} = 1{,}43$ kg O.

1 „ CO „ 1,25 „ „ „ $1{,}25 \cdot \frac{4}{7} = 0{,}715$ kg O.

[3] Vgl. meine Arbeit: Wärmebilanz eines Glasschmelzofens. Feuerungstechnik V. Jahrg., Heft 5, S. 167.

Der Sauerstoffbedarf pro 100 cbm Generatorgas beträgt 24,8 cbm; im Gase selbst sind 0,1 cbm Sauerstoff enthalten. Es wäre also bei theoretischer Verbrennung 24,8 — 0,1 = 24,7 cbm Sauerstoff zuzuführen.

Mit dem Sauerstoff gelangen auch $\frac{24,7 \cdot 79}{21} = 92,9$ cbm Stickstoff in die Verbrennungsluft.

Die Zusammensetzung der aus 100 cbm Generatorgas entstandenen Verbrennungsprodukte wäre bei theoretischem Luftquantum folgende:

CO_2		34,3	= 17,3 Proz.
H_2O		15,6	} = 82,7 „
N_2 aus der Verbrennungsluft	92,9	} 148,3	
N_2 aus dem Generatorgas	55,4		
		198,2	= 100,0 Proz.

oder aus trockenem Rauchgas berechnet:

CO_2	34,3 =	18,8 Proz.
N_2	148,3 =	81,2 „

Die durchschnittliche Analyse der Rauchgase ergibt einen O_2-Gehalt = 4,33 Proz.

Daraus berechnet sich der Luftüberschuß zu:

$$\frac{21}{21 - 4,33} = \frac{21}{16,67} = 1,26 \text{ oder } 26 \text{ Proz.}$$

Der Sauerstoffbedarf betrug 24,7 cbm (alles auf 100 cbm Generatorgas berechnet). Der überschüssige Sauerstoff ist dann gleich:

$$\frac{24,7 \cdot 26,0}{100} = 6,42 \text{ cbm.}$$

Der überschüssige Stickstoff beträgt $\frac{6,42 \cdot 79}{21} = 24.2$ cbm, so daß die wirkliche Zusammensetzung der Verbrennungsprodukte von 100 cbm Generatorgas sich folgendermaßen gestaltet:

CO_2		34,3 cbm
H_2O		15,6 „
N_2 aus dem Generatorgas	55,4	} 172,5 „
N_2 aus der theoretischen Verbrennungsluft	92,9	
N_2 aus der überschüssigen „	24,2	
O_2 (aus dem Luftüberschuß)		6,4 „
		228,8 cbm.

Auf Grund der Analyse des Generatorgases und der Abgase wird pro 100 cbm Generatorgas eine Rauchgasmenge von 228,8 cbm bei 0° und 760 mm errechnet.

6. Ermittlung des Luftverbrauches einer Gasmaschine.

Man kann stöchiometrisch ermitteln, das Wievielfache der Gasmenge an Luft zugeführt ist (nach *Gramberg*), indem irgendein indifferenter Bestandteil vor der Mischung von Gas und Luft und nach der Mischung beider Bestandteile zu Hilfe genommen wird; die gesamte Menge dieses indifferenten

Bestandteiles kann sich bei der Mischung nicht verändert haben. In dem genannten Beispiel — Mischung von Gas und Luft — vergleicht man am besten den prozentualen Sauerstoffgehalt O_1 des Gases vor, mit dem O_2 des Gemisches nach der Mischung; den Sauerstoffgehalt der Luft kennt man, er ist 21 Proz. Haben sich nun G cbm Gas mit L cbm Luft gemischt zu $G + L$ cbm Gemisch — wobei nur G bekannt, L aber zu berechnen ist —, so sind im Gas $\frac{O_1}{100} \cdot G$ cbm, im Gemisch $\frac{O_2}{100} 100 \cdot (G + L)$ cbm, in der Luft $\frac{21}{100} \cdot L$ cbm Sauerstoff enthalten, und nun muß sein:

$$\frac{O_1}{100} \cdot G + \frac{21}{100} \cdot L = \frac{O_2}{100} \cdot (G + L),$$

$$(21 - O_2) \cdot L = (O_2 - O_1) \cdot G,$$

$$L = \frac{O_2 - O_1}{21 - O_2} \cdot G. \tag{16}$$

Damit ist die Messung der Luftmenge auf die Messung der (kleineren) Gasmenge und auf die Ermittlung des prozentualen Sauerstoffgehaltes an zwei Stellen zurückgeführt. Letztere Ermittlung ist mit Hilfe des Orsatapparates bequem zu bewirken. Wenn übrigens, wie oft, kein Sauerstoff im Gase ist, so vereinfacht sich noch das Verfahren.

7. Bestimmung des freiwilligen Luftwechsels eines Raumes.

Jeder Raum, namentlich wenn er beheizt ist, tauscht durch Poren der Wände und Zwischendecken, durch Ritzen von Türen und Fenstern Luft mit der Umgebung aus, deren Messung gelegentlich erwünscht sein kann, auf direktem Wege aber fast unmöglich ist. Man kann die Messung (nach *Gramberg*) so bewerkstelligen, daß man der Raumluft ein Gas beimischt, das indifferent ist, gesundheitlich sowohl als auch was Absorption durch die Wände anlangt, und dessen Beimenge leicht und sicher festzustellen ist. Man beobachtet die zeitliche Abnahme des Gehaltes an diesem Bestandteil; eine einfache Integration ergibt den Luftwechsel, der die Abnahme veranlaßt. Verwendet man Kohlensäure (CO_2) als indifferentes Gas, so hat man zu beachten, daß die nachdrückende Luft schon etwa 0,04 Proz. CO_2 enthält, und hat Einführung der Atemluft (4 Proz. CO_2) in den Raum zu vermeiden. Die Feststellung des prozentualen Kohlensäuregehaltes ist durch Absorption mit Barytwasser und Titrieren mit Oxalsäure sehr genau zu erreichen[1].

III. Chemische Methoden.

Diese Methoden beruhen darauf, daß man dem zu messenden Gase in konstantem Strome einen indifferenten Stoff in gasförmigem Zustande zumischt, dessen Menge bekannt ist; wird nun in dem zu messenden Gase der Prozentgehalt (in Volumenprozenten) an dem zugeführten Stoff ermittelt, so läßt sich dann leicht auf die geförderte Gasmenge ein Schluß ziehen. Durch

[1] Methode von *Pettenkofer*, siehe *Wolpert*, Ventilation und Heizung, Bd. III.

die Zuführung des für die Messung verwendeten Gases — es mag hier der Kürze wegen „Meßgas", genannt werden — in Mengen unter 1 Proz. entstehen keine wesentlichen Veränderungen in den Druckverhältnissen, sie können aber übrigens bei der Berechnung mit berücksichtigt werden.

Das Meßgas soll nicht nur indifferent sein, d. h. die weitere Reaktion des zu messenden Gases nicht beeinträchtigen, sondern auch in einer leicht wägbaren oder meßbaren Form vorhanden sein, damit seine während eines gewissen Zeitraumes zugeführte Menge leicht kenntlich ist. Die komprimierten bzw. verflüssigten Gase, wie Kohlensäure, Chlor, Ammoniak, schweflige Säure, Salzsäure, Schwefelwasserstoff, eignen sich daher besonders, aber auch leicht vergasbare Flüssigkeiten, wie Benzin, Benzol, Äther, Alkohol usw., sind ebenfalls zu verwenden. Dampf und Feuchtigkeit sind auch versucht worden. Doch ist noch besonders die Möglichkeit der Einfachheit und Genauigkeit ihrer analytischen Bestimmung zu berücksichtigen.

Für Kammergase eignen sich Kohlensäure und Salzsäure, für Feuergase Salzsäure, für Lüftungszwecke Kohlensäure usw. Selbstverständlich dürfen die zu messenden Gase vor der Zumischung des Meßgases dieses noch nicht enthalten, oder aber in einer genau festgestellten konstanten Menge.

1. Anwendung von schwefliger Säure.

An einem einfachen Beispiel soll eine solche Meßmethode gezeigt werden[1], und zwar an einem aus dem Leitungsnetz ausgeschalteten Ventilator, dem jedoch durch künstliche Drosselung der Ein- und Austrittsstutzen die gleichen Druckverhältnisse gegeben sind, wie sie bei seiner Einschaltung in die Leitungen festgestellt werden. Als Meßgas dient hier komprimierte schweflige Säure, in einer 100 kg-Bombe *A* (Fig. 125) auf der Dezimalwage *B* von mindestens 50 g Empfindlichkeit lagernd. In flüssigem Zustande wird sie durch das Ventil *C* entnommen und durch den Vergaser *D*, eine ca. 10 m lange Spirale von 1″-igem Rohre, geleitet, der von dem Mantel *E* eingehüllt und durch die Feuerung *N* geheizt wird. Vergaser und Mantel ruhen auf der Wage, die Feuerung aber auf dem Erdboden. Der Vergaser verdampft ca. 1 kg schweflige Säure pro Minute.

Von dem Vergaser führt ein starkwandiger Gummischlauch *F* zu einem Reduzierventil *G*, welches mitunter auch fortfallen kann, sodann zu einem Thermometer *H* und zu einem *Rabe*-Hahnmesser *I*. Seine beiden Meßstutzen stehen mit einer *Wulff*schen Flasche *L* derart in Verbindung, daß man ihren Druckunterschied auf der Skala *M* direkt ablesen kann. Das Meßgas tritt nun in den Ventilator *O* ein. Sein Saugstutzen *P* wird durch die Drosselscheibe *K* künstlich gedrosselt; das so entstehende Vakuum wird im Manometer *R* abgelesen, außerdem ist noch ein Thermometer *S* vorgesehen. Der Druckstutzen ist ebenfalls mit Manometer *U* und Thermometer *T* ausgerüstet, die künstliche Drosselung erfolgt durch den Schieber *W*, außerdem

[1] Vgl. Zeitschr. f. angew. Chemie, XVI. Jahrg., S. 619 bis 621.

ist noch zur Gasgeschwindigkeitskontrolle (vgl. Zeitschr. f. angew. Chemie, 1900, S. 236) der Meßschieber *K* mit dem Manometer *Y* angebracht.

Der Vergaser *D* wird so geheizt, daß die Temperatur in *H* konstant bleibt, die Geschwindigkeit des Meßgases wird durch das Ventil *C* und noch leichter durch das Reduzierventil *G* geregelt, auf der Skala *M* zeigen sich dann die etwaigen Geschwindigkeitsunterschiede, sie betragen kaum $^1/_4$ Proz. Die Wägung der verbrauchten schwefligen Säure wird durch genaues Beobachten des Einspielens der Wage an Hand einer „Stoppuhr“ und späteres Arretieren derselben beim Verbrauch von genau 20 kg festgestellt.

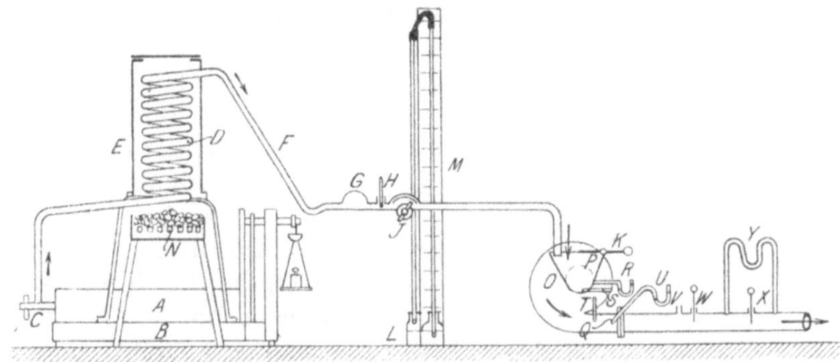

Fig. 125. Gasmengenmessung mittels zugeführter schwefliger Säure.

Beispiel 33.

Eine Messung möge folgende Zahlen ergeben haben:

Ventilatortourenzahl: 1490 pro Minute,

Eintrittsstutzen: Vakuum 93 mm, Temperatur 23°;

Austrittsstutzen: Druck 142 mm, Temperatur 25°;

Temperatur vor dem Hahnmesser: 30°;

Hahnmesserstellung links: 7, Druckdifferenz: 450 mm;

Austrittsstutzenleitung: 450 Durchm., gedrosselt durch den Meßschieber auf 96 500 qmm, wobei 2,6 mm Druckdifferenz entstanden;

Barometerstand: 730 mm;

Gasanalysen vor der Austrittsdrosselung ergaben im Mittel 0,7425 Proz. schweflige Säure, nach der *Reich*schen Methode mittels $n/100$ Jodlösung bestimmt.

Zeitdauer für die Zuführung der 20 kg schwefliger Säure: 23 Minuten 6 Sekunden.

Mithin entsteht folgende Rechnung:

1 cbm SO_2 wiegt bei 25° und 730 mm Ba

$$\frac{2{,}8689}{1 + 0{,}00366 \cdot 25} \cdot \frac{750}{760} = 2{,}525 \text{ kg}.$$

Verbraucht wurden 20 kg = 20 : 2,525 = 7,92 cbm; diese waren vorhanden in $\frac{7,92 \cdot 100}{0,7415}$ = 1067,4 cbm in 23 Minuten 6 Sekunden. Mithin sind gefördert pro Minute 46,2 cbm.

Wäre das Meßgas einem in die Apparatur eingebauten Ventilator zugeführt worden, so hätte man sein Volumen abzuziehen von dem gefundenen Gasquantum.

2. Ammoniakmethode.

Sehr häufig wird von den chemischen Methoden die sog. Ammoniakmethode angewandt.

Bei der Ammoniakmethode wird zweckmäßig folgendermaßen verfahren:

An Stelle *A* (Fig. 126) wird mit vorgelegter Schwefelsäure der in 1 cbm in Gramm enthaltene Ammoniakgehalt festgestellt, falls es sich um Messung von Gasen handelt, welche bereits Ammoniak enthalten, wie z. B. Koksofengas, Generatorgas, Gichtgas. Bei *B* wird aus einer Ammoniakbombe eine bestimmte, durch Gewichtsannahme der Bombe festgestellte Ammoniakmenge in die Leitung geschickt. Bei *C* wird wiederum mittels vorgelegter Schwefelsäure die nunmehr im cbm enthaltene NH_3-Menge bestimmt. Es ist dabei die Temperatur und der statische Druck des Gases zu berücksichtigen, um den ermittelten NH_3-Gehalt auf normalen Zustand (0° C und 760 mm Ba) umrechnen zu können. Die Differenz zwischen *C* und *A* gibt die Ammoniakmenge an, die auf 1 cbm Gas von der zugeführten Menge aus der Bombe entfallen ist. Dividiert man diese Zahl in die Gesamtmenge des eingeleiteten Ammoniaks, so erhält man die Gesamtmenge in cbm, die in der Zeit des Versuchs die Gasleitung passiert hat[1].

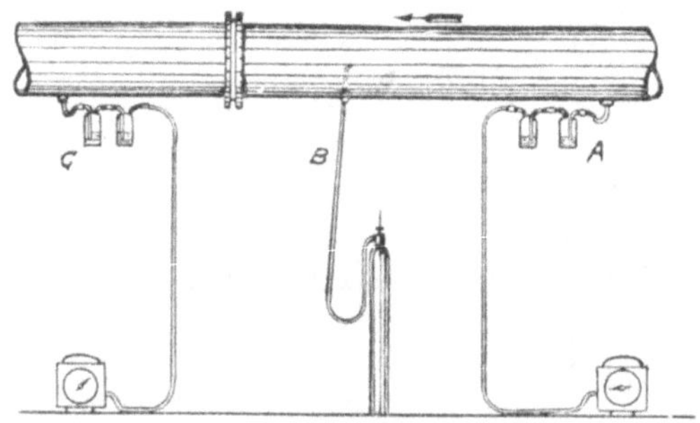

Fig. 126. Gasmessung mittels der Ammoniakmethode.

Bei dieser Methode sind folgende Punkte zu beachten:

1. Das Gas muß so trocken sein, daß man sicher ist, daß keine Kondensation auf dem Wege von *A* bis *C* eingetreten ist, wodurch Ammoniakverluste entstehen würden. Ist jedoch das Gas feucht, so müssen in der Gasleitung kleine Syphons eingebaut und muß die mit dem Kondensat durch die Syphons abfallende NH_3-Menge mit berücksichtigt werden.

2. An den Klemmschrauben der Leitungen vor *A* und *C* zu den kleinen Gasuhren darf nichts während des Versuches verstellt werden. Druckäuße-

[1] Vgl. auch *C. Otto*, Theoretische und praktische Ermittlung von Koksofenwärmebilanzen. Dissertation Düsseldorf (Verlag Stahleisen m. b. H. 1914), S. 25.

rungen in der Leitung müssen sich in den Durchflußmengen bemerkbar machen. Oder es empfiehlt sich, die kleinen Gasuhren mit Manometern zu versehen, wodurch die Möglichkeit geboten wird, während des Versuches die gleiche Geschwindigkeit des abgezweigten Gasstromes, in welchem der NH_3-Gehalt ermittelt wird, zu erhalten.

3. Die Zuflußmenge an Ammoniak kann während des Versuches verändert werden.

Durch Vergleichsversuche mittels Gasuhren hat *de Grahl* nachweisen können, daß diese Art der Gasmessung zuverlässig ist.

Beispiel 34.

An folgendem Ausrechnungsbeispiel möge diese Art der Messung erläutert werden:

Versuchsdauer: 4 Stunden;

zugeführte NH_3-Menge, ermittelt aus der Gewichtsabnahme der Bombe: 6450 g;

NH_3-Gehalt des Gases, bei den Betriebsverhältnissen gemessen (bei *A*) und reduziert auf normale Verhältnisse (0° C, 760 mm Ba): 0,17 g/cbm;

NH_3-Gehalt des Gases, bei den Betriebsverhältnissen (bei *C*) gemessen und auf normale Verhältnisse reduziert: 1,28 g/cbm.

Somit beträgt die Gasmenge:

$$\frac{6450}{(1{,}28 - 0{,}17) \cdot 4} = 1452 \text{ cbm/st bei } 0^\circ \text{ und } 760 \text{ mm Ba}.$$

Statt des Ammoniaks kann man natürlich auch andere Stoffe anwenden, wie z. B. Kohlensäuregas, welches dann von Kalilauge absorbiert wird. Jedoch ist die Bestimmung der absorbierten Kohlensäure nicht so einfach wie die des Ammoniaks, weil die Kalilauge gleichzeitig mit dem Ammoniak auch den Schwefelwasserstoff aufnimmt, der in vielen technischen Gasen enthalten ist.

Speziell für den Kokereibetrieb (mit Waschverfahren) läßt sich die Ammoniakmethode modifizieren[1], indem das Ammoniak gemessen wird, welches im Wascher in einer bestimmten Zeit ausgewaschen wird. Zu diesem Zweck wird der Ammoniakgehalt des Gases in bekannter Weise vor und hinter dem Wascher ermittelt und das gebildete Ammoniakwasser gemessen, sowie der NH_3-Gehalt des letzteren bestimmt. Angenommen, das Gas habe vor dem Wascher pro 1 cbm 8 g, hinter dem Wascher noch 1 g Ammoniak enthalten; das ammoniakalische Waschwasser hätte während der Versuchszeit 1000 l mit 5 g Ammoniak in 1 l (gleich 5000 g Gesamtammoniak) betragen, so wären 5000 : 7 = 714,3 cbm Gas durch die Rohrleitung in der für die Untersuchung in Frage kommenden Zeit passiert.

[1] Journ. f. Gasbel. u. Wasservers. 1905, S. 225.

Es liegt kein Grund vor, diese Methode auch für andere Verhältnisse nicht anzuwenden.

Wir haben nun an der Hand der obigen Beispiele gesehen, daß in einer ganzen Reihe von Fällen die Anwendung direkter Gasmeßapparate nötigenfalls entbehrlich erscheint. Selbstverständlich ist mit diesen Beispielen keineswegs das gesamte Anwendungsgebiet der stöchiometrischen Gasmengenermittlung erschöpft. In besonderen Fällen hat man der Eigenart des betreffenden Fabrikationsprozesses Rechnung zu tragen. So ist z. B. beim Verhütten von Blei zu berücksichtigen, daß dasselbe keinen Kohlenstoff aufnimmt; bei den Schlackenabstichgeneratoren findet sich der gesamte Kohlenstoff des Brennstoffs in den entstehenden Gasen, falls dabei im Nebenbetriebe kein Eisen gewonnen wird, welches bekanntlich Kohlenstoff aufnimmt. Bei einem Glasschmelzprozeß, beim Zementbrennen usw. ist die aus dem Kalkstein der Beschickung entwickelte CO_2, welche den CO_2-Gehalt der Rauchgase erhöht, zu beachten usw. In einigen Fällen lassen sich diese Methoden gar nicht anwenden; so ist z. B. eine Berechnung der Gasmengen auf diesem Wege bei Rostfeuerungen nicht zuverlässig, weil die Verbrennung hier nicht gleichmäßig vor sich geht, d. h. es verbrennt in jeder Zeiteinheit nicht die gleiche Menge Kohlenstoff. Ferner lassen sich die stöchiometrischen Methoden nicht anwenden, wenn der Gasstrom aus einer Generatoren-, Hochofenanlage und anderen Anlagen geteilt wird, und wenn eben nur die Menge des Teilgasstromes ermittelt werden soll. Wenn auch das Gas in einige Ströme von gleichen Querschnitten geteilt ist, so kann man daraus keineswegs schließen, daß die durch jede dieser gleichen Querschnitte strömende Gasmenge dieselbe ist. Die Lage und Entfernung von der Gaserzeugungsanlage und der Schornsteinzug sind dabei maßgebend.

Der Nachteil dieser Methoden besteht darin, daß sie etwas umständlich sind; abgesehen von den unumgänglichen Verwiegungen des Brennstoffes oder Rohstoffes und genauen Analysen ihrer Durchschnittsproben, muß man hierbei sehr viele und häufige Analysen des Gases vornehmen, man muß für den geordneten, gleichmäßigen Betrieb der Anlagen sorgen, damit das Gas in den einzelnen Zwischenräumen nicht zu stark in seiner Beschaffenheit und Zusammensetzung schwankt. Bei Generatoren ist zuweilen die Feststellung des Teers und insbesondere der Flugstaubmengen häufig mit Schwierigkeiten verbunden; bei den Hochöfen entziehen sich die gebildeten C-Ansätze der genauen Bestimmung; bei den chemischen Methoden hat man auf gleichmäßige Verteilung des sog. „Meßgases" auf den ganzen Gasstrom zu achten; bei den kalorimetrischen Methoden sind außerdem noch die Strahlungsverluste schwer bestimmbar usw.

Was die Gasanalyse betrifft, so ist in vielen Fällen durch Anwendung von kontinuierlichen, selbstschreibenden Gasanalysatoren geholfen; bei der Ausführung der Ermittlung nach der Schwefelbilanz (Abschnitt J. II. 3.) fallen übrigens die Gasanalysen (auch die Teerbestimmung) fort.

Speziell bei der Vornahme von Heizungsversuchen, Verdampfungsversuchen, Wärmebilanzen usw. ist bei der Feststellung der Wärmemengen aus der Gasmenge × Heizwert zu berücksichtigen, daß in diesen Fällen, wo die Gasmenge rechnerisch festgestellt wurde, auch nicht der experimentell ermittelte, sondern nur der errechnete Heizwert eingesetzt werden muß.

IV. Anwendung von selbstschreibenden Apparaten bei diesen Methoden.

Bei der Besprechung des Thomasmessers ist eine Registriereinrichtung bereits beschrieben worden.

Bei dem auf S. 202 beschriebenen Wärmeaustauscherverfahren kann die dauernde Ermittlung von Gasmengen durch Anwendung von selbstschreibenden Wassermessern und Thermometern bewirkt werden.

Auch für die chemischen Methoden läßt sich eine dauernde (indirekte) Aufzeichnung kombinieren.

Das physikalische Laboratorium *J. H. Reineke* in Bochum konstruierte einen Apparat, welcher dauernd und selbsttätig den Ammoniakgehalt von Gasen (und Flüssigkeiten) aufzeichnet. Dem Apparat liegt folgendes Prinzip zugrunde.

Wenn man eine Flüssigkeitssäule in einen elektrischen Stromkreis, bestehend aus Batterie und Voltmeter, einschaltet, so zeigt das Meßinstrument einen bestimmten Ausschlag, welcher abhängig ist von der Leitfähigkeit und der Temperatur der betreffenden Flüssigkeitssäule. Nimmt man z. B. normale Schwefelsäure und schaltet diese in den Stromkreis ein, so erhält man infolge der guten Leitfähigkeit der Säure einen großen Ausschlag. Führt man nun dieser Flüssigkeitssäule Ammoniak in gasförmigem (oder flüssigem) Zustande zu, so zeigt das Meßinstrument einen veränderten Ausschlag, welcher infolge der Konzentrationsänderung der Schwefelsäure durch Ammoniak herbeigeführt ist. Die Größe der elektrischen Änderung ist abhängig von der Menge des zugeführten Ammoniaks, welche bis zum Neutralisationspunkt ungefähr proportional der zugeführten Ammoniakmenge zunimmt.

Die Änderung zeigt sich infolge Aufnahme von Ammoniak bei Säure durch eine Vergrößerung des elektrischen Widerstandes, während, wenn als Elektrolyt Wasser genommen wird, der Widerstand desselben kleiner wird. Für eine dauernde Kontrolle ist die Verwendung von Säure infolge des großen Verbrauches nicht geeignet, und es wird bei der praktischen Ausführung des Apparates gewöhnliches Leitungswasser verwendet.

Ein anderer, ebenfalls von *Reineke* konstruierter Apparat beruht darauf, daß ein Platindraht elektrisch durch eine kleine Akkumulatorenbatterie auf eine bestimmte Temperatur gebracht wird, welche von dem mit dem Draht verbundenen Galvanometer angezeigt wird. Sobald durch den Raum, in welchem der glühende Platindraht sich befindet, ammoniakhaltige Luft hindurchgeleitet wird, so verbrennt das Ammoniak und das Galvanometer zeigt einen entsprechenden Ausschlag, welcher abhängig ist von der im Luftgemisch enthaltenen Ammoniakmenge. Sind jedoch in der Luft auch andere verbrennliche Bestandteile enthalten, so läßt sich dieser Apparat nicht verwenden, und es kommt der zuerst beschriebene Apparat von *Reineke* in Betracht. Mit dem *Reineke*-Apparat kann nicht allein Ammoniak, sondern auch Chlor-, Salzsäuregas, Schwefelwasserstoff, schweflige Säure usw. dauernd aufgezeichnet werden.

Die *Hydro-Apparate-Baugesellschaft* in Düsseldorf hat ebenfalls einen Ammoniakanalysator konstruiert, welcher aber nur für die Ermittlung des Ammoniaks in Flüssigkeiten geeignet ist[1]. Der Apparat beruht darauf, daß Ammoniak durch Hypobromite oder Hypochlorite zersetzt wird, wobei Stickstoff in proportionaler Menge zu der zu analysierenden Flüssigkeit entsteht. Auf ähnlichem Gedanken wie der *Reineke*sche Apparat beruht auch der Apparat von *Heinicke*, welcher von *Horwitz*, Berlin NW 21 vertrieben wird.

[1] Vgl. Glückauf 1914, S. 1238; Chem. Apparatur 1918, S. 181.

K. Verschiedene Methoden der Gasmengenermittelung.

I. Messung mittels beweglicher Widerstände.

Methoden der Gasmessung durch Widerstand, hervorgerufen durch verschiedene Formen der Querschnittsverengung in Rohren, wie Düsen, Stauränder usw., haben wir bereits in dem Abschnitt H. auf S. 154 bis 192 kennengelernt. Es handelt sich bei jenen Methoden um Widerstände, die sämtlich fest in den Rohrleitungen angeordnet waren. An dieser Stelle mögen dagegen einige Ausführungen besprochen werden, bei denen der Widerstand (Schwimmer, Scheibe) durch den zu messenden Gasstrom in einen beweglichen (schwebenden oder rotierenden oder verschiebbaren) Zustand versetzt wird, wobei die Veränderlichkeit der Stellung des „Schwimmers" oder der Scheibe das Maß der durchgehenden Gasmenge darstellt. Es sollen hier die am meisten bekannten Konstruktionen: a) Skala-Gasmesser, b) Rotamesser, c) Citometer und d) Eca-Luftmesser besprochen werden.

1. Der Skala - Gasmesser.

Der Skala - Gasmesser (*Duisburger Apparatebaugesellschaft*) besteht im wesentlichen aus einem sich konisch erweiternden graduierten Glasrohr, in welchem ein „Schweber" durch das einströmende Gas gehoben und in einer Höhe eingestellt wird, welche der jeweilig durchströmenden Gasmenge entspricht. Die Glaswandung wird von dem Schweber nicht berührt. Die Richtung der Strömung erfolgt von unten nach oben. Je stärker der Strom ist, um so höher wird der Schwimmer gehoben. Wie Fig. 127 zeigt, bewegt sich der Schwimmer in einem Glasrohr, in welches von unten her die Zuführung des Gases erfolgt. Der äußere Durchmesser des Schwimmers ist kleiner als die lichte Weite des Glasrohres. Dadurch wird eine reibungslose Bewegung des Schwimmers möglich. Eine Skala ist in das Glas eingeätzt. Die Teilung auf derselben zeigt entweder Millimeter an oder den Verbrauch einer bestimmten Gasmenge in einer bestimmten Zeit, z. B. Liter in der Minute oder Kubikmeter in der Stunde. Ist die Einteilung in Millimeter gegeben, so kann aus entsprechenden Tabellen der Verbrauch in Volumen- bzw. Gewichtseinheiten entnommen werden.

Handelt es sich nur um eine Gasart, die bei konstant bleibendem Druck hindurchgeht, so ist die Einteilung nach Gasmengen in der Zeiteinheit vorzuziehen. Soll aber der Apparat zu Verbrauchsmessungen von verschiedenen Gasarten benutzt werden, und ist vielleicht außerdem noch der Druck der Gasarten verschieden, so empfiehlt sich die Einteilung nach Millimetern.

Bei der üblichen Anordnung (ohne Hähne), also nicht so, wie in der Fig. 127 gezeigt ist, geht der Gasstrom dauernd durch den Meßapparat hindurch. Wird der unten angebrachte Hahn geschlossen, so hört auch die Zuführung des Verbrauchsstroms auf.

Handelt es sich um Gasarten, die vielleicht Verunreinigungen mit sich führen oder aus anderen Gründen es wünschenswert erscheinen lassen, daß

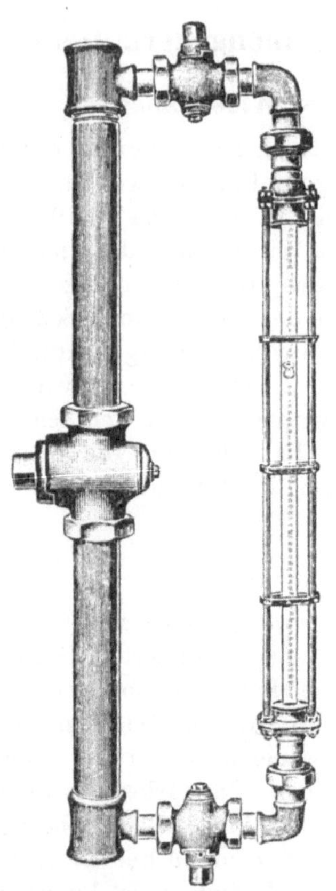

Fig. 127. Skala-Gasmesser der *Duisburger Apparatebaugesellschaft.*

Fig. 128. Rotamesser für große Leistungen. Ausführende Firma: *Deutsche Rotawerke, G. m. b. H.*, Aachen.

nicht dauernd der Gasmesser eingeschaltet bleibt, so ist die Anordnung nach Fig. 127 zu empfehlen. Das Gas kann, von unten her in das vertikale Rohr einströmend, zwei verschiedene Wege einschlagen. Zur Bestimmung des Weges, den das Gas einschlagen soll, dienen die drei in Fig. 127 sichtbaren Hähne.

Eine besondere Ausführung wird notwendig, wenn es sich um Messungen von Preßluft. handelt. Für solche Fälle muß eine besonders kräftige Ausführung getroffen werden.

Von dem sogleich zu besprechenden Rotamesser unterscheidet sich der Skala-Gasmesser nur durch die Konstruktion des sog. Indicatorschwebers, der sich in einem nur schwebenden und nicht drehenden, rotierenden Zustande befindet, und durch daraus folgende Betriebseigentümlichkeit. Im übrigen gilt alles, was sogleich über Rotamesser mitgeteilt wird, auch für die Skala-Gasmesser.

2. Der Rotamesser.

Da die Rotamesser eine große Verbreitung in der Industrie gefunden haben, mögen dieselben etwas ausführlicher besprochen werden. Die Arbeitsweise ist beim Rotamesser dieselbe wie bei den soeben besprochenen Skala-Gasmessern. Der Unterschied besteht nur in der Konstruktion des „Schwimmers" (Vgl. Fig. 128 bis 130.) Der Schwimmer wird meistens aus Hartgummi hergestellt. In dem zylindrischen Randteil desselben befinden sich schräge Einkerbungen (Kanäle). Indem das Gas diese kleinen Kanäle durchströmt, versetzt es den Schwimmer nach Art des *Segner*schen Wasserrades in schnelle Rotation; dadurch wird er stets senkrecht gestellt und ein Klemmen und Haften an den Wandungen des Rohres vermieden, ferner steigt durch die Drehbewegung des Schwimmers auch die Empfindlichkeit des Instruments gegenüber Änderungen der Strömungsgeschwindigkeit, weil ein in Bewegung befindlicher Körper einer geringeren Kraft zur Weiterbewegung bedarf, als ein im Ruhezustand befindlicher. Der Hauptvorteil des rotierenden Schwimmers liegt aber darin, daß die Drehbewegung eine sichtbare und sichere Gewähr für das gute Funktionieren des Instrumentes ist, weil sie beweist, daß der Schwimmer reibungsfrei arbeitet. Dies ist besonders dann von Wichtigkeit, wenn der Messer schon einige Zeit im Betriebe und dadurch etwas verschmutzt ist. Da nämlich die Drehbewegung viel empfindlicher gegen Hemmungen ist als die Steigbewegung, so hört bei einem gewissen Grad der Verschmutzung, die die Steigbewegung noch nicht beeinflußt, die Drehbewegung schon auf. Wäre der Schwimmer nicht rotierend, so würde der Messer aus Mangel an einer Kontrollmöglichkeit so lange benutzt

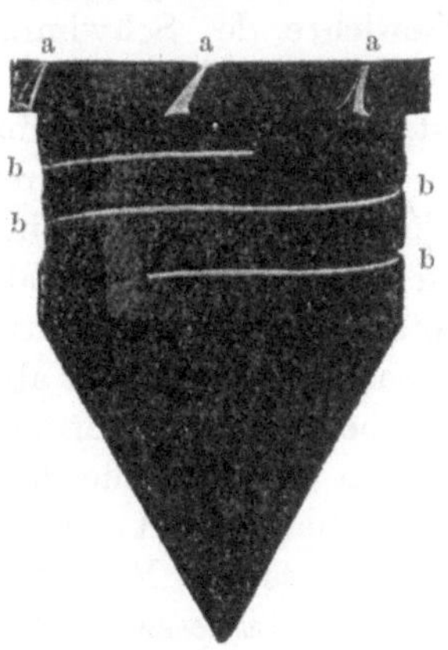

Fig. 129. Schwimmer des Rotamessers im Ruhestand.

Fig. 130. Schwimmer des Rotamessers während der Gasmessung.

werden, bis die Steigbewegung und damit auch die Meßgenauigkeit durch die Verunreinigung beeinflußt würde. Dieser Zeitpunkt läßt sich bei nicht rotierenden Schwimmern (z. B. Skala-Gasmesser der *Duisburger Apparatebaugesellschaft*) erst dann erkennen, wenn der Schwimmer an der Wand festklebt und sich ruckweise bewegt, wenn er also schon längere Zeit nicht mehr genau angezeigt hat. Die Drehbewegung des Rotaschwimmers ist durch das Glas deutlich sichtbar, und es ist daher eine sichere Kontrolle über das genaue Arbeiten des Messers gewährleistet.

In der Fig. 129 bedeuten *a—a* steilgewindeförmige Kanäle, welche das Rotieren beim Betrieb bewirken, *b—b* sind Schlangenlinien, welche das Rotieren dem Auge sichtbar machen. (Vgl. auch die Fig. 130, wo während des Betriebes die Kanäle *a* verschwommen und die Schlangenlinien *b* in Bewegung erscheinen.)

Die Anzeige des Rotamessers ist von der Dichte, der Temperatur und der Kompression des Gases abhängig.

Die Abhängigkeit der Anzeige von der Gasdichte[1]. Die Anzeige beruht nämlich darauf, daß der Schwimmer so lange gehoben wird, bis die Kraft, die den Gasstrom an ihm vorüberpreßt (das ist der Druckabfall an dieser Stelle), gleich dem Gewichte des Schwimmers ist, oder anders ausgedrückt: der Schwimmer wird so weit gehoben, bis er eine Öffnung freiläßt, durch die die jeweils strömende Gasmenge mit dem durch die Schwere des Schwimmers gegebenen Druckabfall durchtreten kann. Ein dichteres Gas braucht für den Durchgang derselben Gasmenge unter dem gleichen Druckverlust einen größeren Querschnitt, hebt also den Schwimmer höher und gibt damit, falls der Rotamesser für ein leichteres Gas geeicht war, eine scheinbar höhere Verbrauchsanzeige. Mißt man also den Gasdurchgang z. B. mit einer nassen, fehlerfrei arbeitenden Experimentiergasuhr und liest die Anzeige des Rotamessers ab, so stimmen die Anzeigen nur dann überein, wenn der Rotamesser mit derselben Gasart geeicht ist, die ihn augenblicklich durchströmt. Ist der Rotamesser z. B. mit Luft geeicht, so wird bei einem anderen leichteren Gas am Rotamesser ein Quantum angegeben, dessen Quadrat sehr annähernd im Verhältnis des spez. Gewichtes kleiner ist, als das Quadrat des wahren Durchganges. Hat man also z. B. ein Gas vom spez. Gewicht 0,445 und strömen durch einen mit Luft geeichten Rotamesser 150 cbm dieses Gases, so zeigt der Schwimmer statt 150 cbm nur 100 cbm, denn

$$0{,}445 = \frac{100^2}{150^2}.$$

Man findet diese Gesetzmäßigkeit auch ausgedrückt durch die allgemeine Formel:

$$A = \tfrac{1}{2} \gamma w^2, \tag{1}$$

[1] Ich bin leider nicht in der Lage, hier die Quellenangabe zu bringen. Mein Buch ist aus vielen Notizen entstanden, die für meinen eigenen Bedarf im Laufe von Jahren zusammengetragen wurden. Ein paar Auszüge aus der einen oder anderen Veröffentlichung gelangten deshalb in meine Aktensammlung ohne Quellenangabe in der Zeit, als ich an die Herausgabe dieses Buches gar nicht dachte. Nachträglich ließ sich dies bei der Fülle des Materials nicht mehr ändern, und ich bitte deshalb den betreffenden Autor um Entschuldigung.

worin A die Arbeit bedeutet, die das Gas beim Durchtritt zu leisten hat, und durch die der Schwimmer gehalten wird, γ die Masse des Gases und w seine Geschwindigkeit, die in diesem Fall proportional dem durchströmenden Volumen v ist. Da für alle verschiedenen Gase A gleich ist, wenn dieselben bei ein und demselben Messer den Schwimmer auf gleiche Höhe heben, so ist für zwei Gase folgende Gleichung gültig:

$$\gamma v^2 = \gamma_1 \cdot v_1^2 . \tag{2}$$

Die Gleichung kann auch die Form

$$\frac{v^2}{v_1^2} = \frac{\gamma_1^2}{\gamma_1^2} \qquad \text{oder} \qquad \frac{v}{v_1} = \sqrt{\frac{\gamma_1}{\gamma_1}} \tag{3}$$

annehmen.

Danach verhält sich bei gleichem Stand des Schwimmers, d. h. gleicher Anzeige des Rotamessers, das wirkliche Volumen des einen Gases zum wirklichen Volumen des anderen Gases umgekehrt wie die Wurzel aus ihren Dichten.

Diese Gesetzmäßigkeit bestätigt sich bei den großen Apparaten mit weiten Glasrohren sehr genau. Bei sehr engen Rohren mit geringem Durchlaß tritt jedoch eine kleine Abweichung ein, die auf die Verschiedenheit der inneren Reibungskoeffizienten der Gase zurückzuführen ist. Die Größe der Abweichungen ist von der Weite und dem Konus des Glases abhängig und nur auf empirischem Wege zu ermitteln.

Die Abhängigkeit der Anzeige von der Temperatur des Gases. Da eine Temperatursteigerung von 0° auf 1° C bei trockenen Gasen eine Volumenvermehrung von $^1/_{273}$ des Volumens bei 0° bedeutet, also von 1 auf 1,0037 und zugleich eine Erniedrigung des Litergewichtes von 1 auf

$$\frac{1}{1 + 1/273} = 0{,}996$$

eintritt, so ändert sich einerseits die Anzeige infolge der veränderten Dichte von 100 cbm auf

$$100 \cdot \sqrt{\frac{0{,}996}{1{,}000}} = 99{,}8 \text{ cbm},$$

andererseits werden dann aber 100 cbm erwärmtes Gas angezeigt. Sollen aber 100 cbm des ursprünglichen Gases gemessen werden, so müssen 100,37 cbm des um 1° erwärmten Gases durchgehen. Diese 100,37 cbm heben den durch den reinen Einfluß der Dichte auf 99,8 gesunkenen Schwimmer bis

$$99{,}8 \frac{100{,}37}{100} = 100{,}17,$$

und man hat diese Zahl als Anzeige des Rotamessers statt 100 zu erwarten. Der Fehler beträgt für 1° Temperaturdifferenz also 0,17 Proz. Bedenkt man, daß die nasse Gasuhr infolge der Volumenveränderung und erhöhten Wasserdampftension bei 1° Temperaturerhöhung statt 100 cbm von 15° und 760 mm Druck

$$100 \cdot \frac{273 + 16}{273 + 15} \cdot \frac{760 + 13{,}5}{760 + 12{,}7} = 100{,}45 \text{ cbm von } 16° \text{ u. } 760 \text{ mm Ba.},$$

also 0,45 Proz. zuviel anzeigt, so erscheint der Fehler, der durch den Einfluß der Temperatur entsteht, bei kleinen Temperaturveränderungen nicht wesentlich. Für große Temperaturabweichungen von der Eichtemperatur muß natürlich eine Korrektion der Ablesung in der oben angegebenen Weise stattfinden, die jedoch durch Tabellen und Kurven vereinfacht werden kann.

Die Abhängigkeit der Anzeige von der Kompression des Gases. Der Einfluß der Kompression des Gases macht sich in der gleichen Weise geltend wie die Verschiedenheit der Dichte. Dies ist leicht erklärlich, wenn man bedenkt, daß das komprimierte Gas ja eigentlich ein Gas von größerer relativer Dichte darstellt. Es gilt also auch hier, wenn man in der früheren Formel statt der spez. Gewichte γ bzw. γ_1 die absoluten Drucke p und p_1 einsetzt,

$$\frac{v}{v_1} = \sqrt{\frac{p_1}{p}}. \tag{4}$$

Diese Formel findet praktische Verwendung bei den Rotamessern zur Messung komprimierter Gase.

Der Druckverlust. Der durch den Rotamesser bedingte Druckverlust ist in bezug auf das eigentliche Instrument (also Meßrohr mit Schwimmer) unabhängig von der durchgeleiteten Gasmenge, für ein bestimmtes Meßrohr ist also der Druckverlust bei geringem Durchlaß und somit tiefstehendem Schwimmer gerade so groß wie beim hohen Durchlaß und hochstehendem Schwimmer. Zu dem Rotamesser gehört aber die obere und untere Zuleitung und evtl. ein Sieb; da nun diese Teile bei erhöhtem Durchfluß einen größeren Druckverlust verursachen, so ist für das ganze Instrument bei tiefer Lage des Schwimmers ein etwas geringerer Druckverlust vorhanden als bei hoher Schwimmerstellung.

Allgemein ist hier nach der Größe und dem Verwendungszweck des Rotamessers mit Druckverlusten zu rechnen, die zwischen 5 mm und 50 mm W.-S. liegen.

Im allgemeinen ist der Mindestdurchlaß gleich 10 Proz. des Höchstdurchlasses. Zur Messung feuchter Gase scheinen die Rotamesser wenig geeignet zu sein. Wie aus obigen Ausführungen ersichtlich ist, muß jeder Apparat individuell geeicht werden. Im Betriebe sind die Apparate sorgfältig zu behandeln, es ist selbstredend streng darauf zu achten, daß die Messer nicht über ihre Höchstleistung beansprucht werden, insbesondere, daß sie nicht sprungweise eingeschaltet werden, da sonst der Schwimmer durch Anstoßen an seine obere Grenze beschädigt wird. Eine Reparatur ist dann meist nur so auszuführen, daß Schwimmer und Glasrohr neu beschafft werden, wodurch auch eine Neueichung erforderlich ist. Die Rotamesser werden für verschiedene Leistungen, von einigen Litern bis zu mehreren tausend Kubikmetern pro Stunde, ausgeführt. Der normale Rotamesser ist ein sehr genaues Meßinstrument, das infolgedessen nicht unbeträchtliche Anschaffungskosten bedingt. Es hat sich nun gezeigt, daß für viele Betriebszwecke ein weniger empfindliches Instrument ausreicht. Diesem Zwecke entsprechen die sog. Rotaregler, das sind ungeeichte Rotamesser; sie tragen keine Liter- oder Kubikmeterleitung, und man kann damit nur relative Messungen vornehmen.

Schneider[1] hat mit mehreren Rotamessern Versuche gemacht, die recht zufriedenstellend ausfielen. Die Apparate waren einander in bezug auf Genauigkeit allerdings nicht gleichwertig. Dieser Nachteil wird sich auch schwer vermeiden lassen, da die erforderliche Konizität des Meßrohres eine außerordentlich geringe ist.

Die Verwendungsgebiete des Rotamessers sind sehr mannigfach. Je nach der Art des Gases wird das Material für die Armaturteile des Rotamessers und für den Schwimmer so gewählt, daß der Apparat von den Gasen nicht angegriffen wird. Durch die Möglichkeit auch nicht indifferente, sowie komprimierte Gase zu messen, hat der Rotamesser sich einen Eingang in die verschiedensten Zweige der chemischen Industrie verschafft.

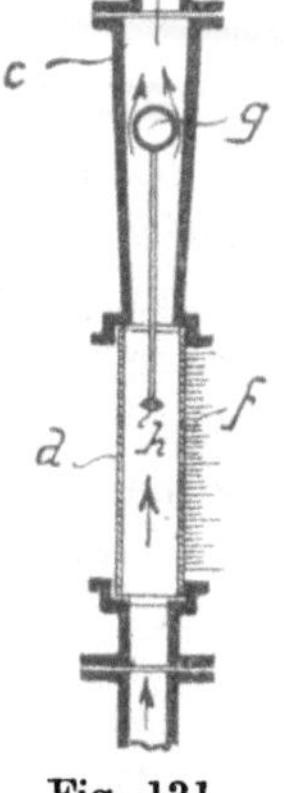

Fig. 131. Citometer, *Rabe*.

3. Der Citometer *Rabe*.

Bei den bis jetzt besprochenen Skala-Gasmessern erfolgt die Messung in einem erweiterten Glasrohr. Damit sind jedoch zwei Nachteile verbunden, einmal ist es nicht möglich, dieses Glasrohr mit idealer Genauigkeit herzustellen, und ferner ist dieser wichtigste Teil des Apparates gegen äußere Beschädigung nur wenig geschützt. Die Firma *G. A. Schultze*, Charlottenburg, hat nun in dem „Citometer *Rabe*“ einen Gasmesser konstruiert, der auf dem gleichen Prinzip wie der Rotamesser beruht, jedoch die vorerwähnten Nachteile vermeidet. Wie aus Fig. 131 ersichtlich, befindet sich hier der Schwimmer in einem konisch erweiterten Rohr *c*, das aus Metall angefertigt und genau gebohrt ist. Die Stellung des Schwimmers *g* wird an dem Zeiger *h* abgelesen, der sich innerhalb des Glasrohres *d* über einer Skala *f* bewegt. Das Glasrohr *d* kann ohne besondere Umstände und große Kosten ausgewechselt werden.

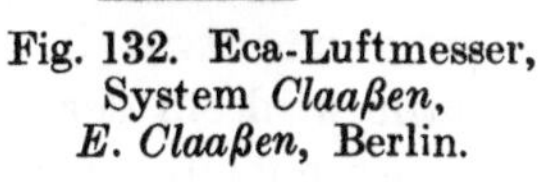
Fig. 132. Eca-Luftmesser, System *Claaßen*, *E. Claaßen*, Berlin.

4. Der „Eca“-Luftmesser (von *E. Claaßen*, Berlin).

Dieser Messer ist in der Fig. 132 im Schnitt dargestellt. Von den bis jetzt besprochenen Skala-Gasmessern (Duisburger, Rotamesser, Citometer) unterscheidet er sich zunächst in seiner Wirkungsweise. An Stelle des Schwimmers oder des Schwebers tritt hier eine Scheibe. Die Scheibe bewegt sich senkrecht frei in einem Konus und gibt dadurch verschieden große Querschnitte frei. Das Gewicht des Kegels ist unveränderlich, und es

[1] Handbuch der Gastechnik, Bd. 6, S. 230.

wird dadurch ein stets gleicher Druck vor und hinter der Scheibe herrschen. Die Gasmenge Q ist hier gleich

$$Q = K \gamma w; \tag{5}$$

w = die Geschwindigkeit des Gases,
γ = das spez. Gewicht desselben,
K = Reibungskoeffizient.

Die Gasmenge ist direkt proportional dem freien Querschnitte, welcher proportional der jeweiligen Stellung der Scheibe ist. Somit ist die Gasmenge gewissermaßen proportional dem Scheibenhub. Dieser Apparat bedarf aber ebenfalls einer individuellen Eichung. Gegenüber dem Skala-Gasmesser weist er den Vorteil der Registrierung auf, welche bei jenen Apparaten ausgeschlossen ist, weil sie nur Anzeiger sind; der Nachteil des Eca-Messers besteht in dem Vorhandensein einer Hebelübertragung.

Übrigens findet diese Konstruktion hauptsächlich als Dampfmesser Anwendung.

II. Proportional- oder Partialgasmessung.

Das Prinzip der Partial- oder Teilgasmessung beruht darauf, daß ein Bruchteil des Gasstromes von der Hauptgasleitung abgezweigt und mittels einer Gasuhr oder anderer Einrichtung in der Nebenleitung gemessen wird. Die in der abgezweigten Leitung erhaltenen Angaben, multipliziert mit dem Proportionalitätsfaktor (Verhältnis des gesamten Gasstromes zu dem abgezweigten), ergibt die gesamte durch die Hauptleitung strömende Gasmenge.

Schon *Clegg* (1830) hatte diesen Gedanken in seinem „pulse meter“ (vgl. S. 234) in die Tat umgesetzt. *Edge* hatte (1842) ebenfalls eine ähnliche Anordnung getroffen; bei seiner Anordnung betätigte eine Glocke, deren Hub von der konsumierten Gasmenge abhängt, auf gleicher Achse ein Hauptventil für den Hauptdurchgang des Gases und ein kleineres für die Nebenleitung, in der ein kleiner normaler Gasmesser liegt; beide Ventile haben parabolische Konen, daher sind die entsprechenden Querschnitte für die stets gleichen Ventilhebungen immer proportional, weil sie dem konstanten Verhältnis des Parabelparameters entsprechen müssen.

In Amerika ist vielfach, besonders zur Messung von Naturgas, der Hochdruckmesser von *G. Westinghouse* in Benutzung[1]. Die ersten Ausführungen dieser Art stammen aus dem Jahre 1886[2]. Durch einen Umgang zur Hauptleitung und zwei in beiden Leitungen befindliche, miteinander gekuppelte Ventile wird ein der Hauptgasmenge stets proportionaler Teil, meist 1 Proz., in einer entsprechend kleinen Gasuhr gemessen; die Zeigerübersetzung läßt den ganzen Gasverbrauch feststellen.

F. J. Jonng erhielt für eine verbesserte Form ein Patent. Eine für den praktischen Gebrauch geeignete Ausführung schuf jedoch erst *T. B. Wylie*

---

[1] Journ. f. Gasbel. 1897, S. 488; 1901, S. 136.
[2] American Gas Light Journ. 17. 1. 1916, S. 44.

im Jahre 1897, die vorerst wohl nur für die Messung von Naturgas Verwendung fand. Infolge der inzwischen durchgeführten weiteren Verbesserungen hat sich der *Wylie*sche Proportionalgasmesser auch zur Messung von anderen Gasarten geeignet erwiesen und fand in Amerika auch bereits ziemliche Verbreitung. Im nachstehenden sollen zwei neuere Ausführungsformen des Proportionalgasmessers beschrieben werden.

1. Proportionalgasmesser von *Wylie*.

Der *Wylie*sche Proportionalgasmesser besteht aus einem Haupt- und einem Nebenweg[1]. In dem letzteren ist ein nasser Gasmesser eingeschaltet, welcher ebenso wie der Messer von *Westinghouse* den Bruchteil der Gesamtmenge, der in einem stets gleichen Mengenverhältnis zu dieser durch den Nebenweg strömt, mißt. Das Zeigerwerk des nassen Gasmessers zeigt jedoch gleich die Gesamtmenge an.

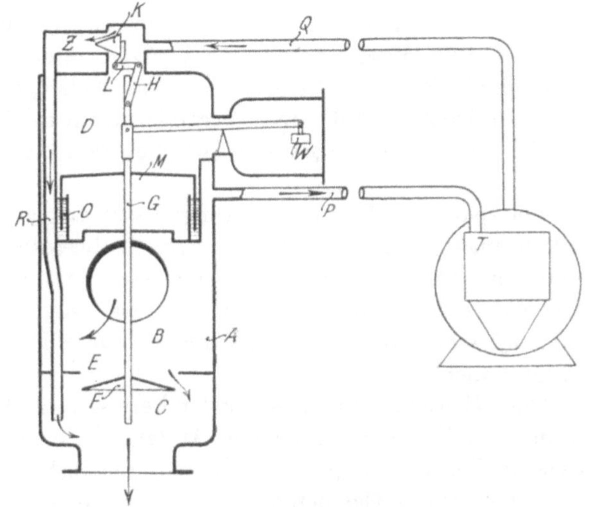

Fig. 133. *Wylie*scher Proportionalgasmesser.

Im Hauptwege sind zwei Ventile mit einer Glocke durch ein Gestänge derart verbunden, daß jede Bewegung der Glocke beide Ventilstellungen beeinflußt. Das große Ventil regelt die Hauptmenge, das kleine Ventil die Teilmenge, die durch den nassen Gasmesser führt. Die Konstruktion bzw. Wirkung der Einrichtung bewerkstelligt die Aufrechterhaltung eines stets gleichbleibenden Verhältnisses zwischen der Haupt- und Nebenmenge. Die Meßeinrichtung kann für ein Verhältnis von 1 : 10 bis 1 : 2000 ausgeführt werden.

Die Fig. 133 läßt in übersichtlicher Art die Durchbildung und die Wirkungsweise des Gasmessers erkennen.

Der Hauptweg *A* ist in drei Kammern *B*, *C*, *D* geteilt. Die Ventilöffnung *E* zwischen der Gaseintrittskammer *B* und der Gaseintrittskammer *C* wird durch das Ventil *F* beeinflußt, das durch die Ventilstange *G* mit der Schwimmerglocke *M* fest verbunden ist. Das obere Ende der Ventilstange ist mit einem kleinen Ventil *K* verbunden, das den Gasdurchgang durch die Öffnung regelt. Dieses Ventil ist um *L* drehbar angeordnet und wird durch den Hebel *H*, der mit der Ventilstange verbunden ist, betätigt.

[1] The Gas Age 15. 1. 1915, S. 62; Österr. Gasjourn. 1916, S. 99.

Der Schwimmer M (statt dessen kann auch eine Membrane verwendet werden) trennt durch den Wasserabschluß O die Kammern B und D. Die Eingangskammer B steht mit dem Eingang des nassen Gasmessers T durch den Nebenweg P in Verbindung. Der Ausgang des nassen Gasmessers ist wieder durch das Rohr Q mit der Kammer D verbunden, von der das durch den Nebenweg kommende Gas durch das Ventil K und das Rohr R zur Austrittskammer C geführt wird.

Der Schwimmer wird durch das Gegengewicht W entlastet. Das Gewicht W genügt, um beide Ventile zu schließen, wenn kein Gasverbrauch stattfindet. Das Verhältnis der freien Querschnitte bei E und Z, bzw. der beiden Ventile, entspricht dem Verhältnis der Leistung des nassen Gasmessers zur Hauptmenge.

Diese Ausführung arbeitet jedoch keineswegs unter allen Umständen mit der für die Messung von zum Verkaufe bestimmten Gasen erforderlichen Genauigkeit, da die Druckverluste im Nebengasmesser bei verschiedenen hohen Vordrücken und durch Veränderungen im Gasmesser selbst wechseln, wodurch die Druckverhältnisse zwischen den Kammern B und D beeinflußt werden.

Bei späteren Messerausführungen soll es gelungen sein, durch geeignete Vorkehrungen diese die Meßgenauigkeit beeinträchtigenden Wirkungen zu beseitigen. Der mit einem Teilgasmesser letzter Ausführung durchgeführte Vergleichsversuch soll während eines sechsmonatigen Betriebes gegenüber dem vorgeschalteten nassen Gasmesser nur einen Unterschied von 0,4 Proz. gezeigt haben.

Diese Messerausführungen sollen bereits bis zu Leistungen von 18000 cbm[1] stündlich in Verwendung stehen. In letzter Zeit soll der Einbau solcher Gasmesser in Förderleitungen zur Messung der in bestimmte Versorgungsgebietsteile abgegebenen Gasmengen zur Anwendung gekommen sein.

2. Der Proportionalgasmesser der Firma *J. Pintsch A.-G.* in Berlin.

Bei dieser Ausführungsform wird von dem Gedanken ausgegangen, daß es Schwierigkeiten macht, das Mengenverhältnis in den beiden (Haupt- und Zweigstrang) Rohrsträngen konstant zu halten, wobei noch besonders berücksichtigt werden muß, daß der in den Teilstrom eingeschaltete Gasmesser einen mit der durchfließenden Menge wechselnden Druckverlust erzeugt, ohne daß im Hauptstrom ein gleich veränderlicher Widerstand vorhanden wäre. Am besten läßt sich der durch den Gasmesser erzeugte Druckverlust durch Einbau eines entsprechend arbeitenden Reglers ausgleichen.

Eine Vorrichtung dieser Art, bei der die oben angeführten Fehlerquellen in einfacher Weise beseitigt werden sollen, ist der Firma *Julius Pintsch A.-G.* in Berlin geschützt worden[1]. Die Einrichtung beruht auf der Überlegung, daß der Gasmesser dauernd und unter allen Umständen den richtigen Teilbetrag feststellt, wenn er in einem Zweig mehrerer Teilströme eingebaut wird,

[1] D. R. P. 305983, Kl. 42e, Gr. 25.

in die der Hauptstrom zerlegt wird, und wenn zugleich die Drucke sowohl an der Verzweigung als auch an der Vereinigungsstelle untereinander gleich gehalten werden. Das Gas gelangt demgemäß aus dem Hauptrohr *e* (Fig. 134) zunächst in einen Druckregler *a* und dann in ein Gehäuse *c* mit einer Reihe von untereinander gleichen Rohrstücken oder Düsen *h*, die in einer Zwischenwand von *c* angebracht sind und parallel durchströmt werden. Der Druckregler *a* hat die Aufgabe, den Gasdruck des einströmenden Gases um einen Betrag zu vermindern, der gleich ist dem jeweiligen vom Gasmesser *b* erzeugten Druckverlust. Vor der Druckminderung ist bei *g* der Teilstrom abgezweigt, der im Gasmesser *b* gemessen wird, dann im Gehäuse *c* die einzeln abgetrennte Düse *i* durchfließt, um sich hinter ihr wieder mit den übrigen Gasströmen zu vereinigen. Da der Raum über der Reglerglocke mit dem

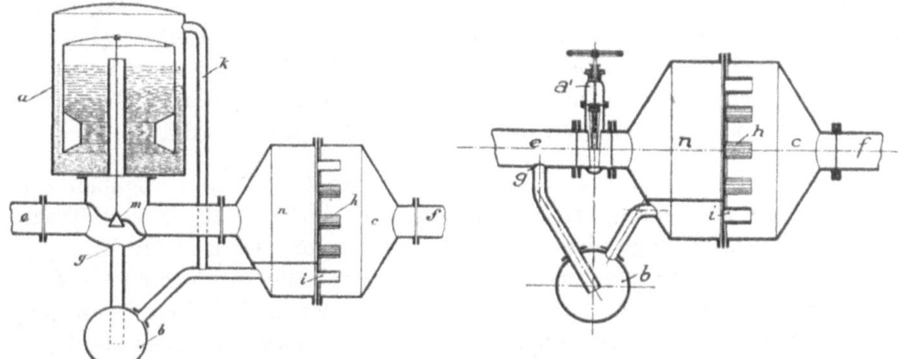

Fig. 134. Proportionalgasmesser von *J. Pintsch* mit Druckregler.

Fig. 135. Proportionalgasmesser von *J. Pintsch* mit Schieber.

Ausgang des Gasmessers verbunden ist, steht das Drosselventil *m* des Reglers sowohl unter dem Einfluß des Gasdrucks vor den Düsen *h* als auch des Drucks vor der einzelnen Düse *i*. Die Reglerglocke befindet sich daher nur solange im Gleichgewicht und in Ruhe, als innen und außen der gleiche Gasdruck herrscht. Tritt hierin durch Änderung des Gasverbrauchs oder des Anfangsdruckes eine Störung ein, so findet solange eine neue Einstellung des Ventils *m* statt, bis aufs neue der Gleichgewichtszustand hergestellt ist. Da der Druck hinter den Düsen an und für sich gleich ist, so läßt die Düse *i* stets die gleiche durch den Gasmesser *b* verzeichnete Gasmenge durch, wie jede der übrigen Düsen *h*. Die Angabe des Gasmessers braucht infolgedessen nur mit der Anzahl der angewendeten Düsen multipliziert zu werden, um die gesamte Gasmenge zu erhalten.

An Stelle des verhältnismäßig teuren Reglers kann als Drosselorgan auch nach Fig. 135[1] ein Schieber, ein Ventil oder eine Drosselklappe angeordnet werden, wodurch der Hauptgasstrom auf den Druck herabgedrosselt wird, der im Nebenstrom hinter dem Gasmesser *b* herrscht. Die Einstellung der

[1] D. R. P. 307 321, Kl. 42e, Gr. 25.

Drosselung soll einmalig, und zwar bei mittlerer Geschwindigkeit, erfolgen. Indessen scheint mir diese Anordnung nur dann einigermaßen zuverlässige Resultate zu gewährleisten, wenn die Gasmenge nur geringe Schwankungen aufweist. In allen Fällen aber, wo mit starken Schwankungen im Druck oder in der Menge gerechnet werden muß, wird nur mit Hilfe eines sich selbsttätig allen Schwankungen anpassenden Reglers ein wirklich zuverlässiges Ergebnis zu erzielen sein.

3. Der „pulse meter".

Dieser Apparat ist jetzt nicht mehr im Gebrauch, wird jedoch vollständigkeitshalber und wegen seiner eigentümlichen Art erwähnt. Er wurde im Jahre 1830 *Clegg* patentiert. Eine kleine Flamme[1], deren Gasmenge dem Gesamtgasquantum proportional war, brannte dauernd, ihre Wärmeentwicklung wirkte auf ein pendelndes Paar zum Teil mit Alkohol gefüllter Gefäße (Prinzip: *Leslies*, Differentialthermometer), die Zahl der Pendelungen wurde gezählt. Der empfindliche Apparat war früher in einigen kontinentalen Gaswerken im Gebrauch, wurde aber bald durch andere Verfahren verdrängt.

Die bis jetzt über die Teilgasmesser veröffentlichten Angaben sind bezüglich ihrer Meßgenauigkeit und Wartung so dürftig, daß ein verläßlicher Schluß in diesem Belange nicht gezogen werden kann. Ob sich die Erzielung einer ganz genauen Proportionalität erreichen, bei allen vorkommenden Betriebsverhältnissen und vor allem dauernd bei der praktischen Benutzung bewahren läßt, ist eine noch nicht ganz geklärte Frage, eine sehr dankbare Aufgabe für Versuchsinstitute und Fabrikanten.

Es besteht aber bei der Anwendung des Teilgasmessers auf jeden Fall der Vorzug des geringen Raumbedarfs und Gewichts und geringerer Beschaffungskosten; das sind Vorzüge, die besonders im Vergleich mit den Stationsgasmessern besonders beachtenswert erscheinen. Auch lassen sich bei der Anwendung der Teilgasmesser die Vorzüge der für große Gasmengen sonst nicht geeigneten trockenen Gasuhren zur Geltung bringen.

III. Flügelrad-Gasmesser „Rotary".

Bei dem Flügelrad-Gasmesser „Rotary" hat man es mit der Kombination von Volumenmessung (metallisch umschlossene Zellen) und Strömungsmessung (Überdruckturbine) zu tun. Die Strömungsmessung beruht auf dem anemometrischen Prinzip. Der Apparat ist von *Thorp* und *March* in Manchester erdacht und wird von *Schirmer, Richter & Co.* in Leipzig hergestellt. In der Fig. 136 ist die innere Einrichtung und der Weg des zu messenden Gases gezeigt.

Der Flügelrad-Gasmesser besteht aus einem auf einer Grundplatte *B* (Fig. 137) montierten Gehäuse *A* mit den Anschlußstutzen *D D*. Der Ein- und Ausgang sind durch die schrägliegende Scheidewand *E E* voneinander

[1] Handbuch der Gastechnik Bd. 6, S. 174; Journ. f. Gasbel. 1905, S. 225.

getrennt. In die letztere ist der Zylinder *F* eingegossen. Das Gehäuse wird oben durch einen gewölbten Deckel *G* mit Haube verschlossen, in welcher sich das Zählwerk *H* befindet.

Fig. 136. Schnitt durch den Rotary-Gasmesser von *Schirmer, Richter & Co.*, Leipzig.

Die beweglichen Teile bestehen in der Hauptsache aus einem Flügelrade *a* (Fig. 137 und 138), dessen Zungen im Winkel von 45° zu seiner Achse *b* stehen. Diese letztere läuft auf einem Saphir, um den Widerstand und die Abnutzung auf das geringste Maß zu beschränken. Die Bewegung der Achse wird durch die Schnecke *c* auf das Zählwerk übertragen.

Eine Anzahl kreisförmig angeordneter Rohre *d*, deren obere Enden bis nahe an das Flügelrad heranreichen, leitet das Gas von unten nach oben.

Soll der Zähler für ungereinigtes Gas verwendet werden, so wird unter den Düsen noch ein Sieb angeordnet, das die groben Schmutzteile vom Flügelrad fernhält. In diesem Fall muß in kürzeren Zwischenräumen eine Reinigung

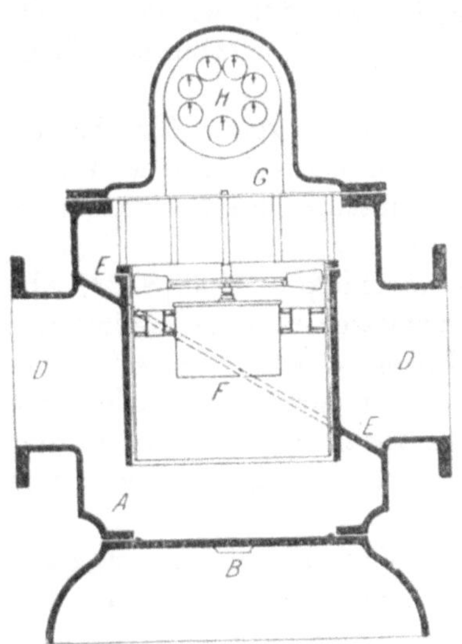

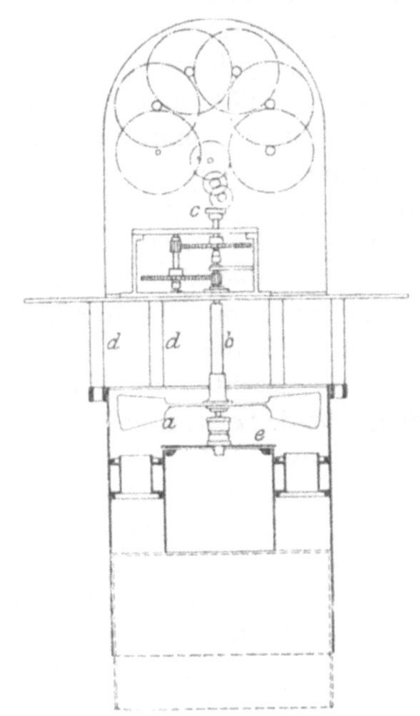

Fig. 137 und 138. Rotary-Gasmesser von *Schirmer, Richter & Co.*, Leipzig.

der messenden Teile vorgenommen werden, da etwa in die Düsen gelangender Schmutz den Querschnitt desselben verengern und damit die Durchflußgeschwindigkeit des Gases erhöhen würde. Die einfache Bauart der Zähler erlaubt eine gründliche Reinigung in ganz kurzer Zeit.

Das Ventil *e* von geringem Gewicht verhindert die Rückströmung des Gases. Es hat aber im geschlossenen Zustande noch die besondere Aufgabe, kleinere Gas- oder Luftmengen zu zwingen, daß sie das Rohr *d* durchstreichen, welches eine Ab- oder Nebenleitung des Gasstromes bildet. Es ist leicht zu begreifen, daß, sobald der von einer im voraus bestimmten Durchgangsmenge erzeugte Auftrieb geringer wird, als das Gewicht des Ventils *e*, sich dieses schließen wird, und das Gas ist alsdann gezwungen, die Rohre *d* zu durchstreichen. Auf diese Weise ist es gelungen, die erforderliche Meßgenauigkeit des Apparates bis auf 10 Proz. seiner normalen Durchlaßfähigkeit herab zu erzielen.

Trotz der verhältnismäßig verbreiteten Verwendung dieses Gasmessers sind praktische Erfahrungen über seine Meßgenauigkeit unter wechselnden Verhältnissen in noch geringerem Maße veröffentlicht worden, als über die übrigen hier besprochenen Meßeinrichtungen. In „The Gas Age" vom 15. Januar 1915 wird über zwei Flügelradgasmesser von je 250 cbm Stundenleistung, die im Wassergasbetrieb Verwendung fanden, berichtet.

Je nach der Belastung des Messers, die von 35 bis 220 cbm schwankte, ergab sich ein Fehlzeichen von $-3{,}5$ bis $+1{,}4$ Proz. gegenüber den Angaben des vorgeschalteten nassen Gasmessers. Während einer mehrjährigen ständigen Benutzung dieser Gasmesser sollen deren Angaben innerhalb 1 Proz. genau gewesen sein.

Die Wiener städtischen Gaswerke, die für Ballonfüllungen einen Flügelradgasmesser von 1700 cbm Stundenleistung verwendeten, dessen Meßgenauigkeit jedoch durch Vergleichsmessungen nicht überprüft werden konnte, führten solche Versuche mit einem Rotary-Gasmesser für 50 cbm stündlicher Leistung durch.

Während einer viermonatlichen Versuchsdauer zeigt der Rotary-Gasmesser gegenüber dem vorgeschalteten nassen Gasmesser eine Minderanzeige von 1,6 Proz.; die durchschnittliche Belastung des Gasmessers betrug stündlich 25 cbm.

Schneider berichtet im „Handbuch der Gastechnik", Bd. 6, S. 231 über zufriedenstellende Leistungen des als Stationsgasmesser auf dem Königsberger Gaswerk aufgestellten Flügelradmessers. Hingegen soll *Sommerfeld*[1] bei einem Rotarymesser bei verschiedenen Durchgangsmengen sehr große Fehler festgestellt haben. In England[2] ist jedoch die Erfahrung gemacht worden, daß die Messer bei voller Belastung meistens zuverlässig sind, bei halber aber nicht mehr, sie zählen dann stark minus.

Der Rotary-Flügelradmesser weist manche Vorteile auf. Er ist gegenüber seiner großen Leistung in der Tat ein winzig kleiner Apparat, denn

[1] Journ. f. Gasbel. 1908, S. 841.

[2] The Gas World 1910, **112**, 407.

seine Raumbeanspruchung beträgt nur etwa $^1/_{10}$ der als Stationsgasmesser verwendeten Gasuhren. Auch sein Preis ist wesentlich geringer als der der zuletzt genannten Apparate. Seine Angaben sind von $^1/_{10}$ bis zu seiner vollen Beanspruchung oder Leistung ziemlich genau, denn sie bleiben innerhalb der zulässigen Fehlergrenzen. Er registriert nach längerer Benutzung noch ebenso genau wie am ersten Tage seiner Ingebrauchnahme, da er keinerlei Teile enthält, die vom Gase angegriffen werden, oder die im Gebrauche eine schädliche Abnutzung erleiden. Zur Veranschaulichung seiner großen Einfachheit möge noch angeführt werden, daß die sämtlichen messenden und registrierenden Organe eines Rotary-Gasmessers von 3000 cbm stündlicher Leistung von zwei Arbeitern innerhalb zwei Stunden herausgenommen und sachgemäß wieder eingesetzt werden können. Die Apparate eignen sich auch für Messung der unter hohem Druck stehenden Gase; die für diesen Zweck gebauten Sonderausführungen widerstehen einem Drucke von 10 Atm.

Wie auch bei vielen anderen Gasmesserapparaten unterliegt jeder Rotary-Flügelradmesser einer individuellen Eichung; die Reibung an Zapfenlagern und Zählwerksübertragung, die hydraulischen Verluste im Rad bei seinen so stark verschiedenen Umdrehungszahlen und für Spaltverlust würden unberechenbar sein. Das bestätigen nach *Schneider* auch die Erfahrungen mit Meßresultaten.

Außerdem muß berücksichtigt werden, daß Gase von verschiedenem spez. Gewicht einen anderen Einfluß auf die Drehungsgeschwindigkeit des Flügelrades haben. Je höher das spez. Gewicht ist, desto größer ist die kinetische Energie der Gasteilchen bei bestimmter Geschwindigkeit, und desto größer ist deshalb die Tourenzahl des Rades.

IV. Andere Methoden.

Die Geschwindigkeit kann auch ermittelt werden durch Messung des Weges, welchen ein schwimmender sichtbarer Körper in einer bestimmten Zeit zurücklegt. Bei Gasen kommen für diesen Zweck Pulverrauch, Holzkohlenpulver, Wasser-, Brom- und Joddämpfe, leichte Körperchen, Flaumfedern u. dgl. in Frage. Die Ermittlung der Geschwindigkeit eines Gasstromes aus dem Wege, welchen feinster Holzkohlenstaub in der Leitung in der gemessenen Zeit zurücklegt, kann praktisch nur bei Essen angewandt werden, da die Färbung der Rauchgase nur in der Essenkrone, nicht aber im gemauerten Kanal oder geschlossenen Rohrleitungen beobachtet werden kann. Außerdem erhält man dadurch die maximale in der Achse der Leitung herrschende Geschwindigkeit. Diese Messung ist bei kalten und heißen Gasen anwendbar, setzt aber voraus, daß die Gase auf ihrem Wege keine Abkühlung erleiden, bzw. erfordert die Ermittlung der Temperatur an der Stelle, wo der Körper eingeführt wurde, und in der Essenkrone, was jedoch durchaus nicht einfach wäre.

Bei der Anwendung von Brom muß man berücksichtigen, daß seine Verdampfung nicht plötzlich erfolgt. Die Anwendung von Pulver hätte den

Vorzug der großen Zündgeschwindigkeit, sowie der Möglichkeit, auf elektrischem Wege zur Entzündung zu bringen.

Die mittelbare Volumenmessung mittels der Mischmethode möge noch erwähnt werden. Dieselbe beruht auf Beimischung einer bekannten, indifferenten Gas- oder Dampfmenge und vor- oder nachheriger Analyse oder Feuchtigkeitsbestimmung. Diese Methode kann wegen ihrer im allgemeinen umständlichen und zeitraubenden Handhabung nur gelegentlich für Einzelmessungen in Frage kommen.

An einem Hochofenwerke[1] wurde die Gasmengenmessung ausgeführt, indem man die in der Zeiteinheit in einem Filter ausgeschiedene Staubmenge bestimmte, während man den spez. Staubgehalt des Gases unmittelbar vor dem Filter feststellte. Die Schwierigkeit besteht dabei in der Bestimmung des Staubgehaltes vor dem Filter. In Verbindung mit einem registrierenden Staubmesser könnte notfalls auch diese Methode angewandt werden, falls aus irgendeinem Grunde die anderen Meßverfahren ausscheiden sollten.

Es mögen hier noch folgende Gasmeßapparate erwähnt werden:

1. Der auf dem *Poiseuille*schen Gesetz beruhende Capomesser[2] von *Ubbelohde*.

2. Die auf hydrodynamischen Grundlagen aufgebauten Strömungsmesser von *Riesenfeld*[3] und *Arkadjew*[4].

3. Der Luftmesser Superior (Scheibenprinzip[5]). Die Apparate eignen sich aber nur für Messung von kleinen Gasmengen sowie für Laboratoriumsversuche, bei welchen ja die Anwendung von Gasuhren ausgeschlossen ist. Bei der Ermittlung von großen Gasmengen könnte die Anwendung dieser Apparate notgedrungen evtl. in Verbindung mit dem Partialmeßsystem (siehe S. 230) in Erwägung gezogen werden.

[1] Stahl u. Eisen 1911, S. 994.
[2] Zeitschr. f. Elektrochemie 1913, S. 33; Prometheus 1914, S. 75.
[3] Journ. f. Gasbel. 1918, Nr. 52; Chem.-Ztg. 1918, S. 510.
[4] Iswestija Physiko-Chimitscheskoj Laboratorii Semgora 1917, Bd. 1.
[5] Flugblatt der Firma *Bopp* & *Reuther* in Mannheim-Waldhof.

Additional information of this book

(Messung grosser Gasmengen; 978-3-662-26946-6; 978-3-662-26946-6_OSFO1) is provided:

http://Extras.Springer.com

L. Vergleichende Übersicht verschiedener Meßverfahren.

Ich bin am Ende meiner Ausführungen. Es wäre ein dankenswertes Ergebnis, jetzt sagen zu können: Dieses Verfahren, dieser Apparat ist gut, jener — nicht gut. Die Anforderungen, die man an ein Verfahren stellt, sind aber so mannigfach, die Betriebsverhältnisse sind so verschiedenartig, allein die Begriffe gut, genau, billig usw. lassen sich nach dem jeweiligen Standpunkte nicht leicht definieren, so daß man den Vorzug des einen Meßverfahrens gegenüber dem anderen allgemeinhin nicht ohne weiteres festlegen kann.

Ich habe hier über 20 verschiedene Meßmethoden und -verfahren durchgesprochen. Jedes hat seine guten und seine schlechten Seiten, und es ist die Aufgabe des Betriebsingenieurs, zu prüfen, welche Meßweise in jedem einzelnen Fall je nach den herrschenden Verhältnissen angewandt werden kann und soll. Mein Buch wird hoffentlich dabei gute Dienste leisten.

In der tabellarischen Übersicht (Tabelle 8, siehe Tafel I) sind die hauptsächlichsten Eigenschaften der meisten typischen Verfahren zusammengestellt. Eine vollständigere Zusammenstellung ist nur schwer möglich und wurde auch nicht bezweckt; dafür ist ja das vorliegende Buch da. *Man soll sich hüten, allein auf Grund dieser Übersicht ein Urteil über die eine oder andere Meßmethode zu fällen; die Tabelle ist nur als ein kurzes Repertorium des im Buche behandelten Stoffes zu betrachten.*

M. Beispiele praktischer Anwendung einiger Meßmethoden.

I. Unterfeuerungsverbrauch eines Entgasungsofens, ermittelt mit einem Staurand.

Beispiel 35.

a) Der Durchmesser der Staurandöffnung.

Unter Berücksichtigung der aus einer Überschlagsrechnung zu erwartenden Gasmenge und des Querschnittes der Rohrleitung, sowie des zulässigen Druckverlustes und des spez. Gewichtes des Gases, wurde der zweckmäßige Durchmesser der Drosselscheibenöffnung (Staurandes) zu $d = 0{,}11$ m ermittelt. (Vgl. Seite 164, sowie Beispiel 22b auf S. 178, jedoch unter Berücksichtigung der Ausflußzahl k, die sich je nach $m = d : D = 0{,}1$ bis $0{,}7$ von 0,6 bis 0,95 verändert.)

b) Spezifisches Gewicht des Heizgases.

Bei 18° C und 750 mm Q.-S. (korrigierter Barometerstand, entsprechend der Anlage 1 im Anhang) wurde in einer Reihe von Bestimmungen im *Schilling-Bunsen*schen Apparat gefunden:

z_g = die mittlere Ausströmungszeit des Heizgases in Sek. = 48,9,
z_l = die mittlere Ausströmungszeit der Luft in Sek. = 52,4.

Daraus wurde das spez. Gewicht des Gases bei 18° und 750 mm Q.-S. zu

$$\gamma = \frac{Z_g^2}{Z_l^2} = \frac{48{,}9^2}{52{,}4^2} = 0{,}8705$$

ermittelt.

Kontrolle. Die durchschnittliche Heizgasanalyse ergab:

CO_2 =	7,2	Proz.
O_2 =	0,1	„
CO =	22,2	„
H_2 =	14,5	„
CH_4 =	2,9	„
N_2 =	53,1	„
Sa.	100,0	Proz.

Nach S. 23 oder unter Hinzuziehung der Rechentafel 12 im Anhang erhält man ein errechnetes spez. Gewicht von 0,864, also eine ziemliche Übereinstimmung.

An der Meßstelle herrschen folgende Verhältnisse:

t_m = Temperatur: 40° C (korrigiert nach S. 14);
p_m = Gasüberdruck in der Leitung: 50 mm W.-S.;
Sättigungsgrad = 1; das Gas ist infolge Unterkühlung und ständiger Berührung mit Wasser vollständig gesättigt.

Unter diesen Bedingungen beträgt das spez. Gewicht des Heizgases an der Meßstelle, wie es im Rechenbeispiel 8 auf S. 27 gerade für diese Verhältnisse durchgerechnet ist

$$\gamma_g{}^{t_m}/_{b+p_m} = 0{,}936 \text{ kg/cbm},$$

bezogen auf das wirkliche Gewicht der Luft und entsprechend den an der Meßstelle herrschenden Verhältnissen (Druck, Temperatur und Wassersättigung).

c) Druckdifferenzmessung.

Mikromanometer: *Rosenmüller*;
Übersetzung: 1 : 5;
Füllflüssigkeit: Alkohol.

Spez. Gewicht des Alkohols (ermittelt mit einem Pyknometer und umgerechnet mit Rücksicht auf die Temperaturverhältnisse entsprechend S. 61) = 0,816.

Gemessene Druckdifferenz (durchschnittlicher Ausschlag am geneigten Rohr) = 38,25 mm, also

$$p_1 - p_2 = h = \frac{38{,}25 \cdot 0{,}816}{5} = 6{,}2424 \text{ mm W.-S.}$$

d) Sonstige zur Messung gehörende Bestimmungen.

1. Barometerstand gemessen . . . . 752,2 mm Q.-S.
   Korrektur nach S. 15 und Anlage 1 im Anhang . . 2,2 „ „
   Wirklicher Barometerstand = 750 mm Q.-S.
   = 750 · 13,6 = 10 200 mm W. S.
2. Temperatur an der Meßstelle t_m (korrigiert nach S. 14) = 40° C.
3. Gasüberdruck (Pressung) in der Leitung p_m = 50 mm W. S.
4. Durchmesser der Leitung $D = 0{,}15$ m; daraus der

$$\text{Querschnitt } F = \frac{0{,}15^2 \pi}{4} = 0{,}0177 \text{ qm}.$$

e) Die Gleichung.

Es ist die Gleichung (21) auf S. 183 anzuwenden.

1. $m = \left(\frac{d}{D}\right)^2 = \left(\frac{0{,}11}{0{,}15}\right)^2 = 0{,}5378$ das Verhältnis der Quadrate der Querschnitte.
2. $D = 0{,}15$ m.
3. e, k', ε, c = entsprechend den Angaben von *Brandis* auf S. 183.

Die Gleichung (21) läßt sich folgendermaßen abkürzen (wie es mit den hier angenommenen Werten auf S. 184 durchgerechnet ist): Durchflußvolumen pro Sek.

$$V_{\text{sek}} = 0{,}00092 + 0{,}0314 \sqrt{\frac{h}{\gamma}} \text{ cbm/sek.}$$

Eine Umrechnung kann übrigens unter Benutzung der Tabelle 11 im Anhang erspart werden. Vgl. Beispiel 25 auf S. 185.

f) Auswertung der Meßergebnisse.

$$V_{\text{sek}} = 0{,}00092 + 0{,}0314 \sqrt{\frac{6{,}2424}{0{,}936}} = 0{,}00092 + 0{,}0314 \cdot 2{,}5826 = 0{,}0821 \text{ cbm/sek}$$

oder in 24 St.

$$0{,}0821 \cdot 3600 \cdot 24 = 7093 \text{ cbm/24 St.}$$

bei 50° C und einem Druck von 10 200 + 50 mm W.-S.

Für die Umrechnung auf normale Verhältnisse (0° C, 760 mm Q.-S. = 10 330 mm W.-S.) gilt für wassergesättigte Gase die Gleichung (5) auf S. 10.

$$\begin{aligned} b &= 10\,200 \text{ mm W.-S.,} \\ p_m &= 50 \text{ mm W.-S.,} \\ \tau_m &= \text{bei } 40^\circ \text{ C} = 747 \text{ mm W.-S. (Anlage 7),} \\ \tau &= \text{bei } 0^\circ \text{ C} = 63 \text{ mm W.-S.} \end{aligned}$$

Dann ist

$$V_{0/_{760\,tz}} = 7093 \cdot \frac{10\,200 + 50 - 747}{10\,330 - 63} \cdot \frac{273}{273 + 40} = 5684 \text{ cbm bei } 0^\circ \text{ und } 760 \text{ mm Ba.}$$

Man kann diese Rechnung mittels der Rechentafel 7 und Schaubild 10 (Anlagen im Anhang) vereinfachen.

Danach wäre (S. 10):

$$7093 \cdot \frac{0{,}802}{0{,}988} = 5688 \text{ cbm/24 St. bei } 0\,^0/_{760} \text{ Ba.}$$

Die zuweilen vorkommenden Unstimmigkeiten haben ihren Grund in den bei der Interpolation gemachten Fehlern.

g) Der Wärmeverbrauch pro kg entgaster Kohle.

Der experimentell[1] ermittelte und auf Normalverhältnisse ebenso wie die Gasmenge umgerechnete Heizwert des Gases betrug 1127 WE pro cbm.

---

[1] Es ist nicht angängig, in Fällen, wenn das Gas gemessen wird, den aus der Gasanalyse errechneten Heizwert einzusetzen; dagegen bei der Durchführung der Gasmengenermittlung, wie sie im Beispiel 28, S. 207 beschrieben ist, müßte eben der errechnete Heizwert eingesetzt werden.

Somit in 24 Stunden an Wärmeeinheiten verbraucht

$$5681 \cdot 1127 = 6\,402\,487 \text{ WE.}$$

In derselben Zeit wurden 9022 kg Kohle entgast. Folglich beträgt der Wärmeverbrauch zum Entgasen eines kg Kohle

$$\frac{6402487}{9020} = 709 \text{ WE.}$$

II. Wärmeverbrauch bei Wasserdampferzeugung mittels Koksofengas, ermittelt mit einem Staudoppelrohr.

Beispiel 36.

Staugerät nach *Prandtl*;
Sein Beiwert = 1;
Übersetzung am Mikromanometer 1 : 25;
Füllflüssigkeit = Toluol;
Spez. Gewicht des Toluols (korrigiert) = 0,864;
Mittlerer Ausschlag des Mikromanometers = 125.

Die Geschwindigkeit wird in der Mitte des Rohres gemessen.

p_d = der dynamische Druck ist gleich

$$\frac{125 \cdot 0{,}864}{25} = 4{,}32 \text{ mm W.-S.}$$

Spez. Gewicht des Koksofengases (gesättigt mit Wasserdampf), umgerechnet auf die Verhältnisse an der Meßstelle (vgl. Beispiel 8, S. 27), ergibt 0,493 kg/cbm.

Dann ist nach der Gleichung (14) (S. 121):

$$w_{\text{sek}} = \sqrt{\frac{2 \cdot 9{,}81 \cdot 4{,}32}{0{,}493}} = 13{,}11 \text{ m/sek}\,.$$

Durch eine netzweise Aufnahme von Geschwindigkeiten an verschiedenen Stellen des Rohrquerschnittes wurde die mittlere Geschwindigkeit zu 91,5 Proz. der axialen gefunden.

Dann ist

$$w_{\text{sek}} = \frac{13{,}11 \cdot 91{,}5}{100} = 12{,}05 \text{ m/sek}\,.$$

Der Rohrquerschnitt D betrug:

$$\frac{\pi D^2}{4} = \frac{3{,}14 \cdot 0{,}35^2}{4} = 0{,}0962 \text{ qm}\,.$$

Die in 24 Stunden verbrauchte Gasmenge beträgt folglich:

$$12{,}05 \cdot 0{,}0962 \cdot 3600 \cdot 24 = 100153 \text{ cbm.}$$

Diese Menge wurde gemessen bei den an der Meßstelle herrschenden Verhältnissen:

t_m = 40° C (nach entsprechender Korrektion);
Ba = 750 mm Q.-S. (korrigiert);

$$p_m = 400 \text{ mm W.-S.} = \frac{400}{13{,}6} = 30 \text{ mm Q.-S.}$$

Unter Benutzung der Faktoren in den Anlagen 4, 7 oder 10 (im Anhang), welche lauten:

für 40° und 750 + 30 mm Q.-S. = 0,830,
„ 0° „ 760 mm „ = 0,988,

errechnet sich die auf Normalverhältnisse reduzierte Gasmenge zu

$$V_{0/760} = \frac{100153 \cdot 0{,}830}{0{,}988} = 84136 \text{ cbm}$$

in 24 st bei 0° und 760 mm Ba.

In demselben Zeitraum wurden 400 300 kg Wasser verdampft.

Der reduzierte Heizwert des Koksofengases ergibt 3950 WE pro cbm bei 0° und 760 mm Ba.

Folglich beträgt der Wärmeverbrauch (in Gasform) zur Erzeugung von 1 kg Dampf von Betriebsspannung

$$\frac{84136 \cdot 3950}{400300} = \backsim 825 \text{ WE.}$$

III. Messung von Leuchtgas mit einem Gasometer [1].

Beispiel 37.

b = mittlerer korrigierter Luftdruck = 9587,6 kg/cbm;
t = mittlere korrigierte Lufttemperatur = 24,09° C;
φ = relative Feuchtigkeit der Luft = 0,6776.

Daraus berechnet sich:

R_l = Konstante für Luft zu = 29,508;
γ_2 = das relative Gewicht des Leuchtgases (gegenüber feuchter Luft) = 0,4972;
R_g = die Gaskonstante für Leuchtgas ist

$$\frac{R_l}{\mathfrak{S}_2} = \frac{29{,}508}{0{,}4972} = 59{,}349.$$

F = Querschnitt des Gasometers = 1134,11 qm.

[1] Ausführlicher siehe Aufsatz von *Fliegner*, Journ. f. Gasbel. 1907, S. 665.

Die Meßergebnisse sind in der nachstehenden Tabelle zusammengetragen.

Zeit	Ablesungen an den Meßstäben			Behälterdruck	Mittlerer Wasserstand innen	Ablesungen an Thermometern						Eingeströmtes Gasvolumen	Mittlerer Gasdruck	Mittlere Gastemperatur	Mittleres Raumgewicht des Gases	Eingeströmtes Gasgewicht
	N_1	N_2	N_3			Höhenlage	N_1	N_2	N_3	N_4	Mittel					
1	2	3	4	5	6	7	8	9	10	11	12	13	14	15	16	17
3^{30}	7340	7290	7332	113,5	7207,2	hoch	35,5	32,7	37,0	41,0	36,550	264,63	9701,3	308,40	0,53003	140,26
3^{45}	7109	7060	7096	114,5	6937,8	—	—	—	—	—	—	259,15	9702,0	308,21	0,53040	137,45
4^{00}	6883	6830	6868	115,0	6745,3	tief	34,5	34,5	30,0	34,0	33,25	263,11	9702,3	307,99	0,53079	139,58
4^{15}	6652	6595	6638	115,0	6513,3	—	—	—	—	—	—	259,71	9702,3	307,79	0,53113	137,94
4^{30}	6425	6365	6408	115,0	6284,3	hoch	37,5	34,5	35,0	41,0	37,0	259,71	9702,3	307,56	0,53153	138,05
4^{45}	6194	6135	6182	115,0	6055,3	—	—	—	—	—	—	274,46	9702,3	307,37	0,53186	145,97
5^{00}	5957	5888	5940	115,0	5813,3	tief	31,5	31,0	35,5	29,5	31,875	235,52	9702,3	307,19	0,53217	125,34
5^{15}	5762	5675	5725	115,0	5605,7	—	—	—	—	—	—	252,15	9702,3	307,09	0,53235	134,23
5^{30}	5542	5450	5503	115,0	5383,3	hoch	37,5	33,7	31,5	40,5	35,80	247,24	9702,3	307,02	0,53247	131,64
5^{45}	5323	5232	5286	115,0	5165,3	—	—	—	—	—	—	237,79	9702,3	307,31	0,53196	126,49
6^{00}	5107	5035	5070	115,0	4955,7	tief	36,6	29,0	35,0	38,5	34,675					

Erklärungen zu den einzelnen Spalten der obigen Tabelle.

Spalte 2 bis 4 — in Millimetern; die Meßstäbe sind so eingerichtet, daß das Mittel aus den Werten der Spalten 2 bis 4, vermindert um die Werte der Spalte 5, den Wasserstand im Innern des Behälters ergibt (gemessen an einem mittleren Maßstabe). Man erhält so die Werte der Spalte 6.

Spalte 7 zeigt, ob das Thermometer hoch oder tief eingehängt war.

Die Spalten 8 bis 10 gelten für die Thermometer am Umfange in der Nähe der entsprechenden Maßstäbe (Spalte 2 bis 4).

Spalte 11 enthält dagegen die Werte, die durch die Öffnung in der Mitte der Decke in der Achse des Behälters durch ein heruntergelassenes Thermometer festgestellt wurden.

Spalte 13 wird erhalten, wenn man den Querschnitt der Glocke mit der Differenz zweier benachbarter Stände der Spalte 6 multipliziert.

Spalte 14 enthält die aus dem beobachteten Behälterüberdrucke der Spalte 5 unter Berücksichtigung des Barometerstandes und der mittleren Lufttemperatur berechneten absoluten mittleren Pressungen des Gases während der einzelnen Viertelstunden, und zwar in kg/qm.

Spalte 16 enthält die Werte, die man aus den Werten der Spalten 14 und 15 nach der Zustandsgleichung erhält; z. B. für die Messung 3^{30}:

$$p = 9701{,}3 \text{ (Spalte 14)};$$
$$R = 59{,}349 \text{ (siehe oben)};$$
$$T = 308{,}40 \text{ (Spalte 15)}.$$

Dann ist das Raumgewicht des Gases

$$= \frac{9701{,}3}{59{,}349 \cdot 308{,}40} = 0{,}53003 \text{ (Spalte 16)}.$$

Das eingeströmte Gasgewicht erhält man endlich durch Multiplikation der Werte in den Spalten 13 und 16; z. B. für die Messung 3^{30} erhält man:

$$264{,}63 \cdot 0{,}53003 = 140{,}26\,\text{kg} \quad \text{(Spalte 17)}.$$

Treten Undichtigkeitsverluste auf, so sind dieselben entsprechend zu berücksichtigen.

Es würde uns zu weit führen, hier noch andere Beispiele durchzurechnen. Die in diesem Abschnitt gebrachten sowie die meisten in anderen Abschnitten des Buches enthaltenen Beispiele (vgl. Beispiele 1—37) werden wohl genügen, um die praktische Anwendung der einen oder anderen Meßweise zu erläutern.

Andere typische Beispiele wären vielleicht noch folgende:

a) Messung von Wasserstoff (leichtes spez. Gewicht).

b) Messung eines nur teilweise gesättigten Gases (verändertes τ, darum andere Auswertung von γ und V).

c) Preßluftmessung (andere Größen für $p_1 - p_2$ bzw. h).

d) Messung eines Rauchgases (bedeutende Unterschiede zwischen dem gemessenen und reduzierten Gasvolumen infolge der hohen Temperaturen des Gases).

e) Messung eines sauren Gases (H_2S, SO_2).

f) Durchführung von Vergleichsmessungen (Düse mit Staurohr, Stauscheibe mit Indikatormessung u. a.) usw.

Die Auswertung der Meßergebnisse solcher Beispiele wird wohl aber ohne weiteres verständlich sein, wenn meinen Ausführungen, die ich an dieser Stelle schließe, die nötige Aufmerksamkeit geschenkt wurde.

N. Anhang.

Anlage 1.

Korrektur auf 0° bei einem Quecksilberbarometer mit Messingskala.

Temperatur	Abgelesener Barometerstand in mm Q.-S.						
	720	730	740	750	760	770	780
10	1,2	1,2	1,2	1,2	1,2	1,3	1,3
11	1.3	1,3	1,3	1,4	1,4	1,4	1,4
12	1,4	1,4	1,5	1,5	1,5	1,5	1,5
13	1,5	1,6	1,6	1,6	1,6	1,6	1,7
14	1,6	1,7	1,7	1,7	1,7	1,8	1,8
15	1,8	1,8	1,8	1,8	1,9	1,9	1,9
16	1,9	1,9	1,9	2,0	2,0	2,0	2,0
17	2,0	2,0	2,1	2,1	2,1	2,1	2,2
18	2,1	2,1	2,2	2,2	2,2	2,3	2,3
19	2,2	2,3	2,3	2,3	2,4	2,4	2,4
20	2,3	2,4	2,4	2,4	2,5	2,5	2,5
21	2,5	2,5	2,5	2,6	2,6	2,6	2,7
22	2,6	2,6	2,7	2,7	2,7	2,8	2,8
23	2,7	2,7	2,8	2,8	2,8	2,9	2,9
24	2,8	2,9	2,9	2,9	3,0	3,0	3,1
25	2,9	3,0	3,0	3,1	3,1	3,1	3,2

Die in der Tabelle angegebenen Werte sind von dem abgelesenen Barometerstand in Abzug zu bringen.

Anlage 2.

Volumen- und Höchstwasserdampfgehalt von Gasen bei verschiedenen Temperaturen.

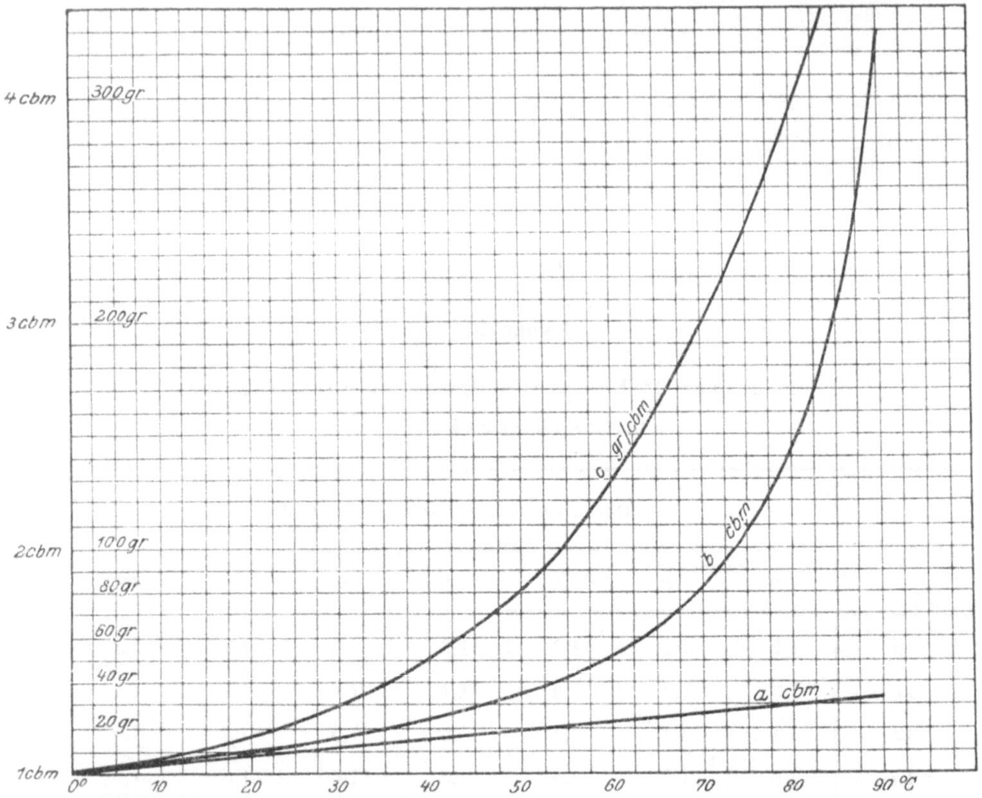

a) Volumen von trockenem Gas	1,000	1,018	1,037	1,058	1,074	1,091	1,109	1,128	1,146
Teilspannung des Wasserdampfes in gesättigtem Gase, kg pro qm = mm W.-S.	63	89	125	173	236	320	429	569	747
Teilspannung des Gases, kg pro qm	10 267	10 241	10 205	10 157	10 094	10 010	9901	9761	9583
b) Aus 1 cbm von 0° durch Sättigung entstandenes Volumen	1,006	1,027	1,049	1,076	1,099	1,125	1,157	1,194	1,235
c) Gramm Wasserdampf in 1 cbm gesättigten Gases	4,9	6,8	9,4	12,8	17,2	23,0	30,2	39,4	50,9

Temperaturen in ° C	45	50	55	60	65	70	75	80	85	90
a) Volumen von trockenem Gas	1,165	1,183	1,201	1,220	1,238	1,256	1,275	1,293	1,311	1,330
Teilspannung des Wasserdampfes in gesättigtem Gase, kg pro qm = mm W.-S.	971	1250	1600	2020	2540	3170	3920	4820	5890	7140
Teilspannung des Gases, kg pro qm	9359	9080	8730	8310	7790	7160	6410	5510	4440	3190
b) Aus 1 cbm von 0° durch Sättigung entstandenes Volumen	1,286	1,346	1,421	1,516	1,642	1,812	2,055	2,424	3,050	4,307
c) Gramm Wasserdampf in 1 cbm gesättigten Gases	65,2	82,7	104,0	130,0	161,0	198,0	241,8	293,4	353,7	424,0

Anlage 3.

Gewicht der mit Wasserdampf gesättigten Luft bei verschiedenen Drücken und Temperaturen.

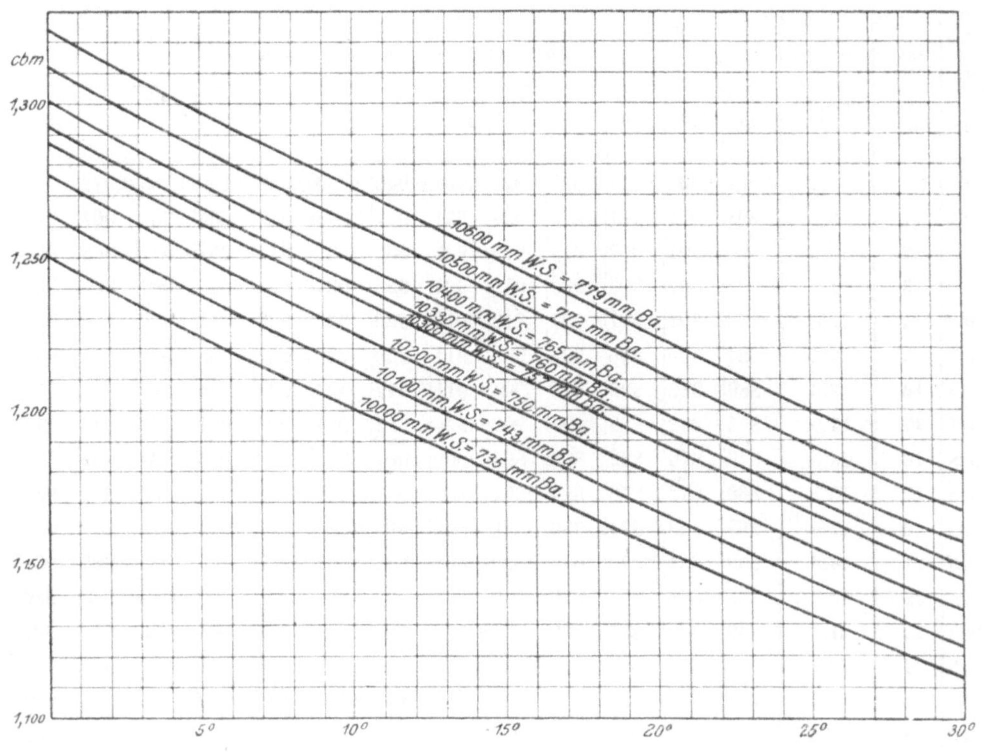

Anlage 4.

Reduktion der Volumina von feuchtem Gas auf Normalzustand[1].

$$V_{0/760\,\mathrm{tr}} = V \cdot \frac{b + p - \tau}{760} = \frac{273}{273 + t} = V \cdot f.$$

V = Gasvolumen bei den an der Meßstelle herrschenden Verhältnissen;

f = Umrechnungsfaktor (Tabellenwert) zur Reduktion der Volumina von feuchtem Gas von $t°$ und $b + p$ (Barometerstand + Pressung, bzw. Überdruck in der Leitung) mm Q. S.-Druck auf trockenes Gas von 0° C und 760 mm Bar.

Reine Temperatur-Korrektion	t Temperatur des Gases in °C	τ Tension des Wasserdampfes in mm Q.-S.	Absoluter Gasdruck $b + p$ in mm Q.-S.												
			720	725	730	735	740	745	750	755	760	765	770	775	780
0,965	10	9,2	0,901	0,908	0,914	0,921	0,927	0,934	0,940	0,946	0,952	0,959	0,965	0,972	0,978
962	11	9,8	898	905	911	918	924	931	937	943	949	955	961	967	973
958	12	10,5	894	901	907	913	919	926	932	938	945	951	957	963	969
955	13	11,2	891	897	903	909	915	921	928	934	941	947	953	959	965
952	14	12,0	888	895	901	907	913	919	926	932	938	944	950	956	961
949	15	12,8	884	890	896	902	908	914	920	926	932	938	945	951	957
945	16	13,6	880	886	892	898	904	911	917	923	929	935	941	947	953
941	17	14,5	875	882	888	894	900	906	912	918	924	931	937	943	949
938	18	15,5	870	876	882	888	894	900	907	913	919	925	931	937	944
935	19	16,5	866	872	878	884	891	897	903	909	915	921	927	933	939
932	20	17,5	862	868	874	880	886	892	898	905	911	917	923	929	935
929	21	18,6	858	864	870	876	882	888	894	901	907	913	919	925	931
926	22	19,8	853	858	864	870	876	882	888	894	900	906	912	918	926
923	23	21,1	849	855	861	867	873	879	885	891	897	903	909	915	921
919	24	22,4	844	850	856	862	868	874	880	886	894	900	906	912	917
916	25	23,8	840	846	852	864	870	870	876	882	888	894	900	906	912
913	26	25,3	835	841	847	853	859	865	871	877	883	889	895	901	907
910	27	26,8	836	842	848	854	860	860	866	872	878	884	890	896	902
907	28	28,4	826	832	838	844	850	856	862	868	874	880	886	892	897
904	29	30,1	821	827	833	839	845	851	857	863	869	875	881	887	892
901	30	31,8	816	821	827	833	839	845	851	857	863	869	875	881	887

[1] *Strache*, Gasbeleuchtung und Gasindustrie, Braunschweig 1913, S. 1096.

Anlage 5.

Reduktion der Volumina von feuchtem Gas auf Normalzustand[1].

In dieser Tafel sind die in der Anlage 4 in Form von Umrechnungsfaktoren angegebenen Werte durch Prozentualwerte ersetzt, die entsprechend in Abzug gebracht werden.

Beispiel:

Ermitteltes Volumen 200 cbm gesättigt
t des Gases 21° C
$p = 40\,\text{mm W.-S.} = \frac{40}{13{,}6} = \sim 3\,\text{mm Q.-S.}$
b = Barometerstand 742 mm Q.-S.
$b + p = 745$ mm Q.-S.

Prozentualwert in der Tafel bei 21° und 745 mm $p + b = 11{,}1\%$
Korrigiertes Volumen $= 200 - \frac{200 \cdot 11{,}1}{100}$
= 177,8 cbm bei 0° C mm Ba, trocken.

Reine Temperatur-Korrektion	t Temperatur des Gases in ° C	τ Tension des Wasserdampfes in mm Q.-S.	Absoluter Gasdruck $b + p$ in mm Q.-S.												
			720	725	730	735	740	745	750	755	760	765	770	775	780
3,5	10	9,2	9,9	9,3	8,6	7,9	7,3	6,7	6,0	5,4	4,8	4,1	3,5	2,8	2,2
3,8	11	9,8	10,2	9,6	8,9	8,2	7,6	7,0	6,3	5,7	5,1	4,5	3,9	3,2	2,6
4,2	12	10,5	10,6	10,0	9,3	8,6	8,0	7,4	6,7	6,1	5,5	4,9	4,3	3,7	3,1
4,5	13	11,2	10,9	10,3	9,6	8,9	8,3	7,7	7,1	6,5	5,9	5,3	4,7	4,1	3,5
4,8	14	12,0	11,2	10,6	9,9	9,3	8,7	8,1	7,5	6,9	6,3	5,7	5,1	4,5	3,9
5,2	15	12,8	11,6	11,0	10,3	9,7	9,1	8,5	7,9	7,3	6,7	6,1	5,5	4,9	4,3
5,5	16	13,6	12,0	11,4	10,7	10,1	9,5	8,9	8,3	7,7	7,1	6,5	5,9	5,3	4,7
5,8	17	14,5	12,4	11,8	11,1	10,5	9,9	9,3	8,7	8,1	7,5	6,9	6,3	5,7	5,1
6,1	18	15,5	12,9	12,3	11,6	11,0	10,4	9,8	9,2	8,6	8,0	7,4	6,8	6,2	5,6
6,5	19	16,5	13,3	12,7	12,1	11,5	10,9	10,3	9,7	9,1	8,5	7,9	7,3	6,7	6,1
6,8	20	17,5	13,7	13,1	12,5	11,9	11,3	10,7	10,1	9,5	8,9	8,3	7,7	7,1	6,5
7,1	21	18,6	14,2	13,5	12,9	12,3	11,7	11,1	10,5	9,9	9,3	8,7	8,1	7,5	6,9
7,4	22	19,8	14,7	14,0	13,4	12,8	12,2	11,6	11,0	10,4	9,8	9,2	8,6	8,0	7,4
7,7	23	21,1	15,1	14,4	13,8	13,2	12,6	12,0	11,4	10,8	10,2	9,6	9,0	8,4	7,8
8,1	24	22,4	15,6	14,9	14,3	13,7	13,1	12,5	11,9	11,3	10,7	10,1	9,5	8,9	8,3
8,4	25	23,8	16,0	15,4	14,8	14,2	13,6	13,0	12,4	11,8	11,2	10,6	10,0	9,4	8,8
8,7	26	25,3	16,5	15,9	15,3	14,7	14,1	13,5	12,9	12,3	11,7	11,1	10,5	9,9	9,3
9,0	27	26,8	17,0	16,4	15,8	15,2	14,6	14,0	13,4	12,8	12,2	11,6	11,0	10,4	9,8
9,3	28	28,4	17,4	16,9	16,3	15,7	15,1	14,5	13,9	13,3	12,7	12,1	11,5	10,9	10,3
9,6	29	30,1	17,9	17,4	16,8	16,2	15,6	15,0	14,4	13,8	13,2	12,6	12,0	11,4	10,8
9,9	30	31,8	18,4	17,9	17,3	16,7	16,1	15,5	14,9	14,3	13,7	13,1	12,5	11,9	11,3

[1] *Strache*, Gasbeleuchtung und Gasindustrie, Braunschweig 1913, S. 1097.

Anlage 6.

Einige Eigenschaften der Gase[1].

Gasart	Atomzahl	Chemische Zeichen	Molekulargewicht		Gewicht eines Kubikmeters in kg		Dichte, bezogen auf Luft = 1	Gaskonstante R	Spez. Wärme für 1 kg		Spez. Wärme für 1 cbm von 15° C u. 1 at (10 000 mm W. S.)		$\varkappa = \frac{c_p}{c_v} = \frac{C_p}{C_v}$
			angenähert	genau $O_2 = 32$	bei 15° C und 1 at	bei 0° C u. 760 mm Q.-S.			c_p (zwischen 0° und 200° C)	c_v (zwischen 0° und 200° C)	C_p	C_v	
Helium	1	He	4	3,99	0,163	0,178	0,137	212,5	1,25	0,75	0,203	0,122	1,667
Argon	1	A	40	39,88	1,633	1,780	1,376	21,26	0,124	0,075	0,203	0,122	1,667
Luft	–	—	(29)	(28,95)	1,186	1,293	1	29,27	0,24	0,172	0,286	0,204	1,40
Sauerstoff	2	O_2	32	32	1,310	1,429	1,105	26,50	0,218	0,156	0,286	0,204	1,40
Stickstoff	2	N_2	28	28,02	1,147	1,251	0,967	30,26	0,249	0,178	0,286	0,204	1,400
Wasserstoff	2	H_2	2	2,016	0,0826	0,090	0,0696	420,6	3,405	0,242	0,282	0,200	1,407
Stickoxyd	2	NO	30	30,01	1,229	1,340	1,036	28,26	0,231	0,165	0,284	0,203	1,400
Kohlenoxyd	2	CO	28	28,00	1,147	1,250	0,967	30,29	0,250	0,179	0,287	0,205	1,398
Chlorwasserstoff	2	ClH	36,5	36,47	1,493	1,628	1,259	23,25	0,191	0,136	0,285	0,204	1,400
Kohlensäure	3	CO_2	44	44,00	1,801	1,964	1,518	19,27	0,21	0,165	0,38	0,30	1,28
Wasserdampf	3	H_2O	18	18,02	0,738	0,804	0,622	47,06	0,50	0,39	0,37	0,28	1,28
Stickoxydul	3	N_2O	44	44,02	1,803	1,965	1,520	19,26	0,21	0,17	0,38	0,30	1,27
Schweflige Säure	3	SO_2	64	64,07	2,624	2,860	2,212	13,24	0,154	0,123	0,40	0,32	1,25
Ammoniak	4	NH_3	17	17,03	0,697	0,760	0,588	49,79	0,53	0,41	0,37	0,285	1,29
Azetylen	4	C_2H_2	26	26,02	1,066	1,162	0,899	32,59	(0,37)	(0,29)	(0,39)	(0,31)	1,26
Chlormetyl	5	CH_3Cl	50,5	50,48	2,067	2,254	1,743	16,80	(0,18)	(0,14)	(0,37)	(0,28)	1,28
Methan	5	CH_4	16	16,03	0,656	0,715	0,553	52,90	0,59	0,46	0,39	0,30	1,28
Äthylen	6	C_2H_4	28	28,03	1,148	1,251	0,968	30,25	0,40	0,32	0,46	0,37	1,25

[1] Nach „Hütte", Aufl. 22, Bd. I, S. 398.

Anlage 7.

Umrechnungstafel für wassergesättigte Gase.

Anwendungsbeispiel siehe auf S. 242.

mm Q.-S.	mm W.-S.	Temperatur													
		0	5	10	15	20	25	30	35	40	45	50	55	60	65
		Umrechnungsfaktoren													
883	12000	1,154	1,132	1,109	1,084	1,060	1,034	1,008	0,980	0,950	0,916	0,880	0,829	0,792	0,740
869	11800	1,135	1,113	1,090	1,066	1,042	1,016	0,989	0,962	0,932	0,898	0,863	0,822	0,776	0,724
855	11600	1,116	1,094	1,071	1,048	1,023	0,998	0,972	0,945	0,915	0,883	0,846	0,805	0,761	0,710
840	11400	1,097	1,075	1,053	1,029	1,005	0,980	0,954	0,926	0,898	0,865	0,829	0,790	0,745	0,695
825	11200	1,078	1,057	1,034	1,011	0,987	0,962	0,936	0,909	0,880	0,848	0,813	0,774	0,730	0,679
810	11000	1,056	1,035	1,014	0,991	0,968	0,944	0,918	0,892	0,863	0,833	0,798	0,758	0,713	0,662
795	10800	1,037	1,016	0,996	0,974	0,951	0,927	0,903	0,877	0,847	0,816	0,782	0,742	0,697	0,646
780	10600	1,017	0,997	0,977	0,955	0,933	0,909	0,884	0,858	0,830	0,799	0,764	0,725	0,680	0,629
765	10400	0,997	0,978	0,958	0,936	0,915	0,892	0,868	0,842	0,814	0,783	0,748	0,708	0,665	0,613
760	10330	0,988	0,970	0,950	0,928	0,907	0,884	0,860	0,834	0,806	0,775	0,740	0,700	0,657	0,605
750	10200	0,977	0,958	0,939	0,918	0,897	0,874	0,850	0,824	0,797	0,766	0,731	0,692	0,649	0,598
736	10000	0,958	0,940	0,921	0,900	0,879	0,856	0,833	0,807	0,780	0,750	0,715	0,676	0,634	0,583
721	9700	0,939	0,921	0,902	0,882	0,861	0,839	0,816	0,791	0,763	0,733	0,699	0,660	0,618	0,568
706	9600	0,920	0,902	0,883	0,863	0,842	0,821	0,798	0,773	0,746	0,716	0,682	0,644	0,602	0,552
691	9400	0,900	0,883	0,864	0,844	0,824	0,803	0,780	0,755	0,727	0,699	0,665	0,628	0,586	0,536
677	9200	0,881	0,864	0,845	0,826	0,806	0,785	0,762	0,738	0,711	0,682	0,650	0,612	0,570	0,520
662	9000	0,862	0,845	0,826	0,808	0,788	0,767	0,744	0,720	0,694	0,665	0,634	0,596	0,554	0,505
648	8800	0,843	0,826	0,808	0,789	0,770	0,749	0,726	0,703	0,677	0,648	0,618	0,579	0,537	0,489
633	8600	0,824	0,817	0,789	0,771	0,752	0,731	0,709	0,686	0,661	0,632	0,601	0,562	0,520	0,473
618	8400	0,805	0,788	0,770	0,753	0,734	0,713	0,692	0,670	0,644	0,616	0,584	0,546	0,503	0,457
603	8200	0,786	0.770	0,752	0,735	0,716	0,696	0,675	0,653	0,628	0,600	0,568	0,530	0,488	0,441
589	8000	0,767	0,751	0,734	0,716	0,698	0,678	0,658	0,636	0,612	0,584	0,552	0,515	0,473	0,425

Anlage 8.

Ermittelung von Gasmengen aus Düsenmessung.

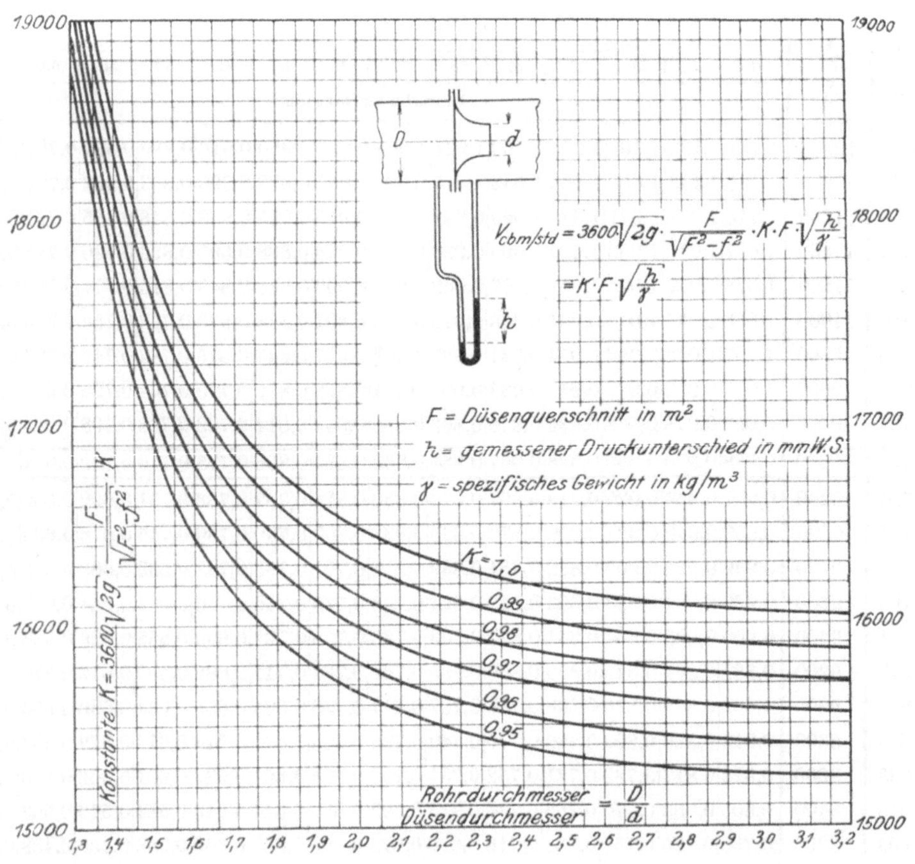

Additional information of this book

(Messung grosser Gasmengen; 978-3-662-26946-6; 978-3-662-26946-6_OSFO2) is provided:

http://Extras.Springer.com

Anlage 10.

Spezifisches Gewicht und Umrechnung der Volumina gesättigten Gases bei verschiedenen Temperaturen und absoluten Drücken.

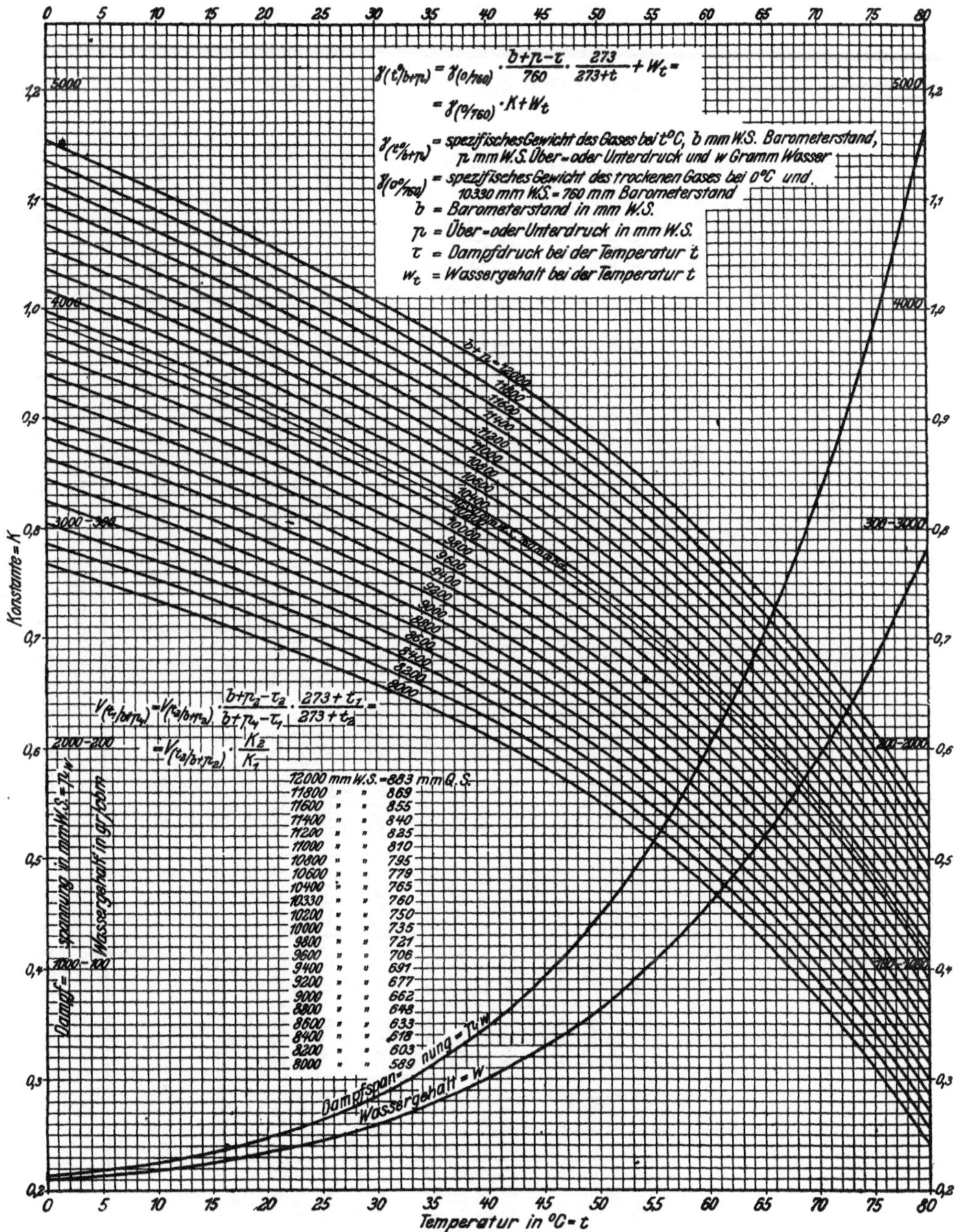

Anlage 11.

Durchfluß- und Berichtigungsziffern zur Staurandmessung nach *Brandis* für $\gamma = 1$ kg/cbm.

$\frac{f}{F} = m$, $\frac{d}{D} = \sqrt{m}$	$\frac{f}{F} = m = 0,5$				$\frac{f}{F} = m = 0,6$				$\frac{f}{F} = m = 0,7$				$\frac{f}{F} = m = 0,8$			
D	k	K	K''	c	k	K	K''	c	k	K	K''	c	k	K	K''	c
0,10	0,730	0,365	0,01273	0,0004	0,784	0,470	0,01633	0,0005	0,854	0,599	0,0208	0,0007	0,981	0,785	0,0273	0,0008
0,15	0,730	0,365	0,0286	0,0009	0,778	0,466	0,0366	0,0011	0,848	0,594	0,0406	0,0015	0,971	0,776	0,0608	0,0018
0,20	0,724	0,362	0,0504	0,0014	0,770	0,462	0,0643	0,0019	0,840	0,589	0,0819	0,0024	0,961	0,767	0,1068	0,0030
0,25	0,720	0,360	0,0782	0,0022	0,766	0,460	0,1000	0,0030	0,831	0,582	0,1264	0,0038	0,949	0,757	0,1650	0,0047
0,30	0,712	0,356	0,1115	0,0028	0,755	0,454	0,1420	0,0038	0,820	0,573	0,1800	0,0050	0,930	0,742	0,233	0,0062
0,35	0,705	0,353	0,1505	0,0038	0,745	0,447	0,1910	0,0052	0,804	0,563	0,240	0,0067	0,912	0,728	0,311	0,0085
0,40	0,697	0,349	0,1945	0,0044	0,737	0,442	0,246	0,0060	0,789	0,552	0,308	0,0080	0,895	0,715	0,398	0,0101
0,45	0,690	0,345	0,243	0,0056	0,723	0,434	0,306	0,0076	0,778	0,545	0,384	0,0100	0,876	0,700	0,493	0,0130
0,50	0,686	0,343	0,298	0,0069	0,714	0,428	0,373	0,0094	0,767	0,537	0,467	0,0120	0,856	0,684	0,596	0,0160
0,55	0,677	0,338	0,357	0,0072	0,707	0,425	0,448	0,0100	0,754	0,528	0,557	0,0130	0,837	0,671	0,708	0,0170
0,60	0,671	0,336	0,422	0,0085	0,697	0,419	0,525	0,0120	0,745	0,522	0,654	0,0160	0,821	0,656	0,823	0,0200
0,70	0,656	0,329	0,562	0,0115	0,682	0,409	0,698	0,0160	0,722	0,505	0,862	0,0215	0,786	0,629	1,071	0,0280
0,80	0,645	0,323	0,718	0,0125	0,666	0,399	0,890	0,0215	0,703	0,492	1,092	0,0280	0,750	0,600	1,335	0,0320

$$V = c + k \cdot f \cdot \sqrt{2g\frac{h}{\gamma}} \text{ (S. 185)}; \qquad V = c + K \cdot F \cdot \sqrt{2g\frac{h}{\gamma}} \text{ (S. 185)};$$

$$V = c + k' f \sqrt{\frac{h}{\gamma}} \text{ (S. 185)}; \qquad V = c + K' F \sqrt{\frac{h}{\gamma}} \text{ (S. 185)}.$$

$$k' = k \cdot \sqrt{2g} = 4{,}43; \qquad k' = e^{\frac{1{,}02}{(1-m^{\varepsilon})^{0{,}25}}} \text{ mit } e = 2{,}71828, \qquad m = \frac{f}{F}, \qquad \varepsilon = 1{,}17 + \frac{D^2}{36};$$

$$K = k \cdot m; \qquad K' = k \cdot m \cdot \sqrt{2g} = k \cdot m \cdot 4{,}43; \qquad K'' = 4{,}43 \cdot K \cdot F.$$

Vgl. Rechenbeispiel 25 auf S. 185.

Anlage 12.

Rechentafeln zur Ermittlung des spezifischen Gewichtes von Gasen aus ihrer chemischen Zusammensetzung.

In den horizontalen Reihen sind die Gehalte des Gases an dem betreffenden Bestandteil in Prozenten, in den vertikalen — die dazugehörigen $^1/_{10}$ Prozente angegeben. Ein Rechenbeispiel auf Grund dieser Tabelle befindet sich auf S. 23.

Wasserstoff (H_2).

%	$^1/_{10}$ %									
	0	1	2	3	4	5	6	7	8	9
45	4,046	4,054	4,063	4,072	4,081	4,090	4,099	4,108	4,117	4,126
46	4,135	4,144	4,163	4,162	4,172	4,180	4,189	4,198	4,207	4,216
47	4,225	4,234	4,242	4,252	4,261	4,270	4,279	4,286	4,297	4,306
48	4,315	4,324	4,333	4,342	4,351	4,360	4,369	4,378	4,382	4,396
49	4,405	4,114	4,423	4,432	4,441	4,450	4,459	4,468	4,477	4,486
50	4,495	4,504	4,513	4,522	4,531	4,540	4,549	4,558	4,567	4,576
51	4,585	4,594	4,603	4,612	4,621	4,630	4,639	4,648	4,657	4,666
52	4,675	4,684	4,693	4,702	4,711	4,720	4,729	4,738	4,747	4,756
53	4,765	4,774	4,783	4,792	4,801	4,810	4,819	4,829	4,837	4,846
54	4,855	4,864	4,873	4,882	4,691	4,900	4,909	4,918	4,927	4,936
55	4,945	4,953	4,962	4,971	4,980	4,989	4,998	5,007	5,016	5,025
56	5,034	5,043	5,052	5,061	5,070	5,079	5,088	5,077	5,106	5,115
57	5,124	5,133	5,142	5,151	5,160	5,169	5,178	5,187	5,196	5,205
58	5,214	5,223	5,232	5,241	5,250	5,259	5,268	5,277	5,286	5,295
59	5,304	5,313	5,322	5,331	5,340	5,349	5,358	5,367	5,376	5,385
60	5,394	5,403	5,412	5,421	5,430	5,439	5,448	5,457	5,466	5,475
61	5,484	5,493	5,502	5,511	5,520	5,529	5,538	5,547	5,556	5,565
62	5,574	5,763	5,592	5,601	5,610	5,619	5,628	5,637	5,646	5,655
63	5,664	5,673	5,682	5,691	5,700	5,709	5,718	5,727	5,736	5,745
64	5,754	5,763	5,772	5,761	5,790	5,799	4,808	5,817	5,826	5,835
65	5,844	5,852	5,861	5,870	5,879	5,888	5,897	5,906	5,915	5,924

Methan (CH_4).

%	$^1/_{10}$ %									
	0	1	2	3	4	5	6	7	8	9
15	10,730	10,801	10,873	10,944	11,015	11,087	11,159	11,230	11,302	11,373
16	11,445	11,516	11,588	11,659	11,731	11,802	11,874	11,945	12,017	12,088
17	12,160	12,231	12,303	12,374	12,446	12,518	12,589	12,660	12,732	12,803
18	12,875	12,947	13,018	13,090	13,161	13,233	13,304	13,376	13,447	13,519
19	13,591	13,662	13,734	13,805	13,877	13,948	14,020	14,091	14,163	14,234
20	14,306	14,377	14,449	14,529	14,592	14,663	14,735	14,806	14,878	14,949
21	15,021	15,097	15,164	15,236	15,307	15,379	15,451	15,522	15,593	15,665
22	15,737	15,808	15,880	15,951	16,023	16,094	16,166	16,237	16,309	16,380
23	16,452	16,523	16,595	16,661	16,738	16,809	16,881	16,952	17,024	17,095
24	17,167	17,230	17,310	17,381	17,453	17,524	17,596	17,607	17,739	17,819
25	17,882	17,954	18,025	18,097	18,168	18,240	18,311	18,383	18,454	18,526
26	18,598	18,669	18,741	18,812	18,885	18,955	19,027	19,098	19,170	19,241
27	19,313	19,384	19,456	19,527	19,599	16,670	19,742	19,813	19,885	19,951
28	20,028	20,100	20,171	20,243	20,314	20,386	20,457	20,529	20,600	20,672
29	20,744	20,515	20,887	20,958	21,030	21,101	21,173	21,244	21,316	21,387

Benzol (C_6H_6).

%	$^{1}/_{10}$ %									
	0	1	2	3	4	5	6	7	8	9
0		0,348	0,696	1,044	1,392	1,740	2,088	2,436	2,784	3,132
1	3,482	3,830	4,178	4,526	4,874	5,222	5,570	6,918	6,266	6,617
2	6,964	7,312	7,660	8,008	8,356	8,704	9,052	9,400	9,748	10,096
3	10,446	10,794	11,142	11,490	11,838	12,186	12,534	12,882	13,230	13,578

Stickstoff (N_2), Kohlenoxyd (CO), Äthylen (C_2H_4).

%	$^{1}/_{10}$ %									
	0	1	2	3	4	5	6	7	8	9
0		0,125	0,850	0,375	0,500	0,625	0,750	0,875	1,000	1,125
1	1,250	1,375	1,500	1,625	1,750	1,875	2,000	2,125	2,250	2,375
2	2,500	2,625	2,750	2,875	3,000	3,125	3,250	3,375	3,500	3,625
3	3,750	3,875	4,000	4,125	4,250	4,375	4,500	4,625	4,750	4,875
4	5,000	5,125	5,250	5,375	5,500	5,625	5,750	5,875	6,000	6,125
5	6,250	6,375	6,500	6,625	6,750	6,875	7,000	7,125	7,250	7,375
6	7,500	7,625	7,750	7,850	8,000	8,125	8,250	8,375	8,500	8,625
7	8,750	8,875	9,000	9,125	9,250	9,375	9,500	9,625	9,750	9,875
8	10,000	10,125	10,250	10,375	10,500	10,625	10,750	10,875	11,000	11,125
9	11,250	11,375	11,500	11,625	11,750	11,875	12,000	12,125	12,250	12,375
10	12,500	12,625	12,750	12,875	13,000	13,125	13,250	13,375	13,500	13,625

Kohlensäure (CO_2).

%	$^{1}/_{10}$ %									
	0	1	2	3	4	5	6	7	8	9
0		0,196	0,392	0,588	0,784	0,980	1,176	1,372	1,568	1,764
1	1,963	2,159	2,355	0,551	2,747	2,943	3,140	3,736	3,532	3,728
2	3,926	4,122	4,316	4,514	4,710	4,906	5,102	5,298	5,494	5,690
3	5,889	6,085	6,281	6,477	6,673	6,869	7,065	7,261	7,457	7,653
4	7,852	8,048	8,244	8,440	8,636	8,832	9,028	9,224	9,420	9,616
5	9,815	10,011	10,207	10,403	10,593	10,795	10,991	11,187	11,383	11,579
6	14,778	11,974	12,170	12,366	12,565	12,758	12,954	13,150	13,346	13,542
7	13,741	13,937	14,133	14,329	14,525	14,721	14,913	15,113	15,309	15,505
8	15,404	15,900	16,096	16,202	16,488	16,684	16,880	17,076	17,272	17,468
9	17,667	17,863	18,059	18,255	18,451	18,647	18,843	19,039	19,235	19,431
10	19,630	19,826	20,022	20,215	20,414	20,610	20,806	21,002	21,198	21,394

Schwefelwasserstoff (H_2S).

%	$^{1}/_{10}$ %									
	0	1	2	3	4	5	6	7	8	9
0		0,122	0,304	0,456	0,608	0,760	0,912	1,064	12,16	13,68
1	1,521	1,673	1,825	1,977	2,129	2,281	2,433	2,585	27,37	28,89

Anlage 13.

Schaubild zur Ermittlung des Feuchtigkeitsgehaltes der Luft in Prozenten (nach *Hinz*).

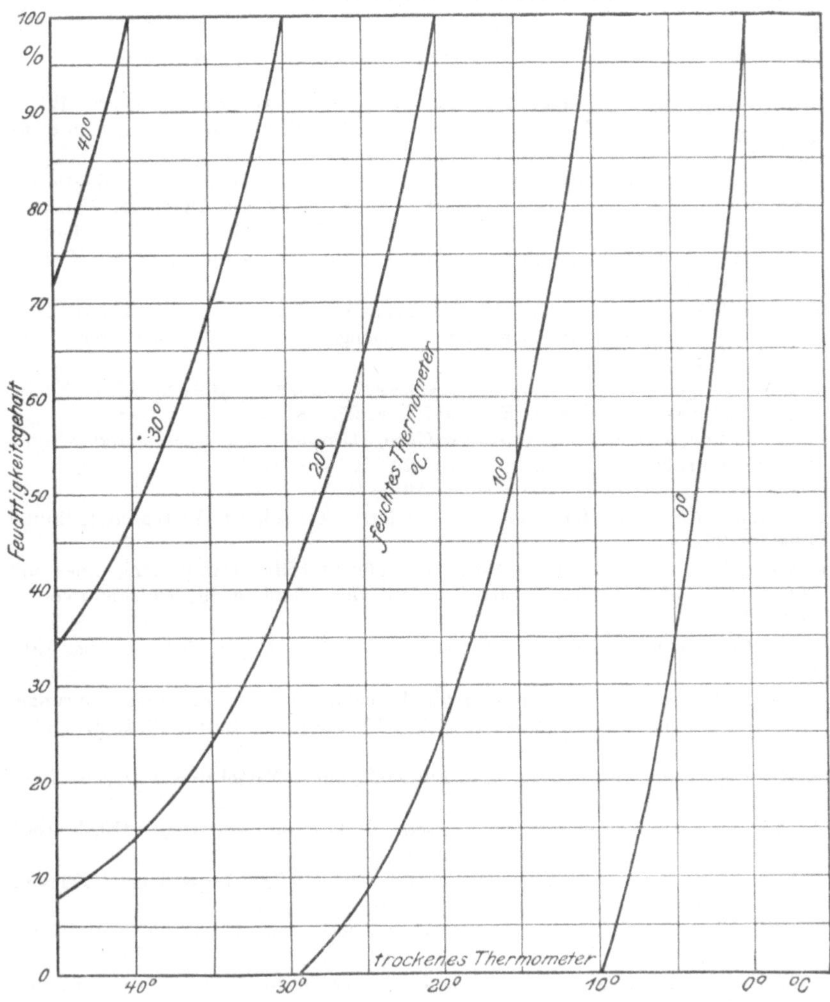

O. Literaturübersicht.

Bücher und Zeitschriftenaufsätze alphabetisch nach Verfassern geordnet.

1. *Althans*, Anlagen zum Hauptbericht der preuß. Schlagwetterkommission. Bd. V. Berlin 1887. (Versuche am Gasometer, wobei Pitotrohre und Anemometer geeicht wurden.)
2. — Bestätigung der Eichungsmängel von Anemometern der preuß. Schlagwetterkommission. Zeitschr. f. Berg-, Hütten- u. Salinenwesen 1899, **47**, 235.
3. *Arlt*, Untersuchung über Wetterführung mittels Lutten. Zeitschr. d. Ver. deutsch. Ing. 1912 S. 1588; Mitteilungen über Forschungsarbeiten auf dem Gebiete des Ingenieurwesens, Heft 115.
4. *Bachmann*, Beitrag zur Messung von Luftmengen. Dissertation. Darmstadt 1912.
5. *Baurichter*, Die Messung von Gas- und Luftmengen mittels Venturirohres. Stahl u. Eisen 1917, Nr. 40.
6. — Der Venturigasmesser als Stationsgasmesser. Journ. f. Gasbel. 1917, Nr. 33.
7. — Venturiluftmesser. Kohle u. Erz 1917, Nr. 27, 28.
8. *Bayer*, Neuerungen an Meßapparaten für Gase, Dämpfe, Flüssigkeiten und Körnergut. (Patentübersicht.) Chem. Apparatur 1918 u. 1920.
9. *Bechstein*, Der Capomesser. Prometheus 1914, S. 75.
10. *Becker*, Apparat zum Prüfen von Anemometern. Zeitschr. f. Instrumentenkunde 1906, S. 333.
11. *Bendemann*, Über den Ausfluß des Wasserdampfes und über Dampfmengenmessung. Mitteilungen über Forschungsarbeiten auf dem Gebiete des Ingenieurwesens, Heft 37.
12. *Berlowitz*, Neuerungen an Mikromanometern. Zeitschr. d. Ver. deutsch. Ing. 1917, S. 971.
13. *Blaess*, Die Strömung in Röhren und die Berechnung weitverzweigter Leitungen und Kanäle. Textband. Abschnitt 15. München und Berlin 1911. R. Oldenbourg.
14. *Blau*, Messungen von Mengen flüssiger und gasförmiger Mittel durch Düsen. Bergbau u. Hütte 1917, S. 145.
15. *Bonte*, Versuche am Rateaugebläse. Zeitschr. d. Ver. deutsch. Ing. 1910, S. 1661. (Messung mit Düsen und Anemometern.)
16. *Brabbée-Berlowitz*, Untersuchungen an Ventilatoren von Lüftungsanlagen. Zeitschr. d. Ver. deutsch. Ing. 1910, S. 1261. (Staurohrmessung.)
17. *Brand*, Technische Untersuchungsmethoden zur Betriebskontrolle. 3. Aufl. Julius Springer, Berlin.
18. *Brandis*, Messung von Gasmengen. Genaue Messung der durch eine Leitung strömenden Gas-(Luft-)menge mittels Drossel-Meßscheibe (Staurand). Dissertation. Aachen 1913. Auch im Verlage M. Krayn, Berlin, erschienen. (Darin ausführliche Literaturangaben.)
19. *Breyhahn*, Über einen neuen Apparat zur Kontrolle der Grubenbewetterung. Glückauf 1906, S. 1345.
20. *Büchner*, Zur Frage der Lavalschen Turbinendüsen. Zeitschr. d. Ver. deutsch. Ing. 1904, S. 1097.

21. *Burnham*, Experiments with the Pitot Tube in measuring the velocities of gazes in pipes. Eng. News 1905, Nr. 25.
22. *Contzen*, Meßgeräte für Druck und Geschwindigkeit von Gasen und Dämpfen. Stahl u. Eisen 1912, S. 573.
23. *Dahme*, Über Turbogebläse. Zeitschr. f. d. ges. Turbinenwesen 1909, S. 168. (Düsenmessung.)
24. *Deinlein*, Über die Messung von Zugstärken in Kesselanlagen. Zeitschr. d. bayr. Revisionsvereins 1915, S. 171.
25. *Dosch*, Messung von Geschwindigkeiten und Gasmengen. Stahl u. Eisen 1910, S. 117.
26. *Eckart*, Impulse water wheels and the Pitot Tube. Eng. News 1910, I, S. 91. (Darin, Literatur über Pitotrohre.)
27. *Ehrenwerth*, Bestimmung der Gichtgasmenge und deren Effekt bei Eisenhochöfen. Stahl u. Eisen 1907, S. 1293. (Stöchiometrische Gasmengenermittlung.)
28. *Ellon*, Über die Messung der Wassergeschwindigkeiten mit dem Pitotschen Rohr. Zeitschr. d. Ver. deutsch. Ing. 1909, S. 989 (vgl. auch S. 1207).
29. *Ernst*, Über Gasmessungen. Chem. Apparatur 1916, Heft 21/22. (Thomas-Gasmesser, Skalagasmesser, Citometer usw.)
30. *Farwell*, Delivery of fans. Eng. News 1903, **50**, 55.
31. *Fliegner*, Versuche an der Leuchtgasfernleitung zwischen Rorschach und St. Gallen. Journ. f. Gasbel. 1907, S. 665. (Messung mit Gasometer.)
32. *François*, Mesurage industrielle des débits des corps gazeux. Revue univ. des Mines etc. 1904, **4**, 30. (Pitotrohrmessung.)
33. *Freudenthal*, Meßverfahren zur Untersuchung von Luftanlagen auf Schiffen. Zeitschr. d. Ver. deutsch. Ing. 1920, S. 371.
34. *Fritzsche*, Untersuchung über Strömungswiderstand der Gase in geraden zylindrischen Rohrleitungen. Zeitschr. d. Ver. deutsch. Ing. 1908, S. 81; Mitteilungen über Forschungsarbeiten auf dem Gebiete des Ingenieurwesens.
35. *Fuchs*, Beiträge zur Bestimmung der Geschwindigkeiten von Wetterströmen. Zeitschr. f. Berg-, Hütten- u. Salinenwesen 1899, **47**, 227. (Pneumometer.)
36. — Über registrierende Beobachtung schlagender Wetter und der Geschwindigkeit von Wetterströmen. Zeitschr. f. Berg-, Hütten- u. Salinenwesen 1900, **48**, 12.
37. *Fürstenau*, Das Turbinengebläse von C. A. Parsons als Hochofengebläsemaschine. Zeitschr. d. Ver. deutsch. Ing. 1907, S. 1125. (Messung mit Pitotrohr.)
38. *Gramberg*, Technische Messungen bei Maschinenuntersuchungen und im Betriebe. Berlin 1920. Julius Springer. (Darin ausführliche Literaturangaben.)
39. *Gredt*, Berechnung und Verwertung der Gichtgase. Stahl u. Eisen 1890, S. 591.
40. *Gregory*, The Pitot Tube. Transact. of the Amer. Soc. of Mechan. Eng. 1904, S. 184.
41. *Gumann*, Das Messen der Geschwindigkeit und der Menge von in Rohren mit kreisförmigem Querschnitt strömenden Gasen mittels des Pitotrohres. Petroleum 1921, Nr. 11 bis 12.
42. *Günther*, Die Messung großer Gasmengen an der Verbrauchsstelle. Zeitschr. d. Ver. d. Gas- u. Wasserfachmänner in Österr.-Ung. 1916, S. 97. (Teilgasmesser, Venturimesser, Thomasmesser, Rotarimesser.)
43. *Havlicek*, Kolbenkompressor und Turbokompressor. Zeitschr. d. Ver. deutsch. Ing. 1909, S. 1795. (Düsenmessung.)
44. *Heilemann*, Beitrag zur Kenntnis des Wirkungsgrades trockener Luftkompressoren. Mitteilungen über Forschungsarbeiten auf dem Gebiete des Ingenieurwesens, Heft 58.
45. *Helck*, Wie entlasten wir unsere Reinigung? Journ. f. Gasbel. 1898, S. 693.
46. *Hinz*, Thermodynamische Grundlagen der Kolben- und Turbokompressoren. Berlin 1914. Julius Springer.
47. — Die Messung von Wasser- und Luftmengen. Glückauf 1920, S. 85. (Düse und Staurand.)
48. — Über Preßlufterzeugung, Messung und Fortleitung. Die Preßluft 1921, Heft 3 bis 5.

49 *Hoff*, Wichtige Fragen der Kraftversorgung unserer Hüttenwerke durch Gichtgase. Stahl u. Eisen 1911, S. 993.

50. *Jahn*, Die Meßverfahren zur Bestimmung der Förderleistung von Luftkompressoren. Zeitschr. f. kompr. u. flüss. Gase 1915, Heft 1/5. (Darin einige Literaturangaben.)

51. *Jhering*, Die Gebläse. Berlin 1913. Julius Springer.

52. *King*, On some proposed electrical methods of recording gas flow in chaneels and pipes base on the linear hot-wire anemometer. Journ. of the Franclin Institute Vol **182**, 191. (Venturirohr; darin weitere Literaturangaben.)

53. *Katzmayr*, Verhalten von Staugeräten bei Neigungen zur Strömungsrichtung. Motorwagen 1914, S. 303.

54. *Krell jun.*, Über Messung von dynamischen und statischem Druck bewegter Luft. München und Berlin 1904. R. Oldenbourg.

55. *Krell sen.*, Hydrostatische Meßinstrumente. Berlin 1897. Julius Springer.

56. *Kröner*, Versuche über Strömungen in stark erweiterten Kanälen. Forschungsarbeiten auf dem Gebiete des Ingenieurwesens, Heft 222. Verl. d. Ver. deutsch. Ing. Berlin 1921.

57. *Langer*, Versuche an einem 400 pferdigen elektrisch angetriebenem Turbokompressor der Bauart Pokorny & Wittekind. Zeitschr. d. Ver. deutsch. Ing. 1911, S. 173. (Düsenmessung.)

58. *Leberecht*, Versuche mit rasch laufenden Kompressoren. Zeitschr. d. Ver. deutsch. Ing. 1905, S. 151. (Vergleich einiger Meßmethoden.)

59. *Litinsky*, Wärmebilanz eines Glasschmelzofens. Feuerungstechnik, Jahrg. V, Heft 13 bis 15. (Stöchiometrische Gasmengenermittlung.)

59a. — Messung großer Gasmengen. Chem. Apparatur. Jahrg. VIII, Heft 22 bis 24.

59b. — Ermittelung großer Gasmengen mittels Staurand. Braunkohlen- und Brikettindustrie. Halle 1921 (im Druck).

60. *Loessl*, Die Luftwiderstandsgesetze. Wien 1896. A. Hölder.

60a. *Loewenstein*, Die Regelung des Blaswindes. Feuerungstechnik Jahrg. X, Heft 1, S. 7 (nach The Iron Trade Rev. Nr. 11 v. 12. Sept. 1918, S. 603).

61. *Lorenz*, Beitrag zur Frage der Luftmengenmessung bei Kolbenkompressoren. Glückauf 1910, Nr. 48. (Kalorimetrische Gasmengenbestimmung.)

62. *Lütke*, Neue Meßgeräte für Druck und Geschwindigkeit von Gasen und Dämpfen. Stahl u. Eisen 1913, S. 1307.

63. *Lux*, Die registrierende Wage von Simance & Abady. Vortrag, gehalten in der Versammlung des Rhein.-Westf. Gas-, Elektrizitäts- u. Wasserfachmännervereins in Köln am 7. 2. 1914.

64. *Marx*, Über die Messung von Luftgeschwindigkeiten. Sonderabdruck aus Ges.-Ing. 1904. (Anemometer, Stauscheiben.)

65. *Meyer*, Bestimmungen des Gasverbrauches mittels Glocke. Zeitschr. d. Ver. deutsch. Ing. 1899, S. 483.

66. — Die Verwendung der Hochofengichtgase zum Betriebe von Gasmotoren. Zeitschr. d. Ver. deutsch. Ing. 1899, S. 483. (Messung mit Glocken.)

67. *Mitter*, Versuche an einem Turbinengebläse der Bauart C. H. Jäger. Zeitschr. d. Ver. deutsch. Ing. 1910, S. 219. (Düsenmessung.)

68. *Morris*, The Electrical measurement of wind velocity. Eng. 1912, S. 892.

69. *Moser*, Apparate zur Messung großer Gasmengen. Chem. Apparatur 1916, S. 73.

70. *Moss*, Velocity Measured by Impact Tube. The Iron Trade Rivier 1918, S. 777.

71. *Müller*, Messung von Gasmengen mit der Drosselscheibe. Zeitschr. d. Ver. deutsch. Ing. 1908, S. 285; Mitteilungen über Forschungsarbeiten auf dem Gebiete des Ingenieurwesens, Heft 49. (Darin weitere Literaturangaben.)

72. *Müllhäuser*, Gasmeßgeräte zur Ermittlung der aus Zinkmuffeln entweichenden Gasmengen. Metall u. Erz 1919, S. 73.

73. *Naegel*, Bestimmung von Gasmengen in Eisenhüttenbetrieben. Stahl u. Eisen 1912, S. 617. (Stöchiometrische Methode.)

74. *Neumayer*, Anemometerstudien auf der deutschen Seewarte. Archiv di deutsch. Seewarte, Jahrg. XX, 1897, Nr. 4. (Hierin weitere Literaturquellen angegeben.)
75. *Nitzschmann*, Theorie eines Gasmessers für große Gasmengen. Das Polytechnikum (Cöthener Akademische Blätter) Jahrg. 10, Nr. 2.
76. — Theorie eines Gasmessers für große Gasmengen. Feuerungstechnik Jahrg. IX (1920/21), Heft 15.
77. — Beitrag zur Messung strömender Medien. Ingenieurzeitung 1921, Heft 6.
78. *Osann*, Lehrbuch der Eisenhüttenkunde, Bd. 1. Leipzig 1915. W. Engelmann. (Stöchiometrische Gasmengenermittlung.)
79. *Ostertag*, Die Entropietafeln für Luft. Berlin 1917. Julius Springer.
80. — Theorie und Konstruktion der Kolben- und Turbokompressoren. Berlin 1919.
81. *Otto*, Theoretische und praktische Ermittlung von Koksofenwärmebilanzen. Dissertation. Verlag Stahl u. Eisen, Düsseldorf 1914. (Ammoniakmethode.)
82. *Poeppel*, Eine Methode zur Bestimmung der Gasmenge auf chemischem Wege. Journ. f. Gasbel. 1905, S. 225.
83. *Prandtl*, Die Bedeutung von Modellversuchen für die Luftschiffahrt und die Technik und die Einrichtung für solche Versuche in Göttingen. Zeitschr. d. Ver. deutsch. Ing. 1909, S. 1716.
84. *Mc Quigg*, Pitot Tube in Gas Measurement. The Engin. and Min. Journ. 1913, S. 649.
85. *Rabe*, Ein verbesserter Zugmesser. Chem. Industrie 1904, S. 122.
86. — Über Ventilatormessungen. Zeitschr. f. angew. Chemie 1903, S. 619. (Chemische Methode.)
87. *Rateau*, Expériences et Théones sur la Tube de Pitot et sur le Moulinet de Woltman. Ann. des Mines 1898, **13**, 331.
88. *Recknagel*, Manometrische Bestimmung der Geschwindigkeit und des spezifischen Gewichtes von Gasen. Ges. Ing. 1899, S. 255.
89. — Über Einrichtung und Gebrauch des Differentialmanometers. Archiv f. Hyg. 1893, S. 241.
90. — Über Luftwiderstand. Zeitschr. d. Ver. deutsch. Ing. 1880, S. 489; Wiedemanns Annalen d. Physik u. Chemie 1880, S. 677.
91. — Handbuch der Hygiene. Die Lüftung. I. Teil.
92. — Verteilung der Luftgeschwindigkeit über dem Querschnitt eines Rohres. Zeitschr. f. Kälteindustrie 1899, S. 172. (Stauscheibe.)
93. *Regenbogen*, Über Turbogebläse. Stahl u. Eisen 1908, S. 1729. (Düsenmessung.)
94. *Richter*, Thermische Untersuchungen an Kompressoren. Mitteilungen über Forschungsarbeiten auf dem Gebiete des Ingenieurwesens, Heft 22.
95. *Riesenfeld*, Ein Strömungsmesser für Gase. Chem.-Ztg. 1918, S. 510; Journ. f. Gasbel. 1918, Nr. 52.
96. *Rietschel*, Bestimmung der Geschwindigkeit und des Druckes bewegter Luft in Rohrleitungen. Mitteilungen der Prüfungsanstalt für Heiz- und Lüftungseinrichtungen der Techn. Hochschule zu Berlin. München u. Berlin 1910, Heft 1. (Staugeräte.)
97. *Rosenmüller*, Manometrische Meßinstrumente zur Bestimmung der Strömungsgeschwindigkeiten und Mengen von Luft, Gas und Dämpfen. Rauch u. Staub 1915, S. 65.
98. — Mikromanometer mit zwei festen Meßrohren. Ges.-Ing. 1913, Nr. 3.
99. — Anemometer für geschlossene Kanäle. Ges.-Ing. 1911, Nr. 25.
100. — Mikromanometer mit konstantem Nullpunkt. Ges.-Ing. 1912, Nr. 16 (vgl. auch Zeitschr. f. d. ges. Turbinenwesen 1913, Heft 3).
101. *Rummel*, Turbogebläse, Bauart Brown, Boveri-Rateau. Zeitschr. d. Ver. deutsch. Ing. 1907, S. 1845. (Düsenmessung.)
102. — Versuche mit selbstaufzeichnenden Dampfmessern. Zeitschr. d. Ver. deutsch. Ing. 1910, S. 255.

103. *Schilling-Bunte,* Handbuch der Gastechnik. Bd. 6: Verteilung, Messung und Einrichtung des Gases. München 1917. R. Oldenbourg. (Auf S. 258 einige Literaturangaben.)
104. *Schaefer,* Einrichtung und Betrieb eines Gaswerkes. München. R. Oldenbourg.
104a. *Schreber,* Messung der von Gasmaschinen angesaugten Gas- und Luftmengen. Öl- und Gasmaschine 1921, S. 72.
105. *Schüle,* Leitfaden der technischen Wärmemechanik. Berlin 1920. Julius Springer.
105a. *Seidl,* Bestimmung der augenblicklichen Wettermenge eines Ventilators aus Depression und Tourenzahl. Sammlung Berg- und Hüttenmännischen Abhandlungen, Heft 27. Kattowitz 1908.
106. *Seufert,* Über Dampfmessung. Vortrag. Hauptstelle für Wärmewirtschaft. Herausgegeben vom Ver. deutsch. Ing., Berlin 1920.
107. — Verbrennungslehre und Feuerungstechnik. Berlin 1921. Julius Springer. (Kapitel VIII.)
108. *Simmersbach,* Messung der Geschwindigkeit und des Volumens von Hochofen- und anderen Gasen. Berg- u. Hüttenmänn. Rundschau 1905, Nr. 2.
109. *Simon,* Neuer Gasmesser von Thomas. Journ. f. Gasbel. 1911, S. 934.
110. — Versuche und Betriebserfahrungen mit dem Gasmesser von Thomas. Journ. f. Gasbel. 1912, S. 121.
111. *Smallwood,* How to Use Pover Plant Rekorders. Eng. Magazine 1915/16, S. 33, 262, 382 u. 818.
111a. *Spies,* Die Mengenmessung von Gas und Luft. Zeitschr. f. Dampfk. und Maschinenbetrieb 1921, Nr. 41.
112. *Stach,* Registrierende Geschwindigkeit- und Volumenmessung. Glückauf 1905, Nr. 32.
113. — Messung großer Gasmengen mittels Differentialdruckes. Stahl u. Eisen 1907, 1. Halbjahr, S. 618.
114. — Bestimmung des Druckes und der Geschwindigkeit von Gasen und Dämpfen. Glückauf 1910, Nr. 47.
115. — Meßgeräte für Druck und Geschwindigkeit von Gasen und Dämpfen. Stahl u. Eisen 1911, Nr. 43.
116. — Neuere Meßgeräte zur Bestimmung des Druckes, sowie der Geschwindigkeit, Dichte und Zusammensetzung von Gasen und Dämpfen. Glückauf 1914, Nr. 31.
117. — Untersuchung eines Hohenzollernventilators. Glückauf 1909, S. 913. (Stauscheibe.)
118. — Die Anemometerprüfungsstation der westfälischen Berggewerkschaftskasse in Bochum. Glückauf 1902, Nr. 47.
119. — Mitteilungen aus der Anemometerprüfungsstation der westfälischen Berggewerkschaftskasse in Bochum. Glückauf 1903, Nr. 48.
120. — Über Mindestbestimmung bei Anemometerprüfungen. Annalen d. Hydrographie und maritimen Meteorologie 1903.
120a. — Meßgeräte zur Wärmewirtschaft. Verl. d. Bayerischen Landeskohlenstelle. München 1921 (?).
121. *Stodola,* Dampfturbinen. Zeitschr. d. Ver. deutsch. Ing. 1903, S. 4.
122. *Strache,* Gasbeleuchtung und Gasindustrie. Braunschweig 1913. J. Vieweg & Sohn.
123. — Vortrag in der Jahresversammlung des Vereins d. Gas- u. Wasserfachmänner im Jahre 1901. Vgl. Journ. f. Gasbel. 1901, S. 489.
124. *Taylor,* A form of Pitot Tube for measuring the air velocities. Eng. News 1903, Nr. 11.
125. — Researches on fans. Eng. News 1904, **51**, 387.
126. *Terbeck,* Düsenversuche an Kolbenkompressoren. Glückauf 1911, S. 64.
127. *Threlfall,* The Motion of Gases in Pipes. Engin. 1904, S. 310.
128. *Vambera* u. *Schrammel,* Direkte Messung der Geschwindigkeit heißer Gasströme. Stahl u. Eisen 1907, Heft vom 6. März.
129. — — Die direkte Messung der Geschwindigkeit heißer Gasströme mit Hilfe der Pitotrohre. Berg- u. Hüttenmänn. Jahrbuch der k. k. Montanistischen Hoch-

schulen zu Leoben u. Pribram. 1906, **54**, Heft 1. (Darin weitere Literaturangaben.)

130. *Verbeck*, Über die Messung des Über- und Unterdruckes und der Geschwindigkeit von Gasen und Gasgemischen. Chem.-Ztg. 1913, S. 1338.
131. *Weber*, An instrument for measuring the Flow of Fluids. Power 1919, S. 702.
132. *Weyls* Handbuch der Hygiene, Bd. 4, Abt. III. Leipzig 1913. Joh. Ambr. Barth. (Anemometer, Staugeräte.)
133. *Wilke*, Veränderlichkeit der Angaben des Robinsonschen Schalenkreuzes. Zeitschr. f. Flugtechnik u. Motorl. 1917.
134. *Zeuner*, Technische Thermodynamik, Bd. I.
135. Ausstellung der westfälischen Berggewerkschaftskasse zu Bochum auf der Weltausstellung Lüttich 1905. Verlag d. Zeitschr. Glückauf, Essen 1905. (Anemometer usw.)
136. Bericht des (amerikanischen) Ausschusses zur Aufstellung von Regeln bei der Benutzung von Staurohren. Ges.-Ing. 1914, S. 466.
137. Bericht des (amerikanischen) Ausschusses zur Prüfung von Vorschlägen für Reglung bei der Messung von Luftgeschwindigkeiten in Austrittsöffnungen mit Hilfe des Anemometers. Ges.-Ing. 1904, S. 429.

137a. — Einrichtung zur Messung strömender Gase, Dämpfe und Flüssigkeiten. Mitteilungen der Berlin-Anhaltischen Maschinenbauanstalt, Jahrg. 3, Heft 5, S. 91.

138. Gasmesser von Thomas. Zeitschr. d. Ver. deutsch. Ing. 1911, S. 1130; Iron age vom 16. März 1911.
139. Iswestija Physiko-Chimitschskoj Laboratorii Semgora. Moskau 1917, Heft 1 u. 2.
140. Hütte, 22. Aufl., Bd. 2.
141. Hydrogasdichteschreiber. Der prakt. Maschinenkonstrukteur 1914, Nr. 1.
142. Katalog der Hydro-Apparatebauanstalt Düsseldorf. (Darin auch Literaturangaben speziell über Hydroapparate.)
143. Liste XI von Siemens & Halske A.-G., Berlin, über Venturigasmesser.
144. Liste IV von Georg Rosenmüller, Dresden.

144a. Luftmesser für Kompressoren und Preßluftwerkzeuge. Ingenieur-Zeitung Cöthen-Anh. 1921, Nr. 24.

145. The Les Kole spead and volume recorders. The Coliery-guardian 1913, Heft 2768, S. 1160.
146. Mitteilungen der Firma Heinrich Koppers, Essen 1919, Heft 6 u. 7.
147. Mitteilungen über Forschungsarbeiten auf dem Gebiete des Ingenieurwesens, Heft 22, 32, 37, 49, 58, 60, 82 u. 115.
148. Measuring Air-Flow Rotary Blowers. The Iron Trade Revier 1918, S. 1374.
149. Regeln für Leistungsversuche an Ventilatoren und Kompressoren. Aufgestellt vom Verein deutsch. Ing. im Jahre 1912. Zu beziehen vom Verein deutsch. Ing., Berlin. (Darin weitere Literaturangaben.)
150. Über einen automatisch registrierenden Gasdichteschreiber. Mitteilung der Lehr- und Versuchsgasanstalt. Journ. f. Gasbel. 1914, Nr. 11 u. 1919, Nr. 14.
151. Versuche an einem Luftmesser System Claassen. Zeitschr. f. Dampfkessel u. Maschinenbetrieb 1914, S. 416.
152. Verein deutscher Eisenhüttenleute. Wärmestelle. Mitteilung Nr. 12 (Ausgabe 2) vom 25. Jan. 1921. Über Volumenmessung mit Düse, Venturirohr und Staurand.
153. Volume, Velocity and Pressure meters for gas and air. Iron an Coal trades revier 1913, Heft 2368, S. 96.

Ferner sei auf die Literaturangaben im Text sowie auch noch auf folgende Quellen verwiesen:

Chem.-Ztg. 1920, Nr. 148.

Rationeller Werkbetrieb 1919, S. 121.

Zentralbl. f. Hütten- u. Walzwerke 1921, S. 61.

Pintsch A.-G., Druckschrift Nr. 356.
Zeitschr. f. d. ges. Turbinenwesen 1913, Heft 22.
Gesundheitsingenieur 1899, S. 255.
Zeitschr. f. Berg-, Hütten- u. Salinenwesen 1899, S. 22.
Zeitschr. d. Ver. deutsch. Ing. 1907, S. 1131; 1911, S. 176; 1908, S. 84; 1917.
Engin. News vom 28. Dez. 1899 u. 1913, S. 198.
Zentralbl. f. Bauverwaltung 1909, S. 549.
Österr. Gasjournal 1914, Heft 10.
Journ. of the Amer. Soc. of Mechan. Eng. 1912, **34**, Nr. 9 u. 1913, **35**, Nr. 9.
Power **37**, Nr. 5, S. 156.

Weitere Literaturzusammenstellungen befinden sich auch in den unter Nummer 18, 26, 38, 50, 71, 74, 103, 129, 142, 149 des obigen Literaturverzeichnisses angegebenen Büchern bzw. Aufsätzen.

P. Namenverzeichnis.

(Die in der Literaturübersicht [Seiten 260—266] erwähnten Verfasser sind in dieses Namenverzeichnis nicht aufgenommen, da sowieso alphabetisch geordnet.)

Q. Sachverzeichnis.

Z